中國古典文學基本叢書

杜牧集繫年校注

第二册

吴在慶 撰

中華書局

樊川文集卷第三

洛陽長句二首①

其一

草色人心相與閑②，是非名利有無間。橋横落照虹堪畫，樹鎖千門鳥自還。芝蓋不來雲杳杳③，仙舟何處水潺潺④。君王謙讓泥金事，蒼翠空高萬歲山⑤。

【注　釋】

①此詩《杜牧年譜》繫於開成元年（八三六），時杜牧爲監察御史、分司東都。

②相與閑：一樣地悠閑自在。相與，共同。

③芝蓋句：芝蓋，車蓋，此指帝王之車。夾注：張衡「《西京賦》：芝蓋九葩。《注》：以芝爲蓋，蓋有九葩之采也。」杳杳，幽深貌。

④仙舟何處句：東漢末年名士郭泰（字林宗）遊洛陽，見河南尹李膺，「膺大奇之，遂相友善，於是名震京師。後歸鄉里，衣冠諸儒送至河上，車數千輛。林宗唯與李膺同舟而濟，衆賓望之，以爲神仙焉」。事見《後漢書》卷六八《郭泰傳》。

⑤君王謙讓二句：泥金事，指封禪之事。古代帝王封禪時，要將藏玉策之玉匱石函用金繩纏束，封以金泥。萬歲山，指嵩山。漢武帝曾登臨嵩山，隨從官吏及廟旁吏卒，咸聞呼萬歲者三。事見《史記·武帝紀》。兩句謂唐皇不再巡幸洛陽。

【集評】

《洛陽長句》（草色人心相與閑）：唐自天寶以後，不復駕幸東都，此詩有望幸之意。「樹鎖千門」一句極佳。「芝蓋」、「仙舟」，乃指緱氏山王喬事及李郭事，亦切。（方回《瀛奎律髓》卷四「風土類」）

《洛陽長句》（草色人心相與閑）：中四句近丁卯。寓盛衰之感則有之，不見望幸之意。（紀昀《瀛奎律髓刊誤》卷四「風土類」）

其二

天漢東穿白玉京①，日華浮動翠光生。橋邊遊女珮環委，波底上陽金碧明②。月鎖名園孤鶴唳，川酣秋夢鑿龍聲③。連昌繡嶺行宮在④，玉輦何時父老迎？

【注　釋】

①天漢句：天漢，天河。此指洛水。《新唐書·地理志·東都》：「都城前直伊闕，後據邙山，左瀍右澗，洛水貫其中，以象河漢。」白玉京，天帝所居，此代指洛陽。馮注：「《星經》：天上有白玉京黄金闕。《唐六典》：東都上陽宮次北東上曰玉京門。」

②上陽：宮名。在洛陽皇城之西，洛水北岸。

③鑿龍：指龍門，一名伊闕。在洛陽南，兩山相對，伊水歷其間。相傳爲大禹所鑿。馮注：「庾信詩：南宮應鑿龍。宋之問《龍門應制》詩：天子乘春幸鑿龍。按《水經注》：伊水北入伊闕，昔大禹疏以通水，兩山相對，望之若闕，伊水歷其間，故謂之伊闕。」

④連昌句：連昌、繡嶺均宮殿名，分别在唐河南府壽安西及陝州硤石。參見《新唐書·地理志二》。

洛中監察病假滿送韋楚老拾遺歸朝①

洛橋風暖細翻衣，春引仙官去玉墀②。獨鶴初沖太虚日③，九牛新落一毛時④。行開教化期君是，卧病神祇禱我知。十載丈夫堪恥處，朱雲猶掉直言旗⑤。

【注釋】

① 韋楚老：字壽朋。長慶四年登進士第，大和末、開成初曾任拾遺。事跡見杜牧《重宿襄州哭韋楚老拾遺》、《唐詩紀事》卷五六。此詩《杜牧年譜》繫於開成二年（八三七），時杜牧爲監察御史，分司東都，因弟杜顗眼疾，告假百日滿。詩有「洛橋風暖細翻衣，春引仙官去玉墀」句，乃春日作。

② 春引仙官句：仙官，本指神仙，此指韋楚老。玉墀，玉階。此指京師宫殿。

③ 獨鶴初沖句：夾注：「《天台賦》：王喬控鶴以沖天。」馮注：「《晉書·陶侃傳》：二客化爲雙鶴，沖天而去。」太虚，天空。

④ 九牛新落句：唐制，官吏請假滿百日，即合停官。此謂己之去官猶如九牛亡一毛不足道。司馬遷《報任安書》：「假令僕伏法受誅，若九牛亡一毛，與螻蟻何異？」

⑤ 朱雲句：朱雲，西漢人。在朝敢於直諫，曾因劾奏安昌侯張禹觸犯上怒，爲御史押下，猶攀殿檻大呼，以至檻折。事見《漢書》卷六七本傳。掉，摇擺，揮動。

【集評】

韋楚老，李宗閔之門生，自左拾遺辭官東歸，居于金陵。常乘驢經市中，貌陋而服衣布袍。群兒陋之，指畫自言曰：「上不屬天，下不屬地，中不累人，可謂大韋楚老。」群兒皆笑。與杜牧同年生，情好相得。初以諫官赴徵，值牧分司東都，以詩送。及卒，又以詩哭之。（王讜《唐語林》卷七補遺）

東都送鄭處誨校書歸上都①

悠悠渠水清，雨霽洛陽城。槿墮初開豔②，蟬聞第一聲。故人容易去，白髮等閑生③。此別無多語，期君晦盛名。

【注釋】

① 東都：指洛陽。鄭處誨，字廷美，又作延美，其時任校書郎。傳見《舊唐書》卷一五八、《新唐書》卷一六五。上都，指長安。《杜牧年譜》謂「杜牧於大和九年秋至洛陽，開成二年春，即以弟病去官，居洛陽僅一年半」，且此詩乃作於夏日，故繫此詩於開成元年（八三六）。

② 槿：木槿。其花五月始開，朝開夕落。夾注：「《禮記·月令》：仲夏之月，蟬始鳴，木槿榮。」

③ 等閑：隨便，容易。

故洛陽城有感①

一片宮牆當道危〔一〕，行人爲汝去遲遲〔二〕。篳圭苑裏秋風後〔三〕②，平樂館前斜日時③。錮黨豈能留漢鼎〔四〕④，清談空解識胡兒〔五〕⑤。千燒萬戰坤靈死⑥，慘慘終年鳥雀悲。

【校勘記】

〔一〕「宮牆」，原作「官牆」，據《文苑英華》卷三〇九、夾注本、文津閣本、《全唐詩》卷五二一、馮注本改。馮注本於「宮」字下校：「一作官。」

〔二〕「汝」，《文苑英華》卷三〇九作「爾」，下校：「集作汝。」《全唐詩》卷五二一作「爾」，馮注本校：「一作爾。」

〔三〕「後」，《文苑英華》卷三〇九作「起」，下校：「一作後。」馮注本校：「一作起。」

〔四〕「錮」，《文苑英華》卷三〇九作「鉤」，馮注本校：「一作鉤。」

〔五〕「識」，《文苑英華》卷三〇九作「笑」，下校：「一作識。」馮注本於「解識」下校：「一作識笑。」

【注　釋】

①故洛陽城：指漢、魏時洛陽舊城。在今洛陽市東洛水北岸。《舊唐書·地理志·河南道·東都》：「周之王城，平王東遷所都也。故城在今苑内東北隅，自赧王已後及東漢、魏文、晉武，皆都於今故洛城。隋大業元年，自故洛城西移十八里置新都，今都城是也。北據邙山，南對伊闕，洛水貫都，有河漢之象。」此詩《杜牧年譜》雖姑繫於開成元年，然又以爲杜牧大和九年秋至開成元年（八三五—八三六）秋爲監察御史、分司東都，而詩乃秋日作，故大和九年和開成元年均有可能作此詩。

②箄圭苑：漢靈帝光和三年建。東箄圭苑週一千五百步，中有魚梁臺；西箄圭苑週三千三百步，均在洛陽宣平門外。見《後漢書·靈帝紀》及《注》。

③平樂館：在洛陽故城西。東漢中平五年十月，靈帝曾自稱無上將軍，在此講武。見《後漢書·靈帝紀》及《注》。

④錮黨句：錮黨，禁錮黨人。漢鼎，指漢政權。鼎爲傳國重器，政權象徵。馮注：「《漢書》：漢得汾陰寶鼎，群臣上賀得周鼎，吾邱壽王曰：天祚有德而寶鼎自出，此天之所以與漢，是漢鼎非周鼎也。」東漢桓帝時，宦官擅權，横行不法，朝政日非。李膺、陳蕃等與太學諸生三萬餘人互相褒重，猛烈抨擊宦官集團。延熹九年，宦官誣告李膺等人交結諸郡生徒，共爲部黨。於是桓帝下令逮捕

黨人，後放歸田里，禁錮終身。靈帝時，李膺等人又因謀誅宦官敗露，百餘人下獄死，六七百人遭流徙、監禁。李膺「考死，妻子徙邊，門生、故吏及其父兄，並被禁錮」。事見《後漢書》卷六七《黨錮列傳》。

⑤清談：談論老莊玄理。晉王衍好清談，羯族人石勒行販於洛陽，倚嘯於上東門。王衍見之，謂左右曰：「向者胡雛，吾觀其聲，視有奇志，恐將爲天下之患。」遂派人追捕，但石勒已離去。事見《晉書》卷一〇四《石勒載記上》。又唐開元中張九齡認爲胡人安禄山將亂幽州，主張趁其討奚、契丹失敗時誅之，以絶後患。然爲唐玄宗所拒，謂「卿無以王衍知石勒而害忠良」。後遂釀成「安史之亂」。事見《新唐書》卷一二六《張九齡傳》。

⑥千燒萬戰句：馮注：「《文獻通考》：自東漢魏晉宅於洛陽，永嘉以後，戰爭不息，元魏徙居，纔過三紀，逮乎二魏，爰及齊周，河洛汝潁，迭爲攻守。《北齊書·神武紀》：洛陽久經喪亂，王氣衰盡。」坤靈，地神。

【集　評】

感慨淋漓。（鄭郲評「錮黨豈能留漢鼎，清談空解識胡兒」二句）

《故洛陽城有感》：眼見宮牆倒壞，忽然想起當年。「去遲遲」，有無限低徊之意。「箄圭」、「平樂」，言前代佚遊可爲儆戒；「秋風」、「斜日」，言今日荒涼可爲傷感，正寫「去遲遲」三字也。「黨錮」、「清談」，又舉漢晉實事言之，以見無補敗亡之意。千燒萬戰，鳥雀興悲，正爲此也。（朱三錫《東喦草堂評訂唐詩鼓吹》卷六）

揚州三首①

其一

煬帝雷塘土〔一〕②，迷藏有舊樓③。誰家唱水調，明月滿揚州。煬鑿汴河，自造水調〔二〕。駿馬宜閑出，千金好暗遊〔三〕。喧闐醉年少，半脱紫茸裘④。

【校勘記】

〔一〕「土」，文津閣本作「上」。

〔二〕《才調集》卷四、文津閣本小注作「煬帝開汴渠成，自作水調」。

〔三〕「暗遊」，《全唐詩》卷五二二作「舊遊」，於「舊」字下校：「一作暗。」馮注本作「暗投」。

【注　釋】

①此三詩《杜牧年譜》以大和八年杜牧在淮南幕中，故繫於大和八年（八三四）。時杜牧在牛僧孺淮南節度使幕爲掌書記。

②雷塘：隋煬帝葬所，在揚州城北平岡上。馮注：「《唐書·地理志》：揚州江都東十一里，有雷塘。《通鑑·隋紀·注》：雷塘，漢所謂雷陂也，在今揚州城北平岡上。」

③舊樓：指隋煬帝在揚州所造迷樓。幽房曲室，互相連接，隋煬帝曾謂：「使真仙遊其中，亦當自迷也。」事見《南部煙花録》。夾注：「《古今詩話》：隋煬帝時浙人項升進新宫圖，帝愛之，令揚州依圖營建。既成幸之，曰：使真仙遊此，亦自當迷，乃名迷樓。」

④紫茸裘：紫色細毛皮衣。

【集　評】

杜司勳詩：「誰家唱《水調》，明月滿揚州」、「誰知竹西路，歌吹是揚州」、「揚州塵土試回首，不惜千金借與君」、「二十四橋明月夜，玉人何處教吹簫」、「春風十里揚州路，卷上珠簾總不如」、「十年一覺揚州夢，贏得青樓薄倖名」，何其善言揚州也！（余成教《石園詩話》卷二）

其二

秋風放螢苑①，春草鬬雞臺②。金絡擎鵰去③，鸞環拾翠來[一]④。蜀船紅錦重，越橐水沉堆⑤。處處皆華表⑥，淮王奈却迴⑦。

【校勘記】

[一]「環」，《才調集》卷四、文津閣本作「鬟」。

【注釋】

①據《隋書·煬帝紀下》，煬帝於大業十二年五月，在景陽宮徵求螢火蟲，夜出遊山而放之，螢光閃耀山谷。其事在洛陽，後遊幸揚州，或亦有放螢之事。

②鬬雞臺：在揚州。夾注：「郭延生《述征記》：廣陽門北有鬬雞臺。」馮注：「《大業拾遺記》：煬帝嘗遊吴公宅雞臺，恍惚間與陳後主相遇，尚唤帝爲殿下。」又馮注：「按：《一統志》引《拾遺記》作鬬雞臺云，當即是吴公臺也。」

③金絡：金絲絡帶。

④鸞環拾翠句：翠，翠鳥羽毛。可爲裝飾。曹植《洛陽賦》：「或采明珠，或拾翠羽。」句謂嬉遊水濱。

⑤越橐句：橐，盛物之袋子。水沉，即沉香，置水中則沉。産於越地。

⑥華表：古代立於宫殿、城垣或陵墓等建築物前作爲標誌之大柱。傳説遼東人丁令威學道成仙，後化鶴歸來，落在城門華表上，作人言。事見《搜神後記》卷一。

⑦淮王句：漢淮南王劉安，好神仙。《風俗通》記俗言謂其白日升天。然實因謀逆而自殺。故馮注云：「《漢書》淮南王安，招募方技怪迂之人，述神仙黄白之事，財殫力屈，無能成獲，乃謀叛逆。上使宗正以符節治王，安自殺，太子諸所與謀皆取夷，國除，爲九江郡。親伏白刃，與衆棄之，安在其能神仙乎！」

【集　評】

【螢苑】廣陵大儀鄉有螢苑。按隋煬帝於景華宫求流螢數斛，夜出遊山，放之如火，光滿巖谷。杜牧之詩：「秋風放螢苑，春草鬭雞臺。」上句指此，下句借用吴王夫差事。（宋長白《柳亭詩話》卷十六）

其三

街垂千步柳，霞映兩重城。天碧臺閣麗，風涼歌管清。纖腰間長袖，玉珮雜繁纓①。拖軸誠爲壯〔一〕②，豪華不可名。自是荒淫罪，何妨作帝京③。

【校勘記】

〔一〕「拖」，馮注本作「柂」。

【注釋】

① 繁纓：衆多冠帶。馮注：「《左傳》：請曲縣繁纓以朝。」

② 拖軸：拖，引也。軸，車軸。鮑照《蕪城賦》：「柂以漕渠，軸以崑岡。」謂古廣陵城引帶著溝通南北之運河。崑岡（廣陵岡）像車軸横貫城下，當交通要衝，形勢險要。

③ 自是二句：隋煬帝至揚州後，天下亂起，道路隔絶，心中恐懼，「遂無還心。帝復夢二豎子歌曰：『住亦死，去亦死。未若乘船渡江水。』由是築宫丹陽，將居焉。功未就而帝被殺」。見《隋書·五行志上》。馮注：「《隋書·煬帝紀論》：荒淫無度，法令滋章。」

潤州二首①

其一

向吴亭東千里秋〔一〕②，放歌曾作昔年遊。青苔寺裏無馬跡〔二〕，緑水橋邊多酒樓〔三〕。大抵南朝皆曠達〔四〕，可憐東晉最風流。月明更想桓伊在，一笛聞吹《出塞》愁③。

【校勘記】

〔一〕「向」，原作「句」，據夾注本、馮注本改。

〔二〕「馬」，《全唐詩》卷五二二校：「一作鳥。」

〔三〕「緑水」，夾注本作「緑樹」。

〔四〕「皆」，文津閣本作「多」。

【注　釋】

①潤州：州治在今江蘇鎮江。此詩云「向吳亭東千里秋，放歌曾作昔年遊」，故知作此詩前詩人曾有潤州之遊。據《杜牧年譜》，杜牧大和七年曾由宣州幕轉任揚州幕；開成二年秋又由揚州往宣州幕，兩次均可經過潤州，故詩或作於開成二年（八三七）秋。

②向吳亭：在今江蘇鎮江市城南。馮注：「《孔氏雜記》：向吳亭在潤州官舍，杜牧之《潤州》詩：向吳亭東千里秋。陸龜蒙詩：秋來懶上向吳亭。今刻牧之集者，改爲句吳亭，失之矣。《一統志》：向吳亭在丹陽縣治南。」

③月明二句：桓伊，晉右軍將軍桓伊，字子野，善吹笛。《世説新語·任誕》記王徽之聞桓伊善吹笛，後相遇，「王便令人與相聞，云：『聞君善吹笛，試爲我一奏。』桓時已貴顯，素聞王名，即便回下車，踞胡床，爲作三調，弄畢，便上車去，客主不交一言」。《出塞》，漢樂府橫吹曲名。

其二

謝朓詩中佳麗地①，夫差傳裏水犀軍②。城高鐵甕橫强弩③，潤州城孫權築，號爲鐵甕。柳暗朱樓多夢雲④。畫角愛飄江北去⑤，釣歌長向月中聞。揚州塵土試迴首，不惜千金借與君。

【注釋】

①謝朓句：謝朓，南齊詩人，字玄暉。善作山水詩，爲永明體主要詩人之一。傳見《南齊書》卷四七。其《入朝曲》有「江南佳麗地，金陵帝王州」句。

②夫差句：夫差，春秋時吳國國君，後爲越王勾踐所敗，自殺。傳見《史記》卷三一。水犀軍，披水犀甲之軍隊。《國語·越語上》記「今夫差衣水犀之甲者億有三千，所謂賢良也，若今備衛士矣」。潤州爲春秋吳國朱方邑，故杜牧有此聯想。

③城高鐵瓮句：原注：「潤州城孫權築，號爲鐵瓮。」馮注：「《演繁露》：潤州古城號鐵甕，人但知其取喻以堅而已，然甕形深狹，取以喻城，似爲非類。乾道辛卯，予過潤，蔡子平置燕于江亭，亭據郡治前山絶頂，而顧子城雉堞緣岡，彎環四合，其中州治諸廨在焉，圓深之形，正如卓甕，予始知喻以爲甕者，指子城也。」

④柳暗朱樓句：宋玉《高唐賦》載，楚王遊高唐，夢見一婦人自云巫山神女，願薦枕席，王因幸之。去而辭曰：「妾在巫山之陽，高丘之阻；旦爲朝雲，暮爲行雨。朝朝暮暮，陽臺之下。」此指狎妓之事。

⑤江北：指長江北岸，潤州之北爲揚州。

【集評】

【北固甘羅】杜牧之《登北固山》詩曰：「謝朓詩中佳麗地。」或者謂朓詩「江南佳麗地，金陵帝王州。」金陵乃今建康，非潤州也。僕謂當時京口亦金陵之地，不特牧之爲然，唐人江寧詩，往往多言京口事，可驗也。又如張氏《行役記》，言甘露寺在金陵山上；趙璘《因話録》言李勉至金陵，屢讚招隱寺標致，蓋時人稱京口亦曰金陵。牧之又有詩曰：「甘羅昔作秦丞相。」或者又謂《史記》：甘羅年十二，事秦相文信侯吕不韋，後因説趙有功，始皇封爲上卿，未嘗爲秦相也。僕考《北史·彭城王浟傳》曰：「昔甘羅爲秦相，未聞能書。」《儀禮》疏曰：「甘羅十二相秦，未必要至五十。」則知此謬已久，牧之蓋循襲用之耳。（王楙《野客叢書》卷二十）

《潤州》（向吴亭東千里秋）：……一起曰「千里秋」，便將潤州寫得分外出色。亭東一望，千里清光，不覺有感於昔日之遊也。三、四承之，是因昔年而感於目前，言寺猶昔日之寺，橋猶昔日之橋，「無鳥跡」是感其衰；「多酒樓」是誌其盛。數年之内，盛衰在目，良可慨也。五、六又因目前而有感於前代，言潤州夙稱佳麗，爲諸名士賦詩飲酒之場，以南朝論之，則士多曠達；以東晉論之，則雅尚風流，二者雖無補於世道，而一段高情逸興，文人傑士，瀟灑有餘。杜公一生不拘細行，意氣閒逸，觀其胸中眼底，必深有旨乎晉人風味矣。月明江上，感慨情深，故以更想桓伊作結也。（朱三錫《東喦草堂評訂唐詩鼓吹》卷六）

《潤州》（謝朓詩中佳麗地）：一寫其佳麗，二寫其强盛，三承二來，四承一來。潤州在江之南，揚州在江之北。試看揚子江頭，水光月色，一望千里，角聲清徹，釣歌疊唱，其時風景之妙，不言可知。千金買笑，當亦不少惜矣。（朱三錫《東喦草堂評訂唐詩鼓吹》卷六）

杜司勳詩：「誰家唱《水調》，明月滿揚州」、「誰知竹西路，歌吹是揚州」、「揚州塵土試迴首，不惜千金借與君」、「二十四橋明月夜，玉人何處教吹簫」、「春風十里揚州路，卷上珠簾總不如」、「十年一覺揚州夢，贏得青樓薄倖名」，何其善言揚州也！（余成教《石園詩話》卷二）

題揚州禪智寺①

雨過一蟬噪，飄蕭松桂秋。青苔滿階砌，白鳥故遲留。暮靄生深樹〔一〕，斜陽下小樓。誰知竹西路②，歌吹是揚州。

【校勘記】

〔一〕「靄」，原作「藹」，據夾注本、文津閣本、《全唐詩》卷五二二、馮注本改。

【注　釋】

① 禪智寺：寺廟名。在揚州城東。寺前有橋，跨舊官河。此詩《杜牧年譜》繫於開成二年（八三

七)，謂「杜牧於大和七、八年間，亦曾居揚州，此詩所以斷爲本年作者，以杜牧弟顗方在禪智寺養疾，杜牧至揚州，蓋亦居此也」。詩有「雨過一蟬噪，飄蕭松桂秋」句，乃作於秋日。

②竹西路：在揚州禪智寺前官河北岸。夾注：「《唐宋詩話》：淮南維陽有蜀岡者，揚州之北岡也，或曰勢連蜀土。岡之南有竹西亭，修竹踈翠，後即禪智寺也。」馮注：「《輿地紀勝》：揚州竹西亭在北門外五里。《名勝志》：《寶祐志》云：竹西亭在禪智寺前河北岸，取杜牧詩語也。」

【集 評】

【竹西亭】淮南蜀江者，維揚之地也。或曰，勢連蜀土，或以産茶味如蜀茶云。自蜀江之南，有竹西亭，修竹踈翠，後即禪智寺也。竹西取杜牧之詩：「斜陽竹西路，歌吹是揚州。」自蜀江以南，景氣頓異，北風至此遂絶。(李頎《古今詩話》)

盈盈瀸致。(鄭郟評本詩)

杜司勳詩：「誰家唱《水調》，明月滿揚州」、「誰知竹西路，歌吹是揚州」、「揚州塵土試回首，不惜千金借與君」、「二十四橋明月夜，玉人何處教吹簫」、「春風十里揚州路，卷上珠簾總不如」、「十年一覺揚州夢，赢得青樓薄倖名」，何其善言揚州也！(余成教《石園詩話》卷二)

西江懷古①

上吞巴漢控瀟湘②，怒似連山淨鏡光〔一〕。魏帝縫囊真戲劇③，苻堅投箠更荒唐④。千秋釣舸歌明月〔二〕，萬里沙鷗弄夕陽。范蠡清塵何寂寞⑤，好風唯屬往來商。

【校勘記】

〔一〕「淨」，《文苑英華》卷三八〇作「静」，馮注本校：「一作静。」

〔二〕「舸」，《文苑英華》卷三八〇作「艇」，下校：「集作舸。」馮注本校：「一作艇。」

【注　釋】

① 此詩據吴在慶《唐若干「西江」詩考論》（《福建師範大學學报》二〇一八年第一期）所考，乃作於開成四年（八三九）春，時杜牧於和州泝江西上。西江：馮注：「注家以爲楚人指蜀江爲西江，以從西而下也。」按，馮注誤。此詩之西江乃指長江中下游。

② 瀟湘：見《早春寄岳州李使君李善棋愛酒情地閑雅》詩注②。

③魏帝縫囊句：戲劇，猶言開玩笑。三國時，步騭曾上表孫權，謂曾聞魏帝將盛沙於布囊，以塞斷江水，進攻荆州，望有所防備。後吕範、諸葛恪聞之，不免失笑，云：「此江與開闢俱生，寧有可以沙囊塞理也！」事見《三國志》卷五二《步騭傳》注引《吴録》。

④苻堅投箠句：前秦苻堅率師攻東晉，爲長江所阻，曾向群臣自誇「以吾之衆旅，投鞭於江，足斷其流」。事見《晉書》卷一一三《苻堅載記下》。

⑤范蠡清塵句：范蠡助越王勾踐滅吴後，乘扁舟，浮於江湖，變名易姓，自稱鴟夷子皮。事見《史記》卷一二九《貨殖列傳》。又傳説西施於吴亡後隨范蠡乘扁舟泛於五湖。清塵，本爲對人之敬稱，此指范蠡辭官隱逸之舉。寂寞，此指無人效仿范蠡之舉。

【集　評】

《西江懷古》：題是《西江懷古》，讀詩者遂謂魏帝、苻堅、范蠡，皆所懷之人也。殊不知先生此篇，前四句寫西江，後四句寫懷古。吞漢控楚，是寫西江形勢之扼要；連山鏡光，是寫西江風濤之不測，魏帝、苻堅，是寫西江當時絶好英雄。向者如此，據流設險，總是戲劇荒唐。竪看千秋，横觀萬里，惟此漁歌明月，鷗弄夕陽常存江上。因歎世上事，畢竟認不得真，做不得了，不如范蠡之扁舟五湖，悠然世外，所蓋實多耳。或云魏帝、苻堅，畢竟同在所懷之中，不知可懷之人必是可師之人，安有既已懷

之而又譏其戲劇荒唐，必無是理也。（朱三錫《東嵒草堂評訂唐詩鼓吹》卷六）

杜長律亦極有佳句，如「深秋簾幕千家雨，落日樓臺一笛風」、「蒲根水暖雁初浴，梅徑香寒蜂未知」、「千里暮山重疊翠，一溪寒水淺深清」，又「江碧柳青人盡醉，一瓢顔巷日空高」，俱灑落可誦。至《西江懷古》「千秋釣艇歌明月，萬里沙鷗弄夕陽」，尤有江天浩蕩之景。（賀裳《載酒園詩話又編·杜牧》）

【西江懷古】注家謂「楚人指蜀江爲西江，謂從西而下也」。國藩按：詩中「魏帝」、「苻堅」等語，殊不似指蜀中者。六朝隋唐皆以金陵爲江東，歷陽爲江西，厥後豫章郡奪江西之名，而歷陽等處不甚稱江西矣。此西江或指歷陽、烏江言之。（曾國藩《求闕齋讀書録》卷九）

江南懷古①

車書混一業無窮②，井邑山川今古同③。戊辰年向金陵過，惆悵閑吟憶庾公④。

【注　釋】

①《杜牧年譜》於大中二年謂「詩有『戊辰年向金陵過』句，故知爲本年作，蓋自睦州入京，道出金陵也」。今即據此訂本詩於大中二年（八四八）。

②車書混一：車同軌，書同文，指國家統一。馮注：「《周書・庾信傳》：混一車書，無救平陽之禍。」

③井邑：人口聚居之地。古代以八家爲一井。邑，小城市。

④戊辰年二句：戊辰年，指唐宣宗大中二年。庾公，即庾信，字子山。傳見《周書》卷四一、《北史》卷八三。庾信初仕梁，太清二年戊辰，侯景之亂時出奔江陵。梁元帝時出使西魏，梁亡，被迫留西魏。後又仕北周，常有鄉關之思，曾作《哀江南賦》以抒懷鄉國之情，其序中有「粤以戊辰之年，建亥之月，大盜移國，金陵瓦解」之句。夾注：「按，本集宣宗大中二年戊辰，公爲睦州刺史時。」

江南春絶句

千里鶯啼緑映紅〔一〕，水村山郭酒旗風。南朝四百八十寺①，多少樓臺煙雨中。

【校勘記】

〔一〕「千」，馮注本校：「一作十。」

【注　釋】

① 南朝句：南朝，指宋、齊、梁、陳四朝。其君王崇佛，尤以梁武帝蕭衍爲甚，故其時所建佛寺頗多。《南史·郭祖深傳》：「都下佛寺，五百餘所，窮極宏麗。僧尼十餘萬，資産豐沃。」

【集　評】

杜牧詩云「南朝四百八十寺，多少樓臺煙雨中。」帝王所都，而四百八十寺，當時已爲多，而詩人侈其樓臺閣殿焉。近世二浙、福建諸州，寺院至千區，福州千八百區。秔稻桑麻，連亘阡陌，而遊惰之民，竄籍其間者十九。非爲落髮修行也，避差役爲私計耳。以故居積貨財，貪毒酒色，鬭毆爭訟，公然爲之，而其弊未有過而問者。有識之士，每歎息于此。（張表臣《珊瑚鉤詩話》卷二）

《江南春》：觀本集，此詩蓋杜牧之赴宣州時，紀道中所見。（釋圓至《唐三體詩》卷一）

《江南春》：若將此詩畫作錦屏，恐十二扇鋪排不盡。（黄周星《唐詩快》卷十六）

《江南春》：首句用邱記室書，那得止賦所見，綴以「煙雨」二字，便是春景，古人工夫細密。（何焯《唐三體詩》卷一）

「千里鶯啼緑映紅，山村水郭酒旗風。南朝四百八十寺，多少樓臺煙雨中」。此杜牧《江南春》詩也。升菴謂：「『千』應作『十』，蓋千里已聽不著看不見矣，何所云：『鶯啼緑映紅』邪？」余謂即「十里」，亦未必盡聽得著，看得見。題云《江南春》，江南方廣千里，千里之中，鶯啼而緑映焉；水村山郭，無處無酒旗；四百八十寺，樓臺多在煙雨中也。此詩之意既廣，不得專指一處，故總而命曰「江南春」。詩家善立題者也。（何文焕《歷代詩話考索》）

夢得、牧之喜用數目字。夢得詩：「大艑高帆一百尺，新聲促柱十三弦」、「千門萬户垂楊裏」、「春城三百九十橋」；牧之詩：「漢宫一百四十五」、「南朝四百八十寺」、「二十四橋明月夜」、「故鄉七十五長亭」，此類不可枚舉，亦詩中之算博士也。（陸鎣《問花樓詩話》卷一）

將赴宣州留題揚州禪智寺①

故里溪頭松柏雙，來時盡日倚松窗。杜陵隋苑已絶國②，秋晚南遊更渡江。

【注　釋】

① 此詩《杜牧年譜》繫於開成二年（八三七），蓋是年秋末，杜牧離揚州赴宣州時作此詩。

② 杜陵句：杜陵，杜牧家園所在。馮注：「《太平寰宇記》：雍州萬年縣杜陵，漢縣，在今縣東十五里。《漢志》注云：古杜伯國也。」隋苑，故址在今揚州市西北。又名上林苑、西苑，隋煬帝時建。絶國，此指兩地距離極爲遥遠。江淹《别賦》：「況秦吴兮絶國。」

題宣州開元寺水閣閣下宛溪夾溪居人〔一〕①

六朝文物草連空②，天澹雲閑今古同。鳥去鳥來山色裏，人歌人哭水聲中③。深秋簾幕千家雨，落日樓臺一笛風。惆悵無因見范蠡〔二〕，參差煙樹五湖東④。

【校勘記】

〔一〕《才調集》卷四、《文苑英華》卷三一四題作《題宣州開元寺水閣》。「閣下宛溪夾溪居人」，《才調集》、文津閣本均作爲題下小注。韋莊《又玄集》卷中題作《宣州開元寺》。

〔二〕「見」，《文苑英華》卷三一三作「逢」，《全唐詩》卷五二二、馮注本校：「一作逢。」

【注釋】

① 宛溪：發源於宣城東南嶧山，流繞城東爲宛溪。至縣東北里許，與句溪匯合。此詩《杜牧年譜》繫於開成三年（八三八），時杜牧在宣州幕。詩有「深秋簾幕千家雨，落日樓臺一笛風」句，乃作於深秋。

②六朝：吳、東晉、宋、齊、梁、陳，均建都金陵，史稱六朝。

③人歌人哭句：化用《列子》「衆人且歌，衆人且哭」，與《禮記·檀弓下》：「晉獻公成室，張老曰：『美哉輪焉，美哉奂焉！歌於斯，哭於斯，聚國族於斯』」句意。馮注：「《拾遺記》：日南之南，有淫泉之浦，其水激石之聲，似人之歌笑。」

④惆悵二句：范蠡助越王勾踐滅吳後，乘扁舟，浮於江湖，變名易姓，自稱鴟夷子皮。事見《史記》卷一二九《貨殖列傳》。又傳説西施於吳亡後隨范蠡乘扁舟泛於五湖。五湖，太湖别稱。然五湖所指稱多有不同，亦有泛指太湖一帶水域者。夾注：「《通典》：五湖，在吳都、吳興、晉陵三縣。」

【集評】

東坡嘗曰，淵明詩初看若散緩，熟讀有奇趣。如曰：「日暮巾柴車，路暗光已夕。歸人望煙火，稚子候簷隙。」又曰：「靄靄遠人村，依依墟里煙。犬吠深巷中，雞鳴桑樹顛。」才高意遠，造語精到如此。不知者疲精力至死不知悟，而俗人亦謂之佳。如曰：「一千里色中秋月，十萬軍聲半夜潮」、「蝴蝶夢中家萬里，子規枝上月三更」、「深秋簾幕千家雨，落日樓臺一笛風」，皆寒乞相。初如秀整，熟視無神氣，以字露故也。東坡則不然。如曰：「山中老宿依然在，案上楞嚴已不看」之類，更無齟齬之態，細味對甚的而字不露，此其得淵明之遺意耳。（釋惠洪《冷齋夜話》卷一）

【鏘金戛玉・雙句有聞】「羌管一聲何處曲，流鶯百囀最高枝。」「深秋簾幕千家雨，落日樓臺一笛風。」（魏慶之《詩人玉屑》卷四）

杜牧之《開元寺水閣》詩云：「六朝文物草連空，天澹雲閑今古同。鳥去鳥來山色裏，人歌人哭水聲中。深秋簾幕千家雨，落日樓臺一笛風。惆悵無因見范蠡，參差煙樹五湖東。」此上三句落脚字，皆自吞其聲，韻短調促，而無抑揚之妙。因易爲「深秋簾幕千家月，靜夜樓臺一笛風」。迺示諸歌詩者，以予爲知音否邪？（謝榛《四溟詩話》卷三）

《題宣州開元寺水閣》：「人歌人哭水聲中」，奇語鑱刻。「深秋簾幕千家雨，落日樓臺一笛風」，可想可畫。（黄周星《唐詩快》卷十二）

意境幽折。（鄭郲評本詩）

晚唐七言律，佳句……有寫景繪物入情入妙者，如「滿樓春色旁人醉，半夜雨聲前計非」、「雨暗殘燈人散後，酒醒孤館雁來初」、「詩情似到山家夜，樹色輕含御水秋」，……「鶴盤遠勢投孤嶼，蟬曳殘聲過别枝」、「仙掌月明孤影動，長門燈暗數聲來」之類是也。……有頹放縱筆生姿者，如「題詩朝憶復暮憶，見月上弦還下弦」、「黄葉黄花古時路，秋風秋雨别家人」，……「鳥去鳥來山色裏，人歌人哭水聲中」，諸如此類是也。（葉矯然《龍性堂詩話》續集）

《題宣州開元寺水閣下宛溪夾溪居人》：起云「六朝文物」四字，何等豪華，緊接「草連空」三字，何等衰颯。忽然而文物，忽然而荒草，古今興廢，亦復何限。二云「天澹雲閑古今同」，天也，雲也，自來無興無廢，斯真眼前一段妙理，早在寺中閣上，當前指點出來。「去」、「來」、「歌」、「哭」，再寫一；「山色」「水聲」，再寫二。五、六雖就閣前景色言之，然寫秋曰「深秋」，寫日曰「落日」，真所謂日復一日，年又一年，進退之機，宜早自決，故以思范望湖作結也。「簾幙」五字，是描寫深秋，不是寫雨。「樓臺」五字，是描寫落日，不是寫風。讀唐律者，宜細細辨之。（朱三錫《東喦草堂評訂唐詩鼓吹》卷六）

杜長律亦極有佳句，如「深秋簾幕千家雨，落日樓臺一笛風」、「蒲根水暖雁初浴，梅徑香寒蜂未知」、「千里暮山重疊翠，一溪寒水淺深清」，又「江碧柳青人盡醉，一瓢顔巷日空高」，俱灑落可誦。至《西江懷古》「千秋釣艇歌明月，萬里沙鷗弄夕陽」，尤有江天浩蕩之景。（賀裳《載酒園詩話又編·杜牧》）

《題宣州開元寺水閣》：「今古」二字已暗透後半消息。六朝不過瞬息，人生那可不乘壯盛有所建樹，然而此懷誰可語者。「風雨」二句，思同心而莫之致也。我思古人，如范蠡者，功成身退，雖爲執鞭所欣慕焉。五六正爲結句蓄勢也。寄託高遠，不是逐逐寫景，若爲題所謾，便無味矣。（何焯《唐三體詩》卷四）

杜牧之晚唐翹楚，名作頗多，而恃才縱筆亦不少。如《題宣州開元寺水閣》，直造老杜門牆，豈特人稱小杜已哉？（薛雪《一瓢詩話》第二九條）

《詩家直説》二卷，明謝榛撰，榛有《四溟集》，已著録。榛詩本足自傳，而急於求名，乃作是書以自譽，增廣多夸而無當。又多指摘唐人詩病而改定其字句，甚至稱夢見杜甫、李白登堂過訪，勉以努力齊名。今觀其書大旨，主於超悟，每以作無米粥爲言，猶嚴羽「才不關學、趣不關理」之説也。又以練字爲主，亦方回「句眼」之説也。如謂杜牧《開元寺水閣》詩：「深秋簾幙千家雨，落日樓臺一笛風」句不工，改爲「深秋簾幙千家月，靜夜樓臺一笛風」。不知前四句爲「六朝文物草連空，天澹雲閑今古同。鳥去鳥來山色裏，人歌人哭水聲中」。末二句「惆悵無因見范蠡，參差煙樹五湖東」，皆登高晚眺之景。如改「雨」爲「月」，改「落日」爲「靜夜」，則「鳥去鳥來山色裏」非夜中之景，「參差煙樹五湖東」，亦非月下所能見，而就句改句，不顧全詩，古來有是法乎？（永瑢等《四庫全書總目提要》卷一百九十七集部詩文評類存目）

王士禎《論詩絶句》：「何因點竄澄江練，笑殺談詩謝茂榛。」固非好輕詆矣。

《題宣州開元寺水閣》：趙飴山極賞此詩，然亦只風調可觀耳，推之未免太過。（紀昀《瀛奎律髓刊誤》卷四「風土類」）

趙松雪嘗言作律詩用虛字殊不佳，中兩聯須填滿方好。此語雖力矯時弊，幼學者正不可不知。唐人如賈至《早朝大明宮》等作，實開其端。此外則少陵之「五更鼓角聲悲壯，三峽星河影動摇」、「錦江春色來天地，玉壘浮雲變古今」，杜樊川之「深秋簾幕千家雨，落日樓臺一笛風」，陸放翁之「樓船夜雪瓜州渡，鐵馬秋風大散關」皆是。（梁章鉅《退庵隨筆》卷二十一）

宣州送裴坦判官往舒州時牧欲赴官歸京〔一〕①

日暖泥融雪半銷，行人芳草馬聲驕〔二〕②。九華山路雲遮寺〔三〕③，青弋江村柳拂橋〔四〕④。

君意如鴻高的的⑤，我心懸旆正摇摇⑥。同來不得同歸去，故國逢春一寂寥〔五〕。

【校勘記】

〔一〕「裴」，原作「斐」，據《文苑英華》卷二八〇、文津閣本、《全唐詩》卷五二二、夾注本、馮注本改。「舒州」，夾注本作「徐州」，當誤。「牧」，夾注本作「某」。

〔二〕「行人」，《文苑英華》卷二八〇、文津閣本作「人行」，《全唐詩》卷五二二、馮注本校：「一作人行。」

〔三〕「寺」，《文苑英華》卷二八〇作「岫」，下校：「集作寺。」馮注本校：「一作岫。」

〔四〕「青弋江」，「青」，原作「清」，《文苑英華》卷二八〇作「青」，下校：「集作清。」馮注本作「清」，下校：「一作青。」今據《文苑英華》改。「江村」，夾注本作「江頭」。

〔五〕「一」，馮注本下校：「一作正。」

【注釋】

①裴坦：字知進，郡望河東聞喜。大和八年登進士第，任宣歙從事，召拜左拾遺。後累官至宰相。乾符元年卒。傳見《新唐書》卷一八二。判官，唐節度、觀察等使之僚屬。舒州，唐治所在今安徽安慶。據《杜牧年譜》，此詩作於開成四年（八三九）春，時杜牧將由宣州赴京任左補闕。

②驕：此指馬聲歡快。

③九華山：在今安徽青陽縣西南。馮注：「《太平寰宇記》：池州青陽縣九華山，在縣南二十里，舊名九子山，李白以有九峰如蓮花削成，改爲九華山。」

④青弋江：水名。在安徽境。源出石埭縣之舒溪，東北流經涇縣匯涇水爲賞溪。又東北受琴溪諸水，始爲青弋江。後流至蕪湖入長江。

⑤的的：分明貌。

⑥我心懸旆句：懸旆，猶懸旌。《戰國策·楚策一》：「寡人卧不安席，食不甘味，心摇摇如懸旌。」

【集評】

《宣州送裴坦判官往舒州時牧欲歸京》：按杜與裴同官宣州，是時杜拜殿中侍御史内供奉歸京，裴却棄官遊舒州，故杜送之以詩也。一寫時，二寫别，三寫裴往舒州路，四自寫歸京路，五言裴去志之

甚高，六自言初歸之未定，故以不得同歸。寫别後之思耳。（朱三錫《東嵒草堂評訂唐詩鼓吹》卷六）

句溪夏日送盧霈秀才歸王屋山將欲赴舉〔一〕①

野店正紛泊②，繭蠶初引絲。行人碧溪渡，繫馬緑楊枝。苒苒跡始去，悠悠心所期③。秋山念君别，惆悵桂花時④。

【校勘記】

〔一〕「盧」，原作「廬」，據夾注本、文津閣本、《全唐詩》卷五二二、馮注本改。

【注釋】

① 句溪：溪名。在宣州。馮注：「《方輿勝覽》：句溪在宣城東五里。」盧霈，字子中，范陽人。開成三年赴進士試，次年客遊代州，南歸爲盜所殺。事見杜牧《唐故范陽盧秀才墓誌》。王屋山，在今河南濟源市西北九十里與山西陽城交界處。一名天壇山，山有三重，形狀如屋，故名。此詩《杜牧年譜》繫於開成三年（八三八），蓋據《樊川文集》卷九《唐故范陽盧秀才墓誌》：「開成三年，來

京師舉進士」而定。據詩題，詩乃作於夏日。

② 紛泊：夾注：左思「《蜀都賦》：羽族紛泊。《注》：紛泊，飛揚也。」

③ 悠悠句：夾注：「《詩》曰：悠悠我心。」

④ 桂花時：指秋天，蓋桂花秋天開，故謂。唐人謂登進士第爲折桂，盧霈將赴舉，故此處桂花時亦有舉進士之時節意。

【集評】

《句溪夏日送盧霈秀才歸王屋山將欲赴舉》：「野店正紛泊，繭蠶初引絲。」譚云：借事紀時，是古詩法。鍾云：澹然深情。（鍾惺譚元春《唐詩歸》卷三十三「晚唐」一）

《句溪夏日送盧霈秀才歸王屋山將欲赴舉》：于生新取光響，自有風味。此種亦不自晚唐始，中唐人盡棄古體，以箋疏尺牘爲詩，六義之流風凋喪盡矣。樊川力回古調，以起百年之衰，雖氣未盛昌，而擺脱時蹊，自正始之遺澤也。顧華玉稱其温厚，洵爲知言。拗體。（王夫之《唐詩評選》卷三）

《句溪夏日送盧霈秀才歸王屋山將欲赴舉》（杜牧）：野店正（宜平而仄）紛泊，繭蠶初（宜仄而平，第一字仄，第三字必平）引絲。（第三字救上句，亦可不救。二句律句中拗）行人碧（宜平而仄）溪（宜仄而平）渡，（拗句。第四字拗平，第三字斷斷用仄，今人不論者非）繫馬緑楊枝。（不對格而實對）苒苒跡始去，（五字俱仄，中有入聲字，妙）悠悠心（此字必平，救上句）所期。（此必不可不救，因上句第三、第四字皆當平而反仄，必以此第三字平聲救之，否則落調矣。上句仄仄平仄仄亦同）秋山念君別，（拗同第三句）惆悵桂花時。（趙執信《聲調譜》五言律詩）

自宣城赴官上京①

瀟灑江湖十過秋〔一〕②，酒杯無日不遲留〔二〕③。謝公城畔溪驚夢④，蘇小門前柳拂頭⑤。千里雲山何處好，幾人襟韻一生休⑥。塵冠挂却知閑事⑦，終把蹉跎訪舊遊。

【校勘記】

〔一〕「瀟」，原作「蕭」，據《文苑英華》卷二九四、《全唐詩》卷五二二改。

〔二〕「遲」，《全唐詩》卷五二二作「淹」。「遲留」，《文苑英華》卷二九四作「封侯」，下校：「集作遲留。」《全唐詩》卷五二二亦校：「一作封侯。」

【注　釋】

①上京：指唐都城長安。此詩《杜牧年譜》繫於開成四年（八三九），乃是年春杜牧由宣州赴長安任左補闕時作。

②十過秋：杜牧於大和二年十月始辟於沈傳師江西幕，後歷佐宣歙、淮南幕，入朝任監察御史，又入宣州幕，至開成四年已十二年。此「十過秋」乃舉其成數。

③遲留：沉溺之意。

④謝公城：即宣州。南齊詩人謝朓曾爲宣城太守，故稱。城中有謝公樓、謝公亭等古跡。溪，指句溪。馮注：「《方輿勝覽》：謝公亭在宣城縣北二里，即謝朓送范雲赴零陵之地。《元豐九域志》：宣城有句溪水。」

⑤蘇小：即南齊錢塘名妓蘇小小。此借指當地歌伎。

⑥襟韻：指人之胸懷抱負與風度氣質。

⑦塵冠句：塵冠，指世俗官職。挂冠即棄官。

【集　評】

《自宣城赴官上京》：「瀟灑」與「淹留」相反。曰「淹留」，其耽於酒杯可知。一起先下「瀟灑」二字，明明自言瀟灑中之淹留，若有意若無意。殆一片高懷逸韻，寄情詩酒中人也。傳稱杜公豪邁有奇節，不爲齷齪小謹，於此篇已見其概矣。三「謝公城外溪」，下「驚夢」二字，四「蘇小門前柳」，下「拂頭」二字，寫盡「淹留」，亦寫盡「瀟灑」。五「何處好」，言何處無雲山，得好便好。六「一生休」，言何人有襟韻，得休便休。欲掛冠即掛冠，又何宣城之不可住，又何官之必欲赴也。看他口頭眼底，無非戀戀宣城之意，却又瀟灑自得，不爲利名所羈。此等襟懷，又豈平常仕路人所易幾者耶？（朱三錫《東嵒草堂評訂唐詩鼓吹》卷六）

春末題池州弄水亭①

使君四十四②，兩佩左銅魚③。爲吏非循吏，論書讀底書〔一〕？晚花紅豔靜〔二〕，高樹緑陰初。亭宇清無比，溪山畫不如。嘉賓能嘯詠，宮妓巧妝梳。逐日愁皆碎，隨時醉有餘。偃須求五鼎④，陶秖愛吾廬⑤。趣向人皆異〔三〕，賢豪莫笑渠。

【校勘記】

〔一〕「爲吏」二句，馮注本校：「《戊籤》作『爲吏非爲吏，讀書底讀書』。」

〔二〕「静」，文津閣本作「盡」。

〔三〕「趣向」，「向」，夾注本作「尚」。馮注本下校：「《方輿勝覽》作尚。」

【注　釋】

①池州：州名。唐武德四年分宣州置，治所在秋浦縣（今安徽貴池市）。弄水亭，馮注：「《一統志》：弄水亭在貴池縣南通遠門外，唐杜牧建，取李白『飲弄水中月』之句爲名。」此詩《杜牧年譜》繫於會昌六年，蓋詩有「使君四十四，兩佩左銅魚」句，是年杜牧年四十四，已任黃州、池州兩任刺史，與詩所言合。今即據此訂此詩於會昌六年（八四六）春末。

②使君：漢時稱刺史爲使君。漢以後尊稱州郡長官亦曰使君。唐州郡長官稱刺史。此處爲詩人自稱。

③兩佩句：左銅魚，銅魚符之左半。魚符爲隋唐時朝廷頒發之一種符信，雕木或鑄銅爲魚形，亦稱魚契。官吏持此以爲憑信。唐時刺史即持銅魚符。時杜牧連爲黃、池二州刺史，故云「兩佩左銅魚」。馮注：「《唐六典》：隨身魚符之制，左二右一，太子以玉，親王以金，庶官以銅，佩以爲飾，刻姓名者，棄官而納焉；不刻者，傳而佩之。」

④偃須句：偃，西漢主父偃。其熱中功名富貴，曾云：「丈夫生不五鼎食，死則五鼎烹耳。」事見《史

記》一一二本傳。

⑤陶秖愛句：陶，指晉陶淵明。其不願爲五斗米折腰，而退歸田園。其《讀山海經》詩云：「衆鳥欣有托，吾亦愛吾廬。」

【集評】

春晚景物説得出者，惟韋蘇州「緑陰生晝寂，孤花表春餘」，最有思致。如杜牧之「晚花紅豔靜，高樹緑陰初」，亦甚工，但比韋詩無雍容氣象爾。至張文潛「草青春去後，麥秀日長時」及「新緑染成延晝永，爛紅吹盡送春歸」，亦非不佳，但刻畫見骨耳。（曾季貍《艇齋詩話》）

閑適。（鄭郲評此詩）

登池州九峰樓寄張祜〔一〕①

百感中來不自由〔二〕②，角聲孤起夕陽樓。碧山終日思無盡，芳草何年恨即休〔三〕。睫在眼前長不見〔四〕③，道非身外更何求〔五〕④。誰人得似張公子⑤，千首詩輕萬户侯⑥。

【校勘記】

〔一〕《又玄集》卷中題作《寄張祜》。「九峰樓」，馮注本校：「《鼓吹》作九華樓。」

〔二〕「感」，《又玄集》卷中作「歲」。「中來」，原作「衷來」，據《又玄集》卷中、《文苑英華》卷三一三、夾注本、《全唐詩》五二二改。《唐詩紀事》卷五六、馮注本亦作「衷來」，馮注本校：「一作中，又作哀。」

〔三〕「即」，《全唐詩》卷五二二校：「一作始。」

〔四〕「眼」，《唐詩紀事》卷五六作「目」。「長」，《唐詩紀事》卷五六作「人」。

〔五〕「道非」，《唐詩紀事》卷五二作「道超」。「更」，《文苑英華》卷三一三作「欲」，下校：「集作更。」《全唐詩》卷五二二、馮注本校：「一作欲。」

【注釋】

①九峰樓：在池州東南，即今安徽貴池市城内。杜牧《唐故處州刺史李君墓誌銘并序》云：「城東南隅樹九峰樓，見數千里。」亦稱九華樓。《輿地紀勝》卷二二池州：九華樓「《池陽記》：即子城東門樓」。《清一統志·池州府二》：九華樓「在貴池縣九華門上，唐建。……唐杜牧有《九華樓寄張祜》詩」。張祜，一作張祐，誤。祜字承吉，排行第三。郡望清河（今屬河北），一云南陽（今屬河南）人。生於蘇州（今屬江蘇）。終生未仕，寓居丹陽，爲處士，大中中卒。生平見《唐詩紀事》

卷五二、《唐才子傳》卷六。此詩《杜牧年譜》繫於會昌五年（八四五），蓋是年杜牧爲池州刺史，秋九月重陽節與張祜同登齊山，分别後所作。

②中來：夾注：「魏武帝《短歌行》：憂從中來，不可斷絶。《注》：中，謂中心也。」

③睫在句：睫，睫毛。《史記・越王勾踐世家》載，春秋時，齊國使者謂越王云：「幸也越之不亡也！吾不貴其用智之如目，見豪毛而不見其睫也。」意爲只看見别人之過失，而看不見自己之缺點。此乃針對白居易而言。《雲溪友議》卷中載，白居易任杭州刺史時，張祜與徐凝均至杭州取解，白居易試以詩，而後首薦徐凝。張祜不服，「行歌而邁，凝亦鼓枻而歸。二生終身偃仰，不隨鄉賦」。後杜牧「守秋浦，與張生爲詩酒之交，酷吟祜宫詞，亦知錢塘之歲，自有非之之論，懷不平之色，爲詩二首以高。則曰：『誰人得似張公子，千首詩輕萬户侯。』又云：『如何故國三千里，虛唱歌詞滿六宫。』」《唐詩紀事》卷五二張祜條亦略記此事，謂杜牧「亦知樂天有非之之論，乃爲詩曰：『睫在眼前人不見，道超身外更何求？誰人得似張公子，千首詩輕萬户侯。』」

④道非身外句：馮注：「《管子》：身外事謹，則聽其名。《孟子・注》：爵禄須知己，知己者在外，非身所專，是以云求，無益於得也，求在外者也。」

⑤張公子：此指張祜。

⑥萬户侯：此泛指官爵顯赫者。《漢書・張良傳》：「良乃稱曰：『家世相韓，及韓滅，不愛萬金之

資，爲韓報仇彊秦，天下震動。今以三寸舌爲帝者師，封萬户，位列侯，此布衣之極，於良足矣。』」

【集　評】

《舟中夜賦》：千里風塵季子裘，五湖煙浪志和舟。燈殘復吐惱孤夢，雨落還收生旅愁。城上霜笳入霄漢，煙中漁火耿汀洲。牧之未極詩人趣，但謂能輕萬户侯。（陸游《劍南詩稿》卷六十）

【穩步康莊·平易】「睫在眼前長不見，道非身外更何求。」「無可奈何花落去，似曾相識燕歸來。」（魏慶之《詩人玉屑》卷三）

《登池州九華峰寄張祜》：入手劈將有感於中不自由作起，真有一段登高望遠，觸景興懷，情不自已之況。樓曰「夕陽」，聲曰「孤起」，則所感愈不堪言矣。三、四皆寫「不自由」也。人生眼前之物猶未之見，而身外之事偏多所求，利名碌碌終無已時。此皆從煩惱中求生活也。孰有忘名修道，雅情高致如張公子者乎？後四句皆寫寄張祜也。（朱三錫《東喦草堂評訂唐詩鼓吹》卷六）

《登池州九華峰寄張祜》：生不能封萬户侯，僅有詩千首，自通於後。我亦猶張之寂也。故曰不見其睫。（何焯《評注唐詩鼓吹》卷六）

齊安郡晚秋①

柳岸風來影漸疎，使君家似野人居。雲容水態還堪賞，嘯志歌懷亦自如。雨暗殘燈棋欲散〔一〕，酒醒孤枕雁來初。可憐赤壁爭雄渡②，唯有蓑翁坐釣魚。

【校勘記】

〔一〕「欲散」，文津閣本、《全唐詩》卷五二二作「散後」，《全唐詩》下校：「一作欲散。」

【注　釋】

① 齊安郡：即黃州，治所在今湖北黃岡。夾注：「《十道志》：齊安，荆州之域，楚地。隋開皇三年以齊安爲黃州。」馮注：「《通典》：齊安郡黃州，理黃岡縣。」詩乃杜牧任黃州刺史時作，惟未知确年，故《杜牧年譜》姑附於会昌四年。杜牧會昌二年春至四年秋在黃州任，而詩乃作於秋日，故此詩之作年乃在會昌二年至四年（八四二—八四四）秋。

② 可憐句：赤壁，此指黃州黃岡之赤鼻磯。夾注：「李白詩曰：赤壁爭雄如夢裏。」按，此句指三國

時赤壁之戰事。

【集　評】

《宣和畫譜》載李公麟作畫以立意爲先，布置緣飾爲次，蓋深得杜甫作詩體制。甫作《茅屋爲秋風所拔歎》，雖衣破屋漏非所恤，而欲大庇天下寒士俱歡顏。公麟作《陽關圖》，以别離慘恨爲人之常情，而設釣者於水濱，忘形塊坐，哀樂不關於其意。其他種種類此。予侄婿張子敬云：公麟此筆，當取杜牧《齊安郡晚秋》詩意。蓋其詩末句云：「可憐赤壁爭雄渡，惟有蓑翁坐釣魚。」此論甚好。（李治《敬齋古今黈》卷六）

晚唐七言律，佳句……有寫景繪物入情入妙者，如「滿樓春色旁人醉，半夜雨聲前計非」、「雨暗殘燈人散後，酒醒孤館雁來初」，……「灘頭鷺占清波立，原上人傍返照耕」、「鶴盤遠勢投孤嶼，蟬曳殘聲過别枝」、「仙掌月明孤影動，長門燈暗數聲來」之類是也。……有頹放縱筆生姿者，如「題詩朝憶復暮憶，見月上弦還下弦」、「黄葉黄花古時路，秋風秋雨别家人」，……「鳥去鳥來山色裏，人歌人哭水聲中」，諸如此類是也。（葉矯然《龍性堂詩話》續集）

《齊安郡晚秋》：題是《齊安郡晚秋》耳，忽寫及一使君，何故？意使君高牙大纛，尊居顯位，而風流瀟灑，絶無矜張之氣者，言同一使君之居也。當三春盛時，柳濃風暖，極其絢麗，曾幾何時，而風高柳疎，極其蕭索。凡世間，一切成大名、顯當世，實與彼草木同腐，可歎也。三承一來，言雖景物蕭疎，而雲容水態猶可共玩，故曰「還堪」也。四承二來，言惟居似野人，而嘯志歌懷猶然自得，故曰「亦自」也。五、六實寫晚秋二字，於此十四字中，忽地悟出七之「可憐」二字。前此「赤壁爭雄」，今日「簑翁坐釣」，正與通篇文字照應。（朱三錫《東嵒草堂評訂唐詩鼓吹》卷六）

九日齊山登高〔一〕①

江涵秋影雁初飛，與客攜壺上翠微②。塵世難逢開口笑③，菊花須插滿頭歸④。但將酩酊酬佳節⑤，不用登臨恨落暉〔二〕。古往今來只如此，牛山何必獨霑衣〔三〕⑥。

【校勘記】

〔一〕《才調集》卷四題作《九日登高》。《全唐詩》卷五二二題作《九日齊安登高》，在「齊安」下校：「一作齊山。」

〔二〕「恨」，《才調集》卷四、《全唐詩》卷五二二作「歎」，《全唐詩》校：「一作恨。」馮注本於「恨」下校：「一作怨，又一作歎。」

〔三〕「獨」，文津閣本作「淚」。《全唐詩》卷五二二亦作「淚」，下校：「一作獨。」馮注本校：「一作淚。」

【注　釋】

①齊山：山名。在安徽貴池東南。馮注：「《太平寰宇記》：池州貴池縣齊山，在縣東南六里。《四庫全書總目》：齊山有十餘峰，以其正相齊等，故曰齊山。」此詩《杜牧年譜》繫於會昌五年，時杜牧任池州刺史。是年秋，詩人張祜來池州，兩人同遊齊山，故有是作。魏泰《臨漢隱居詩話》即記：「池州齊山石壁有刺史杜牧、處士張祜題名。」今即據此訂本詩於會昌五年（八四五）九月。

②翠微：輕淡青葱之山色。《文選》左思《蜀都賦》：「鬱葐蒀以翠微，崛巍巍以峩峩。」《注》：「翠微，山氣之輕縹也。」此處指齊山。

③塵世難逢句：《莊子·盜蹠》：「人上壽百歲，中壽八十，下壽六十，除病瘦死喪憂患，其中開口而笑者，一月之中不過四五日而已。」

④菊花須插句：古人有九月九日採菊插花习俗。馮注：「崔實《月令》：九月九日，可采菊花。《續神仙傳》：許碏插花滿頭，把花作舞，上酒家樓醉歌。」

⑤但將句：酩酊，大醉貌。蕭統《陶淵明傳》：「嘗九月九日出宅邊菊叢中坐，久之，滿手把菊。忽值（王）弘送酒至，即便就酌，醉而歸。」

⑥牛山句：牛山，在今山東淄博市東。馮注：「《元和郡縣志》：青州臨淄縣牛山，在縣南二十五里。」《晏子春秋》卷一《内篇·諫上》載「景公遊於牛山，北臨其國城而流涕曰：『若何滂滂去此

而死乎！』艾孔、梁丘據皆從而泣。晏子獨笑於旁，公刷涕而顧晏子曰：『寡人今日遊悲……子之獨笑，何也？』晏子對曰：『使賢者常守之，則太公、桓公將常守之矣；使勇者常守之，則莊公、靈公將常守之矣。數君者將守之，則吾君安得此位而立焉？以其迭處之，迭去之，至於君也，而獨爲之流涕，是不仁也。不仁之君見一，諂諛之臣見二，此臣之所以獨竊笑也。』」

【集評】

《次韻和吳仲庶池州齊山畫圖》：省中何忽有崔嵬，六幅生綃坐上開。指點便知巖穴處，登臨新作使君來。雅懷重向丹青得，勝勢兼隨翰墨回。更想杜郎詩在眼，一江春雪下離堆。（王安石《臨川先生文集》卷十九）

《和王微之秋浦望齊山感李太白杜牧之》：齊山置酒菊花開，秋浦聞猿江上哀。此地流傳空筆墨，昔人埋没已蒿萊。平生志業無高論，末世篇章有逸才。尚得使君驅五馬，與尋陳跡久徘徊。（王安石《臨川先生文集》卷十九）

杜牧之《九日齊山登高》詩落句云：「牛山何必淚霑衣。」蓋用齊景公遊於牛山，臨其國流涕事，泛言古今共盡，登臨之際，不必感歎耳，非九日故實也。後人因此，乃於詩或詞，遂以牛山作九日事用之，亦猶牧之用顔延年「一麾出守」爲旌麾之麾，皆失於不精審之故也。（朱弁《風月堂詩話》卷下）

苕溪漁隱曰：杜牧之《九日齊安登高》云：「江涵秋影雁初飛，與客攜壺上翠微。」又有詩云：

「煙深隋家寺，殷葉暗相照。獨佩一壺遊，秋毫泰山小。」東坡用其語作詩云：「明日南山春色動，不知誰佩紫微壺。」以牧之曾作中書舍人，故言紫微壺。又牧之詩：「何如釣船雨，篷底卧秋江。」又《憶齊安郡》云：「平生睡足處，雲夢澤南州。一夜風欺竹，連江雨送秋。」東坡用其語作詩云：「客睡不妨船背雨。」又云：「平生睡足連江雨，盡日舟横拍岸風。」（胡仔《苕溪漁隱叢話後集》卷三十東坡五）

《次韻施德初遊齊山》：詩塵誰復數齊梁，小杜文章楚大邦。曾爲黄花酬九日，至今陳跡擅三江。新亭高下依喬木，遠岫參差進曲牕。著屐與君時茗飲，後車何必酒盈缸。（洪适《盤洲文集》卷四）

《宿池州齊山寺即杜牧之九日登高處》：我來秋浦正逢秋，夢裏曾來似舊遊。風月不供詩酒債，江山長管古今愁。謫仙狂飲顛吟寺，小杜倡情冶思樓。問著州民渾不識，齊山依舊俯寒流。（楊萬里《誠齋集》卷三十三）

《登高》云：「無邊落木蕭蕭下，不盡長江滾滾來。萬里悲秋常作客，百年多病獨登臺。」此二聯不用故事，自然高妙，在樊川《齊山九日》七言之上。（劉克莊《後村詩話》新集卷二）

【唐人句法・首用虚字】「但將酩酊酬佳節，不用登臨怨落暉。」杜牧《九日》。（魏慶之《詩人玉屑》卷三）

《九日齊山》：《列子》云：「齊景公遊于牛山，北臨其國城而流涕曰：『美哉國乎，若何滴滴去此國而死乎？使古無死者，寡人將去斯而何之？』史孔、梁丘據從之泣。晏子獨笑於傍曰：『吾君方將被蓑笠而立乎畎畝之中，惟事之恤，何暇念死乎？』景公慚焉。」（蔡正孫《詩林廣記》前集卷六杜牧之）

《齊山》：此以「塵世」對「菊花」，開闔抑揚，殊無斧鑿痕，又變體之俊者。後人得其法，則詩如禪家散聖矣。（方回《瀛奎律髓》卷二十六變體類）

崔曙「漢文皇帝有高臺，此日登臨曙色開」，老杜「野老籬前江岸回，柴門不正逐江開」、「白帝城中雲出門，白帝城下雨翻盆」、「青娥皓齒在樓船，橫笛短簫悲遠天」、「霜黃碧梧白鶴棲，城上擊柝復烏啼」，岑參「滿樹枇杷冬著花，老僧相見具袈裟」，李頎「新加大邑綬仍黃，近與單車去洛陽」，劉長卿「若爲天畔獨歸秦，對水看山欲暮春」，郎士元「石林精舍虎溪東，夜扣禪扉謁遠公」，杜牧「江涵秋影雁初飛，與客攜壺上翠微」，雖意稍疏野，亦自一種風致。（胡應麟《詩藪》內編卷五近體中七言）

【江山秋思圖】余與平原程黃門，以使事過江南，一日閣輿道上，陂陀回複，峰巒孤秀，下有平湖，碧澄萬頃，湖之外，長江吞山，征帆點點，與鳥俱沒。黃門曰：「此何山也？」余曰：「其齊山乎。」蓋以「江涵秋影」句測之，果然。（董其昌《畫禪室隨筆》卷二題自畫）

杜牧之「江涵秋影」，截首四句，乃中唐佳什，衍爲八句便齊氣；「古往今來」，竟成何語？（毛先舒《詩辯坻》卷三）

《九日齊山登高》：起賦景，次寫事，下六句皆議論，另一氣局，格亦俊朗鬆靈。然如第七句，不可法，粗率無味。五六言速爲飲酒，勿於登臨之際，而歎日之易落也。《莊子》：人生上壽百歲，中壽八十，下壽六十，病瘦死喪憂患，其中開口而笑者，一月之中不過四五日而已。按少陵詩云：「故里樊川菊，登高素滻源。他時一笑後，今日幾人存。」今此三四蓋全取其意歟！《列子》：齊景公遊於牛山，北臨其國城，而流涕曰：美哉國乎！鬱鬱芊芊，若何謫去此國而死乎？使古無死者，寡人將去斯而何之？史孔、梁丘據從之泣。晏子獨笑，公問之，對曰：使賢者常守之，則太公、桓公將常守之矣；使勇者守之，則莊公、靈公常守之矣。數君守之，吾君方被蓑笠而立於畎畝之中。惟事之恤，何暇念死乎？（胡以梅《唐詩貫珠箋》卷五十一）

《九日齊山登高》：發端却暗藏一「怨」字。此句（指頷聯）妙在不實接登高，撇開「怨」字。後半都一氣貫注。（何焯《唐三體詩》卷三）

《九日齊山登高》：起句極妙。「江涵秋景」，俯有所思也，「新雁初飛」，仰有所見也，此七字中已具無限神理，無限感慨。提壺登高，正所謂及時行樂也。三、四即承此意。五、六又總承三、四而言，甚有曠觀古今，隨在自得之趣。「只如此」三字，又總承五、六意也。（朱三錫《東喦草堂評訂唐詩鼓吹》卷六）

《九日齊山登高》：末二句影切齊山，非泛然下筆。（沈德潛《唐詩別裁集》卷十五）

《齊山》：前四句自好，後四句却似樂天。不用「何必」字，與意並複，尤爲礙格。（紀昀《瀛奎律髓刊誤》卷二十六變體類）

【簪花】今俗惟婦女簪花，古人則無有不簪花者，其見於詩歌，如王昌齡「茱萸插鬢花宜壽」，戴叔倫「醉插茱萸來未盡」，杜牧之「菊花須插滿頭歸」，邵康節「頭上花姿照酒巵」，梅聖俞《謝通判太博惠庭花》詩：「欲插爲之醉，但慚髮星星」，東坡《吉祥寺賞牡丹》詩：「年老簪花不自羞，花應羞上老人頭」，又《在李鈐轄坐上分題戴花》詩云：「頭上花枝奈老何」，穆清叔：「共飲梨花下，梨花插滿頭」，黄山谷詞：「花向老人頭上笑羞羞，人不羞花花自羞」，陸放翁詩：「兒童共道先生醉，折得黄花插滿頭」之類，不一而足。（趙翼《陔餘叢考》卷三十一）

七律發端倍難於五言，如……杜牧之之「江涵秋影雁初飛，與客攜壺上翠微」之清超，温飛卿之「澹然空水共斜暉，曲島蒼茫接翠微」之蒼秀，元微之之「鳳有高梧鶴有松，偶來江外寄行蹤」之鬆爽，尚可備脱胎換骨之用。然但宜師其勢，不當倣其意。（王壽昌《小清華園詩談》卷下）

晚唐於詩非勝境，不可一味鑽仰，亦不得一概抹殺。予嘗就其五七律名句，摘取數十聯，剖爲三等，俾家塾後生，知所擇焉。……上者風力鬱盤，次者情思曲摯，又次者則筋骨盡露矣。以此法更衡七律，如「江涵秋影雁初飛，與客攜壺上翠微」、「玉帳牙旗得上游，安危須共主君憂」、「永憶江湖歸白髮，欲回天地入扁舟」、「半夜秋風江色動，滿山寒葉雨聲來」，七言之上也。（潘德輿《養一齋詩話》卷四）

池州春送前進士蒯希逸〔一〕①

芳草復芳草，斷腸還斷腸〔二〕。自然堪下淚，何必更殘陽。楚岸千萬里，燕鴻三兩行。有家歸不得〔三〕，況舉別君觴。

【校勘記】

〔一〕《才調集》題作《池州春日送人》。

〔二〕「還」，馮注本作「復」，下校：「一作還。」

〔三〕「不」，《才調集》卷四、《文苑英華》卷二八〇作「未」。《全唐詩》卷五二二、馮注本校：「一作未。」

【注　釋】

① 前進士：唐人對已登進士第者之稱呼。蒯希逸，字大隱。池州一帶人。會昌三年登進士第。生平見《唐摭言》卷三及卷一〇、《唐詩紀事》卷五五、《登科記考》卷二二。此詩《杜牧年譜》以其作於池州而難定確年，姑附於會昌六年（八四六）。杜牧會昌四年秋至六年秋均在池州刺史任，而詩作於春日，故其作年當在會昌五或六年（八四五、八四六）春。

【集　評】

《池州春送前進士蒯希逸》：四語（指前四句）竟是極妙絕句。（黄周星《唐詩快》卷十）

齊安郡中偶題二首①

其一

兩竿落日溪橋上②，半縷輕煙柳影中。多少緑荷相倚恨，一時迴首背西風。

【注釋】

①此詩作於齊安郡，亦即黄州，然未知確年，故《杜牧年譜》附於杜牧任黄州刺史之最後一年，即會昌四年。按，杜牧會昌二年至四年（八四二—八四四）秋間在黄州刺史任，故此二詩即作於此期間之秋日。

②兩竿落日：落日僅有兩竹竿高。

其二

秋聲無不攪離心①，夢澤蒹葭楚雨深〔一〕②。自滴階前大梧葉〔二〕，干君何事動哀吟〔三〕？

【校勘記】

〔一〕「蒹」，原作「兼」，據夾注本、文津閣本、《全唐詩》卷五二二、馮注本改。

〔二〕「大梧葉」，文津閣本作「木桐葉」。

〔三〕「干君」，文津閣本作「於君」。

【注　釋】

① 攪離心：攪動著離别家園之情。

② 夢澤：即雲夢澤。古楚國大澤。雲、夢本爲兩澤，後併爲一澤。先秦、兩漢所稱雲夢澤，大致包括今湖南益陽、湘陰以北、湖北江陵、安陸以南、武漢市以西地區。此指黄州附近之湖澤。黄州古爲楚地。蒹葭，蘆葦之屬。

【集　評】

【干人】《丹浦款言》云：杜詩「千人何事網羅求」，當作「干人」。杜牧之詩：「自滴階前大梧葉，干君何事動哀吟？」按此説，則南唐元宗戲馮延巳云：「吹皺一池春水，干卿何事？」語固有本。（王士禎《池北偶談》卷十三「談藝」三）

蕭疏。（鄭郲評本詩）

樊川真色真韻，殆欲吞吐中晚千萬篇，正亦何必效杜哉！小杜詩「自滴堦前大梧葉，干君何事動哀吟」，亦在南唐「吹皺一池春水」語之前，可證杜《黑白鷹》語。（翁方綱《石洲詩話》卷二）

齊安郡後池絶句①

菱透浮萍緑錦池②，夏鶯千囀弄薔薇〔一〕。盡日無人看微雨，鴛鴦相對浴紅衣。

【校勘記】

〔一〕「囀」，原作「轉」，據夾注本、文津閣本、《全唐詩》卷五二二、馮注本改。

【注　釋】

① 此詩作於齊安郡，亦即黄州，然未知確年，故《杜牧年譜》附於杜牧任黄州刺史之最後一年，即會昌四年。按，杜牧會昌二年至四年（八四二—八四四）秋間在池州刺史任，故此詩即作於此期間之夏日。

② 菱透浮萍句：馮注：「魏文帝詩：汎汎緑池，中有浮萍。」

題齊安城樓①

嗚軋江樓角一聲〔一〕，微陽瀲瀲落寒汀。不用憑欄苦迴首，故鄉七十五長亭②。

【校勘記】

〔一〕「嗚軋」，夾注本、馮注本作「鳴軋」。《全唐詩》卷五二三作「嗚咽」，「咽」字下校：「一作軋。」

【注　釋】

① 此詩作於齊安郡，亦即黄州，然未知確年，故《杜牧年譜》附於杜牧任黄州刺史之最後一年，即會昌四年。按，杜牧會昌二年至四年（八四二—八四四）秋間在池州刺史任，故此詩即作於此期間。

② 長亭：路邊供行人休息之亭子。此指驛站。古時三十里置一驛，有驛亭。杜牧家鄉長安距黄州二千二百二十五里，約有七十五個驛站。李白《淮陽抒懷》：「沙灘至梁苑，七十五長亭。」

【集評】

古今詩人多以記境熟語，或相類。鮑明遠云：「昔如韝上鷹，今似檻中猿。」杜子美云：「昔如縱壑魚，今如喪家狗。」王荊公云：「昔如下繫三鶻拳，今如倒曳九牛尾。」李太白云：「沙墩至梁苑，二十五長亭。」杜牧之云：「故鄉七十五長亭。」……諸名下之士，豈相剽竊者邪。（邵博《邵氏聞見後録》卷十八）

【故鄉七十五長亭】杜牧之《齊安城樓》詩：「嗚咽江樓角一聲，微陽瀲瀲落寒汀。不用憑欄苦回首，故鄉七十五長亭。」蓋用李太白《淮陰書懷》詩：「沙墩至梁苑，七十五長亭。」（吴曾《能改齋漫録》卷八）

《復齋漫録》云：「牧之《齊安城樓》詩：『嗚咽江樓角一聲，微陽瀲瀲落寒汀。不用憑欄苦回首，故鄉七十五長亭。』蓋用李太白《淮陰書懷》詩：『沙墩至梁苑，二十五長亭。』」苕溪漁隱曰：「魯直《竹枝詞》：『鬼門關外莫言遠，五十三驛是皇州。』皆相沿襲也。」（胡仔《苕溪漁隱叢話後集》卷十五「杜牧之」）

《題齊安城樓》：一本路程圖。（黄周星《唐詩快》卷十六）

問：「詩中用古人及數目，病其過多。若偶一用之，亦謂之點鬼簿、算博士耶？」答：「唐詩如『故鄉七十五長亭』、『紅闌四百九十橋』皆妙，雖算博士何妨！但勿呆相耳。所云點鬼簿，亦忌堆垛。高人驅使，自不覺耳。」（王士禛《師友詩傳續録》）

夢得、牧之喜用數目字。夢得詩：「大艑高帆一百尺，新聲促柱十三弦」、「千門萬户垂楊裏」、「春城三百九十橋」；牧之詩：「漢宮一百四十五」、「南朝四百八十寺」、「二十四橋明月夜」、「故鄉七十五長亭」，此類不可枚舉，亦詩中之算博士也。（陸鎣《問花樓詩話》卷一）

池州李使君没後十一日處州新命始到後見歸妓感而成詩〔一〕①

縉雲新命詔初行〔二〕②，纔是孤魂壽器成〔三〕③。黄壤不知新雨露④，粉書空换舊銘旌〔四〕⑤。
巨卿哭處雲空斷〔五〕⑥，阿鶩歸來月正明⑦。多少四年遺愛事⑧，鄉閭生子李爲名⑨。

【校勘記】

〔一〕《又玄集》卷中題作《哭處州李員外》。《文苑英華》卷三〇四題作《哭李員外》，下校：「集作《哭池州李使君》。」

〔二〕「初」，《文苑英華》卷三〇四、馮注本校：「一作書。」

〔三〕「纔」，《文苑英華》卷三〇四、馮注本校：「一作政。」「壽器」，《又玄集》卷中作「受器」，《文苑英華》作「受氣」，下校：「一作壽氣。」《全唐詩》卷五二二校：「一作受氣，一作壽氣。」馮注本校：「一云受氣。」

〔四〕「空」，《文苑英華》卷三〇四、《全唐詩》卷五二二校：「一作唯。」

〔五〕「雲空」，《又玄集》卷四作「魂初」，《文苑英華》卷三〇四校：「一作魂初。」夾注本於「雲」下校：「一作魂。」

【注釋】

①李使君：李方玄，字景業，荆州石首人。進士及第，任江西幕判官、池州刺史，有善政。罷池州，任處州刺史，未及到任，會昌五年卒於宣城客舍。傳見《新唐書》卷一六二。事跡又見杜牧《唐故處州刺史李君墓誌銘并序》。據《唐故處州刺史李君墓誌銘并序》：李方玄「會昌五年四月某日，卒于宣城客舍」，而詩作於此後不久，則當作於會昌五年（八四五）。

②縉雲：郡名，即處州。唐治所在今浙江麗水。

③壽器：棺木。

④雨露：喻帝王恩澤。新雨露，此指處州新命。

⑤粉書句：銘旌，靈柩前之旗幡。上以粉書死者姓名、官銜。馮注：「《通典》：銘旌以絳，廣充幅，三品以上，長九尺，五品以上，長八尺，六品以下七尺，皆書某官封姓名之柩。」

⑥巨卿哭處句：巨卿，東漢范式字。范式與張劭爲友，張劭卒後，范式夢見張劭呼喊：「巨卿，吾以某日死！」醒後趕往張劭家時，靈柩已至墓穴而不肯進，「遂停柩移時，及見有素車白馬，號哭而來。其母望之曰：『是必范巨卿也。』巨卿既至，叩喪言曰：『行矣元伯！生死路異，永從此辭。』」事見《後漢書》卷八一《范式傳》。

⑦阿鶩歸來句：阿鶩，三國時荀攸之妾。《三國志·魏書·朱建平傳》：「荀攸、鍾繇相與親善。攸先亡，子幼。繇經紀其門户，欲嫁其妾。與人書曰：『吾與公達曾共使朱建平相。建平曰：「荀君雖少，然當以後事付鍾君。」吾時啁之曰：「惟當嫁卿阿鶩耳。」何意此子竟早隕没，戲言遂驗乎！今欲嫁阿鶩，使得善處。追思建平之妙，雖唐舉、許負何以復加也！』」此借指歸妓。

⑧遺愛：遺留給世人之仁愛，此處指李方玄在池州之善政。杜牧《唐故處州刺史李君墓誌銘并序》：「凡四年，政之利病，無不爲而去之，罷去上道，老民攀苦。」

⑨鄉閭生子句：鄉閭，鄉里。《後漢書·任延傳》：東漢任延爲九真太守，「光武引見，賜馬雜繒，令妻子留洛陽。九真俗以射獵爲業，不知牛耕，……延乃令鑄作田器，教之墾闢。田疇歲歲開廣，百姓充給。又駱越之民無嫁娶禮法，各因淫好，無適對匹，不識父子之性，夫婦之道。延乃移書屬縣，各使男年二十至五十，女年十五至四十，皆以年齒相配。其貧無禮娉，令長吏以下各省奉禄以賑助之。同時相娶者二千餘人。是歲風雨順節，穀稼豐衍。其産子者，始知種姓。咸曰：『使我

有是子者，任君也。』多名子爲『任』」。此句化用任延事以稱赞李方玄。

【集　評】

【池州李使君没後十一日處州新命始到後見歸妓感而成詩】「巨卿」句用《後漢書·范式傳》。「阿鶩」句用《魏志·朱建平傳》。「生子」句用《任延傳》。（曾國藩《求闕齋讀書録》卷九）

見劉秀才與池州妓别①

遠風南浦萬重波②，未似生離恨别多〔一〕。楚管能吹柳花怨③，吴姬爭唱《竹枝》歌④。金釵横處緑雲墮⑤，玉筯凝時紅粉和⑥。待得枚臯相見日⑦，自應妝鏡笑蹉跎⑧。

【校勘記】

〔一〕「恨别」，《全唐詩》卷五二二、馮注本作「别恨」。

【注釋】

①秀才：夾注：「《國史補》：進士爲時所尚久矣，其都會謂之舉場，通稱爲之秀才。《文選・注》：秀才者，言其人如草木之發華秀，見者愛之。」此詩題云見「劉秀才與池州妓別」，或即作於詩人任池州刺史時，即約會昌四年至六年（八四四—八四六）。

②南浦：此泛指送別之處。夾注：「《別賦》：送君南浦，傷如之何。《注》：南浦，送別之處。」

③楚管句：楚管，楚笛。魏胡太后喜愛楊華，與之私通。楊華畏禍逃走。太后思念他，作《楊白華歌辭》，令宮人晝夜連臂踏足而歌，辭甚爲凄婉。事見《梁書》卷三九《楊華傳》。楊花亦即柳花。

④《竹枝》歌：流傳於巴渝一帶民歌。馮注：「杜甫詩：《竹枝》歌未好。原注：《竹枝》，巴渝之遺音也，惟峽人善唱。」

⑤緑雲：喻女子之鬟髮。

⑥玉筯：指眼淚。馮注：「劉孝威詩：誰憐雙玉筯，流面復流襟。」

⑦枚臯：西漢詞賦家。《漢書・枚乘傳》：「乘在梁時，取臯母爲小妻。乘之東歸也，臯母不肯隨乘，乘怒，分臯數千錢，留與母居。年十七，上書梁共王，得召爲郎。……臯亡至長安。會赦，上書北闕，自陳枚乘之子。上得大喜，召入見待詔，臯因賦殿中。詔使賦平樂館，善之。拜爲郎，使匈奴。」

⑧自應妝鏡句：馮注引《太平御覽》記東漢秦嘉爲郡上掾，其妻徐淑還家，不獲面別，乃贈鏡及詩，又作書云：「『頃得此鏡，既明且好，形貌文藻，世所稀有，意甚愛之，故以相與。明鏡可以鑒形。』淑答書曰：『今君征未旋，鏡將何施行？明鏡鑒形，當待君至。』」

池州廢林泉寺①

廢寺碧溪上〔一〕，頹垣倚亂峰。看棲歸樹鳥，猶想過山鐘。石路尋僧去，此生應不逢。

【校勘記】

〔一〕「碧」，《全唐詩》卷五二二作「林」，下校：「一作碧。」

【注釋】

① 林泉寺：馮注：「《一統志》：太平羅漢寺，在貴池縣内西街，唐林泉寺地也。宋太平興國初改建，唐杜牧有《廢林泉寺》詩。」據此詩所云，詩當作於會昌間武宗毀佛之後，且於杜牧任池州刺史時。夾注：「《新唐書·武宗紀》：會昌五年八月，大毀佛寺，復僧尼爲民。」又杜牧會昌四年秋至

六年九月在池州刺史任，則此詩約作於會昌五年八月至六年（八四五—八四六）九月間。

憶齊安郡

平生睡足處，雲夢澤南州。一夜風欺竹，連江雨送秋。格卑常汩汩①，力學强悠悠。終掉塵中手〔一〕②，瀟湘釣漫流。

【校勘記】

〔一〕「手」，《全唐詩》卷五二二校：「一作首。」

【注　釋】

① 汩汩：動盪不安貌。杜甫《自閬州領妻子却赴蜀山行》之一：「汩汩避群盜，悠悠經十年。」

② 塵中：此指世俗中。

【集評】

苕溪漁隱曰：杜牧之《九日齊安登高》云：「江涵秋影雁初飛，與客攜壺上翠微。」又有詩云：「煙深隋家寺，殷葉暗相照。獨佩一壺遊，秋毫泰山小。」東坡用其語作詩云：「明日南山春色動，不知誰佩紫微壺。」以牧之曾作中書舍人，故言紫微壺。又牧之詩：「何如釣船雨，蓬底卧秋江。」又《憶齊安郡》云：「平生睡足處，雲夢澤南州。一夜風欺竹，連江雨送秋。」東坡用其語作詩云：「客睡不妨船背雨。」又云：「平生睡足連江雨，盡日舟横拍岸風。」（胡仔《苕溪漁隱叢話後集》卷三十「東坡」五）

十八日，食時方行，晡時至黄州。州最僻陋少事，杜牧之所謂「平生睡足處，雲夢澤南州。」然自牧之、王元之出守，又東坡先生、張文潛謫居，遂爲名邦。（陸游《入蜀記》卷四）

冲寂自妍。（鄭郲評本詩）

池州清溪①

弄溪終日到黄昏，照數秋來白髮根。何物賴君千遍洗？筆頭塵土漸無痕。

【注釋】

① 池州清溪：夾注：「《十道志》：池州有青溪水。」此詩杜牧任池州刺史時作，亦即作於會昌四年

秋至六年（八四四—八四六）秋間。

遊池州林泉寺金碧洞①

袖拂霜林下石稜，潺湲聲斷滿溪冰。攜茶臘月遊金碧，合有文章病茂陵②。

【注　釋】

①此詩《杜牧年譜》繫於會昌五年（八四五）冬，謂「詩有『攜茶臘月遊金碧』句，按會昌六年冬，杜牧已由池遷睦，故知此詩爲本年作」。然杜牧會昌四年九月已遷池州刺史，則當年臘月亦可能有林泉寺金碧洞之遊。且杜牧另有《池州廢林泉寺》詩，乃詠於會昌五年七月武宗毁佛後。而此詩不及毁寺事，蓋或乃毁佛前遊覽之作，故此詩亦可能作於會昌四年（八四四）臘月。馮注：「《名勝志》：池州金碧洞，在城中之廢林泉寺，宋時爲太平寺，今廢，徙建於景德寺右。」

②合有文章句：茂陵，漢武帝陵。漢代辭賦家司馬相如，病後退居茂陵。此处病茂陵即指司馬相如。《史記·司馬相如列傳》：「相如既病免，家居茂陵。天子曰：『司馬相如病甚，可往從悉取其書；若不然，後失之矣。』使所忠往，而相如已死，家無書。問其妻，對曰：『長卿固未嘗有書

也。……長卿未死時，爲一卷書，曰有使者來求書，奏之。無他書。』其遺札書言封禪事，忠奏其書，天子異之。」

即事黄州作〔一〕①

因思上黨三年戰②，閑詠周公《七月》詩③。竹帛未聞書死節④，丹青空見畫靈旗⑤。蕭條井邑如魚尾⑥，早晚干戈識虎皮⑦。莫笑一麾東下計⑧，滿江秋浪碧參差。

【校勘記】

〔一〕「黄州作」，文津閣本、《全唐詩》卷五二二爲題下小注。

【注釋】

① 黄州：地名。春秋時爲弦子國，後併於楚。秦屬南郡，兩漢屬江夏郡。隋置黄州。唐治所在黄岡（今屬湖北）。此詩《杜牧年譜》繫於會昌四年，謂「詩有『因思上黨三年戰』句，又有『莫笑一麾東下計，滿江秋浪碧參差。』句，蓋作於澤潞平後，將移池州也」。詩有「秋浪」句，則作於會昌四年

(八四四)秋。

②因思句:上黨,郡名,即潞州,治所在今山西長治,時爲澤潞節度使治所。會昌三年四月,澤潞節度使劉從諫卒,其侄劉稹自稱留後,反叛朝廷,朝廷遂發諸道兵共討之。至四年八月,方平定。

③閑詠周公句:周公,即姬旦,封於魯。見《史記》卷三三《魯周公世家》。《七月》詩,《詩·豳風》篇名。小序云:「《七月》,陳王業也。周公遭變,故陳后稷先公風化之所由,致王業之艱難也。」

④竹帛句:竹帛,竹簡與白絹兩種書寫工具,此處代指書册、史乘。死節,謂忠義之士守節而死。馮注:「《墨子》:以其所行,書於竹帛,傳遺後子孫。《漢書·郅都傳》:已背親而出身,固當奉職死節官下,終不顧妻子矣。」

⑤丹青句:丹青,丹砂與青雘,均可作顔料。此泛指繪畫用顔色。靈旗,一種畫有招摇,用以征伐之旗子。馮注:「《禮樂志》:招摇靈旗。《注》:畫招摇於旗以征伐,故稱靈旗。」

⑥蕭條井邑句:井邑,鄉村城鎮。《詩·周南·汝墳》:「魴魚赬尾,王室如毁。」《傳》謂「魚勞則尾赤」。此比喻人民爲虐政所困。

⑦早晚句:周武王克殷之後,「倒載干戈,包之以虎皮。將帥之士,使爲諸侯,……然後天下知武王之不復用兵也」。事見《禮記·樂記》。

⑧一麾東下:一麾,一揮手。後人用爲旌麾之麾,指出任州郡刺史。顔延之《五君詠·阮始平》:

「屢薦不入官，一麾乃出守。」此處指會昌四年九月，杜牧由黄州刺史移任池州事。

贈李秀才是上公孫子〔一〕①

骨清年少眼如冰②，鳳羽參差五色層③。天上麒麟時一下④，人間不獨有徐陵。

【校勘記】

〔一〕「是上公孫子」，此五字《全唐詩》卷五二二做爲題下小注，疑是。文津閣本「是」作「呈」，恐非是。

【注釋】

①上公：周制，三公（太師、太傅、太保）八命，出封時加一命，稱爲上公。晉制，太宰、太傅、太保皆爲上公。李秀才，馮集梧注：「疑是西平王（李晟）家子孫，以集中多及此一家也。」

②骨清句：骨清，骨相清奇。眼如冰，形容目光炯炯有神。

③鳳羽：即鳳毛。《山海經·南山經》載，丹穴之山，「有鳥焉，其狀如雞，五采而文，名曰鳳皇」。《世説新語·容止》：「王敬倫風姿似父。作侍中，加授桓公公服，從大門入。桓公望之曰：『大

奴固自有鳳毛。』」

④天上麒麟二句：《陳書·徐陵傳》：「母臧氏，嘗夢五色雲化而爲鳳，集左肩上，已而誕陵焉。時寶誌上人者，世稱其有道，陵年數歲，家人攜以候之，寶誌手摩其頂，曰：『天上石麒麟也。』光宅惠雲法師每嗟陵早成就，謂之顔回。八歲能屬文，十二通《莊》、《老》義。既長，博涉史籍，縱横有口辯。」

寄李起居四韻①

楚女梅簪白雪姿，前溪碧水凍醪時〔一〕②。雲罍心凸知難捧〔二〕③，鳳管簧寒不受吹〔三〕④。南國劍眸能盼眄⑤，侍臣香袖愛僛垂⑥。自憐窮律窮途客⑦，正劫孤燈一局棋〔四〕⑧。

【校勘記】

〔一〕「凍」，《文苑英華》卷二六一校：「一作水。」

〔二〕「凸」，《文苑英華》卷二六一作「亞」，馮注本校：「一作亞。」

〔三〕「不」，《文苑英華》卷二六一作「百」。

〔四〕「劫」，夾注本、《全唐詩》卷五二二作「怯」，《全唐詩》下校：「一作劫。」

【注釋】

① 起居：官名。唐門下省有起居郎二人，中書省有起居舍人二人，從六品上。此詩《杜牧年譜》繫於大中四年（八五〇），時杜牧在湖州任刺史。其根據爲「詩有『前溪碧水凍醪時』之句，前溪在湖州，故知爲守湖州時作」。詩有「楚女梅簪白雪姿，前溪碧水凍醪時」句，乃作於冬日。

② 前溪句：前溪，在唐湖州武康縣西南。馮注：「《太平寰宇記》：湖州武康縣前溪，在縣西一百步。前溪者，古永安縣前之溪，今德清縣有後溪也。」凍醪，冬天釀造、春天飲用之酒。

③ 雲罍：上有雲雷紋之盛酒器。心，罍頂蓋。

④ 鳳管句：鳳管，即笙。不受吹，指因簧寒而吹不響。

⑤ 南國句：南國，指南方女子。劍眸，指女子之清眸。馮注：「傅毅《舞賦》：眄般鼓則騰清眸。韓愈詩：豔姬踏筵舞，清眸刺劍戟。」

⑥ 侍臣句：侍臣，侍奉皇帝左右之官吏，此用以指李起居。傲垂，醉舞貌。

⑦ 自憐窮律句：窮律，古以十二律應十二月，窮律指十二月。窮途，指境遇困窘。窮途客，用阮籍哭窮途事。馮注：「《魏志·王粲傳·注》：《魏志春秋》曰：阮籍時率意獨駕，不由徑路，車所窮，

輒慟哭而反。鮑照詩：窮途悔短計。」

⑧正劫句：劫，《資治通鑑·晉紀·注》：「棋劫者，攻其右而敵手應之，則擊其左取之，謂之劫。」馮注：「《水經注·渠水篇》：阮簡爲開封令，縣側有劫賊，外白甚急數，簡方圍棋長嘯，吏云：劫急。簡曰：局上有劫，亦甚急。」

題池州貴池亭①

勢比淩歊宋武臺②，分明百里遠帆開。蜀江雪浪西江滿〔一〕③，强半春寒去却來〔二〕④。

【校勘記】

〔一〕「滿」，《文苑英華》卷三一六作「起」，下校：「集作滿。」馮注本校：「一作起。」

〔二〕「寒」，《文苑英華》卷三一六作「風」，下校：「集作寒。」《全唐詩》卷五二二、馮注本校：「一作風。」

【注　釋】

①貴池亭：又名望江亭，在安徽貴池縣南齊山。馮注：「《一統志》：池州望江亭在貴池縣南齊山，

一名貴池亭。《九華山録》：貴池亭，俗呼望江亭，以其見大江可望淮南也。亦見九華諸峰。」此詩杜牧任池州刺史時（會昌四年九月至六年九月）作，而詩有「强半春寒去却來」句，則在會昌五年（八四五）或六年春作。

② 凌歊：臺名，遺址在今安徽當塗。宋武帝劉裕曾登此，並建築離宮。馮注：「《太平寰宇記》：太平州當塗縣黄山，在縣西北五里，上有宋凌歊臺，周廻五里一百步，高四十丈。《入蜀記》：遊黄山，登凌歊臺，臺正如鳳皇、雨花之類，特因山顛名之，宋高祖所營，面勢虚曠，高出氛埃之表。南望青龍山九井諸峰，如在几席。」

③ 蜀江句：蜀江，此指長江流經蜀地三峽之一段。西江，馮注：「《名勝志》：《岳陽志》云：荆江五六月間，其水暴漲，則逆泛洞庭、瀟湘，清流爲之改色；南至青草，旬日乃復。亦謂之西水。其水極冷，皆云岷峨雪消所致，岳人謂之飜流水。」

④ 强半：超過一半。

蘭溪 在蘄州西①

蘭溪春盡碧泱泱②，映水蘭花雨發香。楚國大夫憔悴日，應尋此路去瀟湘〔一〕③。

【校勘記】

〔二〕「去」，夾注本作「到」。

【注　釋】

①蘭溪：蘄水别名。流經黄州城東七十里蘭溪鎮，即杜牧所遊處。馮注：「《太平寰宇記》：蘄水縣蘭溪水，源出箬竹山，其側多蘭，唐武德初，縣指此爲名。」此詩《杜牧年譜》謂「吳曾《能改齋漫録》卷九：『蘭溪春盡水泱泱』，蓋蘄州之蘭溪也。杜守黄作此詩，黄承蘭溪下流故耳」。繫於杜牧任黄州刺史時即會昌二年至四年（八四二—八四四）。詩有「蘭溪春盡碧泱泱，映水蘭花雨發香」句，乃作於春末。

②泱泱：水深廣貌。

③楚國大夫二句：楚國大夫，指屈原。屈原曾任楚國三閭大夫，後被放逐，行吟澤畔，形容憔悴，顔色枯槁。見《楚辭・漁父》。馮注：「《史記・屈原傳》：浩浩沅湘兮，分流汨兮，修路幽拂兮，道遠忽兮。」

【集　評】

【杜牧之蘭溪詩】蘭溪自黄州麻城出，東南流入大江，有水極清冷。杜牧之詩云：「蘭溪春盡碧

泱泱」是也。（李頎《古今詩話》）

睦州四韻①

州在釣臺邊②，溪山實可憐。有家皆掩映，無處不潺湲。好樹鳴幽鳥，晴樓入野煙〔一〕。殘春杜陵客③，中酒落花前④。

【校勘記】

〔一〕「樓」，《全唐詩》卷五二二、馮注本校：「一作巒。」

【注釋】

① 睦州：州名。唐州治在今浙江建德。杜牧會昌六年底至大中二年秋在睦州刺史任，詩作於睦州，且有「殘春杜陵客」句，乃晚春作，故當作於大中元或二年（八四七或八二八）春。

② 釣臺：東漢嚴子陵釣魚處，在睦州桐廬縣西三十里富春江七里瀨。

③ 杜陵客：詩人自指。因其家於杜陵，故稱。

④中酒：酒酣、醉酒。《漢書·樊噲傳·注》：「張晏曰：『酒酣也。』師古曰：『飲酒之中也，不醉不醒，故謂之中。』」

【集評】

《睦州四韻》：輕快俊逸。（方回《瀛奎律髓》卷四「風土類」）

《睦州四韻》：風致宜人。三四今已成套，然初出自佳；六句不自然；結得淺淡有情。（紀昀《瀛奎律髓刊誤》卷四「風土類」）

秋晚早發新定①

解印書千軸，重陽酒百缸。涼風滿紅樹，曉月下秋江。巖壑會歸去，塵埃終不降。懸纓未敢濯②，嚴瀨碧漴漴〔一〕③。

【校勘記】

〔一〕「漴漴」，夾注本、文津閣本、《全唐詩》卷五二二、馮注本均作「淙淙」。

【注釋】

①新定：郡名，即睦州。此詩《杜牧年譜》繫於大中二年（八四八）九月。時杜牧由睦州赴司勳員外郎、史館修撰任。

②懸纓句：纓，繫冠之帶子。《孟子·離婁》引《孺子歌》：「滄浪之水清兮，可以濯我纓。滄浪之水濁兮，可以濯我足。」濯纓，指超脱世俗。

③嚴瀨句：嚴瀨，即七里瀨，在睦州桐廬縣西三十里富春江上。潨潨，象聲詞。水聲。《玉篇·水部》：「潨，水聲也。」

除官歸京睦州雨霽①

秋半吳天霽，清凝萬里光。水聲侵笑語，嵐翠撲衣裳〔二〕。遠樹疑羅帳，孤雲認粉囊。溪山侵兩越②，時節到重陽。顧我能甘賤③，無由得自强。誤曾公觸尾④，不敢夜循牆⑤。豈意籠飛鳥，還爲錦帳郎⑥。網今開傅燮⑦，書舊識黄香⑧。曾在史館四年。姹女真虚語⑨，飢兒欲一行。淺深須揭厲⑩，休更學張綱⑪。

【校勘記】

〔一〕「撲」，原作「挨」，據夾注本、《全唐詩》卷五二二、馮注本改。文津閣本作「簇」。

【注　釋】

①《杜牧年譜》於大中二年謂「本集卷十六《上宰相求杭州啓》，作於大中三年，啓中云：『自去年八月，特蒙獎擢，授以名曹郎官，史氏重職，七年棄逐，再復官榮。（中略）去年十二月至京。』則杜牧内擢在大中二年八月，故本集卷三《除官歸京睦州雨霽》詩有『秋半吳天霽』及『溪山侵兩越，時節到重陽』之語」，並謂本年「八月，内擢爲司勳員外郎、史館修撰」，故訂《除官歸京睦州雨霽》詩爲大中二年（八四八）九月作。

②溪山句：侵，佔、跨。兩越，指浙東、浙西地區。睦州春秋時屬吳，後屬越。

③顧：馮注：「《詩·正月》：顧，猶視也，念也。」

④觸尾：觸蠆蠍之尾。此指曾得罪朝中權臣。

⑤不敢句：《左傳·昭公七年》載正考父鼎銘：「一命而僂，再命而傴，三命而俯，循牆而走。」《注》謂「言不敢安行」。

⑥錦帳郎：指尚書省郎官。漢代郎官入直，官府供給新青縑白綾被、錦被、帷帳、通中枕等。

⑦傅燮：東漢末人，忠直敢言，爲宦官趙忠所恨。但「憚其名，不敢害。權貴亦多疾之，是以不得留，出爲漢陽太守」。事見《後漢書》卷五八本傳。

⑧黃香：東漢人，字文强。爲郎中時，肅宗「詔香詣東觀，讀所未嘗見書」。事見《後漢書》卷八〇上本傳。

⑨姹女：少女，美女。又，道家煉丹稱水銀爲姹女。《周易·參同契上之下》：「河上姹女，靈而最神，得火則飛，不見塵埃。」此處指煉丹求仙之事。

⑩淺深句：《詩·邶風·匏有苦葉》：「深則厲，淺則揭。」揭，提起衣裳涉水。厲，連衣涉水。句謂須靈活對待不同之情況。

⑪張綱：東漢人，字文紀。痛恨宦官亂朝，曾慨然歎曰：「穢惡滿朝，不能奮身出命，掃國家之難，雖生吾不願也。」後終因剛直敢言爲梁冀所排擠。見《後漢書》卷五六本傳。

夜泊桐廬先寄蘇臺盧郎中①

水檻桐廬館②，歸舟繫石根。笛吹孤戍月，犬吠隔溪村。十載違清裁〔一〕③，幽懷未一論④。蘇臺菊花節⑤，何處與開罇〔二〕？

【校勘記】

〔一〕「裁」，《全唐詩》卷五二二、馮注本校：「一作義。」

〔二〕「何處」，文津閣本作「何日」。

【注　釋】

① 桐廬：縣名，今屬浙江。唐時屬睦州，西南至州一百五里。蘇臺，馮注：「《越絶書》：闔廬起姑蘇臺，三年聚材，五年乃成，高見三百里。《史記索隱》：姑蘇臺在吴縣西三十里。」此代指蘇州。盧郎中，盧簡求，字子臧。自吏部郎中出爲蘇、壽二州刺史。傳見《舊唐書》卷一六三、《新唐書》卷一七七。《杜牧年譜》定此詩於大中二年（八四八）九月，蓋乃杜牧於本年「八月，内擢司勳員外郎、史館修撰」，「九月初，自睦州啓程，取道金陵、宋州，十二月，至長安」初程時所作。

② 館：驛館。古時三十里置一驛，如非通途大路，則稱館。

③ 清裁：高明之裁鑒。此爲尊稱對方之謂。馮注：「《晉書·王洽傳》：敬和清裁貴令。」

④ 幽懷：深衷，心裏話。

⑤ 菊花節：指重陽節。

新轉南曹未叙朝散初秋暑退出守吴興書此篇以自見志①

捧詔汀洲去②，全家羽翼飛。喜拋新錦帳③，榮借舊朱衣④。且免材爲累〔一〕⑤，何妨拙有機⑥。宋株聊自守⑦，魯酒怕旁圍⑧。清尚寧無素⑨，光陰亦未晞。一杯寬幕席⑩，五字弄珠璣⑪。越浦黄柑嫩〔二〕，吴溪紫蟹肥。平生江海志，佩得左魚歸⑫。

【校勘記】

〔一〕「累」，文津閣本作「慮」。

〔二〕「黄柑嫩」，「柑」，原作「甘」，據夾注本、文津閣本、《全唐詩》卷五二二改。

【注　釋】

① 南曹：官署名，即吏部選補官吏之選院。此指任吏部員外郎。唐制，吏部員外郎二員，其中一人判南曹。《唐會要》卷五八《吏部員外郎》：「南曹起於總章二年，司列少常伯李敬元奏置。」宋錢易《南部新書》丙：「唐制，員外郎一人判南曹，在曹選街之南，故曰南曹。」朝散，朝散大夫，文散

官名，從五品下。杜牧時任吏部員外郎，爲從六品上之職事官，叙階可以加朝散大夫。杜牧此時尚未叙階。吴興，郡名，即湖州。此詩《杜牧年譜》繫於大中四年(八五〇)秋。是年秋，杜牧自吏部員外郎出守湖州，詩即將赴湖州刺史時作。據詩題，詩乃七月作。

② 汀洲：此指湖州，湖州有白蘋洲。柳惲《江南曲》有「汀洲采白蘋」之句，故稱。

③ 新錦帳：指新授吏部員外郎。《後漢書·鍾離傳》李賢注引蔡質《漢官儀》曰：「尚書郎入直臺中，官供新青縑白綾被，或錦被，晝夜更宿，帷帳畫，通中枕，卧旃蓐，冬夏隨時改易。」

④ 朱衣：即緋衣。唐制，文官朝散大夫以上方可服緋衣，刺史雖未至朝散，亦可服緋，謂之借緋。杜牧此前曾任黄、池、睦三州刺史，此次又任湖州刺史，故謂「舊朱衣」。

⑤ 材爲累：意謂因材而遭累。《莊子·山木》：「莊子笑曰：周將處乎材與不材之間。材與不材之間，似之而非也，故未免乎累。」

⑥ 機：指機心、機事。

⑦ 宋株句：《韓非子·五蠹》：「宋人有耕者，田中有株，兔走，觸株折頸而死，因釋其耒而守株，冀復得兔，兔不可復得，而身爲宋國笑。」

⑧ 魯酒句：《莊子·胠篋》：「魯酒薄而邯鄲圍。」陸德明引《淮南子》許慎注云：「楚會諸侯，魯、趙俱獻酒於楚王，魯酒薄而趙酒厚。楚之主酒吏求酒於趙，趙不與。吏怒，乃以趙厚酒易魯薄酒，奏

之，楚王以趙酒薄，故圍邯鄲也。」此指意想不到之禍害。

⑨清尚句：清尚，清潔高尚之志。《三國志·楊戲傳·劉子初贊》：「尚書清尚，敕行整身。抗志存義，味覽典文。倚其高風，好侔古人。」素，平素。句謂早懷高尚之志。

⑩一杯句：劉伶《酒德頌》：「幕天席地，縱意所如，止則操卮執觚，動則挈榼提壺。」寬幕席，即以天爲幕，以地爲席。

⑪五字句：五字，五言，指五言詩歌。馮注：「《南史·陸厥傳》：五字之中，音韻悉異；兩句之内，角徵不同。」璣，珠，不圓爲璣。

⑫左魚：魚符之左半。隋唐時朝廷頒發之一種符信，雕木或鑄銅爲魚形，亦稱魚契。官吏持此以爲憑信。唐時刺史即持銅魚符。馮注：「《野客叢書》：唐故事，以左魚給郡守，以右魚留郡庫。每郡守之官，以左魚合郡庫之右魚，以此爲信。」

【集評】

靜者之言。（鄭郲評本詩「且免材爲累」句）

題白蘋洲①

山鳥飛紅帶，亭薇拆紫花②。溪光初透徹，秋色正清華③。靜處知生樂，喧中見死誇。無多珪組累④，終不負煙霞⑤。

【注　釋】

① 白蘋洲：在唐湖州城東南二百步。白居易《白蘋洲五亭記》：「州城東南二百步抵霅溪，溪連汀洲，洲一名白蘋。梁吳興守柳惲於此賦詩云：『汀洲采白蘋。』因以爲名也。」《杜牧年譜》記杜牧大中四年「秋，出爲湖州刺史」，並繫此詩於大中四年（八五〇）秋，謂「白蘋洲在湖州城東南，詩作於秋日，殆本年初到任時歟？」

② 亭薇句：薇，紫薇。拆，裂開，開放。

③ 清華：清美華麗。《文選》謝混《遊西池》詩：「景昃鳴禽集，水木湛清華。」

④ 珪組：帝王諸侯所執之長形玉版及繫官印之絲帶。此指官爵。

⑤ 煙霞：指山川勝景。《北史・徐則傳》：「飡松餌朮，栖息煙霞。」馮注：「《梁書・張充傳》：獨

浪煙霞，高卧風月。」

題茶山在宜興〔一〕①

山實東吴秀，茶稱瑞草魁②。剖符雖俗吏③，修貢亦仙才④。溪盡停蠻棹⑤，旗張卓翠苔⑥。柳村穿窈窕⑦，松澗渡喧豗⑧。等級雲峰峻，寬平洞府開。拂天聞笑語，特地見樓臺。泉嫩黄金湧⑨，山有金沙泉，修貢出，罷貢即絶。牙香紫璧裁⑩。拜章期沃日⑪，輕騎疾奔雷。舞袖嵐侵澗〔二〕⑫，歌聲谷荅迴。磬音藏葉鳥，雪豔照潭梅。好是全家到，兼爲奉詔來〔三〕。樹陰香作帳，花徑落成堆。景物殘三月，登臨愴一杯。重遊難自尅⑬，俛首入塵埃。

【校勘記】

〔一〕夾注本無「在宜興」三字。

〔二〕「澗」，夾注本作「潤」，《全唐詩》卷五二二校：「一作潤。」

〔三〕「兼」，原作「廉」，據夾注本、《全唐詩》卷五二二、馮注本改。

【注　釋】

①茶山：指湖州顧渚山，所産紫筍茶，唐時爲貢品。馮注：「《西清詩話》：唐茶品雖多，惟湖州紫筍入貢。紫筍生顧渚，在湖、常二郡之間。當採茶時，兩郡守畢至，最爲盛集。唐杜牧詩所謂：『溪盡停蠻棹，旗張卓翠苔』；劉禹錫『何處人間似仙境？春山攜妓採茶時。』皆以此。」此詩及後三詩，《杜牧年譜》繫於大中五年（八五一）三月，謂「乃本年守湖州至顧渚山督採茶時所作」。

②茶稱句：魁，第一。馮注：「《一統志》：舊志：顧渚山在縣西北四十七里，周十二里，西達宜興，旁有兩山對峽，號明月峽，石壁峭立，澗水中流，茶生其間，尤爲異品。」

③剖符句：指接受銅魚符爲州刺史。符爲隋唐時朝廷頒發之一種符信，雕木或鑄銅爲魚形，亦稱魚契。官吏持此以爲憑信。唐時刺史即持銅魚符。

④修貢：備辦貢品。唐時，湖州入貢紫筍茶。

⑤棹：划船用具。此指船。

⑥卓：直立。

⑦柳村句：柳村，馮注：「《吳興備志》：《長興志》：柳村在水口鎮東，多植柳。杜牧詩『柳村穿窈窕，松澗渡喧豗。』又曰：『春風最窈窕，日暮柳村西。』唐時修貢檥舟處。」窈窕，深邃貌。

⑧喧豗：水聲。

⑨泉嫩句：黄金，此喻金沙泉水。金沙泉，夾注：「《茶譜》：湖州長城縣啄木嶺金沙泉，即每歲造茶之所也。湖、常二郡接境於此。厥土有境會亭，每茶節，二牧皆至焉。」馮注：「《唐書・地理志》：湖州土貢金沙泉。《太平寰宇記》：金沙泉，按《郡國志》云：即每歲造茶之所也。」

⑩牙香句：牙，通芽，指茶芽。夾注：「陸羽《茶經》：紫者上，緑者次。筍者上，牙者次。《茶譜》曰：遠州之界橋，其名甚著，不若湖州之妍膏紫筍。」

⑪拜章句：拜章，臣下向皇帝獻上奏章。沃日，沃，夾注云：「沃，蓋祓字之誤。《漢書》：武帝祓灞上。《注》：祓除，於水上自祓除。今三月上巳禊也。」

⑫嵐：山氣。

⑬自尅：自必，自己能保證。馮注：「《左傳》：不能自克。」

【集　評】

【貢茶】唐以前，茶惟貴蜀中所産。孫楚歌云：「茶出巴蜀。」張孟陽《登成都樓》詩云：「芳茶冠六情，溢味播九區。」他處未見稱者。唐茶品雖多，亦以蜀茶爲重。然惟湖州紫筍入貢，每歲以清明日貢到，先薦宗廟，然後分賜近臣。紫筍生顧渚，在湖、常二境之間。當採茶時，兩郡守畢至，最爲盛會。杜牧詩所謂：「溪盡停蠻棹，旗張卓翠苔。柳村穿窈窕，松澗渡喧豗。」劉禹錫：「何處人間似仙境，春山攜妓採茶時。」皆以此。……顧渚湧金泉，每造茶時，太守先祭拜，然後水漸出，造貢茶畢，水稍減，至貢堂茶畢，已減半，太守茶畢，遂涸。蓋常時無水也。或聞今龍焙泉亦然。（蔡啓《蔡寬夫詩話》）

茶山下作①

春風最窈窕②，日曉柳村西〔一〕。嬌雲光占岫，健水鳴分溪。燎巖野花遠③，戛瑟幽鳥啼④。把酒坐芳草，亦有佳人攜。

【校勘記】

〔一〕「曉」，夾注本、馮注本作「晚」，馮注本校：「一作曉。」

【注釋】

①據《杜牧年譜》，杜牧大中五年三月爲湖州刺史時，曾到顧渚山督採春茶，故此詩乃大中五年（八五一）三月作。

②窈窕：美好貌。

③ 燎巖：指開滿紅花之山巖。燎，原意爲火炬、大燭。此處喻如火紅之紅花。

④ 戞瑟句：戞，敲擊。瑟，樂器名。戞瑟，此處用以狀鳥啼聲。馮注：「《顧渚茶山記》：顧渚山中，有鳥如鸜鵒而色蒼，每至正月二月，作聲曰：春起也；三月四月曰：春去也。採茶人呼爲喚春鳥。」

入茶山下題水口草市絶句〔一〕①

倚溪侵嶺多高樹，誇酒書旗有小樓。驚起鴛鴦豈無恨，一雙飛去却廻頭。

【校勘記】

〔一〕《才調集》卷四題作《題水口草市》。

【注　釋】

① 水口，水口鎮，在顧渚，有唐所置貢茶院。馮注：「《元豐九域志》：湖州長興四安水口鎮。《方輿勝覽》：茶山在長興縣西，産紫筍茶；顧渚在長興西北，即水口鎮，唐置貢茶院於此。」草市，在城

外蓋草屋所形成之集市。據《杜牧年譜》，杜牧大中五年三月爲湖州刺史時，曾到顧渚山督採春茶，故此詩乃大中五年（八五一）三月作。

春日茶山病不飲酒因呈賓客①

笙歌登畫舡，十日清明前。山秀白雲膩②，溪光紅粉鮮③。欲開未開花，半陰半晴天。誰知病太守，猶得作茶仙。

【注　釋】

① 據《杜牧年譜》，杜牧大中五年三月爲湖州刺史時，曾到顧渚山督採春茶，故此詩乃大中五年（八五一）三月作。

② 膩：濃厚。

③ 紅粉：此指代船中歌妓。

不飲贈官妓①

芳草正得意，汀洲日欲西②。無端千樹柳，更拂一條溪。幾朵梅堪折，何人手好攜。誰憐佳麗地③，春恨却悽悽。

【注釋】

①此詩王西平、張田《杜牧評傳·杜牧部分著述編年簡表》列於大中五年。今從之。蓋詩有「汀洲日欲西」句，亦爲杜牧任湖州刺史時作。且詩作於春日，杜牧春日在湖州任刺史僅大中五年，故當爲大中五年（八五一）春作。

②汀洲：此指湖州，有白蘋洲。柳惲《江南曲》有「汀洲采白蘋」之句，故後以汀洲代指湖州。

③佳麗：指景色非常秀麗美好。謝朓《鼓吹曲》：「江南佳麗地。」

早春贈軍事薛判官①

雪後新正半②，春來四刻長③。晴梅朱粉豔，嫩水碧羅光。絃管開雙調④，花鈿坐兩行⑤。唯君莫惜醉，認取少年場。

【注　釋】

①判官：官名。唐節度、觀察、防禦諸使，皆有判官，乃地方長官之僚屬，佐理政事。此詩《杜牧年譜》繫於大中五年（八五一）春，時杜牧任湖州刺史。據詩題，詩乃正月作。

②新正：春正月。

③春來句：刻，古代計時器刻孔壺爲漏，浮箭爲刻，晝夜共百刻。春分、秋分時，晝夜各五十刻。春分以後晝長夜短，每九日白晝加長一刻。四刻長，指入春以來白天已增長四刻。

④雙調：商調樂曲名。《新唐書·禮樂志》：越調、大食調、高大食調、雙調、小食調、歇指調、林鍾商，爲七商。

⑤花鈿：婦女首飾。此代指歌妓。馮注：「沈約《麗人賦》：陸離羽佩，雜錯花鈿。」

代吳興妓春初寄薛軍事①

霧冷侵紅粉，春陰撲翠鈿。自悲臨曉鏡，誰與惜流年。柳暗霏微雨，花愁黯淡天〔一〕。金釵有幾隻，抽當酒家錢。

【校勘記】

〔一〕「黯」，夾注本作「暗」。

【注　釋】

① 吳興：郡名，即唐湖州。唐治所在烏程（今屬浙江）。吳興妓，即湖州官妓。薛軍事，即上詩之軍事薛判官。此詩《杜牧年譜》繫於大中五年（八五一），乃春日作。時杜牧在湖州爲刺史。

八月十二日得替後移居霅溪館因題長句四韻〔一〕①

萬家相慶喜秋成，處處樓臺歌板聲②。千歲鶴歸猶有恨〔二〕③，一年人住豈無情④。夜涼溪館留僧話〔三〕，風定蘇潭看月生⑤。景物登臨閑始見，願爲閑客此閑行。

【校勘記】

〔一〕「十二日」，夾注本作「十三日」。

〔二〕「歲」，馮注本作「載」。

〔三〕「話」，夾注本作「語」。

【注釋】

① 霅溪館：在湖州烏程縣。馮注：「《太平寰宇記》：湖州烏程縣霅溪館。霅溪在縣東南一里，凡四水合爲一溪，自浮玉山曰苕溪；自銅峴山曰前溪；自天目山曰餘不溪；自德清縣前北流至州南興國寺曰霅溪館，東北流四十里合太湖。」此詩《杜牧年譜》繫於大中五年。是年秋，杜牧由湖

州刺史拜考功郎中、知制誥。八月十二日新任刺史到任交接後，由官署移居館驛，因有此作。據此訂本詩作於大中五年（八五一）八月。

②歌板：用以打拍子之拍板。馮注：「《通典》：拍板長闊如手，重十餘枚，以韋連之，擊以代抃。」

③千歲鶴歸：《搜神後記》卷一「丁令威本遼東人，學道於靈虛山。後化鶴歸遼，集城門華表柱。時有少年舉弓欲射之，鶴乃飛，徘徊空中而言曰：『有鳥有鳥丁令威，去家千年今始歸。城郭如故人民非，何不學仙冢壘壘。』遂高上沖天。」

④一年人住句：杜牧大中四年秋出爲湖州刺史，次年秋離任，恰一年，故云。

⑤蘇潭：即蘇公潭，在今浙江湖州。馮注：「《太平寰宇記》：烏程縣蘇公潭，從貴涇東流三百五十步，至駱駝橋下，曰蘇公潭，此水深不可測。」

【集評】

《得替後移居霅溪館》：人知《得替移居》通篇詠一閑字耳，細玩首二句，實有一段祝國愛民惓惓至意，所以不能無情也。三、四承之。五、六即「閑始見」三字也。因前日之羈宦，樂今日之居閑，不特「溪館留僧」、「蘇潭看月」於閑見之，即「萬家相慶」、「歌板聲聲」亦於閑見之。此惟賢刺史胸中眼中乃能有此境界。（朱三錫《東喦草堂評訂唐詩鼓吹》卷六）

《八月十三日得替後移居霅溪館因題長句四韻》：據馮注，牧之於大中四年七月至湖州，五年八月得替，恰及一年，故曰「一年人住豈無情」。（曾國藩《求闕齋讀書録》卷九）

初冬夜飲

淮陽多病偶求懽①，客袖侵霜與燭盤。砌下梨花一堆雪，明年誰此凭欄干？

【注　釋】

①淮陽：漢郡名，治所在今河南淮陽縣。西漢汲黯多病，卧閤内不出。後拜爲淮陽太守，上殿辭謝，謂：「臣常有狗馬之心，今病，力不能任郡事。」武帝云：「吾徒得君重，卧而治之。」黯在任十年，淮陽政清。事見《漢書》卷五〇《汲黯傳》。

【集　評】

東坡《絶句》云：「梨花澹白柳深青，柳絮飛時花滿城。惆悵東闌一株雪，人生看得幾清明？」紹興中，予在福州，見何晉之大著，自言嘗從張文潛遊，每見文潛哦此詩，以爲不可及。余按杜牧之有句云：「砌下梨花一堆雪，明年誰此凭闌干？」東坡固非竊牧之詩者，然竟是前人已道之句，何文潛愛之深也，豈別有所謂乎？ 聊記之俟識者。（陸游《老學庵筆記》卷十）

「梨花淡白柳深青，柳絮飛時花滿城。惆悵東闌一林雪，人生看得幾清明？」陸放翁謂東坡此詩，本杜牧之「砌下梨花一堆雪，明年誰此憑闌干」。余愛坡老詩，渾然天成，非模仿而爲之者。放翁正所謂「洗瘢索垢者」矣。（俞弁《逸老堂詩話》卷下）

東坡詩云：「惆悵東闌一枝雪，人生能得幾清明？」此偷杜牧之「砌下梨花一堆雪，明年誰倚此闌干」句也。然風調自別。有人説歐公好偷韓文者，劉貢父笑曰：「永叔雖偷，恰不傷事主。」亦妙語也。（袁枚《隨園詩話·補遺》卷三）

張文潛愛誦坡公「梨花淡白柳深青」一絶，而放翁譏之曰：杜牧之有句云：「砌下梨花一堆雪，明年誰此憑闌干？」東坡固非竊人詩者，然竟是前人已道之句，何文潛愛之深也？ 豈有所謂乎？愚按坡公此詩之妙，自在氣韻，不謂句意無人道及也，且玩其句意，正是從小杜詩脱化而出，又拓開境地，各有妙處，不能相掩，放翁所見亦拘矣。（潘德輿《養一齋詩話》卷九）

栽竹

本因遮日種，却似爲溪移。歷歷羽林影，踈踈煙露姿。蕭騷寒雨夜，敲劼客入反晚風時①。故國何年到，塵冠挂一枝②。

【注釋】

① 敲劼：相碰擊。

② 塵冠句：塵冠，指官帽。挂冠即辭官。

【集評】

牧又多以竹雨比羽林，《栽竹》詩云：「歷歷羽林影。」又：「竹岡森羽林。」《大雨行》：「萬里橫亘羽林槍。」又：「雲林寺外逢猛雨，林黑山高雨脚長。曾奉郊宫爲近侍，分明擭擭羽林槍。」（吴聿《觀林詩話》）

梅

輕盈照溪水〔一〕，掩斂下瑶臺①。妒雪聊相比，欺春不逐來②。偶同佳客見，似爲凍醪開。若在秦樓畔，堪爲弄玉媒③。

【校勘記】

〔一〕「溪」，《文苑英華》卷三二二作「野」，馮注本校：「一作野。」

【注　釋】

① 掩斂句：掩斂，女子羞澀而又端莊有禮貌。瑶臺，神話中神仙所居之地。王嘉《拾遺記》卷一〇《崑崙山》：「崑崙山者，西方曰須彌山，對七星之下，出碧海之中。上有九層……第九層山形漸小狹，下有芝田蕙圃，皆數百頃，群仙種耨焉。傍有瑶臺十二，各廣千步，皆五色玉爲臺基。」馮注：「屈原《離騷》：望瑶臺之偃蹇兮，見有娀之佚女。」

② 欺春：欺，此有藐視意。不逐來，不隨著春天一起來。

③若在秦樓二句：弄玉，秦穆公女弄玉，嫁蕭史。《列仙傳》卷上：「蕭史者，秦穆公時人也，善吹簫，能致孔雀白鶴於庭。穆公有女字弄玉，好之。公遂以女妻焉。日教弄玉作鳳鳴，居數年，吹似鳳聲，鳳凰來止其屋。公爲作鳳臺。夫婦止其上，不下數年，一旦皆隨鳳凰飛去。」

【集　評】

《梅》：牧之詩才高，此小詩若不介意，五六却淡靚有味。（方回《瀛奎律髓》卷二十「梅花類」）

《梅》：四句不爽亮。（紀昀《瀛奎律髓刊誤》卷十二「梅花類」）

山石榴①

似火山榴映小山，繁中能薄豔中閑②。一朵佳人玉釵上③，祇疑燒却翠雲鬟④。

【注　釋】

①山石榴：馮注「《初學記》：周景式《廬山記》曰：香爐峰頭有大磐石，可坐數百人，垂生山石榴，三月中作花，色似石榴而小，淡紅敷紫萼，煒燁可愛。」

②繁中句：繁，繁豔。薄，淡薄。閑，閑雅。

③一朵句：馮注：「梁簡文帝詩：鬢邊插石榴。」

④翠雲鬟：婦女烏黑如雲之髮鬟。

柳長句

日落水流西復東，春光不盡柳何窮。巫娥廟裏低含雨①，宋玉宅前斜帶風〔一〕②。莫將榆莢共爭翠〔二〕③，深感杏花相映紅〔三〕。灞上漢南千萬樹④，幾人遊宦別離中？

【校勘記】

〔一〕「宅」，《又玄集》卷中作「門」。《文苑英華》卷三二二校：「《類詩》作門」，馮注本校：「一作門。」

〔二〕「莫將」，《才調集》卷四作「不將」，《文苑英華》卷三二二「將」字作「嫌」，下校：「《類詩》作將。」《全唐詩》卷五二二作「不嫌」，下校：「一作莫將。」馮注本校：「一云不嫌。」

〔三〕「深感杏」，《文苑英華》卷三二二校：「《類詩》作深與桃。」《全唐詩》卷五二二作「深與桃」，下校：「一作感杏。」馮注本校：「一云與桃。」

【注釋】

①巫娥廟：即巫山神女廟。《水經注》卷三四《江水》二：「丹山西即巫山者也。又帝女居焉。宋玉所謂天帝之季女，名曰瑶姬，未行而亡，封於巫山之陽。精魂爲草，實爲靈芝，所謂巫山之女，高唐之姬。旦爲行雲，暮爲行雨，朝朝暮暮，陽臺之下。旦早視之，果如其言，故爲立廟，號朝雲焉。」低含雨，暗用巫山神女「朝爲行雲，暮爲行雨」事。

②宋玉宅句：宋玉，戰國時辭賦家。據《渚宫故事》，宋玉舊宅在江陵城北三里。馮注：「宋玉《風賦》：楚襄王遊於蘭臺之宫，宋玉、景差侍，有風颯然而至。」

③榆莢：榆樹之果實。榆樹未生葉前先生莢，形似錢而小，連綴成串，也稱榆錢。

④灞上句：灞上，指長安灞水上。《三輔黄圖》卷六：「灞橋在長安東，跨水作橋，漢人送客至此橋，折柳贈别。」漢南，漢水之南。庾信《枯樹賦》：「桓大司馬（温）聞而歎曰：『昔年種柳，依依漢南；今看摇落，悽愴江潭。樹猶如此，人何以堪！』」

【集評】

雲谿子曰：漢署有《艷歌行》，匪爲桑間濮上之音也。偕以雪月松竹，雜詠《楊柳枝》詞，作者雖多，鮮覩其妙。杜牧舍人云：「巫娥廟裏低含雨，宋玉堂前斜帶風。」滕郎中又云：「陶令門前罥接離，亞夫營裏拂朱旗。」但不言「楊柳」二字，最爲妙也。是以姚合郎中苦吟《道傍亭子》詩云：「南陌遊人廻首去，東林道者杖藜歸。」不謂「亭」，稱奇矣。（范攄《雲溪友議》卷下）

《柳》：「柳何窮」，從「春光無盡」中看出；「春光無盡」，從「日落水流」中看出。「低含雨」是一春光也，「斜帶風」又一春光也，將風雨形出柳來，極寫「何窮」二字。「巫娥廟裏」、「宋玉門前」，皆文章點染法也。五、六又將榆莢、杏花襯出柳來。末更從「遊宦別離」生出無限煩惱，無限感慨。極有情致之作。（朱三錫《東喦草堂評訂唐詩鼓吹》卷六）

《柳》：起乃因春光發端，言西山日落如流水，明朝又是東出，昨年春光過去，今年又是春來，柳條隨春而發無窮也，意思高。巫娥廟、宋玉宅，風致自佳。五六亦是强捉感字，止可一見。結大方。但學之者不可更入竦暢，致失圓膩，便無風韻矣。樂府梁元帝《折楊柳曲》曰：「巫山巫峽長，垂柳復垂楊。」故云「巫娥廟」。庾子山《枯樹賦》：「昔年楊柳，依依漢南；今看摇落，悽愴江潭。」（胡以梅《唐詩貫珠箋》卷五十五）

雲溪子曰：「杜舍人牧《楊柳》詩云：『巫娥廟裏低含雨，宋玉堂前斜帶風。』……不言楊柳二字，最妙也。」如此論詩，詩了無神致矣。詩人寫物，在不即不離之間，「昔我往矣，楊柳依依」，只「依依」兩字，曲盡態度；太白「春風知別苦，不遣柳條青」，何等含蓄，道破「柳」字益妙。若雲溪所論，則是晚唐人《詠蜻蜓》云：「碧玉眼睛雲母翅，輕於粉蝶瘦於蜂。」石曼卿《紅梅》詩：「認桃無緑葉，辨杏

有青枝。」亦得好詩耶。（馬位《秋窗隨筆》）

隋堤柳①

夾岸垂楊三百里②，秖應圖畫最相宜。自嫌流落西歸疾，不見東風二月時〔一〕。

【校勘記】

〔一〕「東」，《唐詩紀事》卷五六作「春」。

【注釋】

①《太平廣記》卷一四四引《感定録》：「唐杜牧自湖州刺史拜中書舍人，題汴河云：『自憐流落西歸疾，不見春風二月時。』自郡守入爲舍人，未爲流落，至京果卒。」《杜牧年譜》按：「謂『杜牧自湖州刺史拜中書舍人』，誤。杜牧於大中六年始由考功郎中知制誥遷中書舍人也。」據此，《杜牧年譜》定此詩大中五年（八五一）杜牧自湖州刺史入朝途中作。是年八月中杜牧卸湖州刺史任後尚在湖州逗留，則此詩之作蓋在是年九月。

②夾岸垂楊：隋煬帝時開邗溝，自山陽至揚子入江，水面闊四十步，兩岸三百餘里大道均種植楊柳。

柳絶句

數樹新開翠影齊，倚風情態被春迷。依依故國樊川恨①，半掩村橋半拂溪〔一〕。

【校勘記】

〔一〕「拂溪」，《全唐詩》卷五二二作「掩溪」，下校：「一作拂溪。」

【注　釋】

①樊川：水名，在今陝西長安縣南。其地本杜縣之樊鄉。漢樊噲食邑於此，川因以得名。杜牧家有别墅在此。《文選》潘岳《西征賦》「倬樊川以激池」，《注》：「《三秦記》曰：長安正南秦嶺，嶺根水流爲秦川，一名樊川。漢武上林，唯此爲盛。」

獨　柳

含煙一株柳，拂地搖風久。佳人不忍折，悵望迴纖手。

早　雁①

金河秋半虜弦開②，雲外驚飛四散哀〔一〕。仙掌月明孤影過③，長門燈暗數聲來〔二〕④。須知胡騎紛紛在〔三〕，豈逐春風一一迴⑤。莫厭瀟湘少人處〔四〕，水多菰米岸莓苔⑥。

【校勘記】

〔一〕「外」，《文苑英華》卷三二八作「上」，下校：「集作外。」《全唐詩》卷五二二校：「一作際。」馮注本校：「一作上。」

〔二〕「數」，《文苑英華》卷三二八、《唐詩紀事》卷五六作「幾」。馮注本校：「一作幾。」

〔三〕此句《文苑英華》卷三二八作「雖隨胡馬翩翩去」，下校：「集作須知胡騎紛紛在」，又在「雖」字下校：「一作未。」《全唐詩》卷五二二校：「一作雖隨胡馬翩翩去」，馮注本校同《全唐詩》，又另校云：「雖又一作未。」

〔四〕「莫厭」，《文苑英華》卷三二八、《全唐詩》卷五二二、馮注本均校：「一作好是。」

【注釋】

①早雁：此处暗喻因回紇入侵而流徙之邊民。此詩《杜牧年譜》繫於會昌二年（八四二），謂「本年八月，回鶻南侵，杜牧憂念北方人民受回鶻侵擾，借雁以寄慨」。

②金河句：金河，唐縣名，在今内蒙呼和浩特南。馮注：「《唐書・地理志》：單于大都護府縣一金河。《漢書・鼂錯傳・注》：蘇林曰：秋氣至，弓弩可用，北寇常以爲候而出軍。」

③仙掌：漢長安建章宫有神明臺，漢武帝造，上置承露盤，有銅仙人舒掌捧銅盤以承雲表之露。詳參見《早春閣下寓直蕭九舍人亦直内署因寄書懷四韻》詩注④。

④長門：漢代長安宫名，漢武帝陳皇后失寵時居此。此處長門代指唐長安宫殿。

⑤豈逐春風句：馮注：「《淮南子》：雁從風而飛。《方輿勝覽》：回雁峰在衡陽之南，雁至此不過，遇春而回。」

⑥菰米：又叫雕胡米。菰，俗稱茭白，其實如米，可以作飯。

【集　評】

高古奧逸主：……入室六人：李賀……，杜牧：「煙着樹姿嬌，雨餘山態活。」「四海一家無一事，將軍攜劍泣霜毛。」「山密斜陽多，人稀芳草遠。」「仙掌月明孤影過，長門燈暗幾聲來。」（張爲《詩人主客圖》）

苕溪漁隱曰：杜牧之《早雁》詩云：「仙掌月明孤影過，長門燈暗數聲來。」六一居士《汴河聞雁》云：「野岸柳黄霜正白，五更驚破客愁眠。」皆言幽怨羈旅，聞雁聲而生愁思。至後山則不然，但云：「遠道勤相喚，羈懷悮作愁。」則全不蹈襲也。（胡仔《苕溪漁隱叢話後集》卷三十三「陳履常」）

杜紫微掊擊元、白，不減霜臺之筆，至賦《杜秋》詩，乃全法其遺響，何也？其詠物如「仙掌月明孤影過，長門燈暗數聲來」，亦可觀。（王世貞《全唐詩説》）

晚唐七言律，佳句……有寫景繪物入情入妙者，如「滿樓春色旁人醉，半夜雨聲前計非」、「雨暗殘燈人散後，酒醒孤館雁來初」、「詩情似到山家夜，樹色輕含御水秋」，……「灘頭鷺占清波立，原上人傍返照耕」、「鶴盤遠勢投孤嶼，蟬曳殘聲過別枝」、「仙掌月明孤影動，長門燈暗數聲來」之類是也。……有頹放縱筆生姿者，如「題詩朝憶複暮憶，見月上弦還下弦」、「黄葉黄花古時路，秋風秋雨別家人」，……「鳥去鳥來山色裏，人歌人哭水聲中」，諸如此類是也。（葉矯然《龍性堂詩話》續集）

《早雁》：金河，……然雁自北而南，今指山西北邊之金河，而非西域矣。此時回紇尚强，虜弦以此。通首宗起句，故結亦勸其止瀟湘而莫返。三四絶佳，承「四散」來，故或見于仙掌，或聞于長門。

按仙掌在東，與山西相近，長門又在西，則是從金河由東至西，亦有次第也。華山有仙人掌，詩意言雁見仙掌，亦有驚虜被攫而更飛動也。長門，漢之幽宮，如陳皇后被黜所居，聞雁聲而更淒涼耳。菰米，菰茭之子。（胡以梅《唐詩貫珠箋》卷五十三）

《早雁》：前四句是叙其來，後四句是慎其去，俱有托意在。（朱三錫《東喦草堂評訂唐詩鼓吹》卷六）

從來詠物之詩，能切者未必能工，能工者未必能精，能精者未必能妙。……鄭谷之「暖戲煙蕪錦翼齊，品流應得近山雞。雨昏青草湖邊過，花落黃陵廟裏啼。遊子乍聞征袖濕，佳人才唱翠眉低。相呼相喚湘江闊，苦竹叢深春日西」（《鷓鴣》），暨杜牧之「金河秋半虜弦開，雲外驚飛四散哀。仙掌月明孤影過，長門燈暗數聲來。須知胡騎紛紛在，豈逐春風一一迴？莫厭瀟湘少人處，水多菰米岸莓苔」（《早雁》），如此等作，斯爲能盡其妙耳。（余成教《石園詩話》卷二）

【早雁】雁爲虜弦所驚而來，落想奇警，辭亦足以達人。（曾國藩《求闕齋讀書録》卷九）

鵁鶄①

芝莖抽紺趾②，清唳擲金梭③。日翅閑張錦④，風池去罥羅⑤。靜眠依翠荇[一]⑥，暖戲折高荷。山陰豈無爾⑦，繭字換群鵝⑧。

【校勘記】

〔一〕「荇」，《全唐詩》卷五二二校：「一作竹。」

【注釋】

①鵁鶄：水鳥名。《爾雅·釋鳥》：「鵁鶄，似鳧，脚高毛冠，江東人家養之以厭火災。」夾注：「《異物志》：鵁鶄巢於高樹，生子在窟中，未能飛，皆銜其翼飛也。」

②芝莖句：芝莖，此處以喻鵁鶄之腿脚。紺，深青透紅之色。馮注：「摯虞《鵁鶄賦》：青不專紺，纁不擅赤。」

③唳：指鵁鶄叫聲。

④日翅句：日翅，指張開翅膀曬太陽。馮注：「梁簡文帝《鵁鶄賦》：似金沙之符采，同錦質之報章。」

⑤罥羅：羅網。罥，以繩繫取鳥獸。

⑥荇：即荇菜，水生植物。

⑦山陰：縣名，治所在今浙江紹興市。

⑧繭字句：繭字，寫在繭紙上之字。《晉書·王羲之傳》：「性愛鵝，會稽有孤居姥養一鵝，善鳴，求

市未能得，遂攜親友命駕就觀。姥聞羲之將至，烹以待之，羲之嘆惜彌日。又山陰有一道士，養好鵝，羲之往觀焉，意甚悦，固求市之。道士云：『爲寫《道德經》，當舉群相贈耳。』羲之欣然寫畢，籠鵝而歸，甚以爲樂。其任率如此。」

鸚鵡

華堂日漸高，雕檻繫紅絛①。故國隴山樹②，美人金剪刀。避籠交翠尾，罅嘴静新毛③。不念三緘事④，世途皆爾曹⑤。

【注釋】

①絛：絲帶。

②故國句：隴山，在今陝西隴縣至甘肅平凉一帶。夾注：「禰衡《鸚鵡賦序》：惟西域之靈鳥。李善注：西域，謂隴坻出此鳥也。」馮注：「《晉書·張華傳》：蒼鷹鷙而受紲，鸚鵡慧而入籠，戀鐘岱之林野，慕隴坻之高松。」

③罅嘴：裂開嘴。

④不念三緘句：緘，封、閉。孔子觀於周廟，見太廟有金人，「三緘其口，而銘其背曰『古之慎言人也』」。事見劉向《説苑·敬慎》。《淮南子》卷一六《説山訓》：「鸚鵡能言，而不可使長是。何則？得其所言，而不得其所以言。」

⑤爾曹：你們。指鸚鵡。此處喻好學舌，言語不謹慎者。

鶴

清音迎晚月〔一〕，愁思立寒蒲。丹頂西施頰①，霜毛四皓鬚②。碧雲行止躁，白鷺性靈麤。

終日無群伴，溪邊弔影孤③。

【校勘記】

〔一〕「晚」，《全唐詩》卷五二二作「曉」。

【注　釋】

①丹頂：馮注：「《本草綱目》：鶴丹頂、赤目、赤頰、青脚。」

② 四皓：漢代隱士東園公、綺里季、夏黄公、角里先生。四人年皆八十餘，鬚眉皓白。

③ 終日無群二句：馮注：「曹植《白鶴賦》：悵離群而獨處。梁簡文帝《獨鶴》詩：江上念離群。」

【集評】

衆禽中，唯鶴標致高逸，其次鷺亦閑野不俗。又嘗見於《六經》，如「鶴鳴在陰，其子和之」、「鶴鳴于九皋，聲聞于天」、「振鷺于飛，于彼西雝」。《易》與《詩》嘗取之矣，後之人形於賦詠者不少，而規規然祇及羽毛飛鳴之間。如《詠鶴》云：「低頭乍恐丹砂落，曬翅常疑白雪銷。」此白樂天詩。「丹頂西施頰，霜毛四皓鬚。」此杜牧之詩。此皆格卑無遠韻也。至於鮑明遠《鶴賦》云：「鐘浮曠之藻思，抱清迥之明心。」杜子美云：「老鶴萬里心。」李太白《畫鶴贊》云：「長唳風宵，寂立霜曉。」劉禹錫云：「徐引竹間步，遠含雲外情。」此乃奇語也。如《詠鷺》云：「拂日疑星落，淩風似雪飛。」此李文饒詩。「立當青草人先見，行近白蓮魚未知。」此雍陶詩，亦格卑無遠韻也。至於杜牧之《晚晴賦》云：「忽八九之紅芰，如婦如女，墮蕊黦顔，似見放棄。白鷺潛來，邈風標之公子，窺此美人兮，如慕悦其容媚。」雖語近於纖豔，然亦善比興者。至於許渾云：「雲漢知心遠，林塘覺思孤。」僧惠崇云：「曝翎沙日暖，引步島風情。照水千尋迥，棲煙一點明。」此乃奇語也。（陳巖肖《庚溪詩話》卷下）

鴉

擾擾復翻翻〔一〕①，黄昏颺冷煙②。毛欺皇后髮③，聲感楚姬絃④。蔓壘盤風下⑤，霜林接翅眠。衹如西旅樣，頭白豈無緣⑥。

【校勘記】

〔一〕「翻翻」，馮注本作「翩翩」，下校：「一作翻翻。」

【注　釋】

① 擾擾：紛亂貌。

② 颺：飛翔。

③ 毛欺句：欺，勝過、超過。《後漢書·馬皇后紀》注引《東觀漢記》：「明帝馬皇后美髮，爲四起大髻，但以髮成，尚有餘，繞髻三匝。」

④ 聲感句：傳説南朝宋臨川王劉義慶被廢在江州，侍妾夜聞烏啼聲，扣齋閤曰：「明日應有赦。」因

此作《烏夜啼》曲。事見《樂府詩集》卷四七引《教坊記》。

⑤ 蔓壘：長著蔓草之城堡。

⑥ 衹如西旅二句：西旅，羈留西方之人。頭白，此用燕太子丹羈留於秦之典故。《博物志》卷八：「燕太子丹質於秦，秦王遇之無禮，不得意，思欲歸。請於秦王，王不聽，謬言曰：『令烏頭白，馬生角，乃可。』丹仰而歎，烏即頭白；俯而嗟，馬生角。秦王不得已而遣之，爲機發之橋，欲陷丹。丹驅馳過之，而橋不發。遁到關，關門不開，丹爲雞鳴，於是衆雞悉鳴，遂歸。」

鷺鷥①

雪衣雪髮青玉觜②，群捕魚兒溪影中。驚飛遠映碧山去〔一〕，一樹梨花落晚風。

【校勘記】

〔一〕「遠」，《全唐詩》卷五二二校：「一作低。」

【注　釋】

①鷺鷥：即鷺。《埤雅》：「鷺色雪白，頂上有絲毿毿然，長尺餘，欲取魚則弭之。《禽經》曰：鷺啄則絲偃，鷹捕則角弭，藏殺機也。青脚喜翹，高尺七八寸，善蹙捕魚。又其翔集，必舞而後下。」

②觜：通「嘴」，指鳥喙。

【集　評】

【鷺絲謎】杜牧之《詠鷺絲》詩：「霜衣雪髮青玉嘴，群捕魚兒溪影中。驚飛遠映碧山去，一樹梨花落晚風。」分明鷺絲謎也。（楊慎《升菴詩話》卷十四）

村舍燕

漢宮一百四十五〔一〕①，多下珠簾閉瑣窗〔二〕②。何處營巢夏將半，茅簷煙裏語雙雙③。

【校勘記】

〔一〕「宮」，原作「官」，據諸本改。

〔三〕「閉」，文津閣本作「閈」。

【注　釋】

①　漢宫句：張衡《西京賦》：「郡國宫館百四十五。」夾注：「《三輔故事》云：秦始皇上林苑中作離宫别館一百四十五所。」

②　瑣窗：鏤刻有連鎖圖案之窗櫺。

③　茅簷煙裏句：馮注：「李白詩：秋燕别主人，雙雙語前簷。」

【集　評】

【杜詩數目字】「漢宫一百四十五，多下珠簾閉鎖窗。何處營巢夏將半，茅簷煙寺語雙雙。」此杜牧《燕子》詩也。「一百四十五」見《文選》注。大抵牧之詩好用數目垛積，如「南朝四百八十寺」、「二十四橋明月夜」、「故鄉七十五長亭」是也。（楊慎《升菴詩話》卷五）

《村舍燕》：牧之多用數目字，儘饒别趣，算博士何嘗不妙。（黄周星《唐詩快》卷十六）

夢得、牧之喜用數目字。夢得詩：「大艑高帆一百尺，新聲促柱十三弦」、「千門萬户垂楊裏」、「春城三百九十橋」；牧之詩：「漢宫一百四十五」、「南朝四百八十寺」、「二十四橋明月夜」、「故鄉

七十五長亭」，此類不可枚舉，亦詩中之算博士也。（陸鎣《問花樓詩話》卷一）

歸　燕

畫堂歌舞喧喧地，社去社來人不看①。長是江樓使君伴②，黄昏猶待倚欄干。

【注　釋】

①社去社來：燕子爲候鳥，春社來，秋社去。夾注：「《左傳》：玄鳥司分。《注》：春分來，秋分去。《禮記》：八月白露之日，鴻雁來後五日，玄鳥歸。春分後戊日爲社，秋分前戊日爲社。」

②使君：作者自稱。時杜牧任某州刺史。

傷　猿

獨折南園一朵梅，重尋幽坎已生苔①。無端晚吹驚高樹，似裊長枝欲下來②。

【注　釋】

① 幽坎：此指葬猿之墓穴。

② 裊：攀繞。

還俗老僧①

雪髮不長寸，秋寒力更微。獨尋一徑葉，猶挈衲殘衣〔一〕②。日暮千峰裏，不知何處歸。

【校勘記】

〔一〕「衲殘衣」，「衲」字原作「納」，據夾注本、《全唐詩》五二二、馮注本改。

【注　釋】

① 此詩曹中孚《杜牧詩文編年補遺》（《江淮論壇》一九八四年第三期）繫於會昌五年（八四五）秋冬之交。謂此年前後，唐武宗反佛，至五年八月廢佛寺四千六百餘所，還俗僧尼達二十六萬五百人，廢私立之招提蘭若四萬餘所。此詩乃側面記述此事之一。此詩「雪髮不長寸，秋寒力更微」所反

映時令乃在深秋，故「當作於是年秋冬之交」。今姑從此說。

②猶挈句：挈，提。衲，僧衣。

【集　評】

杜牧之作《還俗僧》詩云：「雲髮不長寸，秋寒力更微。獨尋一徑葉，猶挈衲殘衣。日暮千峰裏，不知何日歸。」此詩蓋會昌廢佛寺時所作也。又有《斫竹》詩，亦同時作，云：「寺廢竹色死，宦家寧爾留。霜根漸隨斧，風玉尚敲秋。江南苦吟客，何處寄悠悠。」詞意悽愴，蓋憐之也。（陸游《老學庵筆記》卷六）

斫　竹①

寺廢竹色死，宦家寧爾留〔一〕。霜根漸隨斧，風玉尚敲秋②。江南苦吟客，何處送悠悠③。

【校勘記】

〔一〕「宦家」，夾注本作「官家」，《全唐詩》卷五二二校：「一作官家。」

【注　釋】

① 此詩曹中孚《杜牧詩文編年補遺》繫於會昌五年（八四五）秋冬之交。謂此年前後，唐武宗反佛，至五年八月廢佛寺四千六百餘所，還俗僧尼達二十六萬五百人，廢私立之招提蘭若四萬餘所。此詩乃側面記述此事之一。詩中所反映時令乃在深秋，故「當作於是年秋冬之交」。今姑從此説。

② 風玉句：《開元天寶遺事》載：「岐王宮中於竹林内懸碎玉片，每夜聞玉片子相觸之聲即知有風，號爲占風鐸。」

③ 悠悠：夾注：「《爾雅》：悠悠，思也。《注》：憂思也。」

將赴湖州留題亭菊①

陶菊手自種②，楚蘭心有期③。遥知渡江日，正是擷芳時④。

【注　釋】

① 湖州：州名，取州東太湖爲名。唐治所在烏程縣（今浙江湖州市）。此詩《杜牧年譜》繫於大中四年（八五〇）秋。蓋是年秋，杜牧出任湖州刺史。

②陶菊：即菊花。晉陶淵明愛菊，故稱。《藝文類聚》卷四引檀道鸞《續晉陽秋》：「陶潛嘗九月九日無酒，（出）宅邊菊叢中，摘菊盈把坐其側久，望見白衣至，乃王弘送酒也，即便就酌，醉而後歸。」夾注：「《潯陽記》：陶潛九日坐菊叢中，摘菊盈把。刺史王弘令白衣人送酒。」

③楚蘭：楚地之蘭花。

④擷芳：指採摘菊花。古人有九月九日採菊之習俗。

折菊

籬東菊徑深，折得自孤吟①。雨中衣半濕，擁鼻自知心②。

【注釋】

①籬東二句：陶潛《飲酒》詩之五：「采菊東籬下，悠然見南山。」

②擁鼻：把花置於鼻前嗅。

雲①

盡日看雲首不迴，無心都大似無才②。可憐光彩一片玉，萬里晴天何處來〔一〕。

【校勘記】

〔一〕「晴」，《文苑英華》卷一五六作「青」，《全唐詩》卷五二二、馮注本校：「一作青。」

【注　釋】

①《全唐詩》卷五二二題下注：「一作褚載詩」。此詩《樊川文集》卷三已録，《文苑英華》卷一五六亦作杜牧詩，當不誤。

②無心句：陶淵明《歸去來兮辭》：「雲無心以出岫，鳥倦飛而知還。」

醉後題僧院

離心忽忽復悽悽①，雨晦傾瓶取醉泥②。可羨高僧共心語，一如攜稺往東西③。

【注釋】

① 忽忽：恍惚。馮注：「宋玉《高唐賦》：悠悠忽忽，怊悵自失。《爾雅》：哀哀悽悽，懷報德也。」

② 雨晦句：雨晦，因下雨而天色昏暗。醉泥，醉如泥，大醉。馮注：「《後漢書·周澤傳·注》：《漢官儀》云：一日不齋醉如泥。」

③ 稺：幼童。

題禪院〔一〕

觥船一棹百分空〔二〕①，十歲青春不負公〔三〕。今日鬢絲禪榻畔〔四〕，茶煙輕颺落花風〔五〕。

【校勘記】

〔一〕《全唐詩》卷五二二校：「一作《醉後題僧院》。」

〔二〕「觥」，《文苑英華》卷二三八作「航」，下校：「集作觥。」馮注本校：「一作航。」「棹」，《全唐詩》卷五二二校：「一作掉。」

〔三〕「十歲」，《本事詩·高逸》、《太平廣記》卷二七三引作「十載」，《文苑英華》卷二三八作「千載」，下校：「集作十歲。」《全唐詩》卷五二二、馮注本校：「一作千載。」

〔四〕「畔」，《太平廣記》卷二七三引作「伴」。

〔五〕「輕」，《文苑英華》卷二三八作「悠」，下校：「集作輕。」《全唐詩》卷五二二、馮注本校：「一作悠。」

【注釋】

①觥船句：觥船，容量大之飲酒器。此處亦指酒船。晉畢卓好飲酒，曾云：「得酒滿數百斛船，四時甘味置兩頭，右手持酒杯，左手持蟹螯，拍浮酒船中，便足了一生矣。」事見《晉書》卷四九本傳。百分空，意爲忘却一切世俗之事。

【集評】

樊川鬢絲禪榻，翩翩才致。冬郎、都官、表聖、昭諫皆有妙境。（田雯《古歡堂集雜著》卷二論七言絕句）

《醉後題禪院》：「今日鬢絲禪榻畔，茶煙輕颺落花風」，不能復飲，青春已去。正爲壯盛虛擲醉鄉，悲悔無及，乃題此篇，妄題「醉後」二字，真憒憒也。若言公負青春，却又了無意味。（何焯《唐三體詩》卷一）

小杜之才，自王右丞以後，未見其比。其筆力回斡處，亦與王龍標、李東川相視而笑。「少陵無人謫仙死」，竟不意又見此人。只如「今日鬢絲禪榻畔，茶煙輕颺落花風」、「自説江湖不歸事，阻風中酒過年年」，直自開、寶以後百餘年無人能道，而五代、南北宋以後，亦更不能道矣。此真悟徹漢、魏、六朝之底藴者也。（翁方綱《石洲詩話》卷二）

《石洲詩話》一書，引證該博，又無隨園佻纖之失，信從者多。予竊有惑焉，不敢不商榷，以質後之君子。……又謂「小杜『自説江湖不歸去，阻風中酒過年年』、『今日鬢絲禪榻畔，茶煙輕颺落花風』，開、寶後百餘年無人道得，五代、南北宋以後，更不能矣」。小杜二詩，洵晚唐佳語，何推尊至此！（潘德輿《養一齋詩話》卷二）

哭李給事中敏①

陽陵郭門外②，坡陁丈五墳〔一〕③。九泉如結友④，兹地好埋君。朱雲葬陽陵郭外⑤。

【校勘記】

〔一〕「丈五」，《文苑英華》卷三〇四作「五丈」，馮注本校：「一作五丈。」

【注　釋】

①李中敏：字藏之，曾任侍御史、司門員外郎。大和六年大旱，曾上言請斬鄭注，文宗不納，遂以病告歸潁陽。後遷給事中，又痛恨宦官仇士良專權，復棄官。傳見《舊唐書》卷一七一、《新唐書》卷一一八。

②陽陵：漢景帝陵墓，在今陝西咸陽東，漢代於此置陽陵縣。

③坡陁：傾斜貌。丈五墳，《漢書·朱雲傳》云：「雲年七十餘，終於家。病不呼醫飲藥。遺言以身服斂，棺周於身，土周於槨，爲丈五墳，葬平陵東郭外。」

④九泉句：《新序》卷四「晉平公過九原而歎曰：『嗟呼！此地之蘊吾良臣多矣！若使死者起也，吾將誰與歸乎？』叔向對曰：『與趙武乎？』」

⑤朱雲句：朱雲，漢成帝時人，正直敢言，曾上書請斬佞臣張禹頭。傳見《漢書》卷六七。此處用以比喻讚美李中敏。按，據《漢書·朱雲傳》，朱雲葬於平陵東郭外，並未葬於陽陵。

黄州竹逕〔一〕①

竹岡蟠小徑〔二〕，屈折鬭蛇來。三年得歸去②，知遶幾千迴？

【校勘記】

〔一〕題原作《黄州竹逕鬬》，據夾注本、文津閣本、《全唐詩》卷五二二、馮注本改。

〔二〕「岡」，原作「濁」，据夾注本改。《全唐詩》卷五二二、馮注本均作「濁」，下校：「一作岡。」

【注釋】

① 王西平、張田《杜牧詩文繫年考辨》據此詩謂「唐代州刺史按例三年爲期，言『三年得歸去』者，説明此詩是杜牧初到黄州不久所作，繫於會昌二年爲宜。」所説可從，今即訂此詩於會昌二年（八四二）。

② 三年：唐制，刺史任期一般爲三年。

題敬愛寺樓①

暮景千山雪，春寒百尺樓。獨登還獨下，誰會我悠悠。

【注　釋】

① 敬愛寺：《唐會要》卷四八敬愛寺：「懷仁坊。顯慶二年，孝敬在春宫，爲高宗、武太后立之，以敬愛寺爲名。制度與西明寺同。天授二年，改爲佛壽記寺。其後又改爲敬愛寺。」此詩《杜牧年譜》謂「敬愛寺在東京懷仁坊」，而杜牧大和九年、開成元年在東都爲監察御史，而詩難確定爲兩年中何年所作，故附於開成元年。按，據《杜牧年譜》，杜牧大和九年七月方分司東都，而開成二年春後方離洛陽往揚州。而此詩有「春寒」句，則詩蓋作於開成元或二年（八三六或八三七）早春。

送劉秀才歸江陵①

彩服鮮華覲渚宫②，鱸魚新熟别江東③。劉郎浦夜侵船月④，宋玉亭春弄袖風〔一〕⑤。落落精神終有立〔二〕⑥，飄飄才思杳無窮。誰人世上爲金口⑦，借取明時一薦雄⑧。

【校勘記】

〔一〕「春」，夾注本、馮注本作「前」，馮注本校：「一作春。」「弄」，《文苑英華》卷二八〇作「滿」，下校：「集作弄。」文津閣本亦作「滿」。《全唐詩》卷五二二、馮注本校：「一作滿。」

〔二〕「終」，《文苑英華》卷二八〇作「將」，《全唐詩》卷五二二校：「一作將。」

【注釋】

①劉秀才：陶敏《樊川詩人名箋補》（《徐州師範學院學報》一九八七年第二期）據張祜《張承吉文集》卷七《送劉韜秀才江陵歸寧》詩考爲劉韜。又據《全唐詩人名考證》，此詩作於會昌五年（八四五）春，時杜牧爲池州刺史。江陵，府名，今屬湖北。

②彩服句：彩服，《太平御覽》卷四一三引《孝子傳》：「老萊子者，楚人，行年七十，父母俱存，至孝蒸蒸，嘗着斑斕之衣，爲親取飲上堂，脚跌，恐傷父母之心，因僵仆爲嬰兒啼。」渚宮，春秋時楚國別宮。故址在今湖北江陵。

③鱸魚句：晉張翰在洛陽爲官，「因見秋風起，乃思吴中菰菜、蓴羹、鱸魚膾，曰：『人生貴得適志，

何能羈宦數千里以要名爵乎！』遂命駕而歸。」事見《晉書》卷九二本傳。

④劉郎浦：在江陵府石首縣（今屬湖北）沙步，乃劉備娶吴主妹之處。參見《資治通鑑》卷二七六胡三省注。夾注：「《十道志》：江陵有劉郎浦。按，《江陵圖經》，劉郎浦在石首縣。」

⑤宋玉亭：江陵有宋玉故宅。見《渚宫故事》。夾注：「韓公在江陵時《贈張功曹》詩云：宋玉亭過不見人。」

⑥落落：高超不凡貌。北周庾信《謝趙王示新詩啓》：「落落詞高，飄飄意遠。」

⑦金口：比喻言語之貴重。《晉書·夏侯湛傳·抵疑》：「今乃金口玉音，漠然沉默。」

⑧一薦雄：雄，指揚雄。《漢書·揚雄傳》：「孝成帝時，客有薦雄文似相如者，……召雄待詔承明之庭。」

【集　評】

《劉秀才歸江陵》：綵服省覲是紀其事，言思親而歸也。鱸魚新熟是記其時，言當秋而歸也。三、四就到家之景言，俱切江陵。後四句因其歸而屬望之，言秀才精神才思，正當大用，尚可卜其待詔承明，以冀人之薦引也。（朱三錫《東嵒草堂評訂唐詩鼓吹》卷六）

見吴秀才與池妓别因成絶句〔一〕①

紅燭短時羌笛怨，清歌咽處蜀絃高②。萬里分飛兩行淚③，滿江寒雨正蕭騷。

【校勘記】

〔一〕「池妓」，夾注本作「池州妓」。

【注釋】

①此詩《杜牧年譜》編於杜牧任池州刺史時，亦即會昌四年九月至會昌六年（八四四—八四六）九月。

②紅燭二句：羌笛，樂器名。原出於古羌族。其長二尺四寸，三孔。一説四孔。馬融《長笛賦》：「近世雙笛從羌起。」蜀絃，謂琴瑟等絃樂器，以蜀地梧桐製作者音質爲美。夾注：「《玩月西城》詩：蜀琴抽白雪。李善注：相如工琴而處蜀，故曰蜀琴。」

③萬里分飛句：《説苑》卷一八《辨物》：「孔子曰：『回何爲而吒？』回曰：『今者有哭者其音甚

悲，非獨哭死，又哭生離者。』孔子曰：『何以知之？』回曰：『似完山之鳥。』孔子曰：『何如？』回曰：『完山之鳥生四子，羽翼已成乃離四海，哀鳴送之，爲是往而不復返也。』」

湖州正初招李郢秀才〔一〕①

行樂及時時已晚，對酒當歌歌不成②。千里暮山重疊翠，一溪寒水淺深清。高人以飲爲忙事，浮世除詩盡强名。看著白蘋芽欲吐③，雪舟相訪勝閑行④。

【校勘記】

〔一〕「湖州」，原作「湖南」，據馮集梧所考改。馮注云：「李郢有《和湖州杜員外冬至日白蘋州見憶》詩：『白蘋亭上一陽生，謝朓新裁錦繡成……』與牧之此詩用韻並同。惟李題云冬至，而此云新正，然兩詩語意相直，兼杜用白蘋，亦是湖州故事，知此題湖南當是湖州之誤。」

【注　釋】

① 李郢：字楚望，長安人。大中十年進士及第。初居餘杭。曾爲藩鎮從事，侍御史（一説終於員外

郎）。有詩一卷。事見劉崇遠《金華子雜編》卷下、《新唐書·藝文志》卷四、《唐詩紀事》卷五八、《唐才子傳》卷八。《杜牧年譜》又以爲此詩爲大中四年（八五〇）杜牧任湖州刺史時作，題中「『正初』，固應解釋爲新正，但李郢和詩題明言『冬至日』，而杜牧詩中用『寒水』、『雪舟』，亦似冬日口氣，『白蘋芽欲吐』，可能指冬至陽生而言，故『正初』二字疑亦有誤。」

② 對酒當歌：曹操《短歌行》：「對酒當歌，人生幾何？」

③ 白蘋：一種水中浮草，即馬尿花。生淺水中，夏秋開小白花。

④ 雪舟句：《世説新語·任誕》：「王子猷居山陰，夜大雪，眠覺，開室命酌酒，四望皎然。因起彷徨，詠左思招隱詩。忽憶戴安道。時戴在剡，即便夜乘小舟就之。經宿方至，造門不前而返。人問其故，王曰：『吾本乘興而行，興盡而返，何必見戴？』」

【集評】

杜長律亦極有佳句，如「深秋簾幕千家雨，落日樓臺一笛風」、「蒲根水暖雁初浴，梅徑香寒蜂未知」、「千里暮山重疊翠，一溪寒水淺深清」。又「江碧柳青人盡醉，一瓢顏巷日空高」，俱灑落可誦。至《西江懷古》「千秋釣艇歌明月，萬里沙鷗弄夕陽」，尤有江天浩蕩之景。（賀裳《載酒園詩話又編·杜牧》）

史稱杜牧之自負才略，喜論兵事，擬致位公輔，以時無右援者，怏怏不平而終；爲人疎雋，不拘細行；其詩情致豪邁，人號爲小杜，以別於少陵。後村劉氏謂杜牧、許渾同時，牧于唐律中，嘗寓拗峭，以矯時弊，渾律切麗密或過牧，而抑揚頓挫不及也。讀其《冬至日寄小姪阿宜》詩云：「經書刮根本，史書閱興亡。高摘屈宋豔，濃熏班馬香。李杜泛浩浩，韓柳摩蒼蒼。近者四君子，與古爭强梁。」可以知其用功之深醇。讀其「平生五色綫，願補舜衣裳」、「誰知我亦輕生者，不得君王丈二殳」諸詩，可以知其立志之遠大。若但賞其「高人以飲爲忙事，浮世除詩盡强名」諸句，則猶是詩人而已。（余成教《石園詩話》卷二）

《湖南正初招李郢秀才》：李郢字楚望，大中進士，西安人，唐末避亂嶺表。馮注云：李郢有《和湖州杜員外冬至日白蘋洲見憶》詩，與牧之此詩用韻並同，此「湖南」當是「湖州」之誤。（曾國藩《求闕齋讀書録》卷九）

贈朱道靈

劉根丹篆三千字①，郭璞青囊兩卷書②。牛渚磯南謝山北③，白雲深處有巖居。

【注　釋】

①劉根句：劉根，東漢人，隱居嵩山，有道術。傳見《後漢書》卷八二。夾注：「《神仙傳》：劉根，字君安，京兆長安人也。少明五經，以漢孝成帝綏和二年舉孝廉，除郎中。後棄世學道，入嵩高山石室。冬夏不衣，毛長一二尺，其顏色如十四五歲人。」丹篆，紅筆篆書。

②郭璞句：郭璞，晉人，字景純。傳見《晉書》卷七二。傳謂有郭公者，精於卜筮，璞拜其爲師。郭公以青囊中書九卷授之，璞遂精五行、天文、卜筮之術。

③牛渚磯句：即牛渚山。《太平寰宇記》卷一〇五當塗縣牛渚山：在縣「北三十五里突出江中，謂爲牛渚，古所津渡處也」。謝山，即謝公山。《太平寰宇記》卷一〇五當塗縣：「謝公山在縣東三十五里，齊宣城太守謝朓築室及池於山南。其宅堦址見存，路南磚井二口。天寶十二年，改名謝公山，周迴八十里。」

屏風絶句

屏風周昉畫纖腰〔一〕①，歲久丹青色半銷。斜倚玉窗鸞髮女，拂塵猶自妬嬌饒〔二〕②。

【校勘記】

〔一〕「昉」，原作「仿」，據夾注本、文津閣本、《全唐詩》卷五二二、馮注本改。

〔二〕「嬌饒」，文津閣本作「嬌嬈」。

【注　釋】

①周昉：唐代畫家，長安人，字景玄，一字仲朗。仕至宣州長史。善畫佛像、真仙、人物、仕女。事跡見《唐朝名畫録》、《歷代名畫記》卷一〇。

②拂塵句：拂塵，撣去塵埃。嬌饒，妍媚、美麗。此處也指屏風中所畫美人。

【集　評】

【牧之屏風美人】「屏風周昉畫纖腰，歲久丹青色漸凋。斜倚玉窗鸞髮女，拂塵猶自妒嬌嬈。」（楊慎《升菴詩話》卷五）

哭韓綽①

平明送葬上都門〔一〕②，紼翣交横逐去魂③。歸來冷笑悲身事，喚婦呼兒索酒盆④。

【校勘記】

〔一〕「明」，《文苑英華》卷三〇四作「生」。

【注　釋】

① 韓綽：晚唐時淮南節度使府判官，與杜牧往還。

② 上都：即唐首都長安。馮注：「《長安志》：唐天寶元年，以京城爲西京京兆府，至德二載曰中京，元年建丑月停京名，尋曰上都。」

③ 紼翣：紼，牽引棺木之繩索。翣，棺飾。形似扇，在路用以障車，入槨用以障柩。

④ 喚婦呼兒句：《晉書·劉伶傳》：「嘗渴甚，求酒於其妻。妻捐酒毁器，涕泣諫曰：『君酒太過，非攝生之道，必宜斷之。』伶曰：『善！吾不能自禁，惟當祝鬼神自誓耳。便可具酒肉。』妻從之。伶跪祝曰：『天生劉伶，以酒爲名。一飲一斛，五斗解酲。婦兒之言，慎不可聽。』仍引酒御肉，隗然復醉。」又《晉書·阮咸傳》：「咸妙解音律，善彈琵琶。雖處世不交人事，惟共親知絃歌酣宴而已。與從子脩特相善，每以得意爲歡。諸阮皆飲酒，咸至，宗人間共集，不復用杯觴斟酌，以大盆盛酒，圓坐相向，大酌更飲。時有群豕來飲其酒，咸直接去其上，便共飲之。」

新定途中①

無端偶效張文紀②，下杜鄉園別五秋[一]③。重過江南更千里，萬山深處一孤舟。

【校勘記】

〔一〕「園」，馮注本作「關」。

【注　釋】

① 新定：郡名，即睦州。睦州曾名新定郡。唐州治建德，即今浙江建德市東北五十里梅城鎮。此詩《杜牧年譜》繫於會昌六年（八四六）。蓋其年九月，杜牧由池州移任睦州刺史，途中作此詩。

② 張文紀：即張綱，字文紀。爲人鯁直敢言，曾劾奏外戚梁冀，爲冀所排擠，出爲廣陵太守。傳見《後漢書》卷五六。

③ 下杜句：下杜，即下杜城，在唐長安杜陵附近。五秋，五年。杜牧於會昌二年春離京出守黄州，至会昌六年已五年。

題新定八松院小石①

雨滴珠璣碎，苔生紫翠重。故關何日到②，且看小三峰〔一〕③。

【校勘記】

〔一〕「三」，文津閣本、馮注本作「山」。

【注　釋】

① 此詩杜牧在睦州刺史任時作，即作於會昌六年底至大中二年（八四六—八四八）八月。

② 故關：指秦函谷關，在今河南靈寶縣西南。

③ 小三峰：指形似華山三峰之小石。華山有三峰，詩人倘由睦州回京，當經函谷關、華山。夾注：「《十道志》：關内道華州有華山。《華山紀》云：其上有三峰。東坡注：宋援云三峰謂蓮華、松檜、毛女也。」

樊川文集卷第四

往年隨故府吳興公夜泊蕪湖口今赴官西去再宿蕪湖感舊傷懷因成十六韻①

南指陵陽路②，東流似昔年。重恩山未答③，雙鬢雪飄然④。數仞慚投跡⑤，群公愧拍肩⑥。駑駘蒙錦繡⑦，塵土浴潺湲。郭隗黄金峻⑧，虞卿白璧鮮⑨。貔貅環玉帳⑩，鸚鵡破蠻箋⑪。極浦沉碑會⑫，秋花落帽筵⑬。旌旗明迥野，冠珮照神仙。籌畫言何補，優容道實全。謳謡人撲地⑭，雞犬樹連天〔一〕。紫鳳超如電⑮，青襟散似煙⑯。蒼生未經濟⑰，墳草已芊綿⑱。往事唯沙月，孤燈但客舡。峴山雲影畔⑲，棠葉水聲前⑳。故國還歸去，浮生亦可憐。高歌一曲淚，明日夕陽邊〔二〕。

【校勘記】

〔二〕「連」，《全唐詩》卷五二三作「齊」。

〔三〕此句文津閣本作「明月夕陽還」。

【注　釋】

①故府吴興公：指沈傳師。杜牧於大和二年至七年入沈傳師江西、宣歙二幕府。沈傳師，字子言。蘇州吴縣人。曾任江西、宣歙兩鎮觀察使、吏部侍郎。傳見《舊唐書》卷一四九、《新唐書》卷一三二。蕪湖口，即蕪湖水入長江處。《元和郡縣圖志》卷二八當塗縣：「蕪湖水在縣西南八十里。源出丹陽湖，西北流入於大江。漢末湖側亦嘗置蕪湖縣，吴將陸遜、晉謝尚、王敦皆嘗鎮此。」《杜牧年譜》於開成四年謂「此詩蓋本年杜牧由宣州赴潯陽夜泊蕪湖時所作」。蓋開成四年（八三九）春杜牧由宣州取道潯陽赴京任左補闕、史館修撰任途中作。

②陵陽：山名，在宣城。此以陵陽代指宣城。

③重恩句：夾注：「曹植表：身輕蟬翼，恩重山丘。」

④雙鬢句：馮注：「張正見詩：鬢似雪飄蓬。」

⑤數仞：即數仞牆，此用以稱頌沈傳師。《論語·子張》：「叔孫武叔語大夫於朝曰：『子貢賢於仲

尼。』子服景伯以告子貢。子貢曰：『譬之宮牆，賜之牆也及肩，窺見室家之好。夫子之牆數仞，不得其門而入，不見宗廟之美，百官之富。得其門者或寡矣。夫子之云，不亦宜乎！』」投跡，謂踐履，廁身其間。

⑥群公句：晉郭璞《遊仙》詩：「左挹浮丘袖，右拍洪崖肩。」此將幕府群公喻爲仙人。

⑦駑駘句：駑駘，劣馬。此用以自比。《史記・滑稽列傳》載，楚莊王給愛馬衣以文繡，置於華屋之下。此指自己受到禮遇。

⑧郭隗句：《戰國策・燕策》：「燕昭王收破燕後，即位，卑身厚幣，以招賢者，欲將以報仇。……郭隗先生曰：『臣聞古之君人，有以千金求千里馬者，三年不能得。涓人言於君曰：「請求之。」君遣之，三月得千里馬；馬已死，買其骨五百金。』」

⑨虞卿句：戰國時，虞卿「躡蹻檐簦説趙孝成王。一見，賜黄金百鎰，白璧一雙；再見，爲趙上卿，故號爲虞卿」。事見《史記》卷七六《虞卿列傳》。

⑩貔貅句：貔貅，猛獸名，此喻勇猛之士。玉帳，征戰時主將所居之軍帳。

⑪鸚鵡句：禰衡善文辭，與黄祖之子黄射善，射大會賓客，有人獻鸚鵡，射「舉卮於衡曰：『願先生賦之，以娱嘉賓。』衡攬筆而作，文無加點，辭采甚麗」。事見《後漢書》卷八〇下《禰衡傳》。鸞箋，指高麗所製之紙。馮注：「《天中記》：唐中國紙未備，故唐人詩中多用鸞箋字。高麗歲貢鸞

箋，書卷多用爲襯。」

⑫極浦句：極浦，遥遠之水邊。晉杜預好爲後世名，以爲「高岸爲谷，深谷爲陵」，變化極大，遂「刻石爲二碑，紀其勳績，一沈萬山之下，一立峴山之上，曰：『焉知此後不爲陵谷乎！』」事見《晉書》卷三四《杜預傳》。

⑬秋花句：秋花，指菊花。晉桓温九月九日與幕吏宴集於龍山，時孟嘉爲參軍，亦在座，「有風至，吹嘉帽墮落，嘉不之覺」。事見《晉書》卷九八《孟嘉傳》。

⑭撲地：滿地，遍地。王勃《滕王閣序》：「閭閻撲地。」

⑮紫鳳句：馮注：「江總詩：盛時不再得，光景馳如電。按：此當謂吴興公倏已去世，如琴高乘赤鯉，蘇躭化白鶴之比。或別有紫鳳事，未見。」

⑯青襟：即青衿，謂士人。此指沈傳師之幕吏。

⑰蒼生句：蒼生，百姓。經濟，經國濟民。

⑱芊綿：草茂盛貌。

⑲峴山句：峴山，又稱峴首山，在今湖北襄樊南。晉時羊祜鎮襄陽，樂山水，常登此山，置酒言詠，終日不倦。卒後，百姓於峴山立廟建碑，望碑者莫不流涕，杜預名之曰墮淚碑。見《晉書》卷三四本傳。

⑳ 棠葉句：棠，甘棠。此句指沈傳師有善政遺愛。《詩·召南》有《甘棠》篇，相傳召公姬奭爲西伯，有善政，常息於甘棠之下以聽政事，詩人思之而愛其樹，遂作《甘棠》詩。

懷鍾陵舊遊四首①

其一

一謁征南最少年②，虞卿雙璧截肪鮮③。歌謡千里春長暖，絲管高臺月正圓〔一〕。玉帳軍籌羅俊彦，絳帷環珮立神仙④。陸公餘德機雲在⑤，如我酬恩合執鞭⑥。

【校勘記】

〔一〕「高臺」，夾注本作「高樓」。

【注釋】

① 鍾陵：唐洪州治所，在今江西南昌，時爲江西觀察使治所。杜牧曾在沈傳師江西幕。馮注：

「《元和郡縣志》：江南西道洪州南昌縣，漢置，隋改豫章縣，寶應元年六月改鍾陵縣，十二月改爲南昌縣。」

②謁南句：征南，晉羊祜曾爲征南大將軍，此借指沈傳師。沈傳師於唐文宗大和時曾任江西觀察使。杜牧入其江西幕時年僅二十六。

③截肪：切開之脂肪，喻璧之白潤。曹丕《與鍾大理書》：「竊見玉書稱美玉白如截肪。」

④絳帷句：絳帷，紅色帷帳。神仙，指美女，此謂幕府中之歌伎。漢馬融才高博洽，爲世通儒。教養諸生，常坐高堂，施絳帳，前授生徒，後列女樂。事見《後漢書》卷六〇上本傳。

⑤陸公句：指三國時吳國名將陸遜。傳見《三國志》卷五八。其孫陸雲、陸機，爲西晉著名文學家，陸機著有《祖德賦》。此以機、雲比沈傳師二子沈樞、沈詢。

⑥執鞭：《史記·管晏列傳》太史公曰：「假令晏子而在，余雖爲之執鞭，所忻慕焉。」

【集　評】

杜牧好用故事，仍于事中復使事，若「虞卿雙璧截肪鮮」是也。亦有趁韻撰造非事實者，若「珊瑚破高齊，作婢春黃麋」是也。李詢得珊瑚，其母令衣青衣而舂，初無「黃麋」字。其《晚晴賦》云：「忽引舟于青灣，睹八九之紅芰。（按《樊川集》云：「復引舟于深灣，忽八九之紅芰。」）姹然如婦，嫣然如女。」芰，菱也，牧乃指爲荷花。其爲《阿房宫賦》云：「長橋卧波，未雩何龍？」牧謂龍見而雩，故用龍以比橋，殊不知，龍者，龍星也。（魏泰《臨漢隱居詩話》）

【懷鍾陵舊遊第一首】漢之豫章郡，隋改爲縣，唐改鍾陵縣，後改南昌縣。「征南」指沈傳師也。傳師……子樞、詢皆登進士第。詢歷清顯至禮部侍郎，故以機、雲比之。（曾國藩《求闕齋讀書録》卷九）

其二

滕閣中春綺席開①，《柘枝》蠻鼓殷晴雷②。垂樓萬幕青雲合③，破浪千帆陣馬來。未掘雙龍牛斗氣④，高懸一榻棟梁材⑤。連巴控越知何有〔一〕⑥？珠翠沉檀處處堆⑦。

【校勘記】

〔一〕「有」，《全唐詩》卷五二三作「事」，下校：「一作有。」

【注釋】

① 滕閣：即滕王閣，在今江西南昌，唐初滕王李元嬰爲洪州都督時所建。

② 柘枝句：《柘枝》，樂曲名，亦舞名。舞因曲得名。郭茂倩《樂府詩集》卷五六《柘枝詞》：「《樂府

雜録》曰：『健舞曲有《柘枝》，軟舞曲有《屈柘》。』《樂苑》曰：『羽調有《柘枝曲》，商調有《屈柘枝》。此舞因曲爲名，用二女童，帽施金鈴，抃轉有聲。其來也，於二蓮花中藏，花坼而後見，對舞相占，實舞中雅妙者也。』《教坊記》曰：『凡棚車上擊鼓非《柘枝》，則《阿遼破》也。』《羯鼓録》曰：『凡曲有意盡聲不盡者，須以他曲解之，如《耶婆色雞》用《屈柘急遍》解，《屈柘》用《渾脱》解之類是也。一説曰：《柘枝》，本《柘枝舞》也，其後字訛爲柘枝。』沈亞之賦云：『昔神祖之克戎，賓雜舞以混會。柘枝信其多姸，命佳人以繼態。』然則似是戎夷之舞。按今舞人衣冠類蠻服，疑出南蠻諸國也。」鼉鼓，外族傳入中國之鼓。殷，振动。此指雷声振动。

③垂樓萬幕句：馮注：「《西京雜記》：成帝設雲帳、雲幄、雲幕，世謂三雲殿。江淹《宣列樂歌》：青幕雲舒，丹殿霞起。」

④未掘雙龍句：晉張華見斗牛星間常有紫氣，因與雷煥共觀天象，雷煥以爲乃寶劍之精上沖而成。華遂命雷煥爲豐城令，到縣，掘獄屋基，得寶劍龍泉、太阿。事見《晉書》卷三六《張華傳》。

⑤高懸一榻句：《後漢書・徐穉傳》：「徐穉，字孺子，豫章南昌人也。家貧，常自耕稼，非其力不食。恭儉義讓，所居服其德。屢辟公府，不起。時陳蕃爲太守，以禮請署功曹，穉不免之，既謁而退。蕃在郡不接賓客，唯穉來特設一榻，去則縣之。後舉有道，家拜太原太守，皆不就。」

⑥連巴控越：巴指四川省東部一帶。越指古越地，在今浙江一帶。王勃《滕王閣序》：「控蠻荆而

引甌越。」

⑦沉檀：即沉香與檀香。

【集評】

王平甫年十一過洪州，有《滕王閣》詩，蓋其少成如此。又再賦一首，叙其事云：「滕王平昔好追遊，高閣依然枕碧流。勝地幾經興廢事，夕陽偏照古今愁。層城樹密千家笛，江渚人孤一葉舟。悵然滄波吟不盡，西山重疊亂雲浮。」十四歲再題一首，其序云：「予始年十一時，從親還里中，道出洪州，泊滕王閣下，俯視山川之勝，而求士大夫所留之詩，凡百餘篇，自唐杜紫微外，類皆世俗氣，不足矜愛。」（趙令時《侯鯖録》卷二）

其三

十頃平湖堤柳合①，岸秋蘭芷緑纖纖。一聲明月採蓮女，四面朱樓卷畫簾。白鷺煙分光的的②，微漣風定翠湉湉〔一〕③。斜輝更落西山影④，千步虹橋氣象兼。

【校勘記】

〔一〕「湉湉」，原作「沾沾」，原有小注：「徒兼切。」今據夾注本改。

【注釋】

①十頃平湖：馮注：「《水經注・贛水篇》：豫章郡東大湖十里二百二十六步，北與城齊，南緣廻折至南塘，本通章江，增減與江水同。漢永元中，太守張躬築塘以通南路，兼遏此水，冬夏不增減，水至清深。」

②的的：明白，明顯。

③湉湉：四部叢刊本原作「沾沾」，馮集梧《樊川詩集注》以爲字書無沾字，疑當作湉，徒兼切，音恬。湉湉，水安流貌。左思《吴都賦》：「澶湉漠而無涯。」

④西山：在江西新建縣西，一名南昌山，又名厭原山。馮注：「《元豐九域志》：洪州新建有西山。《一統志》：西山在章江門外三十里，一名南昌山，即古散原山也。或作厭原山。《水經注・贛水篇》：石頭津步西二十里曰厭原山，疊嶂四周，杳邃有趣。」

其四

控壓平江十萬家，秋來江靜鏡新磨。城頭晚鼓雷霆後，橋上遊人笑語多。日落汀痕千里色，月當樓午一聲歌①。昔年行樂穠桃畔〔一〕②，醉與龍沙揀蜀羅③。

【校勘記】

〔一〕「穠桃畔」，夾注本作「穠桃伴」。

【注　釋】

① 午：此指午夜、半夜。

② 穠桃：繁盛之桃花。此喻指歌妓。《詩經·召南》：「何彼穠矣，華如桃李？」

③ 龍沙：《太平寰宇記》卷一〇六南昌縣：「龍沙在州北七里一帶，江沙甚白而高峻，左右居人時見龍跡。按，雷次宗《豫章記》云：北有龍沙堆阜，逶迤潔白，高峻而似龍形，連亘五六里。舊俗九月九日登高之處。」

【集　評】

【懷鍾陵舊遊第四首】馮注：《通典》：「南昌有龍沙。」《水經注》：「龍沙，沙甚潔白，高峻而陁，有龍形。」國藩按：此詩之意，謂沙之白細，就中可揀出蜀羅也。以比就紅粉隊中揀選絕色，蓋攜妓

夜遊之詩。（曾國藩《求闕齋讀書録》卷九）

臺城曲二首①

其一

整整復斜斜，隋旗簇晚沙〔一〕②。門外韓擒虎〔二〕③，樓頭張麗華④。誰憐容足地，却羡井中蛙⑤。

【校勘記】

〔一〕「隋」，原作「隨」，據夾注本、馮注本改。

〔二〕「擒」，原作「檎」，據夾注本、《全唐詩》卷五二三、馮注本改。

【注釋】

① 臺城：東晉、宋、齊、梁、陳宫城，在今南京東。馮注：「《元和郡縣志》：潤州上元縣，晉故臺城，

在縣東北五里。《輿地紀勝》：臺城，一曰苑城，本吳後苑地也。晉咸和中作新宮，遂爲宮城，下及梁、陳，宮皆在此。晉宋時謂朝廷禁省爲臺，故謂宮城爲臺城。」

②隋旗：隋軍旗幟。隋平陳前，大將賀若弼率軍與陳隔江對峙，令沿江設防人員每交替時，必集中在歷陽（今安徽和縣），大列旗幟，宮幕蔽野。陳以爲大兵至，調集兵馬防備。後知乃隋軍換防，不再防備。及至賀若弼率大軍渡江，陳軍尚未發覺。事見《隋書》卷五二《賀若弼傳》。

③韓擒虎：隋大將，伐陳時，爲先鋒，率五百精騎從朱雀門入城，俘獲陳後主。傳見《隋書》卷五二。

④張麗華：陳後主寵妃。據《南史》本傳，陳後主自居臨春閣，張麗華居結綺閣，龔、孔二貴嬪居望仙閣，並複道交相往來。

⑤誰憐二句：據《南史·陳後主傳》，後主在韓擒虎入宮城後，與張麗華、孔貴人躲入枯井中。「既而軍人窺井而呼之，後主不應。欲下石，乃聞叫聲。以繩引之，驚其太重，及出，乃與張貴妃、孔貴人三人同乘而上。」後爲隋軍所俘。

【集評】

【張麗華誤作潘麗華】東坡《虢國夫人夜遊圖》詩：「當時亦笑張麗華，不知門外韓擒虎。」蓋全用杜牧之《臺城曲》兩句詩：「門外韓擒虎，樓頭張麗華。」按後主張貴妃名麗華，尤見寵倖；隋韓擒虎平陳，後主與張麗華俱被收。今坡詩本皆誤作潘麗華，遂致黄朝英《緗素雜記》以東坡爲誤，彼不記杜牧之詩耳。（吴曾《能改齋漫録》卷三）

其二

王頒兵勢急①，鼓下坐蠻奴②。瀲灩倪塘水③，叉牙出骨鬚④。乾蘆一炬火⑤，迴首是平蕪⑥。

【注　釋】

① 王頒：字景彦，隋軍將領。隋伐陳時，率數百人隨韓擒虎過江滅陳。事見《隋書》卷七二本傳。

② 鼓下：古代軍中待處理俘虜之坐處。《左傳·襄公十八年》：「其右具丙亦舍兵而縛郭最，皆衿甲面縛，坐於中軍之鼓下。」蠻奴，陳大將任忠小名。隋將韓擒虎伐陳時，任忠帶領數人往石子崗投降，並引隋軍入南掖門。事見《陳書》卷三一本傳。

③ 倪塘：在建康（今南京）城東南二十五里。馮注：「《通鑑·晉紀·注》：倪塘在建康東北方山埭南，倪氏築塘，因以爲名。《景定建康志》：倪塘在城東南二十五里。」

④ 叉牙句：叉牙，此指鬍鬚零亂貌。據《隋書·王頒傳》，王頒之父王僧辯爲陳武帝所殺。陳亡後，

王頒挖開陳武帝墓，剖棺，見武帝鬍鬚不落，其本皆出自骨中。頒遂焚骨取灰，投水而飲之。馮注：「《元和郡縣志》：潤州上元縣陳武帝萬安陵，在縣東三十八里方山西北。《至正金陵志》：陳高祖陵，上元縣東崇禮鄉，地名陵里，去城二十五里，名萬安陵。」

⑤乾蘆句：隋將賀若弼至樂遊苑，進攻陳宮城，放火燒北掖門。事見《陳書·後主紀》。

⑥迴首句：馮注：「《隋書·地理志》：丹陽郡自東晉已後置郡，曰揚州。平陳，詔並平蕩耕墾，更於石頭城置蔣州。《通鑑·唐紀》：光啓三年，趙暉治南朝臺城而居之。《注》：隋之平陳也，悉毀建康臺城，更于石城置蔣州，唐廢蔣州，以其地隸潤州。光啓二年，復置昇州，治上元縣，蓋臺城之湮廢久矣。」

江上雨寄崔碣①

春半平江雨，圓文破蜀羅②。聲眠蓬底客，寒濕釣來簑。暗澹遮山遠，空濛著柳多。此時懷一恨〔一〕，相望意如何？

【校勘記】

〔一〕「一」，《全唐詩》卷五二三作「舊」，馮注本校：「一作舊。」

【注　釋】

① 崔碣：字東標，及進士第，遷右拾遺。後官至河南尹、陜虢觀察使。傳見《新唐書》卷一二〇。

② 圓文句：圓文，指雨點落在水面泛起之圓形水紋。馮注：「王僧孺詩：緑水散圓文。」蜀羅，此用以比喻江面。

【集　評】

【江雨】「春半平江雨，圓紋破蜀羅。聲眠蓬底客，寒濕釣來簑。」此唐杜牧之作也，黄山谷酷愛而屢稱之。（祝誠《蓮堂詩話》卷上）

罷鍾陵幕吏十三年來泊湓浦感舊爲詩①

青梅雨中熟，檣倚酒旗邊。故國殘春夢，孤舟一褐眠。摇摇遠堤柳，暗暗十程煙②。南奏鍾陵道③，無因似昔年。

【注　釋】

①鍾陵幕吏：鍾陵，即洪州鍾陵，漢南昌縣，豫章郡治所。隋改爲豫章郡，唐改爲鍾陵。鍾陵幕吏，指杜牧大和二年至四年間爲沈傳師江西觀察使幕幕吏。湓浦，江州州治（今江西九江），古稱湓城，爲湓水入長江之處。其浦稱湓浦。此詩作年，據胡可先《杜牧詩文編年補正》（《四川大學學報》一九八三年第一期）所考作於會昌元年。蓋杜牧大和四年罷鍾陵幕，十三年後應是會昌二年。然是年春杜牧不能在江州，詩題「『十三年』應是『十二年』傳鈔之誤，或杜牧誤記」。「杜牧開成五年冬至會昌元年春乞假往潯陽視弟眼疾，會昌元年四月前在潯陽，正是春天，與詩中本事相合。」又詩有「故國殘春夢，孤舟一褐眠」句，今即據此訂本詩於會昌元年（八四一）春末。

②程：指驛站間距離。江州南至洪州三百二十五里，其間約置十驛。

③奏：向，往。

商山麻澗①

雲光嵐彩四面合，柔柔垂柳十餘家〔一〕。雉飛鹿過芳草遠，牛巷雞塒春日斜②。秀眉老父對樽酒③，蒨袖女兒簪野花④。征車自念塵土計，惆悵溪邊書細沙。

【校勘記】

〔一〕「柔柔」，夾注本作「柔桑」。《全唐詩》卷五二三、馮注本「柔柔」下校：「一作桑。」

【注　釋】

①商山：在今陝西省商縣東南。亦名商嶺、商阪。相傳秦末漢初四皓曾隱居於此。麻澗，在商州熊耳峰下，山澗環抱，宜於種麻，故名。此詩及後四詩《杜牧年譜》繫於開成四年（八三九）春，時杜牧「自潯陽泝長江、漢水，經南陽、武關、商山而至長安，就左補闕、史館修撰新職」，途經商山而作。

②塒：雞窩。在牆上鑿洞，以爲雞棲之巢。夾注：「《詩》：雞棲於塒。《注》：鑿牆而棲曰塒。」

③秀眉：老人眉毛中一二根較長者，舊説爲長壽之徵，謂之秀眉。《詩・小雅・南山有臺》：「樂只君子，遐不眉壽。」漢毛亨傳：「眉壽，秀眉也。」

④蒨袖：紅袖。

商山富水驛 驛本名與陽諫議同姓名，因此改爲富水驛〔一〕①

益戇猶來未覺賢②，終須南去弔湘川③。當時物議朱雲小④，後代聲華白日懸⑤。邪佞每思當面唾⑥，清貧長欠一杯錢⑦。驛名不合輕移改，留警朝天者惕然。

【校勘記】

〔一〕《全唐詩》卷五二三、馮注本於詩題中「水」字下校：「一作春。」馮注本又於小注中「水」字下校：「一作沙。」

【注　釋】

①富水驛：即陽城驛，在今陝西商南縣東南富水鎮。陽諫議，即陽城。城字亢宗，定州北平人。徙

居陝州夏縣。曾隱居於中條山。後薦爲著作郎，遷諫議大夫，改國子司業，貶道州刺史。傳見《舊唐書》卷一九二、《新唐書》卷一九四。此詩《杜牧年譜》繫於開成四年（八三九）春，時杜牧「自潯陽泝長江、漢水，經南陽、武關、商山而至長安，就左補闕、史館修撰新職」，途經商山而作。

②益戇句：戇，剛直而愚。西漢時，汲黯向漢武帝提出批評意見，武帝不悦，云：「甚矣，汲黯之戇也！」後又云：「人果不可以無學，觀汲黯之言，日益甚矣！」事見《漢書》卷五〇《汲黯傳》。陽城登進士第後，隱居中條山。召爲諫議大夫，日惟飲酒，不言朝事。貞元十一年，裴延齡誣逐陸贄、張滂等，陽城伏閣上疏力劾裴延齡，陸贄從而得免。後出刺道州，有善政，甚得民心。

③弔湘川：用賈誼貶爲長沙王太傅，經汨羅江時作《弔屈原賦》事。陽城因論裴延齡等事，觸怒德宗，被貶爲道州刺史。

④當時物議句：物議，輿論。小，指評價低。朱雲，西漢人，在朝敢於直諫。曾因劾奏安昌侯張禹觸犯上怒，爲御史押下欲烹之，雲猶攀殿檻大呼，以至檻折。幸賴左將軍辛慶忌以死爭之而免。事見《漢書》卷六七本傳。

⑤後代聲華句：聲華，美好之名聲。《文選》任昉《宣德皇后令》：「客遊梁朝，則聲華籍甚；薦名宰府，則延譽自高。」《晉書·江統傳》：「此皆聖主明君賢臣智士之所履行也。故能懸名日月，永世不朽，蓋儉之福也。」

⑥ 邪佞每思句：馮注：「《史記·趙世家》：復言長安君爲質者，老婦必唾其面。《唐書·陽城傳》：帝意欲相延齡，城顯語曰：延齡爲相，吾當取白麻壞之，哭於廷。帝不相延齡，城力也。」

⑦ 清貧長欠句：一杯錢，買一杯酒之錢。馮注：「《唐書·陽城傳》：常以木枕布衾質錢，人重其賢，爭售之。每約二弟：吾所奉入，而可度月食米幾何？薪菜鹽幾錢？先具之，餘送酒家，無留也。」

【集　評】

「廚人具雞黍，稚子摘楊梅」、「當時物議朱雲小，後代聲名白日長」，以「雞」對「楊」，以「朱雲」對「白日」，如此之類，皆爲假對。（沈括《夢溪筆談》卷十五藝文二）

王夷甫、蔡景節並號口不言錢，二子皆因弊矯之過者。……擠在臨海，其婢納女巫之賂，爲百姓撾登聞鼓，其絶口蓋有由然。如子美、張籍皆云：「呼兒散寫乞錢書」，太白：「顔公三十萬，盡赴酒家錢」，岑參：「閒時耐相訪，正有牀頭錢」，小杜：「清貧長欠一杯錢」，坡：「滿江風月不論錢」，谷：「青山好去坐無錢」，曾不害諸公之高也。（黄徹《䂬溪詩話》卷二）

唐詩家有假對律，曰：「牀頭兩甕地黄酒，架上一封天子書」，又「三人鐺脚坐，一夜掉頭吟」，又「鬢欲雹青女，官猶佐子男」等句是也。或鄙其不韻。如杜子美「枸杞因吾有，雞棲奈汝何」，又「飲子

頻通汙，懷君想報珠」，杜牧之「當時物議朱雲小，後代聲名白日懸」，亦用此律也。（邵博《邵氏聞見後録》卷十七）

杜牧之云：「杜若芳州翠，嚴光釣瀨喧。」此以杜與嚴爲人姓相對也。又有「當時物議朱雲小，後代聲名白日懸」，此乃以「朱雲」對「白日」，皆爲假對，雖以人姓名偶物，不爲偏枯，反爲工也。如涪翁「世上豈無千里馬，人中難待九方皋」，尤爲工緻。（吳聿《觀林詩話》）

假對如沈雲卿「牙緋」對「齒緑」，杜子美「懷君」對「飲子」，「侍中貂」對「大司馬」，杜牧之「當時物議朱雲小，後代聲名白日懸」之類。（胡震亨《唐音癸籤》卷四「法微」三）

丹　水①

何事苦縈迴，離腸不自裁。恨聲隨夢去〔一〕，春態逐雲來。沉定藍光徹〔二〕，喧盤粉浪開〔三〕。翠巖三百尺②，誰作子陵臺③？

【校勘記】

〔一〕「聲」，《全唐詩》卷五二三作「身」，下校：「一作聲。」

〔二〕「徹」，文津閣本作「澈」。

〔三〕「喧盤」，文津閣本作「喧盆」。

【注釋】

① 丹水：河名。馮注：「《水經》：丹水出京兆上洛縣西北冢嶺山，東南過其縣南，又東南過商縣南，又東南至丹水縣，入於均。」此詩《杜牧年譜》繫於開成四年（八三九）春，時杜牧「自潯陽泝長江、漢水，經南陽、武關、商山而至長安，就左補闕、史館修撰新職」，途經丹水而作。

② 翠巖：青翠之山峰。此指丹水南面之丹崖山。

③ 子陵臺：嚴子陵釣臺。東漢嚴子陵釣魚處，在睦州桐廬縣西三十里富春江七里瀨。

題武關①

碧溪留我武關東，一笑懷王跡自窮②。鄭袖嬌饒酣似醉〔一〕③，屈原憔悴去如蓬④。山牆谷塹依然在，弱吐强吞盡已空⑤。今日聖神家四海，戍旗長卷夕陽中。

【校勘記】

〔一〕「嬌饒」，文津閣本《全唐詩》卷五二三、馮注本作「嬌嬈」。

【注　釋】

① 武關：在今陝西商南縣西北，乃戰國時秦國南關。此詩《杜牧年譜》繫於開成四年（八三九）春，時杜牧「自潯陽泝長江、漢水，經南陽、武關、商山而至長安，就左補闕、史館修撰新職」，途經武關而作。

② 一笑句：跡自窮，謂楚懷王自己失策，以致走上窮途末路。據《史記·屈原列傳》，楚懷王欲赴秦約會，屈原諫阻，不從。及「入武關，秦伏兵絶其後，因留懷王，以求割地。懷王怒，不聽。亡走趙，趙不內。復之秦，竟死于秦而歸葬」。

③ 鄭袖句：鄭袖爲楚懷王寵姬。張儀使楚，以割秦商於六百里地之諾言騙取楚懷王與齊國斷交。後秦不給商於之地，懷王怒，聲言：「願得張儀而甘心焉。」後張儀至楚，設詭辯於鄭袖，懷王聽信鄭袖，復釋張儀。事見《史記》卷八四《屈原列傳》。

④ 屈原憔悴句：屈原曾任楚國三閭大夫。後被放逐，行吟澤畔，形容憔悴，顔色枯槁。事見《楚辭·漁父》。如蓬，指如蓬草隨風飄轉。

⑤弱吐强吞：指戰國時弱國爲强國所吞併之形勢。

除官赴闕商山道中絶句①

水疊鳴珂樹如帳②，長楊春殿九門珂〔一〕③。我來惆悵不自決，欲去欲住終如何？

【校勘記】

〔一〕「九門珂」，文津閣本作「九門過」。

【注　釋】

①除官：授官。指授左補闕、史館修撰。闕，京闕，京師。此詩《杜牧年譜》繫於開成四年（八三九）春，時杜牧「自潯陽泝長江、漢水，經南陽、武關、商山而至長安，就左補闕、史館修撰新職」，途經商山而作。

②鳴珂：馬勒上貝製之裝飾品，行則有聲。馮注：「《爾雅・翼》：貝，大者爲珂，黄黑色，其骨白，可以飾馬。蓋此等飾非特取其容，兼取其聲。」

③長楊春殿句：長楊春殿，指漢代長楊宫，舊址在今陝西盩厔。此借指唐皇宫。《三輔黄圖》卷一：「長楊宫，在今盩厔縣東南三十里，本秦舊宫，至漢修飾之以備行幸。宫中有垂楊數畝，因爲宫名，門曰射熊觀，秦漢遊獵之所。」九門，古時天子所居有九門。

漢　江①

溶溶漾漾白鷗飛②，緑淨春深好染衣。南去北來人自老，夕陽長送釣船歸。

【注　釋】

①漢江：水名。長江最大支流。源出陝西寧强縣北嶓冢山。初出山時名漾水，東南經沔縣爲沔水，東經褒城縣，合褒水，始爲漢水。至武漢市漢陽，流入長江。此詩《杜牧年譜》繫於開成四年（八三九）春，時杜牧「自潯陽泝長江、漢水，經南陽，武關、商山而至長安，就左補闕、史館修撰新職」，途經漢水而作。

②溶溶漾漾：水廣大而波光浮動貌。溶溶，水盛大貌。《楚辭》劉向《九歎・逢紛》：「揚流波之潢潢兮，體溶溶而東回。」漾漾，水動盪貌。宋之問《宿雲門寺》詩：「漾漾潭際月，飄飄杉上風。」

【集評】

五七字絶句最少，而最難工，雖作者亦難得四句全好者。晚唐人與介甫最工於此。如李義山憂唐之衰云：「夕陽無限好，只是近黄昏。」如：「青女素娥俱耐冷，月中霜裏鬭嬋娟。」如：「芭蕉不展丁香結，同向春風各自愁。」如：「鶯花啼又笑，畢竟是誰春？」唐人《銅雀臺》云：「人生富貴須回首，此地豈無歌舞來。」《寄邊衣》云：「寄到玉關應萬里，戍人猶在玉關西。」《折楊柳》云：「羌笛何須怨楊柳，春光不度玉門關。」皆佳句也。如介甫云：「更無一片桃花在，爲問春歸有底忙。」「祇是蟲聲已無夢，三更桐葉强知秋。」「百囀黄鸝看不見，海棠無數出牆頭。」「暗香一陣風吹起，知有薔薇澗底花。」不減唐人。然鮮有四句全好者。杜牧之云：「清江漾漾白鷗飛，緑淨春深好染衣。南去北來人自老，夕陽長送釣船歸。」唐人云：「樹頭樹尾覓殘紅，一片西飛一片東。自是桃花貪結子，錯教人恨五更風。」韓偓云：「昨夜三更雨，臨明一陣寒。薔薇花在否？側卧捲簾看。」介甫云：「水際柴扉一半開，小橋分路入青苔。背人照影無窮柳，隔屋吹香併是梅。」東坡云：「暮雲收盡溢清寒，銀漢無聲轉玉盤。此生此夜不長好，明月明年何處看。」四句皆好矣。（楊萬里《誠齋詩話》）

襄陽雪夜感懷〔一〕①

往事起獨念，飄然自不勝。前灘急夜響，密雪映寒燈〔二〕。的的三年夢②，迢迢一綫絙③。明朝楚山上④，莫上最高層。

【校勘記】

〔一〕「感懷」，夾注本作「有懷」。

〔二〕「寒燈」，夾注本作「春燈」。

【注　釋】

① 此詩《杜牧年譜》繫於開成五年（八四〇）冬，蓋時杜牧自京乞假往潯陽視弟眼疾，取道漢上，途經襄陽所作。

② 的的：明白、昭著。《淮南子·説林》：「的的者獲，提提者射。」《注》：「的的，明也，爲衆所見，故獲。」馮注：「王僧孺《述夢》詩：的的一皆是。」

③ 緪：接連，連貫。

④ 楚山：指望楚山，在襄陽南三里，爲劉弘、山簡等人九日宴賞之所。《太平寰宇記》卷四三：「望楚山，《襄陽記》曰：望楚山有三名：一名馬鞍山，一名災山。宋元嘉中武陵王駿爲刺史，屢登之。舊名望郢山，因改爲望楚山。後遂龍飛，是孝武望之處，時人號爲鳳嶺。高處有三墱，即劉弘、山簡九日賞宴之所也。」

詠歌聖德遠懷天寶因題關亭長句四韻〔一〕①

聖敬文思業太平②，海寰天下唱歌行③。秋來氣勢洪河壯④，霜後精神泰華獰〔二〕⑤。廣德者强朝萬國〔三〕⑥，用賢無敵是長城。君王若悟治安論〔四〕⑦，安、史何人敢弄兵⑧。

【校勘記】

〔一〕「遠懷」，《文苑英華》卷一六七、夾注本作「追懷」。《文苑英華》題無「長句四韻」四字。

〔二〕「獰」，《文苑英華》卷一六七作「寧」，《全唐詩》卷五二三校：「一作寧。」

〔三〕「者」，《文苑英華》卷一六七作「有」，《全唐詩》卷五二三校：「一作有。」

〔四〕「治安論」，原作「治皮論」，據《全唐詩》卷五二三、馮注本改。

【注釋】

①郭文鎬《杜牧詩文繫年小札》（《人文雜誌》一九八九年第五期）謂據詩中「秋來」、「霜後」，知詩乃作於秋末。據「《水經注·河水篇》：『鴻關水，水東有城即關亭也。……謂斯川鴻臚澗，鴻關之名乃起是矣。』鴻臚澗即鴻臚水，在虢州弘農縣，過縣北十五里入陝州靈寶縣界，古函谷關正在其間（參《元和郡縣志》）。證之洪河、泰華，可知關亭地處入潼關之要衝」。又據「聖敬文思業太平」句，知詩乃大中二年正月後作，而杜牧此時後有三次經潼關，其中「大中五年秋牧自湖州内擢，有《八月十三日得替後，移居霅溪館，因題長句四韻》作於罷郡交代後，時自湖州起程入京經關亭之節令與詩合，湖州距虢州二千八百餘里，揆之里程亦不誤。故詩爲牧大中五年秋末將入潼關前行經關亭所作」。今即據此訂本詩於大中五年（八五一）秋末。

②聖敬文思：《舊唐書·宣宗紀》：大中「二年春正月壬戌，宰臣率文武百僚上徽號曰聖敬文思和武光孝皇帝，御宣政殿受册訖，宣德音」。

③海寰：猶海宇，指中國境内。

④洪河：大河。此指黄河。馮注：「潘岳詩：登城望洪河。」

⑤霜後精神句：泰華，即太華，指華山。獰，兇猛，此狀險峻。馮注：「《莊子》：澡雪而精神。《山海經》：太華之山，削成而四方，其高五千仞，其廣十里。《初學記》：《白虎通》云：少陰用事，萬物生華，故曰華山。」

⑥廣德者强句：馮注：「《舊唐書·宣宗紀論》：開元之有天下也，糾之以典刑，明之以禮樂，愛之以慈儉，律之以軌儀，長轡遠馭，志在於昇平。于斯時也，烽燧不驚，華戎同軌，冠帶百蠻，車書萬里，所謂世而後仁，見於開元者矣。」

⑦治安論：指漢代賈誼之政論文《治安策》。馮注：「《漢書·賈誼傳》：陛下何不壹令臣得熟數之于前，因陳治安之策，試詳擇焉！」

⑧安史句：安史，安禄山、史思明。兩人於唐玄宗天寶十四載發動叛亂，史稱「安史之亂」。弄兵，挑起戰爭。

途中作①

緑樹南陽道②，千峰勢遠隨。碧溪風澹態〔一〕③，芳樹雨餘姿〔二〕。野渡雲初暖，征人袖半垂。殘花不一醉〔三〕，行樂是何時？

【校勘記】

〔一〕「澹」，《文苑英華》卷二九四作「慢」，下校：「集作澹。」《全唐詩》卷五二三、馮注本校：「一作慢。」

〔二〕「雨餘」，「餘」，馮注本下校：「一作陰。」

〔三〕「一」，馮注本下校：「一作足。」

【注釋】

①此詩《杜牧年譜》繫於開成四年（八三九）春，時杜牧「自潯陽泝長江、漢水，經南陽、武關、商山而至長安，就左補闕、史館修撰新職」，途經南陽而作。詩有「殘花不一醉，行樂是何時」句，乃春末作。

②南陽：地名。在今河南。馮注：「《元和郡縣志》：秦昭襄王取韓地置南陽郡，以在中國之南而有陽地，故曰南陽。」

③碧溪：馮注：「《元豐九域志》：南陽郡穰有湍水、朝水；南陽有梅谿水、白水、清泠水。」

【集評】

【唐人句法・佳境】「碧溪風澹態，芳樹雨餘姿。」杜牧《途中作》。（魏慶之《詩人玉屑》卷三）

重到襄陽哭亡友韋壽朋〔一〕①

故人墳樹立秋風〔二〕，伯道無兒跡更空②。重到笙歌分散地，隔江吹笛月明中〔三〕③。

【校勘記】

〔一〕《文苑英華》卷三〇四「韋」作「章」，下校：「集作韋。」題下又有校語云：「一作重宿襄州，哭韋楚老拾遺。」《全唐詩》卷五二三、馮注本於「韋」下校：「一作章」，題下校語同《文苑英華》。

〔二〕「立」，《文苑英華》卷三〇四作「五」，下校：「集作立。」《全唐詩》卷五二三、馮注本校：「一作五。」

〔三〕「笛」，《文苑英華》卷三〇四作「曲」，下校：「集作笛。」《全唐詩》卷五二三、馮注本校：「一作曲。」

【注　釋】

① 此詩又見《全唐詩》卷三一八，作李涉詩。《全唐詩重出誤收考》云：「《英華》三〇四載杜牧詩後，題下佚名，見《樊川詩集》四，《品彙》拾遺四亦作杜牧，題中韋壽朋一作韋楚老。《樊川詩集》三有《洛中監察病假滿送韋楚老拾遺歸朝》詩，馮集梧注：『蓋壽朋其名而楚老字也。』杜牧集中

多有與之交遊之作，疑非李涉詩。」韋楚老，字壽朋。長慶四年登進士第，大和末、開成初曾官拾遺。《劇談録》卷下《李相國宅》：「東南隅即徵士韋楚老拾遺別墅。楚老風韻高致，雅好山水。相國居廊廟日，以白衣累擢諫署，後歸平泉，造門訪之，楚老避於山谷。相國題詩云：昔日徵黄詔，余慚在鳳池。今來招隱士，恨不見瓊枝。」王西平、張田《杜牧詩文繫年考辨》謂杜牧「自洛陽與韋楚老分别以後，有四次可能路過襄陽」。其中開成五年冬乞假往潯陽「仍取道漢上，途徑襄陽」，會昌元年七月，由湖北歸京師可經襄陽。而詩有「故人墳樹立秋風」句，與會昌元年經襄陽在七月合，而四次經襄陽，僅此次在秋天，故繫此詩於會昌元年（八四一）七月。

② 伯道無兒：伯道，晉鄧攸字。傳見《晉書》卷九〇。《晉書・鄧攸傳》：「攸棄子之後，妻子不復孕。過江，納妾，甚寵之，訊其家屬，説是北人遭亂，憶父母姓名，乃攸之甥。攸素有德行，聞之感恨，遂不復畜妾，卒以無嗣。時人義而哀之，爲之語曰：『天道無知，使鄧伯道無兒。』」

③ 隔江吹笛句：《晉書・向秀傳》記其作《思舊賦》云：「余與嵇康、吕安居止接近，其人並有不羈之才，嵇意遠而疏，吕心曠而放，其後並以事見法。……逝將西邁，經其舊廬。於時日薄虞泉，寒冰淒然。鄰人有吹笛者，發聲寥亮。追想曩昔遊宴之好，感音而歎。」

赤　壁①

折戟沉沙鐵未銷〔一〕，自將磨洗認前朝。東風不與周郎便②，銅雀春深鎖二喬〔二〕③。

【校勘記】

〔一〕「未」，《全唐詩》卷五二三、馮注本校：「一作半。」

〔二〕「喬」，《才調集》卷四、夾注本作「橋」。

【注　釋】

① 此詩《全唐詩》卷五四一又作李商隱詩。《全唐詩重出誤收考》云：「《才調》四、《絶句》二五作杜，葉葱奇《李商隱詩集疏注》列入集外詩中，按云：『這首詩亦見《樊川集》，看其風調，顯然是杜牧的作品。朱注：「以下四首一本闕。」馮班云：「《赤壁》至《定子》四首，北宋本不載，南宋本始有之。」據此可見這幾篇均非錢若水原輯，而是南宋時人所增入。』《彦周詩話》、《韻語陽秋》三、《一瓢詩話》皆以爲杜牧作。」杜牧外甥裴延翰所編《樊川文集》已收此詩，當爲杜牧作。赤壁，今

湖北嘉魚、黄岡均有赤壁，赤壁之戰戰場在嘉魚赤壁。馮注：「《元和郡縣志》：鄂州蒲圻縣赤壁山，在縣西一百二十里，北臨大江，其北岸即烏林，與赤壁相對，即周瑜用黄蓋策焚曹公舟船敗走處。」此詩乃杜牧在黄州任刺史時所作，亦即作於會昌二年至四年（八四二—八四四）秋間。

② 東風句：周郎，即周瑜。傳見《三國志》卷五四。在赤壁之戰中，東南風起，周瑜借助風勢，以火攻大敗曹操，取得赤壁之戰之勝利。

③ 銅雀句：銅雀，臺名，即銅雀臺，曹操所建。樓頂置大銅雀，張翼如飛，故名。故址在今河北臨漳西南。《水經注》卷一〇《濁漳水篇》：鄴西三臺「中曰銅雀臺，高十丈，有屋百一間」。二喬，東吴喬公二女。大喬嫁孫策，小喬爲周瑜妻。相傳，曹操擬於破吴之後，納二喬於銅雀台。《三國志·吴書·周瑜傳》：「頃之，策欲取荆州，以瑜爲中護軍，領江夏太守，從攻皖，拔之。時得橋公兩女，皆國色也。策自納大橋，瑜納小橋。」《注》：「《江表傳》曰：『策從容戲瑜曰：橋公二女雖流離，得吾二人作婿，亦足爲歡。』」

【集　評】

杜牧之作《赤壁》詩云：「折戟沉沙鐵未消，自將磨洗認前朝。東風不與周郎便，銅雀春深鎖二喬。」意謂赤壁不能縱火，爲曹公奪二喬置之銅雀臺上也。孫氏霸業，繫此一戰，社稷存亡、生靈塗炭

都不問，只恐捉了二喬，可見措大不識好惡。（許顗《彥周詩話》）

苕溪漁隱曰：牧之於題詠，好異於人，如《赤壁》云：「東風不與周郎便，銅雀春深鎖二喬。」《題商山四皓廟》云：「南軍不袒左邊袖，四皓安劉是滅劉？」皆反説其事。至《題烏江亭》，則好異而叛於理，詩云：「勝負兵家不可期，包羞忍恥是男兒。江東子弟多才俊，卷土重來未可知。」項氏以八千人渡江，敗亡之餘，無一還者，其失人心爲甚，誰肯復附之，其不能卷土重來決矣。（胡仔《苕溪漁隱叢話後集》卷十五「杜牧之」）

周瑜赤壁、謝安淝水、寇萊公澶淵、陳魯公采石，四勝大略相似。杜牧云：「東風不與周郎便，銅雀春深鎖二喬。」意亦著矣。謝安圍棋別墅，真是矯情鎮物，喜出望外，宜其折屐。澶淵之役，畢士安有相公交取鶻崙官家之説，高瓊有好喚宰相來吟兩首詩之説，則當時策略，亦自可見。「天發一矢胡無酋」，荆公句意與杜牧同。采石之師，若非逆亮暴急嗜殺，自激三軍之變，亦未驅攘。是時亮雖遭戕，虜師北歸，紀律肅然，無一人叛亡，此豈易勝之師乎！朱文公曰：「謝安之於桓温，陳魯公之於完顏亮，幸而捱得他死爾。」要之吳、晉乃天幸，宋朝真天助也。（羅大經《鶴林玉露》甲編卷一）

【陵陽論赤壁詩】杜牧之《赤壁》詩云：「折戟沉沙鐵未銷，細磨蒼蘚認前朝。東風不與周郎便，銅雀春深鎖二喬。」今人多不曉卒章，其意謂若是東風不與便，即周郎不能破曹公，二喬歸魏銅雀臺也。僕嘗叩公更嘗有人如此立意下語？公曰：正是《楚辭》所謂「太公不遇文王兮，身至死而不得

逞」。乃嚴助所作《哀時命》。（魏慶之《詩人玉屑》卷十六）

牧之《赤壁》詩：「折戟沉沙鐵未銷，自將磨洗認前朝。東風不與周郎便，銅雀春深鎖二喬。」許彦周不諭此老以滑稽弄翰，每每反用其鋒，輒雌黄之，謂孫氏霸業，繫此一戰，宗廟邱墟皆置不問，乃獨含情妖女，豈非與癡人言不應及於夢也！劉禹錫《題蜀王廟》云：「淒涼蜀故妓，歌舞魏宮前。」亦意惟增淒感，却不主於滑稽耳。本朝諸公喜爲論議，往往不深諭唐人主於性情，使雋永有味，然後爲勝。牧之處唐人中，本是好爲論議，大概出奇立異，如《烏江亭》：「勝敗兵家未可期，包羞忍耻是男兒。江東子弟多才俊，卷土重來未可知。」要之「東風借便」與「春深」數箇字，含蓄深窈，與後一詩遼絶矣。皮日休《館娃懷古》：「綺閣飄香下太湖，亂兵侵曉上姑蘇。越王大有堪羞處，只把西施賺得吴。」亦是好以議論爲詩者。余最愛竇庠《新入諫院喜内子至》一絶：「一旦悲歡見孟光，十年辛苦作滄浪。不知筆硯緣封事，獨問傭書日幾行。」使彦周評此，則以竇氏爲不解事婦人矣，所謂癡人前説夢也。牧之五言云：「欲識爲詩苦，秋霜若在心。」雖格力不齊，各自成家，然無有不自苦思而得也。（方岳《深雪偶談》）

《赤壁》：二喬者，漢太尉喬玄二女，姿色過人，孫策得之，納大喬爲夫人，以小喬嫁周瑜。銅雀臺，曹操寵妾所居。予自江夏赴洞庭，舟過蒲圻縣，見石崖有「赤壁」二字，因登岸訪問，父老曰：「此正是周郎破曹公之地。」南岸曰「赤壁」，北岸曰「烏林」，曰「烏巢」，有「烈火岡」，岡上有周公瑾廟，至今士人耕田園者，或得弩箭，鏃長一尺有餘，或得斷鎗，想見周郎與曹公大戰可畏。此詩磨洗折戟，非妄言也。後二句絶妙。衆人詠赤壁只善當時之勝，杜牧之詠赤壁獨憂當時之敗，其意曰，東風若不助，周郎、黄蓋必不以火攻勝曹操，使曹操順流東下，吳必亡，孫仲謀必虜，大、小喬必爲俘獲，曹操得二喬必爲妾，置之銅雀臺矣。此是無中生有，死中求活，非淺識所到。（謝枋得《疊山先生注解章泉澗泉二先生選唐詩》卷三）

《赤壁》：「二喬」，漢太尉喬玄二女。孫策納大喬如夫人，以小喬嫁周瑜。銅雀臺，乃曹操寵妾所居。徐伯山云：「二喬事，自見於戰皖城之日，非赤壁時事也。牧之用事，多不審，觀者考之。」（蔡正孫《詩林廣記》前集卷六「杜牧之」）

《赤壁》：謂非東風助順，則瑜不能勝，家國俱亡矣。（釋圓至《唐三體詩》卷二）

《赤壁》：《道山清話》云：「此詩正佳，但頗費解説。」（高棅《唐詩品匯》卷五十三）

杜牧之《赤壁》詩：「東風不與周郎便，銅雀春深鎖二喬。」説天幸不可恃；《烏江》詩：「江東子弟多豪俊，捲土重來未可知。」説人事猶可爲，同意思，都是要於昔人成敗已成定事上翻説爲奇耳。《赤壁》詩，或笑之曰：「孫氏霸業，繫此一戰，今社稷生靈都不問，只恐捉了二喬，可見措大不識好惡。」春謂爲此説者，癡人也，到捉了二喬，時江東社稷尚可問哉？《烏江亭》詩，謝疊山曾以與柳子厚《箕子碑文》並論，此真死中求活語也。然項羽之事，則決無可重興理，朱子有定論矣。（何孟春《餘冬詩話》卷上）

杜牧之詠赤壁詩云：「折戟沉沙鐵未消，自將磨洗認前朝。東風不與周郎便，銅雀春深鎖二喬。」蓋言孫氏於赤壁之戰，若非乘風力縱火取捷，則國破家亡，將爲曹公奪二喬而置之於銅雀臺矣，謂其君臣，雖妻子不能保也。《許彦周詩話》謂作詩者，於其社稷存亡、生靈塗炭乃都不問，只恐捉了二喬，以爲措大不知好惡者，非也。劉孟熙《霏雪録》又謂，詩意乃言瑜盡力一戰，止以得二喬爲功，而忘遠大之業者，亦非也。僻哉二公之言詩也。（游潛《夢蕉詩話》）

語作詩者謂，煉字不如煉句，煉句不如煉意。古人詩意不凡，句内用字亦須音律清婉，含蓄有餘不易易也。嘗見杜牧之《赤壁》詩云「折戟沉沙鐵未消」，人多作「半消」；子瞻《望湖亭》詩云「黑雲堆墨未遮山」，人亦多作「半遮山」。「半」字雖亦可通，而二詩意度玩之，便覺有差，不得三昧法。而談色相者類如此，何可與辯！（游潛《夢蕉詩話》）

赤壁之戰，阿瞞以數十萬衆，火于東吳。而杜紫薇云：「東風不與周郎便，銅雀春深鎖二喬。」此言似辨而理。孫武《火攻篇》亦云：「發火有時，舉火有日。」蓋用火攻之策，當察風之有無逆順，此於水戰，尤當審之。若田單火牛，其勢必往以奔敵軍，固無俟他虞矣。（朱孟震《續玉笥詩談》）

晚唐絶「東風不與周郎便，銅雀春深鎖二喬」、「可憐夜半虚前席，不問蒼生問鬼神」，皆宋人議論之祖。間有極工者，亦氣韻衰颯，天壤天、寶。然書情，則愴惻而易動人；用事，則巧切而工悦俗。世希大雅，或以爲過盛唐，具眼觀之，不待其辭畢矣。（胡應麟《詩藪》内編卷六「近體下」絶句）

杜牧之詠赤壁詩云：「東風不與周郎便，銅雀春深鎖二喬」，今古傳頌。容少時，大人嘗指示曰：「此牧之設詞也，死案活翻。」及容稍知作詩，復指示曰：「如此詩必不可學，恐入輕薄耳。何苦以光賢閨閣，簸弄筆墨！」（周容《春酒堂詩話》）

杜牧之作《赤壁》詩云：「折戟沉沙鐵未銷，自將磨洗認前朝。東風不與周郎便，銅雀春深鎖二喬。」許彦周曰：「牧之意謂赤壁不能縱火，即爲曹公奪二喬置之銅雀臺上。孫氏霸業，在此一戰，社稷存亡，生靈塗炭，都付不問，只怕捉了二喬，可見措大不識好惡。」彦周此語，足供揮麈一噱，但於作詩之旨，尚未夢見。牧之此詩，蓋嘲赤壁之功，出於僥倖，若非天與東風之便，則周郎不能縱火，城亡家破，二喬且將爲俘，安能據有江東哉？牧之詩意，即彦周伯業不成意，却隱然不露，令彦周輩一班淺人讀之，只從怕捉二喬上猜去，所以爲妙。詩家最忌直叙，若竟將彦周所謂社稷存亡，生靈塗炭，孫氏霸業不成等意，在詩中道破，抑何淺而無味也！惟借「銅雀春深鎖二喬」説來，便覺風華藴藉，增人百感，此政是風人巧於立言處。彦周蓋知其一，不知其二者也。（賀貽孫《詩筏》）

小杜《赤壁》詩，古今膾炙，漁隱獨稱其好異。至許彦周則痛詆之，謂「孫氏霸業，繫此一戰，社稷存亡、生靈塗炭都不問，只恐捉了二喬，可見措大不識好惡」。余意詩人之言，何可拘泥至此，若必執此相責，則汨羅之沉，其繫心宗國何若！宋玉《招魂》，略不之及，但言飲食宫室，玩好音樂，至于「長髮曼鬋」、「蛾眉曼睩」，幾乎喻之以淫也，將使《風》、《騷》道絶矣！詳味詩旨，牧之實有不滿公瑾之意。牧嘗自負知兵，好作大言，每借題自寫胸懷。尺量寸度，豈所以閲神駿於牝牡驪黃之外！（黃白山評：「唐人妙處，正在隨拈一事而諸事俱包括其中。若如許意，必要將『社稷存亡』等字面真真寫出，然後贊其議論之純正。具此詩解，無怪宋詩遠隔唐人一塵耳。」）（賀裳《載酒園詩話》卷一「宋人議論拘執」）

「公道世間惟白髮，貴人頭上不曾饒」、「年年檢點人間事，惟有春風不世情」，此最粗直之句，而宋人稱之。《華清宮》二篇及《赤壁》詩，最有意味，則又敲撲不已，可謂薰蕕不辨。（賀裳《載酒園詩話》卷一「宋人議論拘執」）

【翻案】詩中有翻案法，如呂衡州《劉郎浦》詩：「誰將一女輕天下，欲換劉郎鼎峙心。」杜紫薇《赤壁》詩：「東風不與周郎便，銅雀春深鎖二喬。」張文定《歌風臺》詩：「淮陰反接英彭族，更欲多求猛士爲。」鄭毅夫《蠡湖口》詩：「若論破吳功第一，黃金只合鑄西施。」禪宗所謂「殺活自由」，兵法所謂「致人而不致于人」也，拈此四則，以例其餘。（宋長白《柳亭詩話》卷十七）

古人詠史，但叙事而不出己意，則史也，非詩也；出己意，發議論，而斧鑿錚錚，又落宋人之病。如牧之《息嬀》詩云：「細腰宮裏露桃新，脈脈無言度幾春。至竟息亡緣底事，可憐金谷墜樓人。」《赤壁》云：「折戟沉沙鐵未消，自將磨洗認前朝。東風不與周郎便，銅雀春深鎖二喬」，用意隱然，最爲得體。息嬀廟，唐時稱爲桃花夫人廟，故詩用「露桃」。《赤壁》，謂天意三分也。許彦周乃曰：「此戰繫社稷存亡，只恐捉了二喬，措大不識好惡。」宋人之不足與言詩如此。（吳喬《圍爐詩話》卷三）

《赤壁懷古》：《道山清話》云：「此詩正佳，但頗費解說。」此詩有何難解，既解不出，又在何處見其佳？正是說夢。「折戟沉沙」，言魏、吳昔日相戰於此，「鐵未消」，見去唐不遠，何必要認，乃自將折戟磨洗乎？牧之春秋在此七個字內，意中謂魏武精于用兵，何至大敗？周郎才算，未是魏武敵手，又何獲此大勝？一似不肯信者，所以要認，子細看來，果是周郎得勝。雖然是勝魏武，不過一時徼倖耳。下二句言周郎當時，虧煞了東風，所以得施其火攻之策，若無東風，則是不與便，見不惟不能勝魏，江東必爲魏所破，連妻子俱是魏家的，大喬小喬貯在銅雀臺上矣。牧之蓋精於兵法者。（徐增《說唐詩》卷十二）

《赤壁》：認前朝，以刺今日不如當年，能盡時人之用也。第三句只言獨賴此一戰耳，看作東風之助，即說夢矣。上二句極鄭重，第四澈頭痛說，關係妙在第三句，轉身却用輕筆點化。（何焯《唐三體詩》卷二）

樊川「東風不與周郎便，銅雀春深鎖二喬」，妙絕千古。言公瑾軍功止藉東風之力，苟非乘風力之便，以破曹公，則二喬亦將被虜，貯之銅雀臺上。「春深」二字，下得無賴，正是詩人調笑妙語。許彥周謂：「孫氏霸業，繫此一戰，社稷存亡、生靈塗炭都不問，只恐捉了二喬，可見措大不識好惡。」此老專一說夢，不禁齒冷。（薛雪《一瓢詩話》第二九條）

温柔敦厚，詩教也。《國風》、《小雅》，皆是時君子憂衰念亂，無可如何，而託詞以諷，冀其萬一有益焉。所謂聞之者足以戒，是亦冀幸萬一之詞也。……杜牧之「東風不假周郎便，銅雀春深鎖二

喬」，亦如吳門市上惡少年語，此等詩不作可也。（秦朝釪《消寒詩話》）

彥周誚杜牧之《赤壁》詩「社稷存亡都不問，只恐捉了二喬，是措大不識好惡。」夫詩人之詞微以婉，不同論言直遂也。牧之之意，正謂幸而成功，幾乎家國不保。彥周未免錯會。（何文煥《歷代詩話考索》）

《彥周詩話》一卷，宋許顗撰。……顗議論多有根柢，品題亦具有別裁。其謂韓愈：「齊梁及陳隋，衆作等蟬噪」語，不敢議亦不敢從；又謂論道當嚴，取人當恕，俱卓然有識。惟譏杜牧《赤壁》詩爲不説社稷存亡，惟説二喬，不知大喬孫策婦，小喬周瑜婦，二人入魏，即吳亡可知。此詩人不欲質言變其詞耳。顗遽詆爲秀才不知好惡，殊失牧意。（永瑢等《四庫全書總目提要》卷一百九十五集部詩文評類一）

【杜牧詩】杜牧之作詩，恐流于平弱，故措詞必拗峭，立意必奇闢，多作翻案語，無一平正者。方岳《深雪偶談》所謂「好爲議論，大概出奇立異，以自見其長」也。如《赤壁》云：「東風不與周郎便，銅雀春深鎖二喬。」《題四皓廟》云：「南軍不袒左邊袖，四老安劉是滅劉。」《題烏江亭》云：「勝敗兵家事不期，包羞忍恥是男兒。江東子弟多才俊，捲土重來未可知。」此皆不度時勢，徒作異論，以炫人耳，其實非確論也。惟《桃花夫人廟》云：「細腰宮裏露桃新，脈脈無言度幾春。至竟息亡緣底事？可憐金谷墜樓人。」以綠珠之死，形息夫人之不死，高下自見；而詞語蘊藉，不顯露譏訕，尤得風人之旨耳。皮日休《館娃宮懷古》云：「越王大有堪羞處，只把西施賺得吳。」亦是翻新，與牧之同一蹊徑。（趙翼《甌北詩話》卷十一）

牧之絶句，遠韻遠神，然如《赤壁》詩「東風不與周郎便，銅雀春深鎖二喬」，近輕薄少年語，而詩家盛稱之，何也？（沈德潛《唐詩别裁集》卷二十）

《赤壁懷古》：「折戟沉沙鐵未消」，吳魏鏖兵赤壁所遺之折戟，沉于沙際，唐去吳日子未遠，故其鐵尚未消磨。「自將磨洗認前朝」，自將折戟磨洗一認，信是魏武敗于周郎，而前朝之遺跡宛然。夫周郎何以遂能勝魏武，似乎難信，所以要認。「東風不與周郎便」，周郎之所以勝魏武者，恃有東風之便，所以得成功於火攻，今乃反其説，云假如當日没有東風，則是無便可乘了。「銅雀春深鎖二喬」，周郎若無東風之便，不但不能破魏，恐江東必爲魏破，妻之不保，大喬小喬春深時貯在銅雀臺上矣。此以議論行詩者。杜牧精於兵法，此詩似有不足周郎處。（王堯衢《唐詩合解》卷六）

雲夢澤①

日旗龍旆想飄揚②，一索功高縛楚王③。直是超然五湖客④，未如終始郭汾陽⑤。

【注　釋】

① 雲夢澤：古澤藪名，在今湖北、湖南部分地區。此詩蓋杜牧在黄州任刺史時所作，亦即約作於會

昌二年至四年（八四二—八四四）秋間。

② 日旗龍旆句：日旗龍旆，古代畫日、月、交龍等圖案之旗子，乃帝王之儀衛。馮注：「《戰國策》：楚王游於雲夢，結駟千乘，旌旗蔽天。」

③ 一索功高句：楚王，指韓信。韓信爲漢立下汗馬功勞，封楚王。後有人告韓信反，劉邦以遊雲夢澤會諸侯爲藉口，親自至楚，逼使韓信謁高祖於軍陣。劉邦令武士縛韓信，載後車。信曰：「果若人言，狡兔死，良狗烹；高鳥盡，良弓藏；敵國破，謀臣亡。天下已定，我固當烹！」事見《史記》卷九二《淮陰侯列傳》。

④ 直是句：直是，即使是。五湖客，指范蠡。范蠡功成後，乘扁舟遊於五湖。《史記·蔡澤傳》：「范蠡知之，超然辟世，長爲陶朱公。」《國語·越語下》記越滅吳國後，「反至五湖，范蠡辭於王曰：『君王勉之，臣不復入越國矣！』……遂乘輕舟以浮於五湖，莫知其所終。」

⑤ 未如句：郭汾陽，即郭子儀，以平安史之亂功封汾陽郡王。《舊唐書·郭子儀傳》謂「天下以其身爲安危者殆二十年。校中書令考二十有四。權傾天下而朝不忌，功蓋一代而主不疑，侈窮人欲而君子不之罪。富貴壽考，繁衍安泰，哀榮終始，人道之盛，此無缺焉。」

除官行至昭應聞友人出官因寄①

賤子來千里〔一〕，明公去一麾②。可能休涕淚〔二〕，豈獨感恩知。草木秋風後〔三〕，山川落照時。如何望故國，驅馬却遲遲？

【校勘記】

〔一〕「來」，《文苑英華》卷二六一作「行」，下校：「集作來。」馮注本校：「一作行。」

〔二〕「可」，《文苑英華》卷二六一、夾注本作「不」。《全唐詩》卷五二三、馮注本校：「一作不。」「休」，《文苑英華》卷二六一作「揮」，下校：「集作休。」《全唐詩》卷五二三、馮注本校：「一作揮。」

〔三〕「秋風」，《文苑英華》卷二六一、《全唐詩》卷五二三、馮注本作「窮秋」，《文苑英華》又校：「集作秋風。」《全唐詩》、馮注本校：「一作秋風。」

【注　釋】

① 昭應：唐京兆府屬縣，在今陝西臨潼。王西平、張田《杜牧詩文繫年》謂「詩有『草木秋風後，山川

落照時』，可知此次除官歸京路過新豐在秋盡之時。杜牧在江南除官歸京者共有四次。……唯大中五年秋由湖州除官歸京，……行至新豐也就是秋末冬初的『窮秋』時節，與詩意完全相合。」故繫此詩於大中五年（八五一）秋末。

② 一麾：一揮手。後人用爲旌麾之麾，指出任州刺史。顔延之《五君詠・阮始平》：「屢薦不入官，一麾乃出守。」

【集評】

【唐人句法・寫景】「草木窮秋後，山川落照時。」杜牧《寄友人》。（魏慶之《詩人玉屑》卷三）

寄浙東韓乂評事①

一笑五雲溪上舟②，跳丸日月十經秋。鬢衰酒減欲誰泥，跡辱魂慚好自尤。夢寐幾回迷蛱蝶〔一〕③，文章應廣畔牢愁〔二〕④。無窮塵土無聊事，不得清言解不休⑤。

【校勘記】

〔一〕「夢寐」句，夾注本作「夢寐幾迷胡蛺蝶」。

〔二〕「廣」，《全唐詩》卷五二三作「解」，下校：「一作廣。」

【注　釋】

①浙東，指浙東觀察使幕府，治所在越州（今浙江紹興）。韓乂，京兆人，大和初登進士第。爲沈傳師江西、宣歙兩鎮幕吏。又佐唐扶福建幕，官大理評事。宣宗時任拾遺、主客員外郎、隨州刺史。生平見杜牧《薦韓乂啓》、《李府君墓誌銘》等。評事，大理寺評事，從八品下。此當爲幕府官所帶京銜。此詩《杜牧年譜》於會昌四年云：「杜牧於大和八年有事至越州，曾見韓乂，此詩云：『一笑五雲溪上舟，跳丸日月十經秋。』自大和八年下數十年，應是本年，惟詩中所謂『十年』，多約略之詞，亦不必恰是十年，姑繫於此。」今即據此姑訂本詩於會昌四年（八四四）。

②五雲溪：即若耶溪，溪在今浙江紹興。夾注：「越州若耶溪，一名五雲溪。」馮注引《太平寰宇記》卷九六記「越州會稽縣若邪谿，在縣東南二十八里，唐吏部侍郎徐浩游之云：曾子不居勝母之間，吾豈游若邪之谿，遂改爲五雲之谿。」

③夢寐句：《莊子·齊物論》：「昔者莊周夢爲蝴蝶，栩栩然蝴蝶也。……俄然覺，則蘧蘧然周也，

不知周之夢爲蝴蝶與，蝴蝶之夢爲周與？」

④文章句：《漢書·揚雄傳》載，雄作《反離騷》，「又旁《離騷》作重一篇，名曰《廣騷》；又旁《惜誦》以下至《懷沙》一卷，名曰《畔牢愁》」。《注》引李奇曰：「畔，離也。牢，聊也。與君相離，愁而無聊也。」

⑤清言：猶清談。《世説新語·文學》：「（王導）語殷（浩）曰：『身今日當與君共談析理。』既共清言，遂達三更。」

【集評】

【日月跳擲】元微之《遺興》云：「日月東西跳」，又云：「光陰本跳擲」，又《答胡靈之》詩序云：「日月跳擲，於今行二十年矣」，幾與退之「日月如跳丸」大同小異也。杜牧之《寄韓乂》云：「跳丸日月十經秋」，又《送孟遲》云：「月於何處去，日於何處來，跳丸相趁走」，蓋用退之意。元微之《憶遠曲》云：「水中書字無字痕」，白樂天《新昌新居》云：「浮榮水畫字」，意又相類。（吳幵《優古堂詩話》）

泊秦淮〔一〕①

煙籠寒水月籠沙，夜泊秦淮近酒家〔二〕。商女不知亡國恨②，隔江猶唱後庭花③。

【校勘記】

〔一〕《才調集》卷四、《又玄集》卷中題作《秦淮》。

〔二〕「近」，《又玄集》卷中、《文苑英華》卷二九四作「寄」，《文苑英華》下校：「一作近。」文津閣本作「舊」。

【注　釋】

① 秦淮：即秦淮河，在今南京。夾注：「孫盛《晉陽秋》：秦始皇東遊，望氣者云五百年後金陵有天子氣，於是始皇於方山掘流西入江，亦曰淮。今在潤州江寧縣，土俗亦號曰秦淮。」馮注：「《通鑑·晉紀·注》：秦淮，在今建康上元縣南三里。秦始皇時，望氣者言：金陵有天子氣，使鑿山爲瀆，以斷地脈，故曰秦淮。」《詩話總龜》卷二五引《唐賢抒情》云：「杜牧之綽有詩名，縱情雅逸。

累分守名郡，罷任，於金陵艤舟，聞倡樓歌聲，有詩曰：『煙籠寒水月籠沙……』風雅偏綴，不可勝紀。」按杜牧生平，會昌六年九月罷池州任，徙爲睦州刺史。據其《唐故進士龔軺墓誌》：「自秋浦守桐廬，路由錢塘」，此行可經金陵，泊於秦淮河。其經秦淮河時恰爲秋冬之際。與「煙籠寒水」合。故此詩約爲會昌六年（八四六）秋冬間所作。

② 商女：指歌女。

③ 後庭花：即《玉樹後庭花》，陳後主所作曲名，爲人視爲亡國之音。

【集評】

《南史》云：「陳後主每引賓客對張貴妃等遊宴，使諸貴人及女學士與狎客共賦新詩相贈答，採其尤豔者爲曲調，其曲有《玉樹後庭花》。《通典》云：《玉樹後庭花》、《堂堂黄鸝》、《留金釵》、《兩臂垂》，並陳後主造。恒與宫女學士及朝臣相唱和爲詩，時太宗令何胥採其尤輕豔者爲此曲。予因知後主詩皆以配聲律，遂取一句爲曲名。故前輩詩云：『《玉樹》歌殘王氣終，景陽鐘動晚晴空。』又云：『《後庭花》一曲，幽怨不堪聽。』又云：『萬户千門成野草，只緣一曲《後庭花》。』又云：『彩箋曾襞欺江總，綺閣塵銷《玉樹》空。』『商女不知亡國恨，隔江猶唱《後庭花》。』又云：『《玉樹》歌闌海雲黑，花庭忽作青蕪國。』又云：『《後庭》餘唱落船窗。』又云：『《後庭》新聲笑樵牧。』又云：『不知即入宮前井，猶自聽吹《玉樹花》。』吳蜀雞冠花有一種小者，高不過五、六寸，或紅或淺紅，或白或淺白，世目曰後庭花。又按《國史纂異》：雲陽縣多漢離宮故地，有樹似槐而葉細，土人謂之玉樹。揚雄《甘泉賦》：『玉樹青葱。』左思以爲假稱珍怪者，實非也，似之而已。予謂雲陽既有玉樹，即《甘泉賦》中未必假稱。陳後主《玉樹後庭花》，或者疑是兩曲，謂詩家或稱《玉樹》，或稱《後庭花》，少有連稱者。」（王灼《碧雞漫志》）

《後庭花》，陳後主之所作也。主與倖臣各製歌詞，極於輕蕩。男女倡和，其音甚哀，故杜牧之詩云：「煙籠寒水月籠沙，夜泊秦淮近酒家。商女不知亡國恨，隔江猶唱《後庭花》。」《阿濫堆》，唐明皇之所作也。驪山有禽名阿濫堆，明皇御玉笛，將其聲翻爲曲，左右皆能傳唱，故張祜詩云：「紅葉蕭蕭閣半開，玉皇曾幸此宮來。至今風俗驪山下，村笛猶吹《阿濫堆》。」二君驕淫侈靡，躭嗜歌曲，以至於亡亂。時代雖異，聲音猶存，故詩人懷古，皆有「猶唱」、「猶吹」之句。嗚呼！聲音之入人深矣。（葛立方《韻語陽秋》卷十五）

悵恨無極。（鄭鄤評本詩）

《泊秦淮》：陳之亡有《後庭花》，皆亡國之音。秦淮在金陵城中，秦始皇以金陵有天子氣，而鑿此河以洩地氣。舟中商女，梁陳朝舊俗，妖淫哀思，不知其爲亡國之音。此詩有關涉聖賢不欲聞桑間濮上之音，晉孟不願聞「牆有茨」之詩也。（謝枋得《疊山先生注解章泉澗泉二先生選唐詩》卷三）

偷法一事，名家不免。如劉夢得「山圍故國周遭在，潮打空城寂寞回。淮水東邊舊時月，夜深還過女牆來」。杜牧之「煙籠寒水月籠沙，夜泊秦淮近酒家。商女不知亡國恨，隔江猶唱《後庭花》」。韋端己「江雨霏霏江草齊，六朝如夢鳥空啼。無情最是臺城柳，依舊煙籠十里堤」。三詩雖各詠一事，意調實則相同。愚意偷法一事，誠不能不犯，但當爲韓信之背水，不則爲虞詡之增竈，慎毋爲邵青之火牛可耳。若霍去病不知學古兵法，究亦非是。（賀裳《載酒園詩話》卷一「三偷」）

《泊秦淮》：絶唱。（沈德潛《説詩晬語》卷二十）

《泊秦淮》：秦始皇東遊，望氣者言五百年後金陵有王者氣，于是，始皇命工于方山掘流西入江，曰淮水，以秦開，故名秦淮。「煙籠寒水」，水色碧，故云「煙籠」；「月籠沙」，沙色白，故云「月籠」。下字極斟酌。夜泊秦淮而與酒家相近，酒家臨河故也。商女是以唱曲作生涯者，唱《後庭花》曲，唱而已矣，那知陳後主以此亡國，有恨于其內哉！杜牧之隔江聽去，有無限興亡之感，故作是詩。按《南史》，陳後主以宮人有文學者袁大捨等，爲女學士，後主每遊宴，則使諸貴人及學士與狎客，共賦新詩，互相贈答，采其尤艷者，以爲曲調，被以新聲，選宮女有容色者，以千百數，令習而歌之。其曲有《玉樹後庭花》、《臨春樂》等，其略云：「璧月夜夜滿，瓊樹朝朝新。」（徐增《説唐詩》卷十二）

《秦淮》：發端寫盡一片亡國恨。（何焯《唐三體詩》卷二）

王阮亭司寇删定洪氏《唐人萬首絶句》，以王維之《渭城》，李白之《白帝》，王昌齡之「奉帚平明」，王之渙之「黃河遠上」爲壓卷，韙於前人之舉「蒲萄美酒」、「秦時明月」者矣。近沈歸愚宗伯，亦效舉數首以續之。今按其所舉，惟杜牧「煙籠寒水」一首爲當。其柳宗元之「破額山前」，劉禹錫之「山圍故國」，李益之「回樂峰前」，詩雖佳而非其至。鄭谷「揚子江頭」，不過稍有風調，尤非數詩之匹也。必欲求之，其張潮之「茨菰葉爛」，張繼之「月落烏啼」，錢起之「瀟湘何事」，韓翃之「春城無處」，李益之「邊霜昨夜」，劉禹錫之「二十餘年」，李商隱之「珠箔輕明」，與杜牧《秦淮》之作，可稱匹美。（管世銘《讀雪山房唐詩凡例》）

《泊秦淮》：「煙籠寒水月籠沙」，煙水色青，故煙籠水；月沙色白，故月籠沙。此夜泊秦淮景色也。「夜泊秦淮近酒家」，酒家臨水，泊舟近酒家，而歌聲飄逸，所從來矣。「商女不知亡國恨，隔江猶唱後庭花」，商女止知唱曲，安知曲中有恨。杜牧隔江聽去，知《玉樹後庭花曲》乃陳後主亡國之音，觸景生悲，便有無限興亡之感。（王堯衢《唐詩合解》卷六）

秋浦途中①

蕭蕭山路窮秋雨，淅淅溪風一岸蒲〔一〕。爲問寒沙新到雁，來時還下杜陵無〔二〕②？

【校勘記】

〔一〕「溪」，馮注本校：「一作汪。」「岸」，《全唐詩》卷五二三校：「一作片。」

〔二〕「下」，《全唐詩》卷五二三、馮注本校：「一作在。」

【注釋】

①秋浦：池州屬縣，故城在今安徽貴池西。此詩曹中孚《杜牧詩文編年補遺》（《江淮論壇》一九八四年第三期）以爲乃杜牧赴池州途中所作，故繫於會昌四年（八四四）九月杜牧由黄州赴池州任時。

②杜陵：漢宣帝陵墓，在長安南五十里。

【集評】

予嘗從東湖舟中，見誦杜牧之「爲問寒沙新到雁，來時曾下杜陵無」之句，及誦「欲把一麾江海去，樂遊原上望昭陵」，誦詠久之。（曾季貍《艇齋詩話》）

題桃花夫人廟即息夫人①

細腰宫裏露桃新②，脉脉無言度幾春〔一〕。至竟息亡緣底事，可憐金谷墮樓人③。

【校勘記】

〔一〕「度幾」，文津閣本、馮注本作「幾度」。

【注釋】

① 桃花夫人廟：在湖北黄陂縣東三十里。馮注：「《一統志》：「漢陽府桃花夫人廟，在黄陂縣東三十里，唐杜牧有《題桃花夫人廟》詩，即息夫人也。」息夫人乃春秋時陳國國君之女，姓嬀，嫁息國國君，稱息嬀。楚文王聞息嬀美而滅息，將息嬀擄回作夫人。息嬀爲楚王生二子，然始終不言。楚王問其故，答云：「吾一婦人，而事二夫，縱弗能死，其又奚言。」事見《左傳·莊公十四年》。據《新唐書·地理志》，黄州屬縣有黄陂，故此詩乃杜牧任黄州刺史時所作，亦即作於會昌二年至四年（八四二—八四四）秋間。

②細腰宮：即楚宮，因楚靈王愛細腰美人，故稱。

③金谷：地名，在洛陽西北，晉石崇於此置金谷園。石崇有愛妾緑珠，孫秀慕其美豔，求之，石崇不與。孫秀遂矯詔收捕石崇，緑珠因自墜樓而死。事見《晉書》卷三三《石崇傳》。

【集評】

杜牧之《題桃花夫人廟》詩云：「細腰宮裏露桃新，脉脉無言度幾春。畢竟息亡緣底事？可憐金谷墜樓人。」僕謂此詩爲二十八字史論。（許顗《彦周詩話》）

杜牧之《息夫人》詩曰：「細腰宮裏露桃新，脉脉無言幾度春。至竟息亡緣底事？可憐金谷墮樓人。」與所謂「莫以今朝寵，能忘舊日恩。看花滿眼淚，不共楚王言」，語意遠矣。蓋學有淺深，識有高下，故形于言者不同矣。（張表臣《珊瑚鉤詩話》卷三）

左氏載息夫人事，爲楚文王生堵敖及成王，猶未言。故王維詩云：「看花滿眼淚，不共楚王言。」胡曾云：「感舊不言長掩淚，只緣翻恨有華容。」杜牧云：「細腰宮裏露桃新，脈脈無言幾度春。」皆祖其説。余謂息嬀既爲楚子生二子，衽席之間，已非一夕，安得未言。……此皆文勝其實，良可發笑。（盛如梓《庶齋老學叢談》卷上）

【息夫人】吳旦生曰：楚伐息，破之，執其君，將妻其夫人，楚王出遊，夫人道出，見息君，以死自誓，遂自殺。舊詩云：「金爐香絶玉樓空，寂寞桃花委地紅。」按《地志》載，漢陽有桃花夫人廟，即息

夫人也。許彦周謂，牧之詩爲二十八字史論，張表臣拈出學識，更勝。（吳景旭《歷代詩話》卷五二庚集七）

息夫人廟今曰桃花夫人廟，王摩詰詩云：「莫以今時寵，能忘舊日恩。看花滿眼淚，不共楚王言。」牧之詩云：「細腰宮裏露桃新，脈脈無言度幾春。至竟息亡緣底事？可憐金谷墜樓人。」近益都孫相國沚亭（廷銓）詩云：「無言空有恨，兒女粲成行。」則以詼嘲出之，令人絶倒。（王士禎《古夫于亭雜録》卷五）

益都孫文定公（廷銓）《詠息夫人》云：「無言空有恨，兒女粲成行。」諧語令人頤解。杜牧之：「至竟息亡緣底事，可憐金谷墜樓人。」則正言以大義責之。王摩詰：「看花滿眼淚，不共楚王言。」更不著判斷一語，此盛唐所以爲高。（王士禎《漁洋詩話》卷下）

【桃花夫人】「細腰宮裏露桃新，脈脈無言幾度春。畢竟息亡緣底事，可憐金谷墜樓人。」此杜紫薇《過桃花夫人廟》詩也。夫人爲息嬀，《左傳》載之甚詳，所謂生堵敖及成王者。而《列女傳》謂楚王出遊，嬀潛見息侯而死，不知何據。王右丞詩亦有「看花滿眼淚，不共楚王言」之句。今其廟在益陽，即唐之新康洲。余嘗雨中過之，聞隔岸簫聲，作《御帶花》，以紀其事。（宋長白《柳亭詩話》卷二十）

古人詠史，但叙事而不出己意，則史也，非詩也；出己意，發議論，而斧鑿錚錚，又落宋人之病。如牧之息嬀詩云：「細腰宮裏露桃新，脈脈無言度幾春；至竟息亡緣底事，可憐金谷墜樓人。」《赤壁》云：「折戟沉沙鐵未消，自將磨洗認前朝。東風不與周郎便，銅雀春深鎖二喬。」用意隱然，最爲得體。息嬀廟，唐時稱爲桃花夫人廟，故詩用「露桃」。《赤壁》，謂天意三分也。許彦周乃曰：「此戰繫社稷存亡，只恐捉了二喬，措大不識好惡。」宋人之不足與言詩如此。（吴喬《圍爐詩話》卷三）

《題桃花夫人廟》：不言而生子，此何意耶？緑珠之墮樓，不可及矣。（沈德潛《説詩晬語》卷二十）

【杜牧詩】杜牧之作詩，恐流於平弱，故措詞必拗峭，立意必奇闢，多作翻案語，無一平正者。方岳《深雪偶談》所謂「好爲議論，大概出奇立異，以自見其長」也。如《赤壁》云：「東風不與周郎便，銅雀春深鎖二喬。」《題四皓廟》云：「南軍不袒左邊袖，四老安劉是滅劉。」《題烏江亭》云：「勝敗兵家事不期，包羞忍恥是男兒。江東子弟多才俊，捲土重來未可知。」此皆不度時勢，徒作議論，以炫人耳，其實非確論也。惟《桃花夫人廟》云：「細腰宫裏露桃新，脈脈無言度幾春。至竟息亡緣底事？可憐金谷墜樓人。」以緑珠之死，形息夫人之不死，高下自見；而詞語蘊藉，不顯露譏訕，尤得風人之旨耳。皮日休《館娃宫懷古》云：「越王大有堪羞處，只把西施賺得吴。」亦是翻新，與牧之同一蹊徑。（趙翼《甌北詩話》卷十一）

王漁洋謂小杜「至竟息亡緣底事，可憐金谷墜樓人」，不如摩詰「看花滿眼淚，不共楚王言」不著議論之高。愚謂摩詰平日詩品，原在牧之上。然此題自以有關風教爲主，杜大義責之，詞色凛凛，真西山謂牧之《息嬀》作，能訂千古是非，信然。余尤愛其掉尾一波，生氣遠出，絶無酸腐態也。王雖不著議論，究無深味可耐咀含，鄙意轉捨盛唐而取晚唐明矣。（潘德輿《養一齋詩話》卷七）

詠古七絶尤難，以詞意既須新警，而篇終復須深情遠韻，令人玩味不窮，方爲上乘。若言盡意盡，索然無餘味可尋，則薄且直矣。……鄧孝威《詠息夫人》云：「楚宫慵掃黛眉新，只自無言對暮春。千古艱難惟一死，傷心豈獨息夫人。」包羅廣遠，意在言外，較唐人小杜之「至竟息亡緣底事，可憐金谷墜樓人」，更覺含蓄有味。所謂微辭勝於直斥，不著議論，轉深於議論也。（朱庭珍《筱園詩話》卷三）

初春有感寄歙州邢員外①

雪漲前溪水〔一〕②，啼聲已繞灘。梅衰未減態，春嫩不禁寒。跡去夢一覺，年來事百般。聞君亦多感，何處倚欄干。

【校勘記】

〔一〕「雪漲」，原作「雪溺」，據《全唐詩》卷五二三、馮注本改。馮注本又校：「一作溺。」

【注釋】

① 歙州：州治在今安徽歙縣。邢員外，即邢群。字涣思，河間人。大和三年登進士第，授太子校書

郎。累官殿中侍御史、户部員外郎。出爲處、歙二州刺史。事跡見杜牧《唐故歙州刺史邢君墓誌銘》。此詩《杜牧年譜》繫於大中元年（八四七）春。其根據乃杜牧「《唐故歙州刺史邢君墓誌銘》：『涣思罷處州，授歙州，某自池轉睦，歙州相去直西東三百里。』故知此詩乃本年所作。」今姑從之。據詩題，詩乃作於初春。

②前溪：水名。在睦州分水縣（今浙江桐廬）。馮注：「《景定嚴州續志》：分水縣前溪，在縣南，出柳柏鄉，經分水鄉入定安，會于天目溪。」

書懷寄中朝往還①

平生自許少塵埃②，爲吏塵中勢自迴。朱紱久慚官借與③，白頭還歎老將來〔一〕。須知世路難輕進，豈是君門不大開。霄漢幾多同學伴〔二〕，可憐頭角盡卿材④。

【校勘記】

〔一〕「白頭」，夾注本作「白鬚」，《全唐詩》卷五二三作「白題」，又於「題」下校：「一作頭。」馮注本於「頭」下校：「一作題。」

〔三〕「幾多」，文津閣本作「已多」。

【注釋】

①往還：此指有所來往之同僚、故交。

②塵埃：此指世俗情事。馮注：「《晉書·嵇康傳》：縱意于塵埃之表。」

③朱紱句：朱紱，緋衣。杜牧累爲刺史，但未加朝散大夫階，只能借緋。唐制，文官朝散大夫以上方可服緋衣，但刺史雖未至朝散，亦可服緋，謂之借緋。

④頭角盡卿材：比喻人之氣概才華突出。馮注：「《蜀志·魏延傳》：延夢頭上生角。《左傳》：其大夫則賢，皆卿材也。」

【集評】

【書懷寄中朝往還】往還，猶云舊遊。「爲吏塵中勢自回」，回，猶云變易也。（曾國藩《求闕齋讀書録》卷九）

寄崔鈞①

緘書報子玉②，爲我謝平津③。自愧掃門士④，誰爲乞火人⑤。詞臣陪羽獵〔一〕⑥，戰將騁駢鄰〔二〕⑦。兩地差池恨⑧，江汀醉送君。

【校勘記】

〔一〕「詞臣」，原作「詞巨」，今據文津閣本、《全唐詩》卷五二三改。

〔二〕「駢鄰」，《全唐詩》卷五二三作「麒麟」。

【注　釋】

①崔鈞：崔元略弟元受之子，字秉一，登進士第，曾受辟諸侯府，累官太常少卿、蘇州刺史。事跡見《舊唐書》卷一六三《崔元略傳》。

②子玉：東漢崔瑗字。瑗與扶風人馬融、南陽人張衡爲友。傳見《後漢書》卷五二。此借指崔鈞。

③平津：指漢公孫弘。弘爲丞相，封平津侯。傳見《漢書》卷五八。此借指當時宰相。

④自愧句：漢魏勃年少時，想求見齊相國曹參，「家貧無以自通，乃常獨早夜掃齊相舍人門外」。後舍人薦之於曹參，遂爲曹參舍人。事見《史記》卷五二《齊悼惠王世家》。

⑤乞火人：謂推薦之人。客有説蒯通當薦進處士梁石君等於相國曹參者，通曰：「諾，臣之里婦，與里之諸母相善也。里婦夜亡肉，姑以爲盜，怒而逐之。婦晨去，過所善諸母，語以事而謝之。里母曰：『女安行，我今令而家追女矣。』即束緼請火於亡肉家，曰：『昨暮夜，犬得肉，爭鬥相殺，請火治之。』亡肉家遽追呼其婦。……臣請乞火於曹相國。」經蒯通推薦，曹參以梁石君等爲上賓。事見《漢書》卷四五《蒯通傳》。

⑥詞臣句：詞臣，文學侍從之臣。羽獵，帝王狩獵，士卒負羽箭隨從稱羽獵。西漢揚雄曾跟隨皇帝羽獵。事見《漢書》卷八七本傳。

⑦駢鄰：比鄰。《史記·高祖功臣侯者表》：「柏至，（靖侯許溫）以駢憐從起昌邑。」《索隱》：「姚氏：憐、鄰，聲相近。駢鄰，猶比鄰也。」《漢書·高惠高后文功臣表》作「駢鄰」。《注》：「二馬曰駢。駢鄰，謂並兩騎爲軍翼也。」

⑧差池：不齊貌，此指分離不在一處。馮注：「梁武帝詩：驚散忽差池。」

初春雨中舟次和州橫江裴使君見迎李趙二秀才同來因書四韻兼寄江南許渾先輩〔一〕①

芳草渡頭微雨時，萬株楊柳拂波垂。蒲根水暖雁初浴，梅徑香寒蜂未知〔二〕。辭客倚風吟暗淡〔三〕，使君廻馬濕旌旗。江南仲蔚多情調②，悵望春陰幾首詩〔四〕。

【校勘記】

〔一〕《文苑英華》卷二六一題作《初春雨中舟次和州裴使君見迎李趙秀才同來因書四韻兼寄許渾》。

〔二〕「蜂」，《文苑英華》卷二六一、馮注本校：「一作蝶。」

〔三〕「暗」，文津閣本作「黯」。「淡」，《文苑英華》卷二六一、馮注本作「澹」。

〔四〕「春陰」，「春」，《全唐詩》卷五二三、馮注本校：「一作青。」「春陰」，《全唐詩》卷五三六許渾集作「青雲」。

【注　釋】

①此詩《全唐詩》卷五三六又作許渾詩。《全唐詩重出誤收考》云：「和州在淮南道，馮集梧《樊川詩集注》四引《通鑑·漢紀》注，云横江渡在和州，正對江南之采石。裴使君爲裴儔，開成二年（八三七）至四年（八三九）任和州刺史。開成四年初春，杜牧自江州溯長江、漢水經南陽赴長安，就左補闕新職，此詩爲經和州横江渡時作。繆鉞《杜牧年譜》繫此詩於開成四年。《英華》二六一載此詩作杜牧，時許渾任當塗縣令、太平縣令，屬宣州，正當和州之南，四部叢刊影宋本許渾之《丁卯集》上及《英華》二四六載其《酬杜補闕初春雨中泛舟次横江喜裴郎中相迎見寄》，乃酬和杜牧此詩者，據此，此重出詩當爲杜牧作。《紀事》五六訛爲許渾。」和州，治所在今安徽和縣。横江，即和州横江渡，與江南之采石相對。裴使君，裴儔，杜牧之姐夫，字次之。登進士第，歷任和州刺史、大理卿、江西觀察使。傳見《舊唐書》卷一七七。秀才，唐人通稱進士爲秀才。許渾，字用晦，一作仲晦。寓居潤州丹陽。大和六年登進士第，任當塗、太平縣令。後授監察御史、潤州司馬、虞部員外郎分司東都。拜睦州、郢州刺史。生平見胡宗愈《唐許用晦先生傳》、《唐詩紀事》卷五六、《唐才子傳校箋》卷七等。先輩，唐代進士互相推敬稱先輩。《杜牧年譜》亦據許渾《酬杜補闕初春雨中泛舟次横江，喜裴郎中相迎見寄》詩等，謂此詩爲開成四年「初春江行赴潯陽，舟次和州」時所作。

②仲蔚：張仲蔚，漢平陵人，善屬文，好詩賦，閉門養性，隱身不仕，不求名利。此處用以比許渾。《高士傳》卷中：「張仲蔚者，平陵人也。與同郡魏景卿俱修道德，隱身不仕。明天官博物，善屬文，好詩賦。常居窮素，所處蓬蒿没人。閉門養性，不治榮名，時人莫識，唯劉龔知之。」

【集評】

杜長律亦極有佳句，如「深秋簾幕千家雨，落日樓臺一笛風」、「蒲根水暖雁初浴，梅徑香寒蜂未知」、「千里暮山重疊翠，一溪寒水淺深清」，又「江碧柳青人盡醉，一瓢顏巷日空高」，俱灑落可誦。至《西江懷古》「千秋釣艇歌明月，萬里沙鷗弄夕陽」，尤有江天浩蕩之景。（賀裳《載酒園詩話又編·杜牧》）

和州絶句①

江湖醉度十年春〔一〕，牛渚山邊六問津②。歷陽前事知何實〔二〕③，高位紛紛見陷人。

【校勘記】

〔一〕「度」，《全唐詩》卷五二三作「渡」。

〔三〕「何」，夾注本作「虛」，《全唐詩》卷五二三、馮注本校：「一作虛。」

【注釋】

①此詩《杜牧年譜》繫於開成四年（八三九）。是年春，杜牧由宣州赴京任左補闕，途經和州作此詩。

②牛渚山：在安徽當塗縣北三十里，與和州横江渡相對。馮注：「《方輿勝覽》：牛渚山在當塗縣北三十里，山下有磯，古津渡處也。與和州横江相對。」六問津，指六次經過牛渚山渡口。

③歷陽前事句：歷陽，淮南國名。昔有老婦常行仁義，有兩書生過之，謂其云，此國將沉没爲湖。倘見東城門閫上有血跡，即走上山，勿反顧。後守城小吏因殺雞，以雞血塗門上。老婦見門上有血，便疾走上山。一夕，歷陽遂沉没爲湖。事見《淮南子·俶真》高誘注。

【集評】

《法藏碎金》云：《國語》云：「高位疾顛，厚味腊毒。」杜牧《和州絶句》云：「江湖醉度十年春，牛渚山邊六問津。歷陽前事知虛實，高位紛紛見陷人。」噫，予今聊記其一，蘇秦位高金多，如何！如何！（胡仔《苕溪漁隱叢話後集》卷十五「杜牧之」）

題烏江亭①

勝敗兵家事不期〔一〕，包羞忍恥是男兒。江東子弟多才俊〔二〕②，卷土重來未可知。

【校勘記】

〔一〕「兵家」，《全唐詩》卷五二三、馮注本校：「一作由來。」「事不」，《全唐詩》卷五二三、馮注本校：「一作不可。」

〔二〕「才」，《全唐詩》卷五二三作「豪」。

【注　釋】

① 烏江亭：在今安徽和縣東北之烏江鎮，楚漢相爭，項羽兵敗曾經此。馮注：「《史記·項羽紀·正義》：《括地志》云：烏江亭即和州烏江縣是也。」此詩《杜牧年譜》繫於開成四年（八三九）春，時杜牧由宣州赴京任左補闕，途經和州作此詩。

② 江東子弟句：江東，指今江蘇、安徽長江以南地區。《史記·項羽本紀》：「烏江亭長檥船待，謂

項王曰：『江東雖小，地方千里，衆數十萬人，亦足王也。願大王急渡……』項王笑曰：『天之亡我，我何渡爲！且籍與江東子弟八千人渡江而西，今無一人還，縱江東父兄憐而王我，我何面目見之！』」

【集評】

《烏江亭》：百戰疲勞壯士哀，中原一敗勢難迴。江東子弟今雖在，肯爲君王卷土來？（王安石《臨川先生文集》卷三十三）

苕溪漁隱曰：牧之於題詠，好異於人，如《赤壁》云：「東風不與周郎便，銅雀春深鎖二喬。」《題商山四皓廟》云：「南軍不袒左邊袖，四皓安劉是滅劉？」皆反説其事。至《題烏江亭》，則好異而叛於理，詩云：「勝負兵家不可期，包羞忍恥是男兒。江東子弟多才俊，卷土重來未可知。」項氏以八千人渡江，敗亡之餘，無一還者，其失人心爲甚，誰肯復附之，其不能卷土重來決矣。（胡仔《苕溪漁隱叢話後集》卷十五「杜牧之」）

【忍事】張耳、陳餘，魏之名士。秦聞此兩人名，購求張耳千金，陳餘五百金。二人變名姓之陳，爲里監門。里吏嘗笞餘，餘欲起，耳躡之，使受笞。吏去，耳引餘之桑下數之曰：「始吾與公言何如？今見小辱而欲死一吏乎？」耳之見，過餘遠矣。餘卒敗死泜水上，而耳事漢，富貴壽考，福流子孫，非偶然也。大智大勇，必能忍小恥小忿。彼其雲蒸龍變，欲有所會，豈與瑣瑣者校乎？東坡論子房，潁濱論劉、項，專説一「忍」字，張公藝九世同居，亦只是得此一字之力，杜牧之云「包羞忍恥是男兒」。（羅大經《鶴林玉露》甲編卷三）

吕温詩云：「天下起兵誅董卓，長沙義士最先來。」荆公云：「江東子弟多才俊，卷土重來未可知。」皆可以倡東南勇敢之氣。（劉克莊《後村詩話》前集卷一）

牧之《赤壁》詩：「折戟沉沙鐵未銷，自將磨洗認前朝。東風不與周郎便，銅雀春深鎖二喬。」許彦周不論此老以滑稽弄翰，每每反用其鋒，輒雌黄之，謂孫氏霸業，繫此一戰，宗廟邱墟皆置不問，乃獨含情妖女，豈非與癡人言不應及於夢也！劉禹錫《題蜀王廟》云：「淒涼蜀故妓，歌舞魏宫前。」亦意惟增淒感，却不主於滑稽耳。本朝諸公喜爲論議，往往不深諭唐人主於性情，使雋永有味，然後爲勝。牧之處唐人中，本是好爲論議，大概出奇立異，如《烏江亭》：「勝敗兵家未可期，包羞忍耻是男兒。江東子弟多才俊，卷土重來未可知。」要之「東風借便」與「春深」數箇字，含蓄深窈，與後一詩遼絶矣。皮日休《館娃懷古》：「綺閣飄香下太湖，亂兵侵曉上姑蘇。越王大有堪羞處，只把西施賺得吴。」亦是好以議論爲詩者。余最愛竇庠《新入諫院喜内子至》一絶：「一旦悲歡見孟光，十年辛苦作滄浪。不知筆硯緣封事，獨問傭書日幾行。」使彦周評此，則以竇氏爲不解事婦人矣，所謂癡人前説夢也。牧之五言云：「欲識爲詩苦，秋霜若在心。」雖格力不齊，各自成家，然無有不自苦思而得也。（方岳《深雪偶談》）

《書箕子廟碑陰》：此等文章，天地間有數，不可多見，惟杜牧之絶句詩一首似之。《題烏江項羽廟》云：「勝敗兵家不可期，包羞忍耻是男兒。江東子弟多才俊，捲土重來未可知。」（謝枋得《文章軌範》卷六）

《烏江項羽廟》：衆人題項羽廟，只言項羽有速亡之罪耳，牧之題項羽廟，獨言項羽有可興之機，此等意思，亦死中求活，非淺識所到。杜之意曰，項羽聞亭長之言，若包羞忍恥，泛舟而據江東之土地，養江東之人民，江東子弟豪傑尚多，卷土重來與漢高一戰，楚漢興亡，皆未可前定也。柳子厚《書箕子廟碑陰》曰：「當其周時未至，殷祀未殄，比干已死，微子已去，向使紂惡未稔而自斃，武庚念亂以圖存，國無其人，誰與興理？此人事之或然者也。先生隱忍而不去，意者有在於斯乎？」亦是此意。（謝枋得《疊山先生注解章泉澗泉二先生選唐詩》卷三）

王介甫《題疊烏江亭》：「百戰疲勞壯士哀，中原一敗勢難回。江東子弟今雖在，肯爲君王卷土來？」荆公此詩，正爲牧之設也。蓋牧之之詩，好異於人，其間有不顧理處。（蔡正孫《詩林廣記》前集卷六「杜牧之」）

杜樊川題烏江項羽廟詩云：「勝敗兵家不可期，包羞忍耻是男兒。江東子弟多豪俊，卷土重來未可知。」後王荆公詩云：「百戰疲勞壯士哀，中原一敗勢難迴。江東子弟今雖在，肯爲君王捲土來？」荆公反樊川之意，似爲正論，然終不若樊川之死中求活。謝疊山謂柳子厚《書箕子廟碑陰》，意亦類此。（都穆《南濠詩話》）

【二喬】吴旦生曰：《深雪偶談》謂，牧之以滑稽弄辭，彦周雌黄之，豈非與癡人言不應及於夢也。禹錫《題蜀主廟》云：「凄涼蜀故妓，歌舞魏宫前」，亦是此意，惟增悽感，却不主於滑稽耳。牧之詩如《四皓廟》云：「南軍不袒左邊袖，四皓安劉是滅劉。」如《烏江亭》云：「勝敗兵家未可期，包羞忍恥是男兒。江東子弟多才俊，捲土重來未可知。」則「東風」、「春深」數字，較爲含蓄深窈矣。余以牧之數詩，俱用「翻案法」，跌入一層，正意益醒，謝疊山所謂死中求活也。《漁隱叢話》云：牧之題詠好異於人，如《赤壁》、《四皓》，皆反説其事，至《題烏江》，則好異而叛於理，項氏以八千渡江，無一還者，誰肯復附之？其不能捲土重來決矣。嗚呼，此豈深於詩者哉！（吴景旭《歷代詩話》卷五十二庚集七）

【江東】上虞王充著《論衡》，中土未有傳者，蔡中郎至江東得之。則是江東專指錢塘之東，非江左可混用也。自唐以來，詩人相沿不改，惟杜紫薇「江東子弟多豪俊」之句，不指此地。米南宫詩：「秋帆尋賀老，載酒過江東。」賀老者，季真也。（宋長白《柳亭詩話》卷二十四）

詩貴有含蓄不盡之意，尤以不着意見、聲色、故事、議論者爲最上，義山刺楊妃事之「夜半宴歸宫漏永，薛王沈醉壽王醒」是也。稍着意見者，子美《玄元廟》之「世家遺舊史，道德付今王」是也。稍着聲色者，子美之「落日留王母，微風倚少兒」是也。稍用故事者，子美之「伯仲之間見伊吕，指揮若定失蕭曹」是也。着議論而不大露圭角者，羅昭諫之「静憐貴族謀身易，危覺文皇創業難」是也。露圭角者，杜牧之《題烏江亭》詩之「勝負兵家未可期，包羞忍恥是男兒。江東子弟多才俊，捲土重來未可

知」是也。然已開宋人門徑矣。宋人更有不倫處。（吴喬《圍爐詩話》卷一）

「詩豪」之名，最爲誤人。牧之《題烏江亭》詩，求豪反入宋調。章碣《焚書坑》亦然。唐司空圖云：「詩須有味外味。」此言得之。《建除》、《藥名》等詩，兒童所爲也。（吴喬《圍爐詩話》卷三）

詩以優柔敦厚爲教，非可豪舉者也。李、杜詩人稱其豪，自未嘗作豪想。豪則直，直則違於詩教。牧之自許詩豪，故《題烏江亭》詩失之于直。石曼卿、蘇子美欲豪，更虚誇可厭。（吴喬《圍爐詩話》卷五）

杜牧之《題烏江亭》詩：「勝敗兵家不可期，包羞忍恥是男兒。江東子弟多豪俊，捲土重來未可知。」此翻已奇。荆公又翻之云：「百戰疲勞壯士哀，中原一敗勢難迴。江東子弟今雖在，肯爲君王捲土來？」牧之詩好奇而不諳事理，荆公詩於事理較合，然論項王，亦未得要害處。……夫要害處乃經史之大義，大義與好議論自别，作論史佳詩，非深於經法不可矣。（潘德輿《養一齋詩話》卷四）

題横江館①

孫家兄弟晉龍驤②，馳騁功名業帝王。至竟江山誰是主，苔磯空屬釣魚郎〔一〕。

【校勘記】

〔二〕「苔磯」，文津閣本作「石磯」。

【注釋】

①横江館：即和州横江渡，與江南采石相對。馮注：「《太平寰宇記》：和州歷陽縣横江浦，在縣東南二十六里。對江南岸之采石往來濟處。李白詩：横江館前津吏迎。《太平府志》：采石驛在采石鎮，濱江即唐時横江館也。」此詩《杜牧年譜》繫於開成四年（八三九），時杜牧由宣州赴京任左補闕，途經和州横江館作此詩。按，此行在春日，故詩作於是年春。

②孫家兄弟句：孫家兄弟，指三國東吴之孫策、孫權兄弟。孫策於興平二年爲折衝校尉，率兵攻佔横江、當利，後又渡江攻佔曲阿，所向莫敢當其鋒。晉龍驤，西晉龍驤將軍王濬，率兵伐東吴，順風鼓棹，沿江東下，兵不血刃，徑造三山，孫皓投降，吴國遂亡。事見《晉書》卷四二《王濬傳》。

【集評】

【至竟】唐人多言「至竟」，如云到底也。杜牧云「至竟息亡緣底事」、「至竟江山誰是主」之類。（胡震亨《唐音癸籤》卷二十四「詁箋」九引《戒菴漫筆》）

寄澧州張舍人笛①

髮匀肉好生春嶺②，截玉鑽星寄使君③。檀的染時痕半月〔一〕④，落梅飄處響穿雲⑤。樓中威鳳傾冠聽⑥，沙上驚鴻掠水分⑦。遥想紫泥封詔罷〔二〕⑧，夜深應隔禁牆聞〔三〕。

【校勘記】

〔一〕「染」，《文苑英華》卷二一二、馮注本校：「一作深。」

〔二〕「遥」，《文苑英華》卷二一二作「横」。

〔三〕「應隔」，夾注本作「遥隔」。

【注釋】

① 澧州：治所在今湖南澧縣。馮注：「《唐書·地理志》：山南道澧州澧陽郡。」張舍人，即張次宗。會昌初，累官至考功員外郎、知制誥。後歷任澧、明、舒三州刺史。傳見《舊唐書》卷一二九、《新唐書》卷一二七。唐時，以他官知制誥亦可稱舍人。此詩陶敏《樊川詩人名箋補》謂張舍人爲張

次宗，其「遠貶却在大中元年冬，故張次宗守澧州亦應在大中二年左右」，並繫此詩於大中二年（八四八）。

②髮匀肉好：頭髮匀稱，肌體嬌好。此處以人喻竹。

③截玉鑽星：指將竹管製成笛子。玉指竹管，星指笛孔。

④檀的：馮集梧以爲，檀的似「謂指甲紅染如半月狀，亦或謂指印笛孔，的然有痕。徐鼎臣《夢游》詩：檀的漫調銀字管。本諸此。」

⑤落梅句：落梅，即笛曲《梅花落》。響穿雲，指笛聲悠揚動聽。馮注：「唐《逸史》：李謩開元中吹笛，爲第一部，自教坊請假至越州，州客舉進士者十人，同會鏡湖，欲邀李湖上吹之。有獨孤生者到會所，李生更有一笛，拂拭以進。獨孤視之曰：此都不堪取，執者粗通耳。遂吹，聲發入雲，四座震慄。」

⑥樓中威鳳句：威鳳，鳳之有威儀者。此處用蕭史弄玉事。秦穆公女弄玉，嫁蕭史，史善吹簫，日教弄玉作鳳鳴。居數年，吹似鳳聲，鳳凰來止其屋。公爲作鳳臺，夫婦止其上不下數年，一旦皆隨鳳凰飛去。事見《列仙傳》卷上。

⑦驚鴻：驚飛之鴻雁。馮注：「馬融《長笛賦》：狀似流水，又象飛鴻。」

⑧遥想句：紫泥，皇帝之詔書，封以紫泥，上加蓋玉璽。此言爲皇帝草詔敕。馮注：「《後漢書·輿

服志》注：璽皆以武都紫泥封。《唐六典》：中書舍人掌凡詔旨制敕及璽書册命，皆按典故起草進，書既下，則署而行之。」

寄揚州韓綽判官〔一〕①

青山隱隱水遥遥〔二〕，秋盡江南草木凋〔三〕。二十四橋明月夜②，玉人何處教吹簫〔四〕③？

【校勘記】

〔一〕「揚州」，原作「楊州」，據文津閣本、《全唐詩》卷五二三、馮注本改。《才調集》卷四題作《寄人》。

〔二〕「遥遥」，《才調集》卷四、《全唐詩》卷五二三作「迢迢」，《全唐詩》下校：「一作遥遥。」馮注本校：「一作迢迢。」

〔三〕「草木」，《文苑英華》卷二六一作「岸草」，下校：「集作草木。」馮注本校：「一作岸草，又木一作未。」

〔四〕「玉」，《文苑英華》卷二六一作「美」，下校：「集作玉。」馮注本校：「一作美。」「教」，《文苑英華》卷二六一作「坐」，下校：「集作教。」《唐詩紀事》卷五六作「學」。馮注本校：「一作坐。」

【注　釋】

① 判官：節度、觀察等使屬官。時韓綽爲淮南節度使判官，淮南節度使治所在揚州。

② 二十四橋：在揚州。一説揚州共有二十四座橋，一説二十四橋即一橋名。馮注：「《方輿勝覽》云：揚州府二十四橋，隋置，並以城門坊市爲名，後韓令坤省築州城，分佈阡陌，别立橋梁，所謂二十四橋，或在或廢，不可得而考矣。斯語當得其實。」

③ 玉人：此處指韓綽。夾注：「《晉書》：裴淑則風神高邁，容儀俊美，博涉群書，特精義理。時人見，謂之玉人。」

【集　評】

《寄揚州韓綽判官》：唐諸道，郡國之富貴，人物之衆多，城市之和樂，聲色之繁華，揚州爲冠，益州次之，號曰「揚一益二」。牧之仕淮南，寄揚州韓判官詩，其實厭江南之寂寞，思揚州之歡娱，情雖切而辭不露。（謝枋得《疊山先生注解章泉澗泉二先生選唐詩》卷三）

歐陽修《西湖》：「緑芰紅蓮畫舸浮，使君那復憶揚州。都將二十四橋月，换得西湖十頃秋。」杜牧之《揚州》詩云：「二十四橋明月夜，玉人何處教吹簫？」（蔡正孫《詩林廣記》後集卷一）

杜牧官於金陵，《寄揚州韓綽判官》詩：「青山隱隱水迢迢，秋盡江南草未凋。二十四橋明月夜，玉人何處教吹簫。」「草未凋」，今作「草木凋」，不見江南草木經寒之意。「教吹簫」，作「不吹簫」；《金陵志》謂此詩説，金陵二十四航也，揚州二十四橋之名，備載《夢溪筆談》，「教」字見寄揚州之意。（盛如梓《庶齋老學叢談》卷中）

《寄揚州韓綽判官》：劉云：韓之風致可想，書記薄幸自道耳。（高棅《唐詩品匯》卷五十三）

【唐詩絶句誤字】唐詩絶句，今本多誤字，試舉一二，如杜牧之《江南春》云「十里鶯啼緑映紅」，今本誤作「千里」，若依俗本，「千里鶯啼」，誰人聽得？「千里緑映紅」，誰人見得？若作「十里」，則鶯啼緑紅之景，村郭樓臺，僧寺酒旗，皆在其中矣。又《寄揚州韓綽判官》云「秋盡江南草未凋」，俗本作「草木凋」。秋盡而草木凋，自是常事，不必説也，況江南地暖，草本不凋乎。此詩杜牧在淮南而寄揚州人者，蓋厭淮南之摇落，而羨江南之繁華，若作「草木凋」，則與「青山明月」、「玉人吹簫」不是一套事矣。余戲謂此二詩絶妙，「十里鶯啼」，俗人添一撇壞了；「草未凋」，俗人減一畫壞了。甚矣，士俗不可醫也。（楊慎《升菴詩話》卷八）

【秋盡江南葉未凋】賀方回作《太平時》一詞，衍杜牧之詩也。其詞云：「秋盡江南葉未凋，晚雲高。青山隱隱水迢迢，接亭皋。二十四橋明月夜，弭蘭橈。玉人何處教吹簫，可憐宵。」按此，則牧之本作「葉未凋」。（楊慎《詞品》卷一）

温庭筠「冰簟銀床夢不成，碧天如水夜雲輕。雁聲遠過瀟湘去，十二樓中月自明。」杜牧之「青山隱隱水迢迢，秋盡江南草木凋。二十四橋明月夜，玉人何處學吹簫？」此等入盛唐亦難辨，惜他作殊不爾。（胡應麟《詩藪》内編卷六近體下絶句）

清響裂雲。（鄭郲評本詩）

《寄揚州韓綽判官》：揚州之二十四橋，存廢久已莫考，而至今常在人口者，惟以牧之一詩爲證耳。然則，即以此二十八字爲二十四橋，可。（黄周星《唐詩快》卷十六）

【二十四橋】吳旦生曰：揚州之盛，唐世豔稱。故張祜詩「人生只合揚州死，禪智山光好墓田」。徐凝詩「天下三分明月夜，二分明月在揚州」。舊稱牧之詩好用數目，如二十四橋之類是也。按《筆談》記二十四橋云：最西濁河茶園橋，次東大明橋今大明寺前。入西水門有九曲橋今建隆寺前。次當正，當帥牙南門有下馬橋，又東作坊橋，橋東河轉向南，有洗馬橋。次南橋見在今州城北門外。又南阿師橋，周家橋今此處爲城北門。小市橋今存。廣濟橋今存。新橋，開明橋今存。顧家橋，通明橋今存。太平橋，利國橋，出南水門有萬歲橋今存。青園橋，自驛橋北河流東出有參佐橋今開元寺前。次東水門今有新橋，非古跡也。東出有山光橋見在今山光寺前。又自衙門下馬橋直南有北三橋，中三橋，南三橋，號九橋，不通船，不在二十四橋之數，皆在今州城西門外。（吳景旭《歷代詩話》卷五二庚集七）

杜司勳詩「誰家唱《水調》，明月滿揚州」、「誰知竹西路，歌吹是揚州」、「揚州塵土試迴首，不惜千金借與君」、「二十四橋明月夜，玉人何處教吹簫」、「春風十里揚州路，卷上珠簾總不如」、「十年一

覺揚州夢，贏得青樓薄倖名」，何其善言揚州也！（余成教《石園詩話》卷二）

夢得、牧之喜用數目字。夢得詩「大艑高帆一百尺，新聲促柱十三弦」、「千門萬户垂楊裏」、「春城三百九十橋」；牧之詩「漢宫一百四十五」、「南朝四百八十寺」、「二十四橋明月夜」、「故鄉七十五長亭」，此類不可枚舉，亦詩中之算博士也。（陸鎣《問花樓詩話》卷一）

先廣文嘗言：「古人詩文字有疑，似不可輕改，坊刻舛累尤多，須得善本校對乃可。」因舉……杜牧之「秋盡江南草未凋」，言江南地暖，「未」訛爲「木」，失原旨矣。昔人藏書少而善本最多，今人善本少而藏書易多，坊賈射利，肆行點竄，殆亦文字之厄與！（余成教《石園詩話》卷二）

【唐賢三昧集清王士禛撰】杜牧之「秋盡江南草木凋」，本作「草未凋」，坊本尚有不誤者，作「草木凋」便無意味矣，此誤字之當校者也。（李慈銘《越縵堂讀書記》八「文學」）

送李群玉赴舉①

故人别來面如雪，一榻拂雲秋影中②。玉白花紅三百首〔一〕③，五陵誰唱與春風④？

【校勘記】

〔一〕「花」，《文苑英華》卷二八〇作「化」，馮注本校：「一作化。」

【注　釋】

① 李群玉：字文山，澧州人。大中八年，獻詩三百首，爲宰相薦爲弘文館校書郎。後遭冤屈，憤而棄官南歸。生平見《唐摭言》卷一〇、《北夢瑣言》卷六、《唐詩紀事》卷五四、《唐才子傳校箋》卷七等。據吳在慶《唐五代文史叢考·李群玉生平二三事考實》，李群玉有《九日陪崔大夫讌清河亭》詩，乃開成二年晚秋在宣城作，而開成二年晚秋，杜牧在宣州曾與李群玉相見。又據李群玉《將遊荊州投魏中丞》詩，李群玉大中四年秋曾有由湖湘入京赴舉，大中五年在京落第事。而杜牧「大中四年初秋自長安出守湖州，而李群玉由湖湘入京赴舉，兩人實有可能相遇於途中某地，或在湖州相逢。則杜牧《送李群玉赴舉》詩蓋即作於」大中四年（八五〇）秋。

② 一榻拂雲句：此句指受州郡長官禮遇秋試事。唐時州郡試，於秋日舉行。一榻，用陳蕃禮遇徐穉事。東漢徐穉字孺子，南昌人。陳蕃爲南昌太守，「在郡不接賓客，唯穉來特設一榻，去則懸之」。事見《後漢書》卷五三《徐穉傳》。又李群玉曾獲裴休禮遇，《新唐書·藝文志四》云：李群玉「字文山，澧州人。裴休觀察湖南，厚延致之。及爲相，以詩論薦，授校書郎」。

③玉白花紅句：三百首，指李群玉曾有詩三百首。李群玉《進詩表》：「草澤臣群玉……謹捧所業歌行、古體詩、今體七言、今體五言四通等合三百首，謹詣光順門，昧死上進。」

④五陵句：五陵，指漢代五位皇帝之陵墓，即高帝長陵、惠帝安陵、景帝陽陵、武帝茂陵、昭帝平陵。漢末三國時，五陵因兵亂均被盜掘。此用以代指長安。與，向，對。唐進士禮部試在春日舉行，故常以「春風得意」以形容進士及第。馮注：「《説苑》：管仲曰：吾不能以春風風人，春雨雨人，吾道窮矣。」

送薛種遊湖南

賈傅松醪酒①，秋來美更香。憐君片雲思②，一棹去瀟湘〔一〕。

【校勘記】

〔一〕「一棹去」，《全唐詩》卷五二三作「一去遶」，下校：「一作一棹去。」馮注本校：「一云一去遶。」

【注　釋】

①賈傅：指漢代賈誼，曾貶長沙王太傅。傳見《史記》卷八四《屈原賈生列傳》。松醪，即湘中酒名松醪春，乃用松膏所釀酒。劉禹錫《送王師魯協律赴湖南使幕》詩：「橘樹沙洲暗，松醪酒肆香。」

②片雲思：指羈旅漂泊之情思。

題壽安縣甘棠館御溝①

一渠東注芳華苑②，苑鎖池塘百歲空。水殿半傾蟾口澀③，爲誰流下蓼花中④？

【注　釋】

①壽安縣：在今河南宜陽縣。其地有連昌宫、興泰宫，乃高宗、武后時置。故有御溝、水殿等語。馮注：「《隋書·地理志》：河南郡壽安，後魏置縣，曰甘棠，仁壽四年，改焉。《一統志》：壽安故城，今宜陽縣治。相傳爲周時召伯聽政之所。……《名勝志》：宜陽縣西北有勝因寺，即甘棠驛故址。」王西平、張田《杜牧詩文繫年考辨》謂：「此詩當是杜牧在洛陽任監察御史時遊訪之作。大和九年秋七月杜牧赴洛陽供職，第三年春（即開成二年），迎同州眼醫石生至洛陽，告假百日，

前往揚州……詩有『水殿半傾蟾口澀，爲誰流下蓼花中』之句。蓼花開放在六、七月間。因而，大和九年、開成二年杜牧均不得作此詩，應繫於開成元年。」今姑從之，訂此詩於開成元年（八三六）。

②芳華苑：洛陽有芳華神都苑。馮注：「《西京雜記》：東都隋苑曰會通，又改爲芳華神都苑，周迴一百二十六里，東面七十里，南面三十九里，西面五十里，北面四十二里。」

③水殿句：蟾口，宫殿簷下蟾蜍形排水口。澀，不通暢。

④蓼：草本植物，有水蓼、馬蓼、辣蓼等。其花淡紅色或白色。

汴河懷古〔一〕①

錦纜龍舟隋煬帝②，平臺複道漢梁王③。遊人閑起前朝念〔二〕，折柳孤吟斷殺腸④。

【校勘記】

〔一〕「河」，《文苑英華》卷三〇八作「口」，下校：「集作河。」《全唐詩》卷五二三、馮注本校：「一作口。」

〔二〕「閑」，《文苑英華》卷三〇八作「還」，下校：「一作閑。」《全唐詩》卷五二三、馮注本校：「一作還。」

【注　釋】

①汴河：即隋煬帝時所開鑿之通濟渠。

②錦纜龍舟句：隋煬帝於大業元年八月，乘龍舟沿運河南遊江都，舳艫相接二百餘里，錦帆彩纜，窮極侈靡。事見《隋書·煬帝紀》及《隋遺録》。

③平臺複道句：平臺，在河南商丘東北，相傳爲魯襄公十七年宋皇國父所築。複道，樓閣間有上下兩重通道而架空者稱複道。梁王，即西漢梁孝王。他倚仗其母竇太后寵愛，大治宫室，築東苑，方圓三百餘里，又建複道將宫殿與平臺相連。事見《史記》卷五八《梁孝王世家》。

④折柳：此處語意雙關，亦指古横吹曲《折楊柳》歌。隋煬帝於汴渠兩岸栽種楊柳。此處亦用其事。

汴河阻凍〔一〕①

千里長河初凍時，玉珂瑶珮響參差②。浮生恰似冰底水〔二〕，日夜東流人不知〔三〕。

【校勘記】

〔一〕《文苑英華》卷二九四題作《汴河阻凍絶句》。馮注本於「凍」字下校：「一作風。」

〔二〕「恰」，《文苑英華》卷二九四作「一」，下校：「集作憐。」夾注本作「憐」，《全唐詩》卷五二三作「却」，下校：「一作一。」馮注本校：「一作一。」「冰」，馮注本校：「一作水。」

〔三〕「人」，《文苑英華》卷二九四作「自」，下校：「集作人。」

【注釋】

① 此詩王西平、張田《杜牧詩文繫年考辨》繫於大中二年，謂杜牧一生四次途徑汴河，「第一次由揚州進京在大和九年春，不會言『初凍』。第三、四次往還於長安、湖州之間，經過汴河，均在秋季，不會上凍。唯有大中二年由睦州回長安赴任是『十二月至京』（《上宰相求杭州啓》），經過汴河時，正好是十一月、十二月之間，『千里長河初凍』，與詩意恰合」。今即據此訂本詩於大中二年（八四八）十一、十二月間。

② 玉珂：馬勒上貝製之裝飾品，行則有聲。玉珂、瑶珮，此處比喻冰裂聲。

酬張祜處士見寄長句四韻〔一〕①

七子論詩誰似公②，曹劉須在指揮中③。薦衡昔日知文舉〔二〕④，令狐相公曾表薦處士。乞火無人作蒯通〔三〕⑤。北極樓臺長掛夢⑥，西江波浪遠吞空⑦。可憐故國三千里，虛唱歌詞滿六宮⑧。處士詩曰：「故國三千里，深宮二十年。一聲何滿子，雙淚落君前。」

【校勘記】

〔一〕《文苑英華》卷二四六題無「長句四韻」四字。

〔二〕「知」，馮注本作「推」，下校：「一作知。」

〔三〕「無」，《文苑英華》卷二四六作「何」，《全唐詩》卷五二三、馮注本校：「一作何。」

【注　釋】

① 張祜：見《登池州九峰樓寄張祜》詩注①。處士，隱居而未做官之士人。此詩《杜牧年譜》繫於會昌五年（八四五），謂本年「張祜來池州，與杜牧唱和甚歡，九月九日，同遊齊山，並賦詩」。今姑

從之。

②七子：指漢獻帝建安年間七位著名文人，稱「建安七子」。即孔融、陳琳、王粲、徐幹、阮瑀、應瑒、劉楨。

③曹劉：指曹植與劉楨，兩人乃建安時期代表作家。

④薦衡句：衡，即禰衡，字正平，東漢人，以賦著名。文舉，孔融字。孔融深愛禰衡之文才，曾上疏推薦禰衡。事見《後漢書》卷八〇下《禰衡傳》。據《唐摭言》卷一一，張祜，元和、長慶中深爲令狐楚所知，楚自草薦表，令祜以新舊格詩三百篇隨表進獻。祜至京師，方屬元稹偃仰内庭，上因召問祜之辭藻上下，稹對曰：「張祜雕蟲小技，壯夫恥而不爲之者，或奬激之，恐變陛下風教。」上頷之，由是寂寞而歸。

⑤乞火句：乞火，乞火人，此處意爲推薦之人。據《漢書·蒯通傳》所載，客有説蒯通當薦進處士梁石君等於相國曹參者，蒯通曰：「諾，臣之里婦，與里之諸母相善也。里婦夜亡肉，姑以爲盜，怒而逐之。婦晨去，過所善諸母，語以事而謝之。里母曰：『女安行，我今令而家追女矣。』即束緼請火於亡肉家，曰：『昨暮夜，犬得肉，爭鬥相殺，請火治之。』亡肉家遽追呼其婦。」蒯通説畢此事，又云：「束緼乞火非還婦之道也，然物有相感，事有適可。臣請乞火於曹相國。」經蒯通推薦，曹參以梁石君等爲上賓。

⑥北極：北極星、北辰。此處喻指朝廷。

⑦西江：西來之大江，此處指長江。

⑧可憐故國兩句：此處套用張祜《宫詞》中句。六宫，後妃居住之後宫。兩句意爲張祜所作《宫詞》在六宫傳唱，而作者却不爲在上者賞識。又張祜另有《孟才人歎一首并序》云：「武宗皇帝疾篤，遷便殿，孟才人以歌笙獲寵者，密侍其右。上目之曰：『吾當不諱，爾何爲哉？』指笙囊泣曰：『請以此就縊。』上憫然。復曰：『妾嘗藝歌，願爲上歌一曲以泄其憤。』上以懇，許之。乃歌『一聲何滿子』，氣亟立殞。上令醫候之，曰：『脈尚温而腸已絶。』」

【集評】

【張祜宫詞】張祜有《觀獵》詩並《宫詞》，白傅稱之。《宫詞》云：「故國三千里，深宫二十年。一聲《河滿子》，雙淚落君前。」小杜守秋浦，與祜爲詩友，酷愛祜《宫詞》，贈詩曰：「如何『故國三千里』，虚唱歌詞滿六宫。」又詩寄祜云：「睫在眼前人不見，道非身外更何求。誰人得似張公子，千首詩輕萬户侯。」（王直方《王直方詩話》）

張祜詩云：「故國三千里，深宫二十年。」杜牧賞之，作詩云：「可憐故國三千里，虚唱歌詞滿六宫。」故鄭谷云：「張生故國三千里，知者惟應杜紫微。」諸賢品題如是，祜之詩名安得不重乎？其後

有「解道澄江靜如練，世間惟有謝玄暉」、「解道江南斷腸句，世間惟有賀方回」等語，皆祖其意也。（葛立方《韻語陽秋》卷四）

張祜集載，武宗疾篤，孟才人以歌笙獲寵，密侍左右。上目之曰：「我當不諱，爾何爲哉？」才人指笙囊泣曰：「請以此就縊。」復曰：「妾嘗藝歌，願歌一曲。」上許之，乃歌一聲《河滿子》，氣亟立殞。上令醫候之，曰：「脉尚温而腸已絶。」則是《河滿子》真能斷人腸者。祜爲詩云：「偶因歌態詠嬌嚬，傳唱宮中十二春。却爲一聲《河滿子》，下泉須弔舊才人。」又有「故國三千里，深宮二十年。一聲《河滿子》，雙淚落君前」之詠。一稱「十二春」，一稱「二十年」，未知孰是也。杜牧之有酬祜長句，其末句云：「可憐故國三千里，虚唱歌詞滿六宮。」言祜詩名如此，而惜其未遇也。（葛立方《韻語陽秋》卷十五）

張祜有句云：「故國三千里，深宮二十年。」以此得名。故杜牧云：「可憐故國三千里，虚唱歌詞滿後宮。」鄭谷亦云：「張生『故國三千里』，知者惟應杜紫微。」秦少游有詞云：「醉卧古藤陰下。」故山谷云：「少游醉卧古藤下，誰與愁眉唱一杯。解作江南斷腸句，只今惟有賀方回。」正與杜、鄭語意同。（吴子良《吴氏詩話》卷上）

《酬張祜處士見寄長句四韻》：「乞火」，用蒯通説曹參請東郭先生、梁石君事，見《漢書·蒯通傳》，謂薦賢也。時令狐楚以張祜詩三百篇，隨狀表進。祜至京，上問元稹，稹曰：「雕蟲小技，獎激之，恐變陛下風教。」祜乃罷歸。三、四語正指其事。（沈德潛《唐詩別裁集》卷十五）

寄宣州鄭諫議①

大夫官重醉江東〔一〕，蕭灑名儒振古風。文石陛前辭聖主〔二〕②，碧雲天外作冥鴻③。五言寧謝顔光禄④，百歲須齊衛武公⑤。再拜宜同丈人行〔三〕⑥，過庭交分有無同⑦。

【校勘記】

〔一〕「醉」，《文苑英華》卷二六一、文津閣本作「鎮」。

〔二〕「陛」，《文苑英華》卷二六一作「階」，下校：「集作陛。」馮注本校：「一作階。」

〔三〕「同」，《文苑英華》卷二六一作「爲」，下校：「集作同。」《全唐詩》卷五二三、馮注本校：「一作爲。」

【注　釋】

① 諫議：諫議大夫。掌侍從贊相，規諫諷喻。

② 陛：殿、壇之臺階。此代指皇宫。

③ 冥鴻：高飛之鴻雁。《後漢書·逸民傳序》：「揚雄曰：『鴻飛冥冥，弋人何篡焉。』言其違患之

遠也。」

④五言句：五言，指詩歌。謝，慚，不如。顔光禄，南朝宋顔延之，孝武帝時爲金紫光禄大夫。與謝靈運俱以辭采知名，鮑照嘗謂其詩「若鋪錦列繡，亦雕繢滿眼」。傳見《南史》卷三四、《宋書》卷七三。鍾嶸《詩品·總論》：「謝客爲元嘉之雄，顔延年爲輔；斯皆五言之冠冕，文詞之命世也。」

⑤衛武公：春秋時衛武公。年九十五，嘗曰：「苟在朝者，無謂我老耄而舍我，必恭恪於朝，朝夕以交戒我。」事見《國語·楚語上》。

⑥丈人行：對長輩之尊稱。

⑦過庭交分：《論語·季氏》記載孔子之子孔鯉，「趨而過庭」，接受孔子教育事。此過庭交分，蓋指父輩交誼。《三國志·吴書·周瑜傳》：「(孫)堅子策與(周)瑜同年，獨相友善，瑜推道南大宅以舍策，升堂拜母，有無通共。」

題元處士高亭宣州〔一〕①

水接西江天外聲〔二〕，小齋松影拂雲平。何人教我吹長笛②，與倚春風弄月明〔三〕。

【校勘記】

〔一〕「元」，《文苑英華》卷三一六作「袁」，《全唐詩》卷五二三、馮注本校：「一作袁。」

〔二〕「西江」，《文苑英華》卷三一六校：「集作江西」，馮注本校：「一作江西。」

〔三〕「與」，《文苑英華》卷三一六作「興」，《全唐詩》卷五二三、馮注本校：「一作興。」「春」，《文苑英華》卷三一六作「秋」，下校：「集作春。」《全唐詩》卷五二三、馮注本校：「一作秋，又作清。」

【注　釋】

①此詩作於杜牧在宣州時。元處士及其作年均見本集卷一《贈宣州元處士》詩注①。

②長笛：馮注：「《文選·長笛賦·注》：《説文》：笛，七孔，長一尺四寸，今長笛是也。」

鄭瓘協律〔一〕①

廣文遺韻留樗散〔二〕②，雞犬圖書共一船。自説江湖不歸事，阻風中酒過年年。

【校勘記】

〔一〕夾注本題下小注：「本注：廣文孫子。」

〔二〕「樗散」，原作「攄散」，據文津閣本、《全唐詩》卷五二三、馮注本改。

【注釋】

① 協律：太常寺協律郎，正八品上階，掌和律吕。

② 廣文：廣文博士，此指鄭虔。字若齊，曾任左監門録事參軍、協律郎。天寶九載，授廣文館博士。後貶台州司户參軍，卒於貶所。傳見《新唐書》卷二〇二。遺韻，遺傳下來之風韻。樗散，本指像樗木般被散置之無用之材，此比喻不合世用。杜甫《送鄭十八虔貶台州司户》詩有「鄭公樗散鬢成絲」句，爲杜牧詩所本。

【集評】

《石洲詩話》一書，引證該博，又無隨園佻纖之失，信從者多。予竊有惑焉，不敢不商榷，以質後之君子。……又謂「小杜『自説江湖不歸去，阻風中酒過年年』、『今日鬢絲禪榻畔，茶煙輕颺落花風』，開、寶後百餘年無人道得，五代、南北宋以後，更不能矣」。小杜二詩，洵晚唐佳語，何推尊至

此！（潘德輿《養一齋詩話》卷一）

和野人殷潛之題籌筆驛十四韻〔一〕①

三吳裂婺女②，九錫獄孤兒③。霸主業未半〔二〕④，本朝心是誰。永安宮受詔⑤，籌筆驛沉思。畫地乾坤在，濡毫勝負知⑥。艱難同草創⑦，得失計毫釐。寂默經千慮，分明渾一期〔三〕⑧。川流縈智思，山聳助扶持。慷慨匡時略⑨，從容問罪師。褒中秋鼓角⑩，渭曲晚旌旗⑪。仗義懸無敵，鳴攻固有辭〔四〕⑫。若非天奪去⑬，豈復慮能支〔五〕⑭。子夜星纔落⑮，鴻毛鼎便移〔六〕⑯。郵亭世自換⑰，白日事長垂。何處躬耕者⑱，猶題殄瘁詩⑲。

【校勘記】

〔一〕「殷潛之」，《文苑英華》卷二九八、馮注本於「之」字下校：「一作夫。」

〔二〕「主」，《唐詩紀事》卷四九作「王」，《全唐詩》卷五二三、馮注本校：「一作王。」

〔三〕「渾」，《文苑英華》卷二九八、馮注本作「混」，《全唐詩》卷五二三校：「一作混。」

〔四〕「固」，《文苑英華》卷二九八、《全唐詩》卷五二三作「故」，《文苑英華》又校：「集作固」，《全唐詩》

校：「一作固。」

〔五〕「慮」，《文苑英華》卷二九八作「虜」，《全唐詩》卷五二三、馮注本校：「一作虜。」

〔六〕「毛」，《唐詩紀事》卷四九作「都」。「便」，《文苑英華》卷二九八、馮注本校：「一作漸。」

【注釋】

①殷潛之：自稱野人，與杜牧同時。今存詩《題籌筆驛》一首，其詩云：「江東矜割據，鄴下奪孤婺（《唐詩紀事》作「嫠」）。霸略非匡漢，宏圖欲佐誰？奏書辭後主，仗劍出全師。重襲褒斜路，懸開反正旗。欲將苞有截，必使舉無遺。沉慮經謀際，揮毫決勝時。圖觚當分畫，前箸比（《唐詩紀事》作「此」）操持。山秀扶英氣，川流入妙思。算成功在彀，運去事終虧。命屈天方厭，人亡國自隨。艱難推舊姓，開創極初基。總歎曾過地，寧探作教資。若歸新曆數，誰復顧衰危？報德兼明道，長留識者知。」事跡見《唐詩紀事》卷四九。籌筆驛，在四川廣元縣北，也稱朝天驛。相傳諸葛亮出師北伐時曾運籌於此。馮注：「《方輿勝覽》：閬州籌筆驛在綿谷縣，去州北九十九里。舊傳諸葛武侯出師，嘗駐此。《尚書古文疏證》：《廣元縣舊志》云：潛水出縣北一百三十餘里木寨山，流經神宣驛，又南二十里，經龍洞口至朝天驛北。朝天驛，古籌筆驛也。」

②三吳句：三吳，吳興、吳郡、會稽合稱三吳。婺女，星名，即女宿，越地爲女宿分野。馮注：「《漢

書・地理志》：粤地牽牛、婺女之分野也。左思《吳都賦》：婺女寄其曜，翼軫寓其精。《注》：婺女越分，翼軫楚分，非吳分，故言寄曜寓精也。」此句指孫權建立吳國。

③九錫句：九錫，帝王尊禮大臣所賜之九種器物，如加服、朱户、輿馬、弓矢等。漢末獻帝賜曹操九錫。獄，猶囚。孤兒，指漢獻帝劉協，其母王美人爲何皇后所害。劉協九歲即帝位，先後爲董卓、曹操所挾制。事見《後漢書・孝獻帝紀》。

④霸主句：霸主，指劉備。《三國志・蜀書・諸葛亮傳・注》引張儼《默記》：「魏氏跨中土，劉氏據益州，並稱兵海内，爲世霸主。」同傳記諸葛亮率軍北伐上疏云：「先帝創業未半而中道崩殂，今天下三分……。」

⑤永安宫句：永安宫，故址在今四川奉節。夾注：「《十道志》：山南夔州永安宫。《注》：劉備作此，在豐溪南。備居於此。」據《三國志・蜀書》劉備及諸葛亮傳，章武三年四月，劉備崩於永安宫，病重時，曾召諸葛亮囑託後事。

⑥畫地二句：畫地，畫地爲圖，謂熟知山川地理形勢。濡毫，以筆蘸墨，指起草戰略計劃之事。

⑦草創：指建立新朝。

⑧渾一：統一。同「混一」。《文選》史子孝《出師頌》：「素旄一麾，渾一區宇。」

⑨匡時略：挽救艱危時局之方略。

⑩褒中：即褒城，漢時屬漢中郡，在今陝西勉縣東北。諸葛亮北伐時曾駐軍於此。

⑪渭曲句：渭曲，在陝西大荔東南。蜀建興十二年春，諸葛亮率大軍「由斜谷出，以流馬運，據武功五丈原，與司馬宣王對於渭南」。事見《三國志》卷三五《諸葛亮傳》。

⑫鳴攻：鳴鼓而攻之。《論語注疏》卷一一：「子曰：非吾徒也，小子鳴鼓而攻之可也。《注》：鄭曰：小子門人也，鳴鼓聲其罪以責之。」

⑬天奪去：此指諸葛亮屯兵五丈原，不幸病卒軍中。

⑭豈復句：支，支撐、支持。馮注：「《蜀志·諸葛亮傳·注》：《默記》曰：若此人不亡，終其志意，連年運思，刻日興謀，則涼雍不解甲，中國不釋鞍，勝負之勢，亦已決矣。」

⑮子夜句：《三國志·蜀書·諸葛亮傳》注引《晉陽秋》：「有星赤而芒角，自東北西南流，投於亮營，三投再還，往大還小。俄而亮卒。」

⑯鴻毛句：鼎，國家重器。鼎移，指國家政權轉移。《戰國策·楚四》：「今夫橫人嚂口利機，上干主心，下牟百姓，公舉而私取利，是以國權輕於鴻毛，而積禍重於丘山。」司馬遷《報任安書》：「人固有一死，死有重於泰山，或輕於鴻毛，用之所趨異也。」馮注：「《隋書·楊元感等傳論》：九鼎之譬鴻毛，未喻輕重。」

⑰郵亭：猶傳舍。蓋寬饒云：「富貴無常，忽則易人，比如傳舍，所閱多矣。」事見《漢書》卷七七

本傳。

⑱何處句：躬耕，親自耕種。躬耕者，此处意指殷潛之。又有以殷潛之比擬諸葛亮之意。諸葛亮曾躬耕隴畝，好爲《梁父吟》。見《三國志·諸葛亮傳》。

⑲猶題句：殄瘁，困病、困苦。《詩·大雅·瞻印》：「人之云亡，邦國殄瘁。」此句意指殷潛之之題詠籌筆驛詩。

【集評】

【李義山詩】文章貴衆中傑出，如同賦一事，工拙尤易見。余行蜀道，過籌筆驛，如石曼卿詩云：「意中流水遠，愁外舊山青」，膾炙天下久矣，然有山水處便可用，不必籌筆驛也。殷潛之與小杜詩甚健麗，亦無高意。惟義山詩云：「魚鳥猶疑畏簡書，風雲長爲護儲胥」，簡書蓋軍中法令約束，言號令嚴明，雖千百年之後，魚鳥猶畏之也。儲胥蓋軍中藩籬，言忠誼貫神明，風雲猶爲護其壁壘也。誦此兩句，使人凜然復見孔明風烈，至於「管、樂有才真不忝，關、張無命欲何如」，屬對親切，又自有議論，他人亦不及也。（范温《潛溪詩眼》）

籌筆驛「筆」字，不可實作筆墨之筆字用。唐人杜樊川之「揮毫勝負知」，李玉溪之「徒令上將揮神筆」，皆實作筆墨之筆用矣。小李、小杜尚欠主張，況他人乎。（薛雪《一瓢詩話》）

氣豪而語壯。（鄭郲評本詩）

重題絶句一首

郵亭寄人世，人世寄郵亭①。何如自籌度，鴻路有冥冥②。

【注釋】

① 郵亭：見《和野人殷濳之題籌筆驛十四韻》詩注⑰。

② 冥冥：高遠之天空。《後漢書・逸民傳序》：「揚雄曰：『鴻飛冥冥，弋人何篡焉。』言其違患之遠也。」

送陸洿郎中棄官東歸①

少微星動照春雲〔一〕②，魏闕衡門路自分③。倏去忽來應有意，世間塵土謾疑君④。

【校勘記】

〔一〕「動」，《全唐詩》卷五二三校：「一作裹。」

【注　釋】

① 陸洿：唐穆宗長慶四年，陸洿曾由試大理評事任拾遺。歷祠部員外郎，東歸。後復以司勳郎中徵，旋棄官東歸。事跡見《新唐書・歐陽詹傳》、《郎官石柱題名》等。陶敏《全唐詩人名考證》謂陸洿「約開成三年入爲司勳郎中，五年棄官東歸」。此詩正作於陸洿棄官東歸時，詩有「少微星動照春雲」句，則詩蓋約開成五年（八四〇）春作。

② 少微：星名，一名處士星。亦指處士。馮注：「《晉書・天文志》：少微四星，士大夫之位也。一名處士。」

③ 魏闕句：魏闕，指朝廷。衡門，横木爲門，簡陋之房屋。此指隱者所居。《詩・陳風・衡門》：「衡門之下，可以棲遲。」

④ 謾：通「莫」。

寄珉笛與宇文舍人①

調高銀字聲還側②，物比柯亭韻校奇③。寄與玉人天上去④，桓將軍見不教吹⑤。

【注　釋】

① 宇文舍人：即宇文臨，大和初登進士第。大中元年十二月自禮部郎中充翰林學士，旋加知制誥。二年六月，正拜中書舍人。三年九月，貶復州刺史。事跡見丁居晦《重修承旨學士壁記》、《舊唐書》卷一六〇《宇文籍傳》。珉，似玉美石。此詩作於大中二年，蓋據《杜牧年譜》，杜牧大中二年尚在睦州刺史任，九月離任赴京，而十二月方抵長安爲司勳員外郎。宇文臨大中二年六月至大中三年九月爲中書舍人，而詩曰「寄」，乃作於杜牧大中二年十二月抵長安前。故此詩蓋作於大中二年（八四八）六月至十二月之間。

② 銀字：管笛之類樂器名。管上用銀作字，標明音階高低。馮注：「《唐書·禮樂志》：俗樂二十有八調，其後或有宮調之名，或以倍四爲度，復有銀字之名，中管之格，皆前代應律之器也。」

③ 物比柯亭句：柯亭，在會稽，所産竹宜於作笛。相傳東漢末蔡邕經柯亭，見屋東第十六椽竹，取以

作笛，能發奇異之聲。《後漢書·蔡邕傳·注》：「張騭《文士傳》曰：『邕告吴人曰：「吾昔嘗經會稽高遷亭，見屋椽竹東間第十六可以爲笛。」取用，果有異聲。』伏滔《長笛賦序》云『柯亭之觀，以竹爲椽，邕取爲笛，奇聲獨絶』也。」校，通「較」。

④玉人：《晉書·裴楷傳》：「楷風神高邁，容儀俊爽，博涉群書，特精理義，時人謂之『玉人』。」此處以「玉人」謂宇文臨。

⑤桓將軍句：桓將軍，指晉右將軍桓伊。桓伊「善音樂，盡一時之妙，爲江左第一。有蔡邕柯亭笛，常自吹之」。事見《晉書》卷八一本傳。

寄内兄和州崔員外十二韻①

歷陽崔太守②，何日不含情。恩義同鍾李③，李膺、鍾瑶中外兄弟，少相友善。塤篪實弟兄④。光塵能混合⑤，襞畫最分明⑥。臺閣仁賢譽⑦，閨門孝友聲⑧。西方像教毁⑨，南海繡衣行⑩。爲嶺南拆寺副使。金橐寧迴顧⑪，珠簟肯一棖⑫。秖宜裁密詔，何自取專城⑬。進退無非道，徊翔必有名⑭。好風初婉軟，離思苦縈盈。金馬舊遊貴⑮，桐廬春水生。雨侵寒牖夢，梅引凍醪傾。共祝中興主⑯，高歌唱太平。

【注釋】

①内兄：妻兄，此處即指崔員外，爲杜牧繼妻之兄。詩云「桐廬春水生」，桐廬即爲睦州屬縣。據《杜牧年譜》，杜牧大中元年春或稍前方抵睦州刺史任，而二年九月離任入朝。故此詩約作于大中元年春或二年春。然詩中尚有「共祝中興主，高歌唱太平」句。唐宣宗於會昌六年即位，次年大中元年春正月即有御丹鳳門，大赦，改元事。故杜牧此詩似更宜作於大中元年宣宗初即位不久，今即訂本詩於大中元年（八四七）春。

②歷陽：郡名，即和州，治所在今安徽和縣。

③鍾李：原注云：「李膺、鍾瑶中外兄弟。」據《後漢書·鍾皓傳》：「皓兄子瑾母，（李）膺之姑也。瑾好學慕古，有退讓風，與膺同年，俱有聲名。膺祖太尉修，常言：『瑾似我家性，邦有道不廢，邦無道免於刑戮。』復以膺妹妻之。」則鍾爲鍾瑾，《三國志·鍾瑶傳》注引《先賢行狀》作鍾覲。

④塤篪：兩種古樂器。《詩·小雅·何人斯》：「伯氏吹壎，仲氏吹篪。」此用以比喻兄弟親睦。壎，即塤。

⑤光塵句：《老子》上篇：「和其光，同其塵。」意爲將光榮與塵濁視同一律。

⑥擘畫：籌謀、處理。

⑦臺閣：此爲尚書省之别稱。員外郎屬尚書省。

⑧ 闈門：内室之門，指家中。馮注：「《漢書·王莽傳》：闈門之内，孝友之德，衆莫不聞。」

⑨ 西方句：像教，佛教。像教毁，指武宗會昌中毁佛事。據《舊唐書·武宗紀》，會昌五年八月，唐武宗反佛，廢佛寺四千六百餘所，還俗僧尼達二十六萬五百人，廢私立之招提蘭若四萬餘所。

⑩ 南海句：南海，郡名，治所即廣州，爲嶺南節度使治所。繡衣，指爲御史出使。漢御史衣繡衣。馮注：「《漢書·武帝紀》：遣直指使者暴勝之等，衣繡衣，杖斧，分部逐捕。」

⑪ 橐：袋子。陸賈使南越，南越王賜賈橐中裝，直千金。見《史記》卷九七《陸賈傳》。

⑫ 簞：竹筐。《左傳·哀公二十年》記，趙圍吳，楚隆造於越軍，吳王「與之一簞珠，使問趙孟」。棖，觸動。馮注：「《文選·祭古塚文·注》：南人以物觸物爲棖。」

⑬ 專城：指爲刺史、太守等地方長官。《宋書·樂志三·豔歌羅敷行》：「三十侍中郎，四十專城居。」

⑭ 徊翔：指官職之升降遷徙。

⑮ 金馬：即金馬門。此處指朝廷。馮注：「《史記·滑稽傳》：金馬門者，宦署門也，門傍有銅馬，故謂之曰金馬門。」

⑯ 中興主：此指唐宣宗。

遣興

鏡弄白髭鬢，如何作老夫①。浮生長匆匆〔一〕②，兒小且嗚嗚。忍過事堪喜，泰來憂勝無③。治平心徑熟④，不遺有窮途。

【校勘記】

〔一〕「匆匆」，文津閣本作「忽忽」。

【注釋】

① 鏡弄二句：馮注：「《南史·齊鬱林王紀》：高帝爲相王鎮東府時，年五歲，床前戲。高帝方令左右拔白髮，問之曰：兒言我誰邪？答曰：太翁。高帝笑謂左右曰：是豈有爲人作曾祖而拔白髮者乎！即擲鏡鑷。」

② 匆匆：忽促。

③ 泰：順利、安寧。

④ 心徑：思路、思想。馮注：「謝朓《思歸賦序》：心之徑也有域，而懷重淵之深。」

【集　評】

【勿勿】古旗有名「勿勿」者，集衆則用之，後人轉爲「匆匆」。「匆匆」者，亟遽之辭也。杜牧《遣興》曰：「浮生長勿勿，兒小且嗚嗚。」（程大昌《演繁露》卷八）

【勿勿】董伯思云：右軍帖語有「頓乏勿勿」。《顔氏家訓》云：書翰多稱勿勿，相承如此，莫原其由。或有妄言此怱怱之殘缺耳。《説文》：勿者，州里所建之旗，蓋以聚民事，故怱遽者稱勿勿。僕謂顔氏以《説文》徵此字爲長。而今世流俗，又妄於勿勿中斜加一點，謂爲匆字，彌失真也。按《祭義》云：勿勿其欲饗之也。《注》：勿勿猶勉勉也，愨愛之貌。杜牧之詩：「浮生長勿勿」，是知勿勿出於《祭義》，唐人詩中用之，不特稱於書翰耳。又「怱」字解云：多遽怱怱也。是怱怱亦古語。好古者但知勿勿，而笑怱怱；逐俗者又但知怱怱，而駭勿勿，皆非也。是以學者貴博古而通今。（楊慎《丹鉛續録》卷五）

【勿勿非匆匆】《顔氏家訓》云：勿勿非怱怱，亦非匆匆。《説文》云：勿，州里之所建之旗，以趣民事者。凡言遽遽狀，皆稱勿勿。《祭義》云：勿勿，諸其欲饗之也。勿勿猶勉勉也。杜樊川有詩云：「浮生長勿勿。」王廙帖云：「臣故患匈滿，氣上頓乏勿勿。」皆此意也。（陳繼儒《書蕉》卷上）

早秋

踈雨洗空曠，秋標驚意新①。大熱去酷吏②，清風來故人。樽酒酌未酌，曉花嚬不嚬〔一〕。銖秤與縷雪③，誰覺老陳陳？

【校勘記】

〔一〕「曉」，《全唐詩》卷五二三作「晚」，下校：「一作曉。」

【注釋】

① 秋標：猶秋初。標，始。《素問·天元紀大論》：「少陰所謂標也，厥陰所謂終也。」

② 大熱句：此句意謂炎熱如酷吏已離去。

③ 銖秤：銖，古代衡制單位，一兩之二十四分之一。銖秤，以銖爲最小單位之秤。

【集　評】

《早秋》：大暑如酷吏之去，清風如故人之來，倒裝一字，便極高妙，晚唐無此句也。牧之才高，意欲異衆，心鄙元、白，良有以哉。尾句怪。（方回《瀛奎律髓》卷十二「秋日類」）

【去酷吏】《聞見録》：范質坐茶肆，執扇書「大暑去酷吏，清風來故人」二句。忽一人貌怪陋，揖曰：「酷吏冤獄何止如大暑，公他日當深究此弊。」因攜扇去。後至一廟，見土偶適如其狀，扇尚存。（宋長白《柳亭詩話》卷二十九）

《早秋》：次句生硬，「清風」句自好，「大暑」句終不雅，五六調劣，結亦不佳。（次聯）亦未見爲高妙。（紀昀《瀛奎律髓刊誤》卷十二「秋日類」）

秋　思

熱去解鉗釱①，飄蕭秋半時。微雨池塘見，好風襟袖知②。髮短梳未足，枕涼閑且欹。平生分過此，何事不參差。

【注釋】

①鉗釱：刑具名，在頸爲鉗，在脚爲釱。

②微雨二句：馮注：「陶潛詩：微雨從東來，好風與之俱。沈約《謝賜絹啓》：起涼風於襟袖。」

【集評】

《秋思》：首句即去酷吏之意，三四眼前事，道著即好。（方回《瀛奎律髓》卷十二「秋日類」）

《秋思》：首句殊不成語。（紀昀《瀛奎律髓刊誤》卷十二「秋日類」）

途中一絶①

鏡中絲髮悲來慣，衣上塵痕拂漸難。惆悵江湖釣竿手〔一〕，却遮西日向長安。

【校勘記】

〔一〕「竿」，馮注本校：「一作魚。」

【注　釋】

①潘若同《郡閣雅談》：「杜牧舍人罷任浙西郡，道中有詩曰：『鏡中絲髮悲來慣，衣上塵痕拂漸難。惆悵江湖釣竿手，却遮西日向長安。』與杜甫齊名，時號大小杜。」《杜牧年譜》據馮集梧注引《郡閣雅談》謂杜牧舍人罷任浙西，道中有詩云云，而繫此詩於大中五年（八五一）。杜牧大中五年秋罷湖州任赴京爲考功郎中、知制誥，詩即此時途中作。

春盡途中

田園不事來遊宦，故國誰教爾別離〔一〕。獨倚關亭還把酒〔二〕①，一年春盡送春時〔三〕。

【校勘記】

〔一〕「誰教」，原作「誰交」，據夾注本、《全唐詩》卷五二三、馮注本改。

〔二〕「獨倚」，文津閣本作「獨向」。

〔三〕「送春時」，「時」字原作「詩」，據《文苑英華》卷二九四、馮注本改。《全唐詩》卷五二三亦作「詩」，下校：「一作時。」

【注　釋】

①關亭：馮注：「《讀史方輿紀要》：陝州靈寶縣鴻關，在縣西南四十里。《水經注》：門水東北歷陝，謂之鴻關水，水東有城，即關亭也。」

題村舍

三樹稚桑春未到〔一〕①，扶床乳女午啼饑〔二〕。潛銷暗鑠歸何處②，萬指侯家自不知〔三〕③。

【校勘記】

〔一〕「三」，《文苑英華》卷三一九作「數」，《全唐詩》卷五二三、馮注本校：「一作數。」「到」，《文苑英華》卷三一九作「斸」，《全唐詩》卷五二三、馮注本校：「一作斸。」

〔二〕「乳」，《文苑英華》卷三一九、《全唐詩》卷五二三、馮注本校：「一作兒。」「饑」，《文苑英華》卷三一九作「雞」，馮注本校：「一作雞。」

〔三〕「指」，《文苑英華》卷三一九作「户」，下校：「集作指。」《全唐詩》卷五二三、馮注本校：「一作户。」

【注　釋】

①稚桑：嫩桑。

②潛銷暗鑠：暗暗消損。

③萬指侯家：擁有成千奴僕之王侯家。古代以手指計算奴隸，十指爲一人。

代人寄遠六言二首〔一〕

其一

河橋酒旆風軟①，候館梅花雪嬌②。宛陵樓上瞪目〔二〕③，我郎何處情饒。

【校勘記】

〔一〕《才調集》卷四、《全唐詩》卷五二三題下校：「一本作一首。」

〔二〕「瞪目」，《才調集》卷四作「春晚」，文津閣本、《全唐詩》卷五二三校：「一作春晚。」

【注　釋】

①風軟：馮注：「戴叔倫詩：風軟扁舟穩。」

②候館：即候樓。《周禮・地官・遺人》：「市有候館，候館有積。」《注》：「候館，樓可以觀望者也。」

③宛陵句：宛陵，即宣州宣城（今屬安徽），本漢代宛陵縣。瞪目，直視貌。

其二

繡領任垂蓬鬢，丁香閑結春梢①。賸肯新年歸否②？江南緑草迢迢〔一〕。

【校勘記】

〔一〕此句文津閣本作「江南緑柳紅桃」。

【注　釋】

①丁香：馮注：「《圖經本草》：丁香，木類桂，高丈餘，葉似櫟，凌冬不凋。《碎録》：丁香一名百結，子出枝葉上如釘，長三四分，有粗大如山茱萸者，名母丁香。」

②賸肯：真肯。宋趙彥端《水調歌頭·爲壽》詞：「賸肯南遊否？蓬海試窮探。」楊萬里《寄題開州史君陳師宗柴扉》詩：「賸肯早歸來，盈尊酒初緑。」

閨情

娟娟却月眉①，新鬢學鴉飛。暗砌勻檀粉〔一〕②，晴窗畫夾衣〔二〕。袖紅垂寂寞，眉黛斂依稀。還向長陵去③，今宵歸不歸。

【校勘記】

〔一〕「勻」，夾注本作「均」。

〔二〕「夾衣」，夾注本作「裌衣」。

【注　釋】

①娟娟句：娟娟，美好貌。却月眉，指眉形像彎月。馮注：「鮑照詩：娟娟似蛾眉。梁 [illegible]賦》：望却月而成眉。」

②檀粉：淺紅色塗面粉。

③長陵：漢高祖陵。漢時徙關東豪族以奉陵寢，遂爲縣。故城在今陝西咸陽東北。

舊遊

閑吟芍藥詩①，悵望久嚬眉〔一〕。盼眄廻眸遠②，纖摻整髻遲〔二〕③。重尋春晝夢，笑把淺花枝〔三〕。小市長陵住④，非郎誰得知〔四〕。

【校勘記】

〔一〕「悵」，《全唐詩》卷五二三作「惆」。

〔二〕「摻」，原作「衫」，據《全唐詩》卷五二三校「一作摻」改。「髻」，《才調集》卷四、文津閣本作「鬟」。《全唐詩》卷五二三校：「一作鬟。」

〔三〕「笑」，《才調集》卷四、《全唐詩》卷五二三校：「一作擬。」「淺」，夾注本作「殘」。

〔四〕「誰」，《才調集》卷四作「爭」，《全唐詩》卷五二三校：「一作爭。」

【注釋】

①芍藥詩：指《詩·鄭風·溱洧》詩中有「維士與女，伊其相謔，贈之以芍藥」句。《古今注》卷下：「牛亨問曰：將離别相贈以芍藥者何？答曰：芍藥一名可離，故將别以贈之。」夾注：「《詩·溱洧》：維士與女，伊其相謔，贈之以芍藥。《注》：芍藥，香草。士女相與往觀洧水之上，戲謔行夫婦之事。别則送女以芍藥，結恩情也。」

②盼眄：斜視貌。

③纖摻：指纖手。《詩·魏風·葛屨》：「摻摻女手，可以縫裳。」

④小市句：漢孝景王皇后微時所生女名俗，居民間，後王皇后子「武帝始立，韓嫣白之。帝曰：『何爲不蚤言？』乃車駕自往迎之。其家在長陵小市，直至其門，使左右入求之。」事見《漢書》卷九七上《孝景王皇后傳》。馮注：「《太平寰宇記》：咸陽縣長陵故城，在今縣東北四十里，去高帝長陵三里。杜牧之詩云：小市長陵住。即此。」

寄遠

隻影隨驚雁〔一〕，單栖鎖畫籠。向春羅袖薄〔二〕，誰念舞臺風①。

【校勘記】

〔一〕「隻」，《才調集》卷四作「雙」。

〔二〕「向春」，文津閣本作「傷春」。

【注　釋】

① 舞臺風：《拾遺記》卷六載，漢成帝與趙飛燕常戲於太液池，「每輕風時至，飛燕殆欲隨風入水。帝以翠纓結飛燕之裙，遊倦乃返。飛燕後漸見疏，常怨曰：『妾微賤，何復得預纓裙之遊？』今太液池尚有避風臺，即飛燕結裙之處」。

簾

徒云逢剪削，豈謂見偏裝〔一〕①。鳳節輕雕日〔二〕，鸞花薄飾香②。問屏何屈曲，憐帳解周防〔三〕③。下漬金階露〔四〕，斜分碧瓦霜。沉沉伴春夢，寂寂侍華堂。誰見昭陽殿④，真珠十二行⑤。

【校勘記】

〔一〕「偏裝」，夾注本作「編裝」。

〔二〕「日」，文津閣本作「目」。

〔三〕「解」，文津閣本作「少」。

〔四〕「瀆」，原作「潰」，夾注本、文津閣本、《全唐詩》卷五二三作「瀆」，今據改。

【注釋】

① 偏裝：特別地裝飾。

② 鳳節二句：夾注：「《西京雜記》：漢諸陵寢皆以竹爲簾，皆爲水文及龍鳳象。」

③ 憐帳句：帳，羅帳。周防，四面防備。

④ 昭陽殿：漢代宮殿名。漢武帝時後宮八區中有昭陽殿，成帝時趙飛燕居之。此處指皇后之宮。

⑤ 真珠句：據《漢武故事》載，昭陽殿裝飾華美，皆以白珠爲簾箔。夾注：「《西京雜記》：昭陽殿織珠爲簾，風至則鳴。」

寄題甘露寺北軒①

曾上蓬萊宫裏行〔一〕②，北軒欄檻最留情。孤高堪弄桓伊笛③，縹緲宜聞子晉笙④。天接海門秋水色⑤，煙籠隋苑暮鐘聲〔二〕⑥。他年會著荷衣去⑦，不向山僧道姓名〔三〕。

【校勘記】

〔一〕「上」，《全唐詩》卷五二三作「向」，下校：「一作上。」

〔二〕「隋」，《文苑英華》卷二三八作「鹿」，下校：「一作隋。」《全唐詩》卷五二三、馮注本校：「一作鹿。」

〔三〕「道」，《全唐詩》卷五二三作「説」，下校：「一作道。」

【注　釋】

① 甘露寺：相傳三國吳甘露年間所建。晚唐乾符年間寺毁，宋代移建今江蘇鎮江北固山上。《太平寰宇記》卷八九潤州丹徒縣：「甘露寺在城東角土山上，下臨大江。晴明，軒檻上見揚州歷歷，詩人多留題。」

②蓬萊宫：傳説中蓬萊仙山之宫殿。此處指甘露寺。

③桓伊笛：王徽之泊舟於青溪側，時晉右軍將軍桓伊從岸邊經過。徽之使人謂桓伊曰：「聞君善吹笛，試爲我一奏。」伊素聞其名，「便下車，踞胡床，爲作三調，弄畢，便上車去，客主不交一言」。事見《晉書》卷八一《桓伊傳》。

④縹緲句：縹緲，高遠隱約貌。子晉，王子晉，周靈王太子，一作王子喬。子晉「好吹笙作鳳凰鳴，遊伊洛之間，道人浮丘公接以上嵩高山」。事見《列仙傳》卷上。

⑤海門：海口，長江入海處。王昌齡《宿京江口期劉昚虚不至》：「霜天起長望，殘月生海門。」

⑥隋苑：隋煬帝時所建上林苑，又名西苑，故址在今江蘇揚州市西北。馮注：「《一統志》：揚州隋苑，在江都縣北七里。」

⑦荷衣：荷葉編成之衣服，此指隱士所穿衣服。屈原《九歌》：「荷衣兮蕙帶。」

【集評】

《寄題甘露寺北軒》：一、二言甘露北軒舊是熟遊，三、四承「最留情」三字來。「堪弄」、「疑聞」，是極寫此軒之孤高縹緲，非真欲弄笛聞笙也。五「海門秋水」言眼見者滔滔無極，六「隋苑鐘聲」言耳聞者浩浩焉終，此寫北軒之景，亦即其寄題之情，直從「水色」、「鐘聲」中悟却浮生，故有「他年」一結

也。（朱三錫《東喦草堂評訂唐詩鼓吹》卷六）

《寄題甘露寺北軒》：此寺在鎮江府城北固山上，下臨長江，東極大海。明都穆《遊北固山記》云：予舊讀謝靈運《遊山》詩，及《世説》所載荀令則登山望海云，雖未睹三山，使人有凌雲之意，未嘗不賞歎其勝。今起句比于蓬萊之仙宫，亦以此。而北軒高曠，使人留情。第四以仙家凌虚還疑得有情，第三落想尤奇。論桓伊之笛，原與此處無涉，然臨此高空，得長笛一弄，自然更爲森爽，寫著笛聲之神妙。第五是東望連海，第六北望揚州，有煬帝遺跡，俱細膩清幽。結亦淋漓興會，與三四稱。會，言有一口也。桓伊弄笛，見武寮部，《列仙傳》：王子喬，周靈王太子晉也，好吹笙作鳳鳴，遊伊洛之間，浮丘公接上嵩高山，三十餘年，後見桓良謂曰：告我家，七月七日待我于緱氏山頭。至期乘白鶴，駐山頭，可望不可到，俯首謝時人，數日方去。後立祠緱氏山下。揚州向海有海門縣，在長江東沿海，康熙初已坍，今存通州海門縣。（胡以梅《唐詩貫珠箋》卷四十三）

題青雲館（一）①

蚴蟠千仞劇羊腸②，天府由來百二强③。四皓有芝輕漢祖④，張儀無地與懷王⑤。雲連帳影蘿陰合（二），枕遶泉聲客夢涼。深處會容高尚者⑥，水苗三頃百株桑。

【校勘記】

〔一〕《文苑英華》卷二九八題下校：「一有襄陽路三字。」

〔二〕「合」，《文苑英華》卷二九八、馮注本校：「一作近。」

【注　釋】

①青雲館：在商州商洛縣，今陝西商南縣青雲鎮。見《元豐九域志》卷三。此詩據詩中「水苗三頃百株桑」句，似爲春夏間所作。又王西平、張田《杜牧詩文繫年考辨》謂此詩乃開成四年（八三九）春杜牧離潯陽赴京任左補闕經商山時作。而郭文鎬《杜牧若干詩文繫年之再考辨》（《西北師範學院學報》一九八七年第二期）認爲：「詩有『雲連帳影蘿陰合，枕遶泉聲客夢涼』句，則『季節非春，乃夏秋間，故詩不作於開成四年』。考杜牧行踪，『會昌元年四月，兄慥自江守蘄，某與顗同舟至蘄。某其年七月，却歸京師』，此行經商山，與詩時地相合，故詩應作於會昌元年。」今姑從之，訂本詩於會昌元年（八四一）秋。

②蚪蟠：像蚪龍般盤屈。此處用以形容山上小道。劇羊腸，比羊腸阪更爲盤屈曲折。

③天府：肥沃、險要、物産豐饒地區。此指關中。《史記·高祖本紀》記田肯説漢高祖「秦，形勝之國，帶河山之險，縣隔千里，持戟百萬，秦得百二焉」。

④四皓：秦末漢初四隱士，曰東園公、綺里季、夏黄公、甪里先生，四人鬚眉皆白，故稱四皓。隱居商山，作《紫芝歌》，漢高祖聞其名聲而徵之，四皓不至。

⑤張儀句：張儀使楚，以割秦商於六百里地諾言騙取楚懷王與齊國斷交。後秦不與商於之地，懷王怒，聲言：「願得張儀而甘心焉。」後張儀至楚，設詭辯於楚懷王寵姬鄭袖，懷王聽信鄭袖，復釋張儀。事見《史記》卷八四《屈原賈生列傳》。

⑥高尚者：馮注：「《魏書·陽尼傳》：欽四皓之高尚兮，歎伊周之涉危。」

【集評】

《題青雲館》：以奕奕史册之人，與冥冥高尚之流，兩兩相形，榮世忘世，總歸一轍。（朱三錫《東喦草堂評訂唐詩鼓吹》卷六）

《題青雲館》：首言商山路如龍蟠曲折，險如羊腸，乃秦地之一險要處，所以得百二之勢者也。四皓輕漢，張儀詐楚，皆因地弔古意。五六寫此館處山中之景，所以帳連雲蘿，泉聲繞枕，亦幽絶之境。更深入可以容高尚之士，於中營水田桑地，致足樂也。商山下有驛路，故須更深進，方可隱耳。秦得百二，詳見《潼關僧》。《史記》：蘇秦説秦惠王曰：秦四塞之國，被山帶渭，東有關河，西有漢中，南有巴蜀，北有岱，此天府也。按商山，亦名商洛，在商州。秦地西有隴關，東有函谷關，臨晉關，南有嶢關，武關，爲關中，而武關在商州路，通判楚，故亦天府之險也。……《漢書·張良傳》：高帝欲易太子，吕澤强要畫計，良曰：上有不能致者四人，固請宜來，令上見之，則一助也。及晏置酒，太子侍，四人者從太子，年皆八十有餘，鬚眉皓白，衣冠甚偉，上怪問曰：何爲者？四人前對言姓名，上乃驚曰：吾求公，避外我，今公何自從吾兒遊乎？四人曰：陛下輕士善駡，臣等義不辱，故恐而亡匿，今聞太子仁孝恭敬愛士，天下莫不延頸願爲太子死者，故臣等來。上曰：煩公幸卒調護太子。四人爲壽已畢，趨去，上目送之，召戚夫人指示曰：羽翼既成，難動矣。吕氏真乃主矣。戚夫人泣涕。……《史記》：張儀説楚懷王，使絶齊，請獻商於之地六百里。及絶齊，而使將軍受地，儀三日不朝，齊秦交合，儀乃出，謂楚使曰：臣有奉邑六里，願獻。《易經》：不事王侯，高尚其事。（胡以梅《唐詩貫珠箋》卷四十五）

佳句自來難得有偶，如……杜牧之之「枕繞泉聲客夢涼」，項斯之「山當日午回峰影」之類，皆係興會所至，偶然而得。强欲偶之，雖費盡苦思，終不能敵，是蓋有不可以力爭者。（王壽昌《小清華園詩談》卷下）

正初奉酬歙州刺史邢群〔一〕①

翠巖千尺倚溪斜，曾得嚴光作釣家②。越嶂遠分丁字水③，臘梅遲見二年花④。明時刀尺君須用⑤，幽處田園我有涯。一壑風煙陽羨里⑥，解龜休去路非賒⑦。

【校勘記】

〔一〕詩題原作《正初奉酬》，據《全唐詩》卷五二三、馮注本增改。又此詩之前一首，原有歙州刺史邢群所作《郡中有懷寄上睦州員外十三兄》詩，今移至此處，以并讀參考：「城枕溪流淺更斜，麗譙連帶邑人家。經冬野菜青青色，未臘山梅樹樹花。雖免瘴雲生嶺上，永無京信到天涯。如今歲晏從羈滯，心喜彈冠事不賒。」

【注　釋】

①正初：農曆正月初。邢群，字涣思，河間人。大和三年登進士第，授太子校書郎。又任協律郎、大理評事。累官户部員外郎。會昌五年出爲處、歙二州刺史。大中三年卒。事跡見杜牧《唐故歙州刺史邢君墓誌銘》。此詩郭文鎬《杜牧詩文繫年小札》繫於大中二年，時杜牧任睦州刺史。其理由爲此詩乃杜牧奉酬邢群詩，而邢群詩有「未臘山梅處處花」句，梅花花期在小寒，而「未臘」，即「未至臘日，又可知該年節氣已入小寒而臘日未至」。又據《二十史朔閏表》推算，大中元年小寒在臘日前，故邢群詩之作，乃在大中元年冬其任歙州刺史任時，則杜牧此詩乃在大中二年（八

四八）正初奉酬之作。

②嚴光：東漢處士，曾隱居釣魚。嚴子陵釣臺即其釣魚處，地在睦州桐廬縣西三十里富春江七里瀨。

③丁字水：睦州東陽江，其上流即衢、婺二港，至蘭溪縣合流。又流至建德縣東南入浙江，形如丁字，亦名丁字水。

④二年花：臘梅於上年冬開花，至次年春初猶可見到，故云。

⑤刀尺：此處喻指官吏衡量升降人材之權力。

⑥陽羨：在今江蘇宜興南。杜牧於陽羨置有産業。

⑦解龜：解去所佩龜印，指辭官。漢制，官吏秩二千石以上，皆銀印青綬，印背有龜鈕。馮注：「謝靈運詩：解龜在景平。」

【集　評】

《正初奉酬》：此牧之用韻酬歙州刺史邢群也。臘中得詩，正初奉酬。二詩皆是前四句言各州之景，後四句言情，皆佳句也。（方回《瀛奎律髓》卷四「風土類」）

《圖經》載：嚴陵山水清麗奇絶，號錦峰繡嶺，乃子陵隱居之所，後以名山。然嚴陵山水稱號，率有經據。如杜若汀洲，見於杜紫微詩，云：「杜若芳洲翠，嚴光釣瀨喧。」如丁谿越嶂，亦見於杜紫微詩，云：「翠嚴千尺倚溪斜，曾見嚴光作釣家。越嶂遠分丁字水，江梅遲見二年花。」……又如吳根越角，亦見杜紫微詩《昔事文皇帝》篇中，云：「溪山侵越角，風壤盡吳根。」獨未知錦峰繡嶺，《圖經》何所據也。（商輅《蔗山筆塵》）

《正初奉酬》：亦是牽率應酬，不見小杜本領。生也有涯雖出《莊子》，然去「生」字不妥。（紀昀《瀛奎律髓刊誤》卷四「風土類」）

江上偶見絶句①

楚鄉寒食橘花時，野渡臨風駐彩旗。草色連雲人去住，水紋如縠燕差池。

【注　釋】

① 此詩《全唐詩》卷三六一又作劉禹錫《酬竇員外使君寒食日途次松滋渡先寄示四韻》詩前四句。《全唐詩重出誤收考》云：「劉集詩後自注：『時自水部郎出牧。』題中之竇員外爲竇常，元和六年（八一一）任水部員外郎，元和七年冬出任朗州刺史。朗州，漢稱武陵郡，時劉禹錫任朗州司馬。竇常從長安出發，於元和八年春達湖北江陵時，先以詩寄劉禹錫，題爲《之任武陵寒食日途次松

滋渡先寄劉員外禹錫》，劉詩乃酬答之作。江陵是楚之故都，松滋渡在江陵府枝江縣南。此詩首聯云：『楚江寒食橘花時，野渡臨風駐彩旗。』乃寫其路經松滋渡口駐節楚地江畔情景，爲劉酬竇作無疑。洪邁截前四句入《絶句》二二五，誤署杜牧。」

【集　評】

【唐詩一詩傳爲兩人例】唐人詩流傳訛謬，有一詩傳爲兩人者。如「漠漠水田飛白鷺，陰陰夏木囀黄鸝」，既曰王維，又曰李嘉祐，以全篇考之，摩詰詩也。又：「楚鄉寒食梅花詩，野渡臨風駐綵旗。草色連雲人去住，水紋如縠燕差池」，既見杜牧集中，又劉夢得外集作八句，其後云：「朱幡尚憶群飛雉，青綬初聯左顧龜。非是湓城白司馬，水曹何事與新詩。」考其全篇，夢得詩也。然前四句絶類牧之。（李錞《李希聲詩話》）

【鬱孤臺刻石曼卿詩】石曼卿嘗作大字書……一絶云：「楚鄉寒食摘花時，野渡臨風駐綵旗。草色連雲人去住，水文如縠燕差池。」末題云《江上偶見》。繼又書《題木蘭廟》一絶，又《入商山》一絶，末又一絶云：「前山極遠碧雲合，清夜一聲《白雪》微。欲寄相思千里月，溪邊殘照雨霏霏。」後題云《寄遠》。此四絶必唐詩，特前此未見耳。或謂「千里月」，疑是「目」字誤作「月」，因下句是「殘照」，無緣用「月」字也。但「千里目」，於義未順。千里相隔，惟月共照，今殘照之時，值霏霏之雨，欲寄相思於月不可得矣，「月」字爲是。所書字如掌大，亦甚端重，然帶俗態，欠清媚遒勁之氣。盱江聶善之侍郎守贛州日，摹其真跡，刻石鬱孤臺，未知今尚存否。偶覩墨本，恐失去，謹録於此。（劉壎《隱居通議》卷八）

題木蘭廟①

彎弓征戰作男兒②，夢裏曾經與畫眉〔一〕。幾度思歸還把酒，拂雲堆上祝明妃③。

【校勘記】

〔一〕「與」，夾注本作「夢」。

【注　釋】

① 木蘭廟：在湖北黄岡木蘭山上。馮注：「《太平寰宇記》：黄州黄岡縣木蘭山，在縣西一百五十里，舊廢縣取此爲名，今有廟在木蘭鄉。《演繁露》：樂府有木蘭，乃女子，代父征戍，十年而歸，不受爵賞，人爲作詩，然不著何代人？或者疑爲寓言。然白樂天《題木蘭花》云：怪得獨饒脂粉

態，木蘭曾作女郎來。又杜牧有《題木蘭廟》詩云云。既有廟貌，又云曾作女郎，則誠有其人矣。」此詩《杜牧年譜》據「《太平寰宇記》謂，黄州黄岡縣，木蘭山在縣西一百五十里，舊廢縣，取此爲名。今有廟，在木蘭鄉」，而謂此詩乃杜牧任黄州刺史時，即會昌二年至四年（八四二—八四四）秋所作，蓋木蘭廟在黄州故也。

② 作男兒：木蘭曾女扮男裝，替父從軍。

③ 拂雲堆句：拂雲堆，地名。在黄河北岸，今内蒙古烏拉特旗西北。此處有神祠，突厥入侵中原，必先至神祠祭酹求福。夾注：「《十道志》：關内道勝州有拂雲堆。」明妃，即漢元帝宫女王嫱，又稱王昭君。晉文王諱昭，故晉人稱其爲明妃。王嫱遠嫁匈奴，爲南匈奴呼韓邪單于閼氏（即王后）。

【集評】

古樂府中，《木蘭》詩、《焦仲卿》詩皆有高致。蓋世傳《木蘭》詩爲曹子建作，似矣。然其中云：「可汗問所欲」，漢、魏時，夷狄未有「可汗」之名，不知果誰之詞也。杜牧之《木蘭廟》詩云：「彎弓征戰作男兒，夢裏曾驚學畫眉。幾度思歸還把酒，拂雲堆上祝明妃。」殊有美思也。（魏泰《臨漢隱居詩話》）

【木蘭】樂府有《木蘭》，乃女子代父征戍十年而歸，不受爵賞，人爲作詩。然不著何代人，獨詩中有「可汗大點兵」語，知其生世非隋即唐也。女子能爲許事，其義且武，在緹縈上。或者疑爲寓言，然白樂天《題木蘭花》云：「怪得獨饒脂粉態，木蘭曾作女郎來。」又杜牧有《題木蘭廟》詩曰：「彎弓征戰作男兒，夢裏曾經與畫眉。幾度思歸還把酒，拂雲堆上祝明妃。」既有廟貌，又曾作女郎，則誠有其人矣，亦異哉！（程大昌《演繁露》卷十六）

古樂府《木蘭花》詞，乃女子代父征戍十年而歸，不受封爵，故杜牧之有《題木蘭廟》詩云：「彎弓征戰作男兒，夢裏曾經與畫眉。幾度思歸還把酒，拂雲堆上祝明妃。」女子作男兒，其事甚怪。（闕名《碧湖雜記》）

入商山①

早入商山百里雲，藍溪橋下水聲分②。流水舊聲人舊耳，此迴嗚咽不堪聞③。

【注釋】

①商山：馮注：「《十道山川考》：商山，在商州上洛縣南十四里，商洛縣南一里。」據《杜牧年譜》，杜牧經商山有開成四年春入京、開成五年冬往潯陽以及會昌元年七月自蘄州歸長安、會昌二年出守黃州等多次。此詩有「流水舊聲人舊耳，此迴嗚咽不堪聞」句，乃重經商山之作，故《杜牧年譜》

繫於開成四年入京爲左補闕時經商山作，恐非是。據郭文鎬《杜牧詩文繫年小札》(《人文雜誌》一九八九年第五期)所考，詩乃杜牧離京經商山時作。「牧離京取商山路凡二，開成五年冬乞假赴潯陽探弟及會昌二年赴黄州任，可言『舊聲舊耳』，且令其不堪聞流水嗚咽聲者」，唯出守黄州之行合，故詩作於會昌二年(八四二)。今姑從其説。杜牧會昌二年四月已在黄州，則其經商山作此詩蓋在三月間。

② 藍溪：水名。源出陝西商縣西北秦嶺，西北流入藍田縣界。馮注：「《一統志》：藍溪水在藍田縣東南。《長安志》：藍谷水，南自秦嶺西流經藍關、藍橋，經王順山下，出藍谷，西北流入灞。《縣志》：藍溪即藍谷水，又謂之清河。」

③ 流水舊聲二句：蓋開成四年春杜牧入京任補闕時曾經此，而此時經過時詩人心情不佳，故云。

偶　題

甘羅昔作秦丞相①，子政曾爲漢輦郎②。千載更逢王侍讀③，當時還道有文章。

【注　釋】

① 甘羅：戰國甘茂孫。年十二，事秦相吕不韋。秦始皇欲擴大河間郡，甘羅自請出使趙國，勸説趙王割五城與秦，以功封爲上卿。事跡附見《史記》卷七一《甘茂傳》。據此，知甘羅未嘗爲相。

② 子政：漢劉向字。據《漢書》本傳，向本名更生，年十二，因父劉德保薦任輦郎。服虔注云：「如今引御輦郎也。」

③ 侍讀：官名，掌爲帝王講學。

【集　評】

【甘羅】《史記》：甘羅者，甘茂孫也。茂既死，甘羅年十二，事秦相文信侯吕不韋，後因説趙有功，始皇封爲上卿，未嘗爲秦相也。世人之見其事秦相吕不韋，因相傳以爲甘羅十二爲秦相，大誤也。唐《資暇集》又謂相秦者，是羅祖名茂。以《史記》考之，又不然。茂得罪於秦王，亡秦入齊，又使於楚，楚王欲置相於秦，范蜎以爲不可，故秦卒相向壽，而茂竟不得復入秦，卒於魏。以此觀之，則茂亦未嘗相秦也。杜牧之《偶題》云：「甘羅昔作秦丞相」，其亦不考其實，而誤爲之説也。（黄朝英《緗素雜記》卷十）

【北固甘羅】杜牧之《登北固山》詩曰：「謝朓詩中佳麗地。」或者謂朓詩「江南佳麗地，金陵帝王州」。金陵乃今建康，非潤州也。僕謂當時京口亦金陵之地，不特牧之爲然，唐人江寧詩，往往多言京口事，可驗也。又如張氏《行役記》，言甘露寺在金陵山上；趙璘《因話録》言李勉至金陵，屢讚招隱寺標致，蓋時人稱京口亦曰金陵。牧之又有詩曰：「甘羅昔作秦丞相。」或者又謂《史記》：甘羅年十二，事秦相文信侯呂不韋，後因説趙有功，始皇封爲上卿，未嘗爲秦相也。僕考《北史·彭城王澂傳》曰：「昔甘羅爲秦相，未聞能書。」《儀禮》疏曰：「甘羅十二相秦，未必要至五十。」則知此謬已久，牧之蓋循襲用之耳。（王楙《野客叢書》卷二十）

【附訂僞】杜牧「珊瑚破高齊，作婢舂黄糜。」按，李詢得珊瑚，其母令青衣而舂，無糜字。牧趁韻撰造，非事實。又有詩：「甘羅昔作秦丞相。」《史記》羅年十二，事秦相文信侯，後封上卿，未嘗爲秦相。《北史·彭城王澂傳》：昔甘羅爲秦相，未聞能書。《儀禮》疏云：甘羅十二相秦，未必要至五十。知此謬循襲已久。（胡震亨《唐音癸籤》卷二十三「詁箋」八）

【衛青】韋莊詩：「西園公子名無忌，南國佳人字莫愁。」對偶甚工，然以魏文作信陵，殊招物議。杜牧詩：「甘羅昔作秦丞相。」亦誤以茂爲羅。（宋長白《柳亭詩話》卷六）

送盧秀才一絶①

春瀨與煙遠②，送君孤棹開。潺湲如不改，愁更釣魚來。

【注　釋】

①此詩《杜牧年譜》謂杜牧有「《送盧秀才赴舉序》云：『去歲九月，余自池改睦，凡同舟三千里，復爲余留睦七十日，今之去，余知其成名而不丐矣。』蓋即此盧秀才也」。杜牧轉任睦州刺史在會昌六年九月，故繫本詩於大中元年（八四七）杜牧任睦州刺史時。詩有「春瀨與煙遠，送君孤棹開」句，乃作於春日。

②瀨：指七里瀨，嚴子陵釣魚處。在睦州桐廬縣西三十里富春江七里瀨。

醉　題

金鑷洗霜鬢①，銀觥敵露桃②。醉頭扶不起，三丈日還高。

【注　釋】

①洗：此指拔除白髮。

②銀觥句：銀觥，銀製酒器。露桃，即露井桃。生長於不加覆蓋之井旁桃樹。馮注：「白居易詩：酒試銀觥表分深。王昌齡詩：昨夜風開露井桃。」

題商山四皓廟一絶①

呂氏强梁嗣子柔②，我於天性豈恩讎③。南軍不袒左邊袖④，四老安劉是滅劉⑤。

【注　釋】

① 四皓廟：馮注：「《一統志》：商州四皓廟，在州西金雞原，一在州東商洛鎮。」此詩《杜牧年譜》繫於開成四年（八三九）春杜牧由宣州赴京任左補闕途經商山時。

② 呂氏句：呂氏，即劉邦之妻呂后。强梁，强悍，剛毅果決。嗣子，指太子劉盈，呂后所生。柔，懦弱。《史記·呂太后本紀》：「呂太后者，高祖微時妃也，……爲人剛毅，佐高祖定天下。」又：「孝惠（即劉盈）爲人仁弱，高祖以爲不類我，常欲廢太子，立戚姬子如意，如意類我。」

③ 我於天性句：《孝經》：「父子之道，天性也。」此句謂廢立與恩仇無關。

④ 南軍句：漢京師衛戍部隊有南北兩軍，南軍負責保衛皇宫，北軍負責守衛京城。呂后時，呂禄掌北軍，呂産管南軍。呂后死後，呂氏家族陰謀作亂，老臣太尉周勃爲粉碎呂氏之亂，親入北軍，傳令云：「爲呂氏右袒，爲劉氏左袒。」北軍皆左袒爲劉氏。後周勃又與劉章率軍入宫，殺呂産等

人，保住劉氏政權。事見《漢書》卷三《高后紀》。

⑤ 四老句：四老，即四皓。劉邦欲廢太子劉盈，吕后恐，召張良謀議。張良設計請劉邦素所敬重而羅致不得之四皓爲太子客。劉邦見四皓輔佐太子，歎曰：「羽翼已成，難動矣。」竟不易太子。事見《漢書》卷四〇《張良傳》。滅劉，謂劉氏政權落入吕氏手中。

【集　評】

杜牧之云：「南軍不袒左邊袂，四皓安劉是滅劉？」其意以謂四老輔立太子爲非。何不思之甚也？惠帝嫡且長，爲太子無過，即位之後，能守高祖規模，亦可謂賢矣，安能料其身後有吕氏之禍也哉？使惠帝不可立，張良决不肯從吕后之請，又豈肯起四老人哉？南軍不袒左袂，意謂周勃入北軍時，設有不袒者奈何？此兒童之見也。勃所慮者，不得入北軍耳，既入則無事矣。勃之設問，必已得北軍之情，萬一不左袒，必有後段，豈若世之庸人無思慮者？牧之可毋慮也。又元微之《四皓》云：「秦皇轉無道，諫者鼎鑊親。茅焦脱衣諫，先生無一言。趙高殺二世，先生如不聞。劉項取天下，先生卧白雲。海内八年戰，先生全一身。如何一朝起，屈作儲貳賓。安存孝惠帝，摧頽戚夫人。捨大以誅細，蛇盤而蠖伸。惠帝竟不嗣，吕氏禍有因。」與牧之意同。微之責人太深，過於牧之。惠帝爲太子無過，豈可勸立戚夫人之子如意哉？樂天答云：「先生道甚明，夫子猶或非。」微之豈不慚耶？

晉桓玄作《四皓論》示殷仲堪，亦微之之意，仲堪闢之，其言極有理。（朱翌《猗覺寮雜記》卷一）

【四老安劉】漢高帝晚歲，欲易太子，蓋以呂后鷙悍，惠帝仁柔，爲宗社遠慮，初非溺於戚姬之愛，而爲是邪謀也。蘇老泉謂帝之以太尉屬周勃，及病中欲斬樊噲，皆是知有呂氏之禍，可謂識帝之心者矣。子房，智人也，乃引四皓爲羽翼，使帝涕泣悲歌而止。帝之泣，豈爲兒女子而泣耶？厥後趙王以酖亡，惠帝以憂死，向非呂后先殂，平、勃交驩，則劉氏無噍類，而火德灰矣。杜牧之所謂「四老安劉是滅劉」者，誠哉是言也！夫立子以長，固萬世之定法，然亦有不容拘者。泰伯遜而周以興，建成立而唐幾危，一得一失，蓋可監也。夫子善齊桓首止之盟，而美泰伯爲至德。蓋善齊桓者，明萬世之常經也；美泰伯者，亦萬世之通誼也。（羅大經《鶴林玉露》乙編卷四）

杜牧之《四皓廟》詩云：「南軍不袒左邊袖，四皓安劉是滅劉。」詩意蓋言惠帝以四皓羽翼之力，而始得立；然諸呂之禍又以惠帝得立、呂氏專權而後有之，亦勘駁語也。但周勃左袒之令，牧之猶未知歟？按《大射士喪禮》所載：「凡行禮，無吉凶，皆袒左。」《觀禮》曰：「肉袒右。」勃時去古未遠，禮俗之舊，通行習聞，其曰爲劉者左袒，爲呂者右袒，實以刑賞示之，令其必從劉耳。豈陳懷公朝國人而問曰：「欲與楚者右，欲與吳者左」，聽人自擇，兩可之謂哉？向背稍殊，計復安出？勃未必若是其愚也。世之論不知古禮，類自今日觀之。（游潛《夢蕉詩話》）

【二喬】吳旦生曰：《深雪偶談》謂，牧之以滑稽弄辭，彥周雌黃之，豈非與癡人言不應及於夢也。

禹錫《題蜀主廟》云：「凄涼蜀故妓，歌舞魏宮前」，亦是此意，惟增悽感，却不主於滑稽耳。牧之詩如《四皓廟》云：「南軍不袒左邊袖，四皓安劉是滅劉。」如《烏江亭》云：「勝敗兵家未可期，包羞忍恥是男兒。江東子弟多才俊，捲土重來未可知。」則「東風」、「春深」數字，較爲含蓄深窈矣。余以牧之數詩，俱用「翻案法」，跌入一層，正意益醒，謝疊山所謂「死中求活」也。《漁隱叢話》云：牧之題詠好異於人，如《赤壁》、《四皓》，皆反説其事，至《題烏江》，則好異而叛於理，項氏以八千渡江，無一還者，誰肯復附之？其不能捲土重來決矣。嗚呼，此豈深於詩者哉！（吳景旭《歷代詩話》卷五十二庚集七）

【四皓】商山一局，乃子房善爲調劑之術，觀其與建成侯語，可悟其微。而唐人每多責備之言。如杜牧「南軍不袒左邊袖，四皓安劉是滅劉」，蔡京「如何鬢髮霜相似，更出深山定是非」之類，豈謂真有其人耶？（宋長白《柳亭詩話》卷五）

余雅不喜四皓事，著論非之；且疑是子長好奇附會，非真有其人也。後讀杜牧「四皓安劉是滅劉」；錢辛楣先生「安吕非安劉」二詩，可謂先得我心。顧禄伯亦有詩誚之云：「垂老與人家國事，幾聞巢、許出山來？」（袁枚《隨園詩話》卷三）

【杜牧詩】杜牧之作詩，恐流於平弱，故措詞必拗峭，立意必奇闢，多作翻案語，無一平正者。方岳《深雪偶談》所謂「好爲議論，大概出奇立異，以自見其長」也。如《赤壁》云：「東風不與周郎便，銅雀春深鎖二喬。」《題四皓廟》云：「南軍不袒左邊袖，四老安劉是滅劉。」《題烏江亭》云：「勝敗兵家事不期，包羞忍恥是男兒。江東子弟多才俊，捲土重來未可知。」此皆不度時勢，徒作議論，以炫人耳，其實非確論也。惟《桃花夫人廟》云：「細腰宮裏露桃新，脈脈無言度幾春。至竟息亡緣底事？可憐金谷墜樓人。」以緑珠之死，形息夫人之不死，高下自見；而詞語蘊藉，不顯露譏訕，尤得風人之旨耳。皮日休《館娃宮懷古》云：「越王大有堪羞處，只把西施賺得吴。」亦是翻新，與牧之同一蹊徑。

（趙翼《甌北詩話》卷十一）

送隱者一絶〔一〕

無媒徑路草蕭蕭①，自古雲林遠市朝。公道世間唯白髮，貴人頭上不曾饒②。

【校勘記】

〔一〕《文苑英華》卷二三二題無「一絶」二字。

【注釋】

① 媒：媒人。此指引薦之人。

②饒：寬饒、放過。夾注：「《詩史》：日月不相饒。東坡補注：王獻之覽鏡，見白髮，顧兒童曰：日月不相饒，村野之人，二毛俱摧矣。子等何汲汲爲競，寸陰過而不可復得也。」馮注：「鮑照詩：日月流邁不相饒。」

【集評】

牧之有「世間公道唯白髮，貴人頭上不曾饒」，嘗愛其語奇怪，似不蹈襲。後讀子美「苦遭白髮不相放」，爲之撫掌。（黄徹《䂬溪詩話》卷五）

苕溪漁隱曰：牧之云：「無媒逕路草蕭蕭，自古雲林遠市朝。公道世間惟白髮，貴人頭上不曾饒。」羅鄴云：「芳草和煙暖更青，閑門要路一時生。年年點檢人間事，惟有春風不世情。」予嘗以此二詩作一聯云：「白髮惟公道，春風不世情。」蓋窮人不偶，遺興之作也。（胡仔《苕溪漁隱叢話後集》卷十五杜牧之）

「公道世間惟白髮，貴人頭上不曾饒。」此唐人詩也。先祖素齋府君挽周氏父子云：「於今白髮無公道，不上周郎父子頭。」蓋反其意而用之也。（朱孟震《玉笥詩談》卷上）

「公道世間惟白髮，貴人頭上不曾饒」、「年年點檢人間事，只有春風不世情」、「世間甲子須臾事，逢著仙人莫看棋」、「雖然萬里連雲際，爭似堯階三尺高」、「坑灰未冷山東亂，劉、項元來不讀書」，皆僅去張打油一間，而當時以爲工，後世亦亟稱之。此詩所以難言。（胡應麟《詩藪》内編卷六近體下絶句）

「一將功成萬骨枯」，是疏語。「可憐無定河邊骨」，是詞語。又如「公道世間惟白髮」、「只有春風不世情」、「爭似堯階三尺高」、「劉項原來不讀書」等句，攙入議論，皆僅去張打油一間。人皆盛稱爲工，受誤不淺。（胡震亨《唐音癸籤》卷十「評匯」六引元瑞語）

【白髮春風】《詩話類編》曰：丘仲深嘗作《因事有感》詩，其序曰：唐人有詩云：「公道世間惟白髮」，又曰：「惟有東風不世情」，又曰：「花開蝶滿枝，花謝蝶還稀。惟有舊巢燕，主人貧亦歸。」是皆憫世悼俗之言，味其詞，可知其時矣。由今日以觀，尤有甚於此者，故反其詞爲一絶云：「白髮年來也不公，春風亦與世情同。於今燕子如蝴蝶，不入尋常矮屋中。」誦之者，足以見世態炎涼之變。

吴旦生曰：《漁隱叢話》：杜牧詩：「公道世間惟白髮，貴人頭上不曾饒。」羅鄴詩：「年年檢點人間事，惟有東風不世情。」嘗以此二絶作一聯云：「白髮惟公道，東風不世情。」此窮人不偶，遺興之作也。今仲深反其詞爲之，感慨良深。（吴景旭《歷代詩話》卷七十五癸集四）

「公道世間惟白髮，貴人頭上不曾饒」、「年年檢點人間事，惟有春風不世情」，此最粗直之句，而宋人稱之。《華清宮》二篇及《赤壁》詩，最有意味，則又敲撲不已，可謂薰蕕不辨。（賀裳《載酒園詩話》卷一宋人議論拘執）

《送隱者》：「道」字與上「逕路」呼應，老宜所共，在下者頭偏易白，安得決計長往乎？饒，餘也。（何焯《唐三體詩》卷一）

【白髮】《説郛》載有人詠鑷髮云：「勸君莫鑷鬢毛斑，鬢到斑時也自難。多少朱門年少客，被風吹上北邙山。」較坡翁白髮詩尤爲婉摯。又「公道世間惟白髮，貴人頭上不曾饒」，别有感慨。袁簡齋大令詩云：「美人自古如名將，不許人間見白頭。」此另是一副議論。文人之筆，何所不可。（梁紹壬《兩般秋雨盦隨筆》卷八）

題張處士山莊一絶〔一〕

好鳥疑敲磬①，風蟬認軋箏②。修篁與嘉樹，偏倚半巖生。

【校勘記】

〔一〕「題」，夾注本作「遊」。

【注　釋】

① 敲磬：馮注：「《拾遺記》：幽州之墟，羽山之北，有善鳴之鳥，名曰青鸖，其聲似鐘磬笙竽也。」

② 軋箏：箏之一種。唐時用竹片軋箏絃發音。

有懷重送斛斯判官

蒼蒼煙月滿川亭，我有勞歌一爲聽①。將取離魂隨白騎，三台星裏拜文星②。

【注釋】

① 勞歌：送别之歌。駱賓王《送吴七游蜀》詩：「勞歌徒欲奏，贈别竟無言。」

② 三台星句：三台，星名。此指三公之位。馮注：「《晉書·天文志》：三台六星，兩兩相比，起文昌列，抵太微，一曰天柱，三公之位也。在人曰三公，在天曰三台，主開德宣符也。」文星，即文昌星，又稱文曲星。傳説爲主文運之星宿。此用以稱譽斛斯判官。

贈别二首〔一〕①

其一

娉娉裊裊十三餘②，荳蔻梢頭二月初③。春風十里揚州路〔二〕，卷上珠簾總不如。

【校勘記】

〔一〕詩題原作《贈別》，今據夾注本、《全唐詩》卷五二三增改。《才調集》卷四一作《題贈二首》。

〔二〕「路」，《才調集》卷四作「郭」，夾注本作「過」，《全唐詩》卷五二三校：「一作郭。」

【注釋】

①《杜牧年譜》大和九年謂杜牧「轉真監察御史，赴長安供職」。並謂「此詩蓋杜牧離揚州時與妓女贈別之作」。今即據此訂此詩於大和九年（八三五）。杜牧大和九年七月已在長安，則其離開揚州作此詩約在是年春或夏間。

②娉娉裊裊句：體態婀娜多姿、輕盈柔美貌。十三餘，十三四歲。

③荳蔻句：荳蔻，即紅豆蔻，花淡紅，鮮妍如桃杏花色。二月初尚未開花，故用以比喻少女。馮注：「《桂海虞衡志》：紅豆蔻，花淡紅，鮮妍如桃杏花色，蕊重則下垂，每蕊心有兩瓣相並，詞人托興曰比目、連理云。」

【集評】

往歲過廣陵，值早春，嘗作詩云：「春風十里珠簾卷，髣髴三生杜牧之。紅葉梢頭初蠒栗，揚州

風物鬢成絲。」（黄庭堅《豫章黄先生文集》卷九）

鍾嶸稱張茂先，惜其「兒女情多，風雲氣少」。喻鳧嘗謁杜紫微，不遇，乃曰：「我詩無綺羅鉛粉，宜不售也。」淮海詩亦然，人戲謂可入小石調，然率多美句，但綺麗太勝爾。子美「並蒂芙蓉本自雙」、「水荇牽風翠帶長」，退之「金釵半醉坐添春」，牧之「春風十里揚州路」，誰謂不可入黄鐘宮邪？（黄徹《䂬溪詩話》卷三）

【黄山谷草書筆跡】山谷晚年草字高出古人，……又《甲子春過揚芍藥未開》一首：「春風十里珠簾卷，仿佛三生杜牧之。紅藥梢頭初繭栗，揚州風物鬢成絲。」（闕名《漫叟詩話》）

杜牧之詩云：「娉娉嫋嫋十三餘，豆蔻梢頭二月初。」不解豆蔻之義。閲《本草》，豆蔻花，作穗，嫩葉卷之而生。初如芙蓉，穗頭深紅色，葉漸展，花漸出，而色微淡，亦有黄白色，似山薑花。花生葉間，南人取其未大開者，謂之含胎花，言尚小如妊身也。（姚寬《西溪叢語》卷上）

東坡《吉祥寺賞牡丹》：「人老簪花不自羞，花應羞上老人頭。醉歸扶路人應笑，十里珠簾半上鉤。」杜牧之有詩云：「東風十里揚州路，卷上珠簾恐不如。」東坡蓋用此語也。（蔡正孫《詩林廣記》前集卷四「劉禹錫」）

黄山谷《廣陵早春》：「春風十里珠簾捲，髣髴三生杜牧之。紅藥梢頭初繭栗，揚州風物鬢成絲。」任天社《詩注》云：「此用杜牧之詩語。『紅藥』，謂揚州芍藥。《禮記·王制》曰：『祭天地之牛，角繭栗。』此借用以言花苞之小。末句謂風物如此，惜其身之老也。」（蔡正孫《詩林廣記》後集卷五）

杜牧之《有所見》：「娉婷嫋娜十三餘，豆蔻梢頭二月初。春風十里揚州過，捲上珠簾總不如。」謝疊山云：「此言妓女顔色之麗，態度之嬌，如二月豆蔻花初開。揚州十里紅樓，麗人美女，捲上珠簾，逞其姿色者，皆不如此女也。」（蔡正孫《詩林廣記》後集卷五）

山谷贈小鬟《驀山溪》詞，世多稱賞。以予觀之，「眉黛壓秋波，儘湖南水明山秀」，「儘」字似工，而實不愜。又云「婷婷嫋嫋，恰近十三餘」，夫近則未及，餘則已過，無乃相窒乎？「春未透，花枝瘦」，止謂其尚嫩，如「豆蔻梢頭二月初」之意耳，而云「正是愁時候」，不知「愁」字屬誰？以爲彼愁邪，則未應識愁；以爲己愁邪，則何爲而愁？又云：「只恐遠歸來，緑成陰，青梅如豆。」按杜牧之詩，但泛言花已結子而已，今乃指爲青梅，限以如豆，理皆不可通也。（王若虚《滹南詩話》卷三）

【荳蔻】杜牧之詩：「娉娉嫋嫋十三餘，荳蔻梢頭二月初。」劉孟熙謂《本草》云：「荳蔻未開者，謂之含胎花」，言少而娠也。其所引《本草》是，言少而娠者非也。且牧之詩，本詠娼女，言其美而且少，未經事人，如荳蔻花之未開耳。此爲風情言，非爲求嗣言也。若倡而娠，人方厭之，以爲緑葉成陰矣，何事入詠乎。（楊慎《升菴詩話》卷九）

【十二樓十三樓十四樓】東坡詞：「遊人都上十三樓，不羡竹西歌吹古揚州。」用杜牧詩「婷婷嫋嫋十三餘」之句也。（楊慎《詞品》卷二）

大臨近體，余最愛其揚州四律。……其二曰：「十載揚州好夢賒，文章杜牧佔繁華。偶來秋水

芙蓉幕，恣看春風荳蔻花。帳底離情微注淚，眼中密意小回車。只應司馬村頭塚，把與雷塘香土遮。」（顧嗣立《寒廳詩話》）

杜牧之詩：「婷婷嫋嫋十三餘，豆蔻梢頭二月初。」劉孟熙謂，《本草》云：「豆蔻未開者，謂之含胎花。言少而娠也。其所引《本草》是，言少而娠，非也。且牧之詩本詠娼女，言其美而且少，未經事人，如豆蔻花之未開耳。此爲風情言，非爲求嗣言也。若娼而娠，人方厭之，以爲緑葉成陰矣，何事入詠乎！右見升庵《丹鉛録》。辯誠是也，第未明證何以如豆蔻花。按《桂海虞衡誌》曰：紅豆蔻花叢生，葉瘦如碧蘆，春末夏初開花。先抽一幹，有大籜包之，籜解花見。一穗數十乳，淡紅鮮妍，如桃杏花色。蕊重則下垂如葡萄，又如火齊纓絡，及前綵鸞枝之狀。此花無實，不與草豆蔻同種。每蕊心有兩瓣相並。詞人托興曰比目、連理云。讀此，始知詩人用豆蔻之自，益顯《漢事祕辛》渥丹吐齊之俗。又友人言：此花京口最多，亦名鴛鴦花。凡媒妁通信與郎家者，輒贈一枝爲信。（周亮工《書影》卷三）

【荳蔻】張好好年十三，杜牧以善歌置樂籍中，吟一絶云：「娉婷嫋娜十三餘，荳蔻梢頭二月初。春風十里揚州路，卷上珠簾總不如。」劉孟熙引《本草》云：荳蔻花未大開者，謂之含胎花，言年尚少而娠身也。楊升庵謂其所引《本草》是，言少而娠非也，牧之本詠娼女，言其美而且少，未經事人，如荳蔻花之未開耳，此爲風情言，非爲求嗣言也，若娼而娠，人方厭之，以爲緑葉成陰矣，何事入詠乎？

吳旦生曰：嵇含《南方草木狀》云：「荳蔻花，其苗如蘆，其葉似薑，其花作穗，嫩葉卷之而生，花微紅，穗頭深色，葉漸舒，花漸出。」《本草》亦云：荳蔻花作穗，嫩葉卷之而生，初如芙蓉，穗頭深紅色，葉漸展，花漸出，而色微淡，亦有黄、白色似山薑花，花生葉間，南人取其未大開者，謂之含胎花，言尚小如妊身也。然則《本草》亦狀其花之吐而尚含蘊於葉間，有如人之娠耳。孟熙正引此意，非直謂少女之娠也。升庵誤會少而娠之語，添出求嗣一案，可笑。……黄山谷《廣陵早春》，用其意作詩云：「春風十里珠簾卷，髣髴三生杜牧之。紅藥梢頭初繭栗，揚州風物鬢成絲。」按《禮記》：祭天地之牛，角繭栗。《漢書》：天地牲，角繭栗。顔師古注：牛角之形，或如繭，或如栗，言其小。山谷借用以言花苞之小。末句謂風物如此，惜其身之老也。則知荳蔻含胎，紅藥、繭栗，同出一意，高續古《紅藥詞》云：「紅翻繭栗梢頭徧」，姜堯章《芍藥》詞云：「繭栗梢頭弄」，張伯雨詩：「微雨催開繭栗花」，吳文可詩：「藥欄繭栗怯春寒」，猶是用山谷詩耳。如張思廉詩：「胡姬年十五，芍藥正含葩。」直脱换牧之、山谷間矣。（吳景旭《歷代詩話》卷五十二庚集七）

其二

多情却似總無情，唯覺樽前笑不成〔一〕。蠟燭有心還惜别①，替人垂淚到天明。

【校勘記】

〔一〕「唯」，《才調集》卷四作「但」，《全唐詩》卷五二三校：「一作但。」

【注　釋】

① 心：與芯諧音，意雙關。馮注：「陳後主詩：思君如夜燭，垂淚著雞鳴。」

【集　評】

《國風》云：「愛而不見，搔首踟躕。」「瞻望弗及，佇立以泣。」其詞婉，其意微，不迫不露，此其所以可貴也。古詩云：「馨香盈懷袖，路遠莫致之。」李太白云：「皓齒終不發，芳心空自持。」皆無愧于《國風》矣。杜牧之云：「多情却是總無情，惟覺尊前笑不成。」意非不佳，然而詞意淺露，略無餘蘊。元、白、張籍，其病正在此，只知道得人心中事，而不知道盡則又淺露也。後來詩人能道得人心中事者少爾，尚何無餘蘊之責哉？（張戒《歲寒堂詩話》卷上）

寄遠

前山極遠碧雲合〔一〕①，清夜一聲白雪微②。欲寄相思千里月③，溪邊殘照雨霏霏〔二〕。

【校勘記】

〔一〕「極遠」，《全唐詩》卷五二三校：「一作遠極。」

〔二〕「溪邊」，《才調集》卷四作「傍溪」，《全唐詩》卷五二三校：「一作傍溪。」

【注　釋】

① 碧雲：江淹《雜體》詩：「日暮碧雲合，佳人殊未來。」後以碧雲爲思念之意。

② 白雪：指陽春白雪，比喻美妙歌聲。馮注：「《淮南子》：師曠奏《白雪》之音，而神物爲之下降。」

③ 欲寄相思句：夾注：「《月賦》：佳人邁兮音塵闊，隔千里兮共明月。」

【集　評】

【鬱孤臺刻石曼卿詩】石曼卿嘗作大字書……一絶云：「楚鄉寒食摘花時，野渡臨風駐綵旗。草色連雲人去住，水文如縠燕差池。」末題云《江上偶見》。繼又書《題木蘭廟》一絶，又《入商山》一絶，末又一絶云：「前山極遠碧雲合，清夜一聲《白雪》微。欲寄相思千里月，溪邊殘照雨霏霏。」後題云《寄遠》。此四絶必唐詩，特前此未見耳。或謂「千里月」，疑是「目」字誤作「月」，因下句是「殘照」，無緣用「月」字也。但「千里目」，於義未順。千里相隔，唯月共照，今殘照之時，值霏霏之雨，欲寄相思於月不可得矣，「月」字爲是。所書字如掌大，亦甚端重，然帶俗態，欠清媚遒勁之氣。盱江聶善之侍郎守贛州日，摹其真跡，刻石鬱孤臺，未知今尚存否。偶覩墨本，恐失去，謹録於此。（劉壎《隱居通議》卷八）

九　日①

金英繁亂拂欄香②，明府辭官酒滿缸③。還有玉樓輕薄女，笑他寒燕一雙雙。

【注　釋】

①九日：即九月九日重陽節。

②金英：菊花。夾注：「梁王筠《摘園菊》詩：菊花偏可喜，碧葉媚金英。」

③明府：唐人稱縣令爲明府。此暗指晉陶淵明。陶淵明曾爲彭澤令，愛菊嗜酒，後辭彭澤縣令歸隱。《宋書·陶潛傳》：江州刺史王弘欲識之，不能致也。……先是，顔延之爲劉柳後軍功曹，在潯陽，與潛情款。後爲始安郡，經過，日日造潛，每往必酣飲致醉。臨去，留二萬錢與潛，潛悉送酒家，稍就取酒。嘗九月九日無酒，出宅邊菊叢中坐久，值弘送酒至，即便就酌，醉而後歸。」

寄牛相公①

漢水横衝蜀浪分②，危樓點的拂孤雲。六年仁政謳歌去③，柳遠春堤處處聞。

【注　釋】

①牛相公：即牛僧孺。傳見《舊唐書》卷一七二、《新唐書》卷一七四。《杜牧年譜》於大和四年謂「正月，牛僧孺自武昌節度使召還守兵部尚書、同平章事，杜牧有詩寄之」。并繫此詩於大和四年

（八三〇），謂「當是本年牛僧孺由江夏入相時寄贈之作」。詩有「柳遠春堤處處聞」句，乃春日作。

②漢水句：漢水，即漢江。與長江交匯於鄂州。蜀浪，指長江。牛僧孺時由武昌軍節度使（治鄂州）入爲宰相。馮注：「《舊唐書·地理志》：鄂州江夏，江漢二水，會於州西。《元和郡縣志》：沔州漢陽縣魯山，一名大别山，在縣東北一百步。其山前枕蜀江，北帶漢水。《水經注·江水篇》：江水東北至江夏沙羨縣西北，沔水從北來注之。《沔水篇》：沔水南至江夏沙羨縣北，南入于江。《地説》言：漢水東行觸大别之阪，南與江合，與《尚書》杜預注相符。」

③六年仁政：六年，指牛僧孺寶曆元年領鄂岳，至大和四年凡六年。

爲人題贈二首

其一

我乏青雲稱〔一〕，君無買笑金。虚傳南國貌①，爭奈五陵心〔二〕②。桂席塵瑶珮，瓊鑪燼水沉③。凝魂空薦夢〔三〕④，低珥悔聽琴〔四〕⑤。月落珠簾卷〔五〕，春寒錦幕深。誰家樓上笛，何處月明砧。蘭徑飛蝴蝶，筠籠語翠襟〔六〕⑥。和簪抛鳳髻⑦，將淚入鴛衾〔七〕⑧。的的新添恨⑨，迢迢絶好音。文園終病渴⑩，休詠《白頭吟》⑪。

【校勘記】

〔一〕「青雲」，《才調集》卷四、文津閣本作「凌雲」。

〔二〕「奈」，夾注本作「乃」。

〔三〕「空」，《才調集》卷四作「輕」。

〔四〕「珥」，馮注本校：「一作耳。」

〔五〕「月落」，《才調集》卷四、文津閣本作「日落」。

〔六〕「襟」，《才調集》卷四、文津閣本均作「禽」。

〔七〕「鴛」，夾注本作「鴦」。

【注釋】

① 南國：指美女。鮑照《蕪城賦》：「東都妙姬，南國麗人，蕙心紈質，玉貌絳脣。」夾注：「曹子建詩：南國多佳人，容華若桃李。」

② 五陵：指五陵少年。泛指豪貴子弟。

③瓊鑪句：瓊鑪，玉鑪，指精美之香鑪。水沉，即沉香，一種香木，用以薰香。

④凝魂句：凝魂，即凝情，感情專注貌。薦夢，宋玉《高唐賦》載，楚王遊高唐，夢見一婦人自云巫山神女，願薦枕席，王因幸之。去而辭曰：「妾在巫山之陽，高丘之阻，旦爲朝雲，暮爲行雨。朝朝暮暮，陽臺之下。」

⑤低珥句：卓文君好音樂，新寡。司馬相如飲於卓氏，弄琴，文君竊從户窺之，心悦而好之，遂夜奔相如。事見《史記》卷一一七《司馬相如傳》。

⑥筠籠句：筠籠，此指竹製鳥籠。翠襟，指鸚鵡。禰衡《鸚鵡賦》：「緑衣翠衿。」

⑦和簪句：簪，固定髮髻或冠之長針。鳳髻，戴有鳳形首飾之髮髻。馮注：「《事文類聚》：周文王髻上加翠翹花，傅之鉛粉，其高髻名鳳髻。」

⑧鴛衾：繡有鴛鴦圖案之被子。馮注：「《輟耕録》：孟蜀主一錦被，其闊猶今之三幅帛，而一梭織成，被頭作二穴若雲板樣，蓋以扣于項下，如盤領狀，兩側餘錦，則擁覆于肩，此之謂鴛衾也。」

⑨的的：明白，昭著。

⑩文園句：文園，指司馬相如，曾爲孝文園令。《史記·司馬相如傳》：「相如口吃而善著書。常有消渴疾。與卓氏婚，饒於財。其進仕宦，未嘗肯與公卿國家之事，稱病閒居，不慕官爵。……拜爲孝文園令。」

⑪白頭吟：樂府曲名。《西京雜記》卷三：「相如將聘茂陵女爲妾，卓文君作《白頭吟》以自絶，相如乃止。」

其二

緑樹鶯鶯語，平江燕燕飛。枕前聞去雁，樓上送春歸。半月縆雙臉①，凝腰素一圍②。西牆苔漠漠，南浦夢依依③。有恨簪花懶，無寥鬬草稀〔一〕④。雕籠長慘澹，蘭畹謾芳菲⑤。鏡斂青蛾黛⑥，燈挑皓腕肌〔二〕。避人匀迸淚，拖袖倚殘暉。有貌雖桃李⑦，單棲足是非。雲軿載馭去〔三〕⑧，寒夜看裁衣。

【校勘記】

〔一〕「無寥」，《才調集》卷四、夾注本作「無憀」。

〔二〕「挑」，《才調集》卷四作「拋」。

〔三〕「馭」，《才調集》卷四作「取」。

【注釋】

①半月句：半月，指女子之彎眉。緪，《詩·小雅·天保》：「如月之緪，如日之升。」《疏》：「如月之上弦，稍就盈滿。」

②凝腰句：凝腰，細腰。素，白色生絹。宋玉《登徒子好色賦》：「腰如束素。」

③南浦：泛指送别之地。夾注：「《别賦》：送君南浦，傷如之何！《注》：南浦，送别處。」

④鬭草：唐人稱五月初五蹋百草之戲爲鬭百草。《荆楚歲時記》：「五月五日謂之浴蘭節，四民並蹋百草之戲。採艾以爲人，懸門户上以禳毒氣。以菖蒲或鏤或屑以泛酒。按《大戴禮》曰：五月五日蓄蘭爲沐浴。《楚辭》曰：浴蘭湯兮沐芳華。今謂之浴蘭節，又謂之端午蹋百草，即今人有鬭百草之戲也。」

⑤蘭畹：種植蘭花之田畦。十二畝爲一畹。

⑥青蛾黛：指女子之眉毛。黛，青黛，用以畫眉。

⑦有貌句：馮注：「曹植詩：南國有佳人，容華若桃李。」

⑧雲軿：即軿車，婦女所乘四周有障蔽之車。《後漢書·輿服志上》：「太皇太后、皇太后法駕。……非法駕，則乘紫罽軿車。」

有寄

雲闊煙深樹，江澄水浴秋。美人何處在，明月萬山頭。

【集評】

《有寄》：美人耶？神仙耶？不知是一是二。（黄周星《唐詩快》卷十四）

明月萬山，方是美人境界，不落尋常俗豔。（鄭郲評本詩）

⑦遠山眉：形容女子秀麗之眉。此處代指美女。《西京雜記》卷二：「（卓）文君姣好，眉色如望遠山。」

⑧雲臺：漢宮中高臺名。《後漢書·陰興傳》：「後以興領侍中，受顧命於雲臺廣室。」漢明帝曾圖中興功臣三十二人畫像於雲臺。

⑨公卿句：《漢書·司馬遷傳·報任安書》：「且李陵提步卒不滿五千，深踐戎馬之地，……陵未没時，使有來報，漢公卿王侯皆奉觴上壽。」

盆　池

鑿破蒼苔地，偷他一片天。白雲生鏡裏①，明月落階前。

【注　釋】

①白雲生句：馮注：「沈約《和白雲》詩：倒影入華池。」

【注釋】

①少年行：樂府雜曲歌辭名。本出於《結客少年場行》，多詠少年輕生重義、任俠遊樂之事。

②駿馬監：監掌馬匹繁殖放牧事務之官。馮注：「《漢書・百官表》：太僕有駿馬令丞。《唐六典》：太僕卿之職，總諸監牧之官，諸牧監掌群牧孳課之事。」

③羽林：皇帝近衛軍。唐十六衛有左、右羽林衛。馮注：「《漢書・百官表》：羽林掌送從，又取從軍死事之子孫養羽林，官教以五兵，號曰羽林孤兒。《唐六典》：皇朝名武衛所領兵爲羽林，又别置左右屯營，各有大將軍、將軍等員。龍朔二年，爲左右羽林軍，其名則歷代之羽林也。」

④綬：絲帶，用以繫官印。《禮・玉藻》：「天子佩白玉而玄組綬。」《注》：「綬者，所以貫佩玉相承受者也。」

⑤田竇句：田竇，指西漢外戚田蚡、竇嬰。田蚡曾至竇嬰家飲酒，「蚡卒飲至夜，極歡而去」。事見《漢書》卷四一《灌夫傳》。

⑥蘇辛句：蘇辛，指西漢蘇建、蘇武及辛武賢、辛慶忌父子。《漢書・趙充國辛慶忌傳贊》稱「蘇、辛父子著節，此其可稱列者也」。蘇建、蘇武傳均見《漢書》卷五四；辛武賢、辛慶忌事跡見《漢書》卷六九。曲讓，曲意禮讓。岐，岔道。馮注：「《後漢書・馮異傳》：行與諸將相逢，輒引車避道。《爾雅》：一達謂之道路，二達謂之歧旁。」

【集 評】

媚麗而情至，應是風流第一。（鄭郲評本詩）

少年行①

官爲駿馬監②，職帥羽林兒③。兩綬藏不見④，落花何處期。獵敲白玉鐙，怒袖紫金鎚〔一〕。田竇長留醉⑤，蘇辛曲讓歧〔二〕⑥。豪持出塞節，笑別遠山眉⑦。捷報雲臺賀⑧，公卿拜壽卮〔三〕⑨。

【校勘記】

〔一〕「紫金鎚」，夾注本作「紫金椎」。

〔二〕「讓」，馮注本校：「一作護。」

〔三〕「壽」，文津閣本作「受」。

樊川文集卷第五

罪言①

國家大事，牧不當官，言之實有罪，故作《罪言》〔一〕。

生人常病兵，兵祖於山東②，胤於天下〔二〕，不得山東，兵不可死〔三〕。山東之地，禹畫九土，曰冀州〔四〕。舜以其分野太大〔五〕，離爲幽州，爲并州，程其水土，與河南等，常重十一二。故其人沉鷙多材力〔六〕，重許可，能辛苦。自魏、晉已下，胤浮羨淫〔七〕，工機纖雜，意態百出，俗益蕩弊〔八〕，人益脆弱。唯山東敦五種③，本兵矢，他不能蕩而自若也。復産健馬，下者日馳二百里，所以兵常當天下。冀州，以其恃强不循理，冀其必破弱，雖已破〔九〕，冀其復强大也〔一〇〕。并州，力足以并吞也。幽州，幽陰慘殺也。故聖人因其風俗，以爲之名。黄帝時，蚩尤爲兵階阪泉在今嬀川縣〔一一〕④，自後帝王，多居其地，豈尚其俗都之邪？自周劣齊霸，不一世，晉大〔一二〕，常傭役諸侯。至秦萃鋭三晉，經六世乃能得韓，遂折天下脊，復得趙，因拾取諸國。秦末韓信聯齊有之，故蒯通知漢、楚輕重在信⑤。光武始於上谷，成於鄗⑥。魏武舉官渡，三分天下有其二。晉亂胡作，至宋武號爲英雄，得蜀得關中，盡得河南地，十分天下有八〔一三〕，然不能使一人渡河以窺胡。至于高齊荒蕩，宇文取得，隋文因以滅陳，五百年間，天下乃一家。隋文非宋武敵也。是宋不得山東，隋得山東，故隋爲王，宋爲霸。由此言之，山東，王者不得，不可爲王；霸者不得，不可爲霸；猾賊得之，是以致天下不安。

國家天寶末，燕盜徐起，出入成皋、函、潼間，若涉無人地，郭、李輩常以兵五十萬⑦，不能過鄴〔一四〕。自爾一百餘城，天下力盡，不得尺寸，人望之若回鶻、吐蕃，義無有敢窺者。國家因之畦河修障戍，塞其街蹊，齊、魯、梁、蔡，被其風流，因亦爲寇。以裏拓表，以表撐裏，混澒廻轉，顛倒横斜，未嘗五年間不戰，生人日頓委，四夷日猖熾，天子因之幸陝⑧、幸漢中，焦焦然七十餘年矣，嗚呼！運遭孝武⑨，澣衣一肉，不畋不樂，自卑冗中拔取將相⑩，凡十三年，乃能盡得河南、山西地，洗削更革，罔不順適，唯山東不服⑪，亦再攻之〔一五〕，皆不利以返。豈天使生人未至於帖泰耶？豈其人謀未至耶？何其艱哉，何其艱哉！

今日天子聖明，超出古昔，志於平理〔一六〕。若欲悉使生人無事，其要在於去兵〔一七〕，不得山東，兵不可去，是兵殺人無有已也。今者上策莫如自治。何者？當貞元時，山東有燕、趙、魏叛⑫，河南有齊、蔡叛⑬，梁、徐、陳、汝、白馬津、盟津、襄、鄧、安、黄、壽春皆戍厚兵，凡此十餘所，纔足自護治所，實不輟一人以他使，遂使我力解勢弛，熟視不軌者，無可奈何。階此蜀亦叛⑭，吴亦叛⑮，其他未叛者，皆迎時上下，不可保信。自元和初至今二十九年間〔一八〕，得蜀得吴，得蔡得齊，凡收郡縣二百餘城，所未能得，唯山東百城耳。土地人户，財物甲兵，校之往年，豈不綽綽乎？亦足自以爲治也。法令制度，品式條章，果自治乎？賢才奸惡，搜選置捨，果自治乎？障戍鎮守，干戈車馬，果自治乎？井閭阡陌，倉廩財賦，果自治乎？如不果自治，是助虜爲虐〔一九〕，環土三千里，植根七十年，復有天下陰爲之助，則安可以取。故曰，上策莫如自治。

中策莫如取魏。魏於山東最重，於河南亦最重。何者？魏在山東，以其能遮趙也，既不可越魏以取趙，固不可越趙以取燕，是燕、趙常取重於魏，魏常操燕、趙之性命也。故魏在山東最重。黎陽距白馬津三十里〔二〇〕，新鄉距盟津一百五十里，黎陽、新鄉並屬衛州。陴壘相望，朝駕暮戰，是二津虜能潰一，則馳入成皋不數日間，故魏於河南間亦最重。今者願以近事明之。元和中，纂天下兵，誅蔡誅齊，頓之五年，無山東憂者，以能得魏也。田弘正來降。昨日誅滄⑯，頓之三年，無山東憂者，亦以能得魏也。史憲誠來降。長慶初誅趙⑰，一日五諸侯兵四出潰解⑱，以失魏也。田布死。昨日誅趙，罷如長慶時〔二一〕，亦以失魏也。李聽敗〔二二〕。故河南、山東之輕重，常懸在魏，明白可知也。非魏强大能致如此，地形使然也。故曰取魏爲中策。

最下策爲浪戰，不計地勢，不審攻守是也。兵多粟多，敺人使戰者，便於守；兵少粟少，人不敺自戰者，便於戰。故我常失於戰，虜常困於守。山東之人，叛且三五世矣，今之後生所見，言語舉止，無非叛也，以爲事理正當如此，沉酣入骨髓，無以爲非者。指示順向，詆侵族攣，語曰叛去，酋酋起矣。至於有圍急食盡，餤屍以戰，以此爲俗〔三〕，豈可與決一勝一負哉。自十餘年來，凡三收趙⑲，食盡且下。堯山敗。郗尚書⑳。趙復振；下博敗，杜叔良〔四〕㉑。趙復振；館陶敗，李聽㉒。趙復振。故曰，不計地勢，不審攻守，爲浪戰，最下策也。

【校勘記】

〔一〕「國家大事」以下數句，諸本不同，《唐文粹》卷四八、《文苑英華》卷三七五作「某不當言，實言之有罪，故以云」。《全唐文》卷七五四與底本同，僅「當官」作「當言」。

〔二〕「胤於」，文津閣本作「遍於」。

〔三〕「不可死」，文津閣本作「不可使」。

〔四〕「曰冀州」，原作「曰冀州野」，《文苑英華》卷三七五、《全唐文》卷七五四作「一曰冀州」。《唐文粹》卷四八作「一曰魯冀」。按，「野」字衍，今據刪。

〔五〕「分野太大」，原作「分太大」，據《文苑英華》卷三七五、《全唐文》卷七五四增改。

〔六〕「沉鷙」，原作「沉贄」，據《唐文粹》卷四八、《文苑英華》卷三七五、《全唐文》卷七五四、文津閣本改。

〔七〕「胤浮」，文津閣本作「積浮」。

〔八〕「蕩弊」，《唐文粹》卷四八、《文苑英華》卷三七五、《全唐文》卷七五四作「卑蔽」。

〔九〕「破」，《唐文粹》卷四八、《文苑英華》卷三七五、《全唐文》卷七五四均作「破弱」。

〔一〇〕「復」，《文苑英華》卷三七五作「後」。

〔一一〕「阪泉」，原作「阪帛」，據《唐文粹》卷四八、《文苑英華》卷三七五改。

〔一二〕「晉大」，「晉」字原作「皆」，據《唐文粹》卷四八、《文苑英華》卷三七五、《全唐文》卷七五四、文津閣本改。「大」，《全唐文》卷七五四作「文」。胡校：「按庫本『晉大』作『晉文』。晉文即晉文公重耳，五霸之一，故常佣役諸侯。是『大』字應從庫本作『文』。」按「庫本」指文淵閣《四庫全書》本，下同，不具注。

〔一三〕「有八」，《文苑英華》卷三七五、《全唐文》卷七五四作「有其八」。

〔一四〕「不能過鄰」，「過」字原作「遇」，據《唐文粹》卷四八、《文苑英華》卷三七五、《新唐書》卷一六六《杜牧傳》、《全唐文》卷七五四、文津閣本改。

〔一五〕「亦再攻之」，《文苑英華》卷三七五作「亦嘗再攻之」。

〔一六〕「平理」，《唐文粹》卷四八、《文苑英華》卷三七五、《全唐文》卷七五四作「理平」。

〔一七〕「其要在於去兵」，《唐文粹》卷四八、《文苑英華》卷三七五、《全唐文》卷七五四作「其要在先去兵」。

〔一八〕「二十九年」，「二」字原作「一」，據《唐文粹》卷四八、《文苑英華》卷三七五、《全唐文》卷七五四改。

〔一九〕「助虜爲虐」，「虐」字原作「虜」，據《唐文粹》卷四八、《文苑英華》卷三七五、《全唐文》卷七五四改。文津閣本「爲虐」作「自攻」。

〔二〇〕「三十里」，「里」字原作「重」，據《唐文粹》卷四八、《文苑英華》卷三七五、《全唐文》卷七五四、文津閣本改。

〔二一〕「罷如長慶時」，《唐文粹》卷四八、《文苑英華》卷三七五、《全唐文》卷七五四作「一日罷如長慶時」。

〔二二〕「李聽敗」，「敗」字原作「反」，據《唐文粹》卷四八、《文苑英華》卷三七五改。

〔二三〕「以此爲俗」，「俗」下原衍一「俗」字，據《唐文粹》卷四八、《文苑英華》卷三七五、《新唐書》卷一六六《杜牧傳》、《全唐文》卷七五四删。

〔二四〕「杜叔良」，「叔」字原作「牧」，據《文苑英華》卷三七五改。

【注　釋】

①《新唐書》本傳云：「牧追咎長慶以來朝廷錯置亡术，復失山東，巨封劇鎮，所以系天下輕重，不得

承襲輕授，皆國家大事，嫌不當位而言，實有罪，故作《罪言》。」本集卷一六《上知己文章啓》亦云：「往年吊伐之道，未甚得所，故作《罪言》。」《資治通鑑》卷二四四大和七年八月記杜牧此文云：「杜牧憤河朔三鎮之桀驁，而朝廷議者專事姑息，乃作書，名曰《罪言》，大略以爲……」按，本文中有「自元和初至今二十九年間」語，則文當作於大和八年（八三四），《資治通鑑》所記似早一年。

② 山東：此處指崤山和函谷關以東地區。

③ 五種：指五種穀物，即黍、稷、菽、麥、稻。

④ 蚩尤句：此句下原注：「阪泉在今嬀川縣。」《史記·五帝本紀》：黄帝「與炎帝戰於阪泉之野，三戰，然後得其志。蚩尤作亂，不用帝命，於是黄帝乃徵師諸侯，與蚩尤戰於涿鹿之野，遂禽殺蚩尤。」蚩尤，遠古時九黎之君主。

⑤ 蒯通句：《史記·淮陰侯列傳》：「齊人蒯通知天下權在韓信，欲爲奇策而感動之，以相人説韓信曰：『……當今兩主之命懸於足下，足下爲漢則漢勝，與楚則楚勝。……莫若兩利而俱存之，叁分天下，鼎足而居。』」蒯通，漢初著名謀士。傳見《漢書》卷四五。信，指韓信。

⑥ 光武始於上谷成於鄗：鄗，古縣名，在今河北柏鄉北。《後漢書·光武帝紀》：「上谷太守耿況遣其將寇恂將突騎來助擊王朗……諸將議上尊號，行至鄗，群臣因得奏。……六月己未，即皇帝位，

建元爲建武，改鄗爲高邑。」此即以上二句所謂。

⑦ 郭李：指唐玄宗時著名將領郭子儀、李光弼，曾帥軍平定安史叛亂。郭子儀，傳見《舊唐書》卷一二〇、《新唐書》卷一三七。李光弼，傳見《舊唐書》卷一六一、《新唐書》卷一三六。

⑧ 幸陝：指唐代宗於廣德元年避吐蕃之亂逃至陝州（治所在今河南陝縣西南）。幸漢中，指唐德宗於興元元年，因避李懷光叛亂而逃至漢中（今屬陝西）。

⑨ 孝武：指唐憲宗，其謚號爲「聖神章武孝皇帝」。

⑩ 自卑冗句：指元和元年正月，憲宗因宰相杜黄裳之薦，提拔高崇文爲左神策行營節度使，率軍討伐反叛之西川節度使劉闢。「時宿將名位素重者甚衆，皆自謂當征蜀之選；及詔用崇文，皆大驚。」事見《資治通鑑》卷二三七。

⑪ 唯山東不服：唐憲宗曾於元和十一年和十二年兩次討伐成德鎮王承宗，均無功而返，只好下詔恢復王承宗官爵。

⑫ 燕趙魏叛：指幽州盧龍節度使朱滔、成德觀察使王武俊、魏博節度使田悦反叛事。

⑬ 齊蔡叛：指淄青鎮之李正己、淮寧（即淮西，治所蔡州）節度使李希烈反叛事。

⑭ 蜀亦叛：指西川節度使劉闢之叛。

⑮ 吴亦叛：指鎮海節度使李錡之叛。

⑯誅滄：指横海節度副使李同捷之叛被平定。

⑰誅趙：指討伐作亂之成德都知兵馬使王廷湊。

⑱五諸侯兵：指長慶元年討伐王廷湊之魏博、横海、昭義、河東、義武諸鎮軍。

⑲三收趙：趙，指承德軍。憲宗元和十一年討王承宗，穆宗長慶元年及文宗大和三年兩次討伐王廷湊。

⑳堯山敗：原注：「郗尚書。」郗尚書即郗士美，字和夫，高平金鄉人。傳見《舊唐書》卷一五七、《新唐書》卷一四三。據《資治通鑑》卷二三九載：元和十二年三月，「郗士美敗於柏鄉，拔營而歸，士卒死者千餘人」。堯山，縣名。在河北邢臺東北。漢時曾置爲柏人縣。

㉑下博：原注：「杜叔良。」杜叔良爲横海節度使，長慶元年討王廷湊，十二月大敗於博野，失亡七千餘人。

㉒館陶敗：原注：「李聽。」據《資治通鑑》卷二四四載，李聽大和三年討王廷湊，「自貝州還軍館陶，遷延未進……秋七月，（何）進滔出兵擊李聽，聽不爲備，大敗」。館陶，縣名，今屬河北。

【集　評】

《唐藩鎮傳叙》：或云歐陽公取《新唐書》列傳，令子叔弼讀，而卧聽之，至《藩鎮傳叙》，歎曰：

「若皆如此傳叙筆力，亦不可及。」此恐未必然。《藩鎮傳叙》乃全用杜牧之《罪言》耳，政如《項羽傳贊》掇取賈生《過秦論》，故奇崛可觀，而非遷、固之文也。（費袞《梁谿漫志》卷六）

唐人小説云：杜牧之在牛奇章幕中，每夜出狹斜，痛飲酣醉而歸。奇章常令人潛護之。及牧之還朝，奇章戒以節飲，勿復輕出爲言，牧之初猶抵飾，奇章命出報帖一篋示之，皆每夜街吏所報杜書記平善帖子，杜始愧謝。余嘗疑牧之雖有才藻，然浮薄太甚，奇章似待之太過。及觀其《少年行》云：「豪持出塞節，笑別遠山眉。」其風流豪俠之氣，猶可想見。及觀其《罪言》與《原十六衛》諸文，則知牧之蓋有志於經略，或不得試，而輕世之意顧托之此耶。則奇章之愛才，未爲過也。（何良俊《四友齋叢説》卷二十五「詩」二）

指陳慷慨，激切惻然，忠愛深於痛哭，非若賈生空墮一副急淚。（鄭郲評本文）

高麗太師門下侍中、集賢殿大學士金富軾，新羅人，……弟富轍，官吏、户、禮三部尚書、翰林學士承旨，……上奏曰：杜牧言時事云：「上策莫如自治」；宋神宗與文彦博議邊事，彦博曰：「須先自治，不可略近圖遠。」今我三韓之地，豈惟七十里而已哉。然而不免畏人者，其咎在乎不先自治而已。（王士禎《居易録》卷三）

《王井尗傳》：又好爲樊川花月之遊。余規之曰：「唐代詩人獨杜牧之有傳。所作《罪言》、《原十六衛》諸篇，得賈生《治安》之意，而世獨稱其『江湖載酒』，以求附於牧之，當非牧之所樂聞也。君勿誤信古人以自誤也。」君甚韙之。（陳文述《頤道堂文鈔》卷八）

杜牧之識見自是一時之傑。觀所作《罪言》，謂「上策莫如自治」，「中策莫如取魏」，「最下策爲浪戰」；又兩進策於李文饒，皆案切時勢，見利害於未然。以文論之，亦可謂不浪戰者矣。（劉熙載《藝概》卷一「文概」）

【孫子十家注】曹公、李筌以外，杜牧最優，證引古事，亦多切要，知樊川真用世之才，其《罪言》、《原十六衛》等篇，不虛作也。惜孫刻據道藏本，尚多誤字。（李慈銘《越縵堂讀書記》六「軍事」）

原十六衛①

國家始踵隋制，開十六衛，將軍總三十員，屬官總一百二十八員，署宇分部〔一〕，夾峙禁省，厥初歷今，未始替削。然自今觀之，設官言無謂者，其十六衛乎。本原事跡，其實天下之大命也。始自貞觀中，既武遂文，内以十六衛畜養戎臣，褒公、鄂公之徒②，並爲諸衛將軍。外開折衝果毅府五百七十四以儲兵伍。或有不幸，方二三千里爲寇土，數十百萬人爲寇兵，蠻夷戎狄〔二〕，踐踏四作，此時戎臣當提兵居外。至如天下平一，暴勃消削，單車一符，將命四走，莫不信順，此時戎臣當提兵居内。當其居内也，官爲將軍，綬有朱紫，章有金銀，千百騎趨奉朝廟〔三〕，第觀車馬，歌兒舞女，念功賞勞，出於曲賜。所部之兵，散舍諸府，上府不越一千二百人，五百七十四府凡有四十萬人。三時耕稼，襏襫耞耒；一時治武，騎劍兵矢。裨衛以課，父兄相言，不得業他。籍藏將府，伍散田畝，力解勢破，人人自愛，雖有蚩尤爲師〔四〕，雅亦不可使爲亂耳。及其當居外也，緣部之兵，被檄乃來，受命於朝，不見妻子，斧鉞在前，爵賞在後，以首爭首，以力搏力，飄暴交捽，豈暇異略？雖有蚩尤爲師〔五〕，雅亦無能爲叛也〔六〕。自貞觀至於開元末，百五十年間〔七〕，戎臣兵伍未始逆篡，此聖人所能柄統輕重，制障表裏，聖算聖術也〔八〕。

至於開元末，愚儒奏章曰：「天下文勝矣，請罷府兵③。」詔曰：「可。」武夫奏章曰：「天下力强矣，請搏四夷。」詔曰：「可。」於是府兵内剷，邊兵外作，戎臣兵伍，湍奔矢往，内無一人矣。起遼走蜀，繚絡萬里，事五强寇，奚、契丹、吐蕃、雲南、大石國。十餘年中，亡百萬人，尾大中乾，成燕偏重。而天下掀然，根萌燼燃，七聖旰食〔九〕④，求欲除之且不能也。由此觀之，戎臣兵伍豈可一日使出落鈐鍵哉！然爲國者不能無也。居外則叛，韓、黥七國，近者禄山、僕固是也。居内則篡。卓、莽、曹、馬已下是也。使外不叛，内不篡，兵不離伍，無自焚之患；將保頸領，無烹狗之諭⑤，古今已還，法術最長，其置府立衛乎！

近代已來，於其將也，弊復爲甚〔一〇〕。人嚚曰廷詔命將矣，名出，視之率市兒輩，蓋多賂金玉〔一一〕，負倚幽陰，折券交貨所能也〔一二〕，絶不識父兄禮義之教，復無慷慨感槩之氣〔一三〕。百

城千里，一朝得之，其强傑愎勃者，則撓削法制，不使縛己；斬族忠良，不使違己，力壹勢便，罔不爲寇。其陰泥去聲巧狡者，亦能家算口斂，委於邪倖，由卿市公，去郡得都〔一四〕，四履所治，指爲别館。或一夫不幸而壽，則戛割生人，略匝天下。是以天下每每兵亂湧溢，齊人乾耗，鄉黨風俗，淫窳衰薄，教化恩澤，壅抑不下，召來災沴，被及牛馬。嗟乎！自愚而知之，人其盡知之乎？

且武者任誅，如天時有秋；文者任治，如天時有春。是天不能倒春秋，是豪傑不能總文武。是此輩受鉞誅暴乎？曰於是乎在。某人行教乎？曰於是乎在。欲禍蠹不作者，未之有也。伏惟文皇帝十六衛之旨，誰復而原，其實天下之大命也，故作《原十六衛》。

【校勘記】

〔一〕「署字」，「宇」，《唐文粹》卷四八、《文苑英華》卷三七五、《全唐文》卷七五四、文津閣本作「守」，《文苑英華》校：「集作宇。」

〔二〕「蠻夷戎狄」，「蠻」字原作「變」，據《唐文粹》卷四八、《文苑英華》卷三七五、《全唐文》卷七五四、文津閣本改。

〔三〕「趨奉朝廟」，「廟」，《唐文粹》卷四八、《全唐文》卷七五四作「謁」，《文苑英華》卷三七五校：「集

作謁。」

〔四〕「蚩尤爲師」，《唐文粹》卷四八、《全唐文》卷七五四、文津閣本作「蚩尤爲師帥」。《文苑英華》卷三七五「師」字作「帥」。

〔五〕「師」，《唐文粹》卷四八、《全唐文》卷七五四、文津閣本作「師帥」。

〔六〕「雅亦無能爲叛也」，《唐文粹》卷四八無「雅」字。《文苑英華》卷三七五「也」字作「者」，下校：「一作也。」

〔七〕「百五十年間」，「五」，《唐文粹》卷四八、《文苑英華》卷三七五、《全唐文》卷七五四作「三」，《文苑英華》校：「集作五。」胡校：「按楊守敬校景蘇園影宋本曰：『五』，《文粹》作『三』；朱（按：指朱一是本）作『五』；《文苑》作『三』，注：『集作五，非。』按自貞觀元年丁亥至開元二十八年辛巳，正一百一十五年，然則『三』、『五』字皆誤，當作『百十五年』。」

〔八〕「聖術」，文津閣本作「神術」。

〔九〕「盱食」，「食」字原作「會」，據《唐文粹》卷四八、《文苑英華》卷三七五、《全唐文》卷七五四改。

〔一〇〕「弊復爲甚」，《唐文粹》卷四八、《文苑英華》卷三七五、《全唐文》卷七五四於「甚」字後有「也」字。

〔一一〕「賂金玉」，「賂」，《文苑英華》卷三七五作「稽」，下校：「《文粹》作賂。」

〔一二〕「折券交貨」，「貨」，《文苑英華》卷三七五、《全唐文》卷七五四作「貲」。

〔一三〕「感槩之氣」，「氣」，《文苑英華》卷三七五作「節」，下校：「集作氣。」

〔一四〕「去郡得都」，「郡」字原作「都」，據《唐文粹》卷四八、《文苑英華》卷三七五、《全唐文》卷七五四、文津閣本改。

【注　釋】

①十六衛：指唐代掌管宫禁宿衛之禁軍。即衛、驍騎、武衛、威衛、領軍、金吾、監門、千牛，各分左右，共十六衛，左右衛各置大將軍一人。衛下各統領若干折衝府，府置折衝都尉及果毅都尉。本集卷一六《上知己文章啓》乃作於大和八年，此啓云：「伏以侍郎文師也，是敢謹貢七篇，以爲視聽之污。」所貢文章中即有《罪言》、《原十六衛》。故《原十六衛》應作於大和八年《上知己文章啓》一文之前。又，《資治通鑑》卷二四四大和七年八月記及杜牧此文云：「又傷府兵廢壞，作《原十六衛》，以爲……」按，《杜牧年譜》以爲《資治通鑑》記於大和七年過早，繫此文於大和八年（八三四），今從之。

②褒公鄂公之徒：褒公，即段志玄，齊州臨淄人，封褒國公。傳見《舊唐書》卷六八、《新唐書》卷八九。鄂公，即尉遲敬德，朔州善陽人，封鄂國公。傳見《舊唐書》卷六八、《新唐書》卷八九。

③府兵：兵制名。創建於西魏大統年間。初兵士屬於軍府，不編入郡縣户籍。隋開皇十年，士兵始

編入郡縣籍。唐因隋制，全國共置六百三十四府，府置折衝都尉及果毅都尉統率。兵士征行及上長安宿衛，皆以遠近分番。在宿衛時，分别隸屬於諸衛。出征時，由臨時任命之主將統率。戰爭結束，則將歸於朝，兵散於府。至天寶間，府兵制僅存虚名。

④七聖：指唐肅宗、代宗、德宗、順宗、憲宗、穆宗、敬宗七位皇帝。

⑤烹狗之論：西漢劉邦因有人告韓信謀反，劉邦用計擒捉韓信，韓信感慨云：「果若人言『狡兔死，良狗亨；高鳥盡，良弓藏；敵國破，謀臣亡』。天下已定，我固當亨。」事見《史記》卷九二《淮陰侯列傳》。

【集評】

《王井赤傳》：又好爲樊川花月之遊。余規之曰：「唐代詩人獨杜牧之有傳。所作《罪言》、《原十六衛》諸篇，得賈生《治安》之意，而世獨稱其『江湖載酒』，以求附於牧之，當非牧之所樂聞也。君勿誤信古人以自誤也。」君甚韙之。（陳文述《頤道堂文鈔》卷八）

【孫子十家注】曹公、李筌以外，杜牧最優，證引古事，亦多切要，知樊川真用世之才，其《罪言》、《原十六衛》等篇，不虚作也。惜孫刻據道藏本，尚多誤字。（李慈銘《越縵堂讀書記》六「軍事」）

戰論并序①

兵非脆也[一]，穀非殫也，而戰必挫北，是曰不循其道也。故作《戰論》焉。

論曰[二]：河北視天下，猶珠璣也②；天下視河北，猶四支也。珠璣苟無，豈不活身；四支苟去，吾不知其爲人。何以言之？夫河北者，俗儉風渾，淫巧不生，樸毅堅强，果於戰耕。名城堅壘，嶺音頁嶭五結切相貫③；高山大河，盤互交鏁。加以土息健馬，便於馳敵，是以出則勝，處則饒，不窺天下之産，自可封殖，亦猶大農之家，不待珠璣，然後以爲富也。天下無河北則不可，河北既虜，則精甲鋭卒，利刀良弓[三]，健馬無有也。卒然夷狄驚四邊，摩封疆，出表裏，吾何以禦之？是天下一支兵去矣[四]。河東、盟津、滑臺、大梁、彭城、東平④，盡宿厚兵，以塞虜衝，是六郡之師，嚴飾護疆，不可他使，是天下二支兵去矣。六郡之師，厥數三億，低首仰給，横拱不爲，則沿淮已北[五]，循河之南[六]，東盡海[七]，西叩洛，經數千里，赤地盡取，才能應費，是天下三支財去矣[八]。咸陽西北，戎夷大屯，嚇呼膻腥[九]，徹于帝居[一〇]，周秦單師⑤，不能排闢[一一]，於是盡剷吴、越、荆楚之饒，以啖兵戍[一二]，是天下四支財去矣。乃使吾用度不周，徵徭不常，無以膏齊民，無以接四夷。禮樂刑政，不暇修治；

品式條章，不能備具。是天下四支盡解，頭腹兀然而已。焉有人解四支，其自以能久爲安乎？

今者誠能治其五敗，則一戰可定，四支可生。夫天下無事之時，殿閣大臣〔一三〕，偷處榮逸，爲家治具，戰士離落，兵甲鈍弊，車馬刓弱〔一四〕，而未嘗爲之簡帖整飾，天下雜然盜發，則疾驅疾戰。此宿敗之師也，何爲而不北乎〔一五〕！是不蒐練之過者，其敗一也。夫百人荷戈，仰食縣官，則挾千夫之名，大將小裨，操其餘羸〔一六〕，以虜壯爲幸，以師老爲娛，是執兵者常少，糜食者常多，築壘未乾，公囊已虚。此不責實科食之過〔一七〕，其敗二也。夫戰輒小勝，則張皇其功，奔走獻狀，以邀上賞，或一日再賜，一月累封，凱還未歌〔一八〕，書品已崇⑥。爵命極矣，田宫廣矣〔一九〕，金繒溢矣，子孫官矣，焉肯搜奇外死，勤於我矣〔二〇〕。此賞厚之過，其敗三也。夫多喪兵士，顛翻大都，則跳身而來，刺邦而去⑦，廻視刀鋸，菜色甚安〔二一〕，一歲未更，旋已立於壇墀之上矣⑧。此輕罰之過，其敗四也。夫大將將兵，柄不得專，恩臣詰責〔二二〕，第來揮之〔二三〕。至如堂然將陣，殷然將鼓，一則曰必爲偃月⑨，一則曰必爲魚麗，三軍萬夫，環旋翔佯，愰駭之間，虜騎乘之，遂取吾之鼓旗。此不專任責成之過，其敗五也。元和時，天子急太平，嚴約以律下，常團兵數十萬以誅蔡⑩，天下乾耗，四歲然後能取〔二四〕，此蓋五敗不去也。長慶初，盜據子孫〔二五〕⑪，悉來走命，是内地無事，天子寬禁厚恩，與人休息。未幾而燕、趙甚亂⑫，引師起將，五敗益甚，登壇注意之臣，死竄且不暇，復焉能加威於反虜哉。今者誠欲調持干戈，洒掃垢汙〔二六〕，以爲萬世安，而乃踵前非，踵前非是不可爲也〔二七〕。

古之政有不善，士傳言，庶人謗。發是論者，亦且將書于謗木，傳于士大夫，非偶言而已〔二八〕。

【校勘記】

〔一〕「脆」，《文苑英華》卷七四三、《全唐文》卷七五四作「危」。

〔二〕「論曰」，原無此二字，據《文苑英華》卷七四三、《全唐文》卷七五四補。

〔三〕「刀」，《文苑英華》卷七四三作「刃」，下校：「一作刀。」

〔四〕「一支」，原作「二支」，據《唐文粹》卷三七、《文苑英華》卷七四三、《全唐文》卷七五四、文津閣本改。

〔五〕「沿」，《文苑英華》卷七四三作「緣」，下校：「一作沿。」

〔六〕「南」，《文苑英華》卷七四三作「東」。

〔七〕「東」，《文苑英華》卷七四三作「南」。

〔八〕「財」，《文苑英華》卷七四三下校：「英華作兵。」

〔九〕「臚臊」，「臊」，《文苑英華》卷七四三作「腥」，下校「一作臊。」

〔一〇〕「徹于帝居」，「居」字原作「君」，據《唐文粹》卷三七、《文苑英華》卷七四三、《全唐文》卷七五四、文津閣本改。

〔一一〕「排闢」，《文苑英華》卷七四三作「排闥」。

〔一二〕「兵戍」，《文苑英華》卷七四三、《全唐文》卷七五四作「戍兵」。《文苑英華》下校：「一作兵戍。」

〔一三〕「殿閣」，原作「殿寄」。《全唐文》卷七五四、文津閣本作「殿閣」，今據改。

〔一四〕「車馬」，「馬」，《文苑英華》卷七四三作「騎」，下校：「一作馬。」

〔一五〕「不北」，文津閣本作「不敗」。

〔一六〕「餘羸」，《唐文粹》卷三七、《全唐文》卷七五四、文津閣本作「餘贏」。

〔一七〕「科食」，文津閣本作「料食」。

〔一八〕「凱還」，《文苑英華》卷七四三、《全唐文》卷七五四作「凱旋」。

〔一九〕「宫」，《文苑英華》卷七四三、《全唐文》卷七五四作「宅」。《文苑英華》下校：「一作宫。」

〔二〇〕「我」，《唐文粹》卷三七、《全唐文》卷七五四作「戎」，《文苑英華》卷七四三下校：「一作戎。」「矣」，《全唐文》卷七五四作「乎」。胡校：「按庫本『我』作『戎』，是。」

〔二一〕「菜色甚安」，胡校：「按『菜色』不可通，庫本作『氣色』，《通鑑》卷二四四引此文亦作『氣色』，是。」

〔二二〕「恩臣詰責」，「責」字原無，據《唐文粹》卷三七、《文苑英華》卷七四三、《全唐文》卷七五四、文津閣本補。

〔二三〕「揮」，《文苑英華》卷七四三作「撝」，下校：「一作揮。」

〔二四〕「然後」，《唐文粹》卷三七無「然」字。

〔二五〕「盜據子孫」，「據」字原無，據《唐文粹》卷三七、《文苑英華》卷七四三、《全唐文》卷七五四、文津閣本補。

〔二六〕「垢汙」，原作「垢汗」，據《全唐文》卷七五四改。

〔二七〕「踵前非」，《文苑英華》卷七四三、《全唐文》卷七五四無此三字。

〔二八〕「非偶言而已」，「言」字原無，據《唐文粹》卷三七、《全唐文》卷七五四、文津閣本補。《文苑英華》卷七四三於「偶」字下校：「一有言字。」

【注釋】

① 此文作年難於確考，然《資治通鑑》卷二四四大和七年八月曾節引，謂杜牧「又作《戰論》，以爲：『河北視天下，猶珠璣也；天下視河北，猶四支也。……』」據此，本文或約作於大和七年（八三三）前後歟？ 河北：指河北道，治所在魏州（今河北大名東北）。轄境相當於今北京、天津、河

北、遼寧大部，河南、山東古黄河以北地區。

②猶珠璣：《資治通鑑》胡三省注：「言河北不資天下所産以爲富。」

③巖嶭：高峻貌。

④河東：唐方鎮名，指太原軍，治所在太原（今山西太原西南晉源鎮）。盟津，指河陽軍，治所在河陽（今河南孟州西南）。滑臺，指義成軍，治所在滑州（今河南滑縣東滑縣城）。大梁，指宣武軍，治所在汴州（今河南開封）。彭城，指武寧軍，治所在徐州（今屬江蘇）。東平，指天平軍，治所在山東東平東。

⑤周秦：此處代指唐朝。

⑥書品已崇：《資治通鑑》胡三省注：「戰勝，則奏凱歌而還。書品，謂書其官品也。」

⑦跳身而來刺邦而去：《資治通鑑》胡三省注：「跳身而來，謂逃至京師也。刺邦而去，謂貶爲刺史也。」

⑧立於壇墀之上：《資治通鑑》胡三省注：「立於壇墀之上，謂復登大將之壇也。」

⑨偃月：《資治通鑑》胡三省注：「偃月、魚麗，皆陣名。偃月陣，中軍偃居其中，張兩角向前。《左傳》：『爲魚麗之陣，先偏後伍，伍承彌縫。』」

⑩蔡：指蔡州，此代指淮西鎮。元和九年十月後，唐憲宗曾派兵討伐淮西鎮。

息。未幾而燕、趙甚亂⑫，引師起將，五敗益甚，登壇注意之臣，死竄且不暇，復焉能加威於反虜哉。今者誠欲調持干戈，洒掃垢汙〔二六〕，以爲萬世安，而乃踵前非，踵前非是不可爲也〔二七〕。

古之政有不善，士傳言，庶人謗。發是論者，亦且將書于謗木，傳于士大夫，非偶言而已〔二八〕。

【校勘記】

〔一〕「脆」，《文苑英華》卷七四三、《全唐文》卷七五四作「危」。

〔二〕「論曰」，原無此二字，據《文苑英華》卷七四三、《全唐文》卷七五四補。

〔三〕「刀」，《文苑英華》卷七四三作「刃」，下校：「一作刀。」

〔四〕「一支」，原作「二支」，據《唐文粹》卷三七、《文苑英華》卷七四三、《全唐文》卷七五四、文津閣本改。

〔五〕「沿」，《文苑英華》卷七四三作「緣」，下校：「一作沿。」

〔六〕「南」，《文苑英華》卷七四三作「東」。

〔七〕「東」，《文苑英華》卷七四三作「南」。

〔八〕「財」，《文苑英華》卷七四三下校：「英華作兵。」

〔九〕「膻臊」，「臊」，《文苑英華》卷七四三作「腥」，下校「一作臊。」

〔一〇〕「徹于帝居」，「居」字原作「君」，據《唐文粹》卷三七、《文苑英華》卷七四三、《全唐文》卷七五四、文津閣本改。

〔一一〕「排闢」，《文苑英華》卷七四三作「排闥」。

〔一二〕「兵戍」，《文苑英華》卷七四三、《全唐文》卷七五四作「戍兵」。《文苑英華》下校：「一作兵戍。」

〔一三〕「殿閣」，原作「殿寄」。《全唐文》卷七五四、文津閣本作「殿閣」，今據改。

〔一四〕「車馬」，「馬」，《文苑英華》卷七四三作「騎」，下校：「一作馬。」

〔一五〕「不北」，文津閣本作「不敗」。

〔一六〕「餘羸」，《唐文粹》卷三七、《全唐文》卷七五四、文津閣本作「餘贏」。

〔一七〕「科食」，文津閣本作「料食」。

〔一八〕「凱還」，《文苑英華》卷七四三、《全唐文》卷七五四作「凱旋」。

〔一九〕「宫」，《文苑英華》卷七四三、《全唐文》卷七五四作「宅」。《文苑英華》下校：「一作宫。」

〔二〇〕「我」，《唐文粹》卷三七、《全唐文》卷七五四作「戎」，《文苑英華》卷七四三下校：「一作戎。」「矣」，《全唐文》卷七五四作「乎」。胡校：「按庫本『我』作『戎』，是。」

〔二一〕「菜色甚安」，胡校：「按『菜色』不可通，庫本作『氣色』，《通鑑》卷二四四引此文亦作『氣色』，是。」

〔二二〕「恩臣詰責」，「責」字原無，據《唐文粹》卷三七、《文苑英華》卷七四三、《全唐文》卷七五四、文津閣本補。

〔二三〕「揮」，《文苑英華》卷七四三作「撝」，下校：「一作揮。」

〔二四〕「然後」，《唐文粹》卷三七無「然」字。

〔二五〕「盜據子孫」，「據」字原無，據《唐文粹》卷三七、《文苑英華》卷七四三、《全唐文》卷七五四、文津閣本補。

〔二六〕「垢汙」，原作「垢汗」，據《全唐文》卷七五四改。

〔二七〕「踵前非」，《文苑英華》卷七四三、《全唐文》卷七五四無此三字。

〔二八〕「非偶言而已」，「言」字原無，據《唐文粹》卷三七、《全唐文》卷七五四、文津閣本補。《文苑英華》卷七四三於「偶」字下校：「一有言字。」

【注釋】

① 此文作年難於確考，然《資治通鑑》卷二四四大和七年八月曾節引，謂杜牧「又作《戰論》」，以爲：『河北視天下，猶珠璣也；天下視河北，猶四支也。……』」據此，本文或約作於大和七年（八三三）前後歟？ 河北：指河北道，治所在魏州（今河北大名東北）。轄境相當於今北京、天津、河

北、遼寧大部，河南、山東古黄河以北地區。

②猶珠璣：《資治通鑑》胡三省注：「言河北不資天下所産以爲富。」

③巖嶭：高峻貌。

④河東：唐方鎮名，指太原軍，治所在太原（今山西太原西南晉源鎮）。盟津，指河陽軍，治所在河陽（今河南孟州西南）。滑臺，指義成軍，治所在滑州（今河南滑縣東滑縣城）。大梁，指宣武軍，治所在汴州（今河南開封）。彭城，指武寧軍，治所在徐州（今屬江蘇）。東平，指天平軍，治所在山東東平東。

⑤周秦：此處代指唐朝。

⑥書品已崇：《資治通鑑》胡三省注：「戰勝，則奏凱歌而還。書品，謂書其官品也。」

⑦跳身而來剌邦而去：《資治通鑑》胡三省注：「跳身而來，謂逃至京師也。剌邦而去，謂貶爲剌史也。」

⑧立於壇墀之上：《資治通鑑》胡三省注：「立於壇墀之上，謂復登大將之壇也。」

⑨偃月：《資治通鑑》胡三省注：「偃月、魚麗，皆陣名。偃月陣，中軍偃居其中，張兩角向前。《左傳》：『爲魚麗之陣，先偏後伍，伍承彌縫。』」

⑩蔡：指蔡州，此代指淮西鎮。元和九年十月後，唐憲宗曾派兵討伐淮西鎮。

⑪ 盜據子孫句：指穆宗長慶時，朝廷討伐燕、趙，兩地藩鎮首領來歸順朝廷。

⑫ 燕趙甚亂：指長慶時幽州朱克融、鎮州王廷湊復反叛之事。

守論并序①

往年兩河盜起，屠囚大臣，劫戮二千石，國家不議誅洗〔一〕，束兵自守，反修大曆〔二〕、貞元故事，而行姑息之政，是使逆輩益橫去聲〔三〕，終唱患禍，故作《守論》焉。

論曰〔四〕：厥今天下何如哉？干戈朽，鈇鉞鈍〔五〕，含引混貸〔六〕，煦育逆孽，而殆爲故常〔七〕。而執事大人，曾不歷算周思，以爲宿謀，方且嵬岸抑揚②，自以爲廣大繁昌莫已若也。嗚呼！其不知乎？其俟蹇頓顛傾而後爲之支計乎〔八〕？且天下幾里，列郡幾所，而自河已北〔九〕，蟠城數百，金堅蔓織，角奔爲寇，伺吾人之顚頷〔一〇〕，天時之不利，則將與其朋伍〔一一〕，羅絡郡國，將駭亂吾民於掌股之上耳〔一二〕。今者及吾之壯，不圖擒取，而乃偷處恬逸，第第相付〔一三〕，以爲後世子孫背脅疽根，此復何也？

今之議者咸曰：「夫倔强之徒，吾以良將勁兵以爲銜策，高位美爵充飽其腸，安而不撓，外而不拘，亦猶豢擾虎狼而不拂其心，則忿氣不萌。此大曆、貞元所以守邦也，亦何必疾戰

焚煎吾民，然後以爲快也。」愚曰：大曆、貞元之間，適以此爲禍也。當是之時，有城數十，千百卒夫，則朝廷待之，貸以法故，於是乎闊視大言，自樹一家，破制削法，角爲尊奢。天子養威而不問，有司守恬而不呵。王侯通爵，越録受之③；覲聘不來，几杖扶之④；逆息虜胤，皇子嬪之⑤；裝緣采飾，無不備之。是以地益廣，兵益强，僭擬益甚，侈心益昌。於是土田名器，分劃殆盡，而賊夫貪心，未及畔岸，遂有淫名越號，或帝或王，盟詛自立，恬淡不畏，走兵四略〔一四〕，以飽其志者也。是以趙、魏、燕、齊，卓起大倡〔一五〕，梁、蔡、吳、蜀，躡而和之⑥。其餘混澒軒囂〔一六〕，欲相效者，往往而是。運遭孝武，宵旰不忘，前英後傑，夕思朝議，故能大者誅鋤，小者惠來，不然，周、秦之郊⑦，幾爲犯獵哉。

大抵生人油然多欲，欲而不得則怒，怒則爭亂隨之。是以教笞於家，刑罰於國，征伐於天下〔一七〕，此所以裁其欲而塞其爭也。大曆、貞元之間，盡反此道，提區區之有而塞無涯之爭〔一八〕，是以首尾指支，幾不能相運掉也。今者不知非此〔一九〕，而反用以爲經，愚見爲盜者非止於河北而已。

嗚呼！大曆、貞元守邦之術，永戒之哉。

【校勘記】

〔一〕「誅洗」，《唐文粹》卷三七、《文苑英華》卷七四三作「誅灑」。

〔二〕「修」，原作「條」，據《唐文粹》卷三七、《文苑英華》卷七四三、《全唐文》卷七五四、文津閣本改。

〔三〕「逆輩」，《文苑英華》卷七四三作「叛臣」，下校：「文粹作逆輩。」

〔四〕「論曰」，原無此二字，據《文苑英華》卷七四三、《全唐文》卷七五四補。

〔五〕「鈇鉞鈍」，原作「缺錢鈍」，據《唐文粹》卷三七、《文苑英華》卷七四三、《全唐文》卷七五四、文津閣本改。

〔六〕「含引」，《唐文粹》卷三七、《文苑英華》卷七四三、《全唐文》卷七五四、文津閣本作「含弘」。

〔七〕「而」，《唐文粹》卷三七、《文苑英華》卷七四三、《全唐文》卷七五四、文津閣本無此字。

〔八〕「顛傾」，《唐文粹》卷三七作「顛頹」，《文苑英華》卷七四三於「傾」下校：「集作頹。」

〔九〕「已」，《唐文粹》卷三七、《全唐文》卷七五四作「以」。《文苑英華》卷七四三於「已」下校：「文粹作以。」

〔一〇〕「顦顇」，《文苑英華》卷七四三作「憔悴」，下校：「文粹作顦顇。」

〔一一〕「其」，《唐文粹》卷三七無此字。

〔一二〕「駭亂」，《文苑英華》卷七四三作「孩乳」，下校：「文粹作駭亂。」

〔一三〕「第第」，文津閣本作「次第」。

〔一四〕「走兵四略」，「四」字原作「西」，據《唐文粹》卷三七、《文苑英華》卷七四三、《資治通鑑》卷二四四、《全唐文》卷七五四、文津閣本改。

〔一五〕「倡」，《文苑英華》卷七四三作「唱」，下校：「文粹作倡，《新唐書·藩鎮傳》作同日而起。」

〔一六〕「混澒軒囂」，「澒」字，《文苑英華》卷七四三、文津閣本作「傾」。

〔一七〕「征伐」，原作「征代」，據景蘇園本、《唐文粹》卷三七、《文苑英華》卷七四三、《全唐文》卷七五四、文津閣本改。

〔一八〕「區區之有」，文津閣本作「區區之柄」。

〔一九〕「非此」，《唐文粹》卷三七作「此非」。

【注　釋】

①此文作年難於确考，然《資治通鑑》卷二四四大和七年八月曾節引，謂杜牧「又作《守論》，以爲：『今之議者皆曰：夫倔强之徒，吾以良將勁兵爲銜策，高位美爵充飽其腸，安而不拘，亦猶豢擾虎狼而不拂其心，則忿氣不萌；……』」據此，本文或約作於大和七年（八三三）前後歟？

②嵬岸抑揚：嵬岸，高傲貌。抑揚，高低起伏。此處用以形容大臣們進退有節，雍容自若貌。

③越録受之：《資治通鑑》胡三省注：「凡賞功者録其功而加之封爵，無功而超越授之以爵，是謂越録。受，讀曰授。」

④覲聘不來几杖扶之：《資治通鑑》胡三省注：「言不朝者賜之几杖，以安其心。」

⑤逆息虜胤皇子嬪之：《資治通鑑》胡三省注：「息，子也。胤，繼嗣也。河北蕃將之子，率多尚主。」

⑥是以二句：《資治通鑑》胡三省注：「謂朱滔、王武俊、田悦、李納相立爲王。李希烈、李錡、劉闢繼亂也。」

⑦周秦之郊：《資治通鑑》胡三省注：「周、秦之郊，謂河南、關内也。」

【集　評】

《漢唐史取當代之文以爲贊叙》：國朝宋祁《新唐書·藩鎮傳序》，全載杜牧《守論》一篇，實體班固《項籍傳贊》全載賈誼《過秦論》一篇。蓋《守論》乃藩鎮之事實，而《過秦論》實項氏之張本，不嫌取當代詞人之文而證之。然司馬遷亦嘗取《過秦論》而贊秦紀矣，但没賈生之名而書其文，幾若揜人之善，曷若班氏直下贊云「昔賈生之《過秦》曰」云云。如搏蛟縛虎之手，何必皆自己出。宋公用其體，尤爲歐公之所稱美。匪惟班、宋擅一代之史筆，而賈、杜二子之文益有光於信史

矣。（史繩祖《學齋佔畢》卷二）

論相

吕公善相人①，言女吕後當大貴，宜以配季②。季後爲天子，吕后復稱制天下，王吕氏子弟，悉以大國。隋文帝相工來和輩數人，亦言當爲帝者，後簒竊果得之③。誠相法之不謬矣。吕氏自稱制通爲后，凡二十餘年間，隋氏自簒至滅，凡三十六年間，男女族屬，殺滅殆盡〔一〕。當秦末，吕氏大族也，周末，楊氏爲八柱國，公侯相襲久矣，一旦以一女一男子偷竊位號〔二〕，不三二十年間，壯老嬰兒，皆不得其死。不知一女子爲吕氏之福邪，爲禍邪？一男子爲楊氏之禍邪，爲福邪？得一時之貴，滅百世之族，彼知相法者，當曰此必爲吕氏、楊氏之禍，乃可爲善相人矣。今斷一指得四海，凡人不欲爲，況以一女子一男子易一族哉。余讀荀卿《非相》④，因感吕氏、楊氏，知卿爲大儒矣。

【校勘記】

〔一〕「殆盡」，「殆」，《文苑英華》卷七五〇校：「文粹作大。」

〔二〕「一旦」，《文苑英華》卷七五〇作「且」，下校：「集作一旦。」「一女一男子」，《文苑英華》卷七五〇、《全唐文》卷七五四作「一女子一男子」。

【注　釋】

①吕公善相人：吕公，漢高祖劉邦皇后吕雉之父。據《漢書》卷九七《外戚傳》：「高祖吕皇后，父吕公，單父人也，好相人。高祖微時，吕公見而異之，乃以女妻高祖，生惠帝、魯元公主。」又《漢書·高祖紀》：「單父人吕公善沛令，辟仇，從之客，因家焉。……吕公者，好相人，見高祖狀貌，因重敬之，引入坐上坐。……酒闌，吕公因目固留高祖。竟酒，後。吕公曰：『臣少好相人，相人多矣，無如季相，願季自愛。臣有息女，願爲箕帚妾。』……卒與高祖。吕公女即吕后也」。

②季：即漢高祖劉邦，字季。

③隋文帝三句：隋文帝即隋高祖楊堅。據《隋書·高祖紀》，楊堅生時紫气充庭，來自河東之尼「謂皇妣曰：『此兒所從來甚異，不可於俗間處之。』……皇妣嘗抱高祖，忽見頭上角出，遍體鱗起。皇妣大駭，墜高祖於地。尼自外入見曰：『已驚我童，致令晚得天下。』」後「周太祖見而嘆曰：『此兒風骨，不似代間人！』周明帝即位，授右小宫伯，進封大興郡公。帝嘗遣善相者趙昭視之，昭詭對曰：『不過作柱國耳。』既而陰謂高祖曰：『公當爲天下君，必大誅殺而後定。』」後位至相

國，封隋國公。周靜帝時，楊堅爲輔政大臣，以禪讓名義而廢周，自立爲帝。

④荀卿非相：荀卿，即荀況，戰國時趙人。著有《荀子》三十二篇，《非相》即其中之一。《非相》批評論相之説，主張論相不如論心。

【集評】

至論，非奇論。（鄭郲評本文）

樊川文集卷第六

燕將録〔一〕①

譚忠者〔二〕，絳人也。祖瑶，天寶末令內黄，死燕寇。忠豪健喜兵，始去燕，燕牧劉濟與二千人②，障白狼口〔三〕。山名，契丹路。後將漁陽軍，留范陽。元和五年，中黄門出禁兵伐趙，魏牧田季安令其徒曰〔四〕③：「師不跨河二十五年矣，今一旦越魏伐趙，趙誠虜，魏亦虜矣，計爲之奈何〔五〕？」其徒有超佐伍而言曰：「願借騎五千以除君憂。」季安大呼曰：「壯矣哉〔六〕！兵決出，格沮者斬。」忠其時爲燕使魏〔七〕，知其謀，乃入謂季安曰：「某之謀，是引天下之兵也。何者？往年王師取蜀取吴〔八〕，算不失一，是相臣之謀。今王師越魏伐趙〔九〕，不使耆臣宿將而專付中臣，不輸天下之甲而多出禁甲〔一〇〕，君知誰爲之謀？此乃天子自爲之謀，欲將誇服於臣下也。今若師未叩趙，而先碎於魏，是上之謀反不如下，且能不耻於天下乎！既耻且怒，於是任智畫策，仗猛將，練精兵〔一一〕，畢力再舉涉河。鑒前之敗，必不越魏而伐趙；校罪輕重，必不先趙而後魏。是上不上，下不下，當魏而來也。」季安曰：「然則若之何？」忠曰：「王師入魏，君厚犒之。於是悉甲壓境，號曰伐趙，則可陰遺趙人書曰：『魏若伐趙，則河北義士謂魏賣友；魏若與趙，則河南忠臣謂魏反君。賣友反君之名，魏不忍受。執事若能陰解陴障，遺魏一城，魏得持之奏捷天子，以爲符信，此乃使魏北得以奉趙，西得以爲臣。於趙爲角尖之耗〔一二〕，於魏獲不世之利〔一三〕，執事豈能無意於趙乎〔一四〕？』趙人脱不拒君，是魏霸基安矣。」季安曰：「善。先生之來，是天眷魏也。」遂用忠之謀，與趙陰計，得其堂陽。縣名，屬冀州。忠歸燕，謀欲激燕伐趙，會劉濟合諸將曰：「天子知我怨趙，今命我伐之，趙亦必大備我，伐與不伐孰利？」忠疾對曰：「天子終不使我伐趙，趙亦不備燕。」劉濟怒曰：「爾何不直言濟以趙叛命〔一五〕？」忠繫獄。因使人視趙，果不備燕。後一日，詔果來，曰：「燕南有趙，北有胡，胡猛趙孱，不可捨胡而事趙也。燕其爲予謹護北疆，勿使予復挂胡憂，而得專心於趙，此亦燕之功也。」劉濟乃解獄召忠，曰：「信如子斷矣，何以知之？」忠曰：「潞牧盧從史外親燕④，内實忌之；外絶趙，内實與之。此爲趙畫曰，燕以趙爲障，雖怨趙，必不殘趙，不必爲備。一且示趙不敢抗燕〔一六〕，二且使燕獲疑天子。趙人既不備燕，潞人則走告于天子〔一七〕，燕厚怨趙，今趙見伐而不備燕，是燕反與趙也。此所以知天子終不使君伐趙，趙亦必不備燕。」劉濟曰：「今則奈何？」忠曰：「燕孕怨，天下無不知，今天子伐趙，君坐全燕之甲，一人未濟易水〔一八〕，此正使潞人將燕賣恩於趙〔一九〕，敗忠於上〔二〇〕，兩皆售也。是燕貯忠義之心，卒染私趙之口，不見德於趙人，惡聲徒嘈嘈於天下耳。唯君熟思之。」劉濟曰：「吾知之矣。」乃下令軍中曰：「五日畢出〔二一〕，後者醢以徇。」濟乃自將七萬人南伐趙，屠饒陽、東鹿，二縣屬深州。殺萬人，暴卒于師。

濟子總襲職⑤，忠復用事。元和十四年春，趙人獻城十二。德州管平原、安陵、長河，棣州管厭次、滴河〔二二〕、陽信、蓨、平昌、將陵、蒲臺、渤海〔二三〕。冬，誅齊，三分其地。忠因説總曰：「凡天地數窮，合必離，離必合。河北與天下相離，六十年矣，此亦數之窮也，必與天地復合〔二四〕。且建中時，朱泚搏天子狩畿甸，李希烈僭于梁，王武俊稱趙，朱滔稱冀〔二五〕，田悦稱魏，李納稱齊，郡國往往弄兵者，低目而視。當此之時，可爲危矣，然天下卒於無事〔二六〕。自元和已來，劉闢守蜀，棧道劍閣，自以爲子孫世世之地，然軍卒三萬〔二七〕，數月見羈。李錡横大江，撫石頭，全吳之兵，不得一戰，反束帳下〔二八〕。田季安守魏，盧從史守潞，皆天下之精甲，駕趙爲騎，鼎立相視，可爲强矣。然從史繞壍五十里，萬戟自護，身如大醉，忽在轞車。季安死，墳杵未收〔二九〕，家爲逐客。蔡人被重葉之甲，圓三石之弦，持九尺之刃，突前跳後，卒蔟忽反如搏鶚，一可枝百者累數萬人〔三〇〕，四歲不北二三，可爲堅矣，然夜半大雪，忽失其城。齊人經地數千里，倚渤海，牆泰山，壍大河，精甲數億，鈐劍其阸〔三一〕，可爲安矣，然兵折於潭趙。地名，鄆西六十里。首竿於都市。此皆君之自見，亦非人力所能及，蓋上帝神兵下來誅之耳。今天子巨謀纖計，必平章於大臣，鋪樂張獵，未嘗戴星徘徊，顐五困切玩之臣，顔澀不展，縮衣節口，以賞戰士，此志豈須臾忘於天下哉。今國兵騣騣北來，趙人已獻城十二，助魏破齊，唯燕未得一日之勞爲子孫壽，後世豈能帖帖無事乎！吾深爲君憂之。」總泣且拜，曰：「自數月已來〔三二〕，未聞先生之言，今者幸枉大教，吾心定矣。」明年春，劉總出燕，卒于趙，忠護總喪來〔三三〕，數日亦卒。年六十四，官至御史大夫。忠弟憲，前范陽安次令，持兄喪歸葬于絳，常往來長安間。元年孟春〔三四〕，某遇於馮翊屬縣北徵中〔三五〕，因吐其兄之狀，某因直書其事。至於褒貶之間〔三六〕，俟學《春秋》者焉。

【校勘記】

〔一〕「燕將録」，《文苑英華》卷七九五作「《燕將傳》」。

〔二〕「譚忠」，原作「諢忠」，據《唐文粹》卷一〇〇、《資治通鑑》卷二四〇、《全唐文》卷七五六、文津閣本改。

〔三〕「白狼口」，「白」字原作「曰」，據《唐文粹》卷一〇〇、《文苑英華》卷七九五、景蘇園本、《全唐文》卷七五六、文津閣本改。

〔四〕「令其徒」，《文苑英華》卷七九五作「合其徒」，下校：「集本、文粹作令。」

〔五〕「爲之奈何」，《文苑英華》卷七九五作「計爲之何」，並於「之」下校：「集有禁字。」

〔六〕「壯矣哉」，「矣」，《文苑英華》卷七九五、《全唐文》卷七五六均作「夫」，《文苑英華》下校：「集作矣。」

〔七〕「忠其時」，《文苑英華》卷七九五作「忠時」，並於「忠」下校：「集本、文粹有其字。」

〔八〕「取蜀取吴」，「吴」，《文苑英華》卷七九五、《全唐文》卷七五六作「夏」，《文苑英華》下校：「集作吴。」

〔九〕「越魏伐趙」，「魏」原作「魄」，據景蘇園本、《唐文粹》卷一〇〇、《文苑英華》卷七九五、《全唐文》卷七五六、文津閣本改。

〔一〇〕「禁甲」，《文苑英華》卷七九五、《唐文粹》卷一〇〇作「秦甲」。

〔一一〕「練精兵」，原作「兵練精」，據《唐文粹》卷一〇〇、《文苑英華》卷七九五、《全唐文》卷七五六、文津閣本互乙。

〔一二〕「爲」，《文苑英華》卷七九五作「有」，下校：「集作爲。」

〔一三〕「不」，《文苑英華》卷七九五作「希」，下校：「集作不。」文津閣本作「百」。

〔一四〕「執事豈能無意於趙乎」，「趙」字，《文苑英華》卷七九五作「魏」，疑是。

〔一五〕「濟以趙叛命」，原作「濟、趙叛命」，《文苑英華》卷七九五、《全唐文》卷七五六、文津閣本作「濟以趙叛命」，據改。

〔一六〕「示」，《唐文粹》卷一〇〇、《文苑英華》卷七九五作「視」。

〔一七〕「天子」，《唐文粹》卷一〇〇、《文苑英華》卷七九五於「天子」二字後有「曰」字。

〔一八〕「濟」，《文苑英華》卷七九五作「度」，下校：「集作濟。」

〔一九〕「賣」，《文苑英華》卷七九五作「買」，下校：「集作賣。」

〔二〇〕「敗忠」，《唐文粹》卷一〇〇作「販忠」。

〔二一〕「畢」，《文苑英華》卷七九五、文津閣本作「軍」，下校：「集作畢。」

〔二二〕「滴河」，原作「商河」，據《唐文粹》卷一〇〇、《文苑英華》卷七九五、《全唐文》卷七五六、《舊唐書》卷三九《地理志》改。

〔二三〕按上文所列，僅十一縣，《資治通鑑》卷二四〇胡三省注云：「德州領安德、長河、平原、平昌、將陵、安陵六縣。棣州領厭次、滴河、陽信、蒲臺、渤海五縣。程權之退，承宗又取景州之東光，今皆以歸朝廷，故曰獻城十二。」胡校：「楊守敬校語曰：『按《元和郡縣志》，德州管安德、平原、平昌、將陵、安陵、蓨縣、長河七縣，棣州管厭次、滴河、渤海、陽信、蒲臺五縣，共十二縣。此注少安德一縣，又誤以蓨、平昌、將陵屬棣州。』是胡三省於德州漏列一縣，又爲自圓其説而列景州之東光，實不可從。楊守敬校語是。」

〔二四〕「地」，《文苑英華》卷七九五、《全唐文》七五六作「下」，《文苑英華》下校：「集本作地。」

〔二五〕「朱滔」，原作「朱泚」，據《文苑英華》卷七九五、《全唐文》七五六改。

〔二六〕「卒於」，《文苑英華》卷七九五作「卒爲」。

〔二七〕「軍卒」，《唐文粹》卷一〇〇、《文苑英華》卷七九五、《全唐文》卷七五六作「甲卒」。

〔二八〕「東」，《唐文粹》卷一〇〇、《全唐文》卷七五六、文津閣本作「東縛」。

〔二九〕「墳杵」，文津閣本作「墳杆」。

〔三〇〕「枝」，《文苑英華》卷七九五、《全唐文》卷七五六、文津閣本作「支」。

〔三一〕「鈐劍其阬」，《唐文粹》卷一〇〇、《全唐文》卷七五六無「劍」字。

〔三二〕「自數月已來」，原作「自數人來」，據《唐文粹》卷一〇〇、《文苑英華》卷七九五、《全唐文》卷七五六、文津閣本改。

〔三三〕「來」，《文苑英華》卷一〇〇、《全唐文》卷七五六、文津閣本作「未」。

〔三四〕「春」，《文苑英華》卷一〇〇、《全唐文》卷七五六作「夏」，《文苑英華》下校：「集本、文粹作春。」

〔三五〕「某」，文津閣本作「牧」。下文同。

〔三六〕「褒貶」，原作「襃貶」，據《唐文粹》卷一〇〇、《文苑英華》卷七九五、《全唐文》卷七五六改。

【注釋】

①本文作年，《杜牧年譜》考云：「《燕將録》：譚忠者，絳人也。（中略）明年春，劉總出燕，卒於趙。忠護總喪來，數日亦卒，年六十四，官至御史大夫。忠弟憲，前范陽安次令，持兄喪歸葬於絳，常往來長安間。元年孟春，某遇於馮翊屬縣北徵中，因吐其兄之狀。某因直書其事。按《漢書·地理志》，馮翊徵縣，顔師古注：『即今之澄城縣。』……故杜牧文中所謂『馮翊屬縣北徵』，即是唐之澄城縣。又按劉總卒於長慶元年（《通鑑》），譚忠之卒，亦在是年，而文中所謂『元年孟春』遇忠弟憲於馮翊縣北徵中，未記年號。長慶以後，終杜牧之世，有寶曆、大和、開成、會昌、大中諸年號。開成元年春，杜牧爲監察御史，分司東都，在洛陽，會昌元年春，杜牧在潯陽，大中元年春，杜牧爲睦州刺史（均詳本譜中），均不可能來至澄城縣，故文中所謂『元年』，蓋指寶曆或大和，兹姑以此事繫於大和元年。譚忠爲盧龍節度使劉總部將時，能説河北諸藩鎮不反抗朝廷。杜牧反對藩鎮割據，故贊同譚忠之行爲，作文記其事。」據此，則本文約大和元年（八二七）春作。

②劉濟：唐幽州昌平人。累官檢校兵部尚書。貞元五年，遷左僕射，充幽州節度使。後官至中書令。傳見《舊唐書》卷一四三、《新唐書》卷二一二。

③魏牧田季安：田季安，字夔，唐平州人。先任魏博節度副大使，後授左金吾衛將軍，兼魏州大都督府長史、魏博節度營田觀察處置等使。官至宰相，卒贈太尉。傳見《舊唐書》卷一四一、《新唐書》

卷二一〇。

④潞牧盧從史：盧從史，盧虔子。少矜力，習騎射，遊澤、潞間，節度使李長榮用爲大將。長榮卒，授昭義軍節度使。朝廷詔其討王承宗，逗留不進，陰相通謀，後被擒。傳見《舊唐書》卷一三二、《新唐書》卷一四一。潞，即潞州，唐昭義軍即在此。州治在今山西長治縣。

⑤濟子總襲職：劉總爲劉濟子，毒殺其父而自爲幽州節度使，朝廷不知，因授以斧鉞。累遷至檢校司空。朝廷命其討王承宗，總首鼠兩端，朝廷姑息，加總同中書門下平章事。後因殺父恐悸不安，遂請落髮爲僧，號大覺師。暴卒，贈太尉。傳見《舊唐書》卷一四三、《新唐書》卷二一二。

【集評】

用折、用變處，神似龍門。（鄭郲評本文）

唐文章近史者三焉：退之《毛穎》之於太史也；子厚《逸事》之於孟堅也；紫微（杜牧）《燕將》之於國策也。（陳鴻墀《全唐文紀事》）

張保皋鄭年傳

新羅人張保皋、鄭年者，自其國來徐州，爲軍中小將。保皋年三十，年少十歲，兄呼保皋。俱善鬬戰，騎而揮槍，其本國與徐州無有能敵者。年復能没海，履其地五十里不噎，角其勇健，保皋差不及年。保皋以齒，年以藝，常齟齬不相下。

後保皋歸新羅，謁其王曰：「遍中國以新羅人爲奴婢，願得鎮清海，新羅海路之要。使賊不得掠人西去。」其王與萬人，如其請，自大和後，海上無鬻新羅人者。保皋既貴於其國，年錯寞去職，饑寒在泗之漣水縣。一日言於漣水戍將馮元規曰：「年欲東歸乞食於張保皋。」元規曰：「爾與保皋所挾何如，奈何去取死其手？」年曰：「饑寒死，不如兵死快，況死故鄉邪！」年遂去。至謁保皋，保皋飲之極歡。飲未卒，其國使至，大臣殺其王，國亂無主。保皋遂分兵五千人與年，持年泣曰：「非子不能平禍難。」年至其國，誅反者，立王以報。王遂徵保皋爲相，以年代保皋。

天寶安禄山亂〔一〕，朔方節度使安思順以禄山從弟賜死，詔郭汾陽代之①。後旬日，復詔李臨淮持節分朔方半兵東出趙、魏②。當思順時，汾陽、臨淮俱爲牙門都將，將萬人〔二〕，不相

能，雖同盤飲食，常睇相視，不交一言。及汾陽代思順，臨淮欲亡去〔三〕，計未決，詔至，分汾陽兵東討，臨淮入請曰：「一死固甘，乞免妻子。」汾陽趨下，持手上堂偶坐，曰：「今國亂主遷，非公不能東伐〔四〕，豈懷私忿時耶！」悉召軍吏，出詔書讀之，如詔約束。及别，執手泣涕，相勉以忠義。訖平劇盜，實二公之力〔五〕。

知其心不叛，知其材可任，然後心不疑，兵可分。平生積忿，知其心，難也；忿必見短，知其材，益難也，此保皋與汾陽之賢等耳。年投保皋，必曰：「彼貴我賤，我降下之，不宜以舊忿殺我。」保皋果不殺，此亦人之常情也。臨淮分兵詔至，請死於汾陽，此亦人之常情也。保皋任年，事出於己，年且寒飢〔六〕，易爲感動。汾陽、臨淮，平生抗立，臨淮之命，出於天子，搉於保皋〔七〕，汾陽爲優。此乃聖賢遲疑成敗之際也，彼無他也，仁義之心與雜情並植〔八〕，雜情勝則仁義滅，仁義勝則雜情銷，彼二人仁義之心既勝，復資之以明，故卒成功。

世稱周、召爲百代人師〔九〕，周公擁孺子而召公疑之③。以周公之聖，召公之賢，少事文王，老佐武王，能平天下，周公之心，召公且不知之。苟有仁義之心，不資以明，雖召公尚爾，況其下哉。《語》曰：「國有一人，其國不亡。」夫亡國非無人也，丁其亡時〔一〇〕，賢人不用，苟能用之，一人足矣。

【校勘記】

〔一〕「天寶」，文津閣本作「天寶末」。

〔二〕「將萬人」，《文苑英華》卷七九五作「二人」，下校：「二字集作將萬人。」文津閣本亦作「二人」。

〔三〕「欲亡去」，《文苑英華》卷七九五作「欲去」。

〔四〕「伐」，《文苑英華》卷七九五作「討」，下校：「集作伐。」文津閣本亦作「討」。

〔五〕「實二公之力」，「力」字原作「方」，據《文苑英華》卷七九五、文津閣本、《全唐文》卷七五六改。

〔六〕「寒飢」，《文苑英華》卷七九五、文津閣本作「饑寒」。

〔七〕「摧」，《文苑英華》卷七九五作「角」，下校：「集作權。」

〔八〕「情」，《文苑英華》卷七九五作「性」，下校：「集作情。」以下句「雜情」，《文苑英華》均作「雜性」。

〔九〕「召」，原作「邵」，據《文苑英華》卷七九五、《全唐文》卷七五六、文津閣本改。以下「召」字同。

〔一〇〕「丁其亡時」，《文苑英華》卷七九五作「其未亡時」。「丁」，文津閣本作「寸」。

【注　釋】

① 郭汾陽：即郭子儀。字子儀，華州鄭人。安禄山反，子儀爲衛尉卿、靈武郡太守，充節度使，率軍討伐。後以討叛有功，爲朔方、河中、北庭、潞儀、澤沁等州節度行營，兼興平、定國副元帥，進封汾

陽郡王等。後賜號「尚父」，進位太尉、中書令。時與另一重臣李光弼齊名。傳見《舊唐書》卷一二〇、《新唐書》卷一三七。

② 李臨淮：即李光弼。唐營州柳城人。以破吐蕃、吐谷渾功，進雲麾將軍。朔方節度使安思順表爲副，知留後事。安禄山反，爲郭子儀薦爲河東節度副大使，知節度事。後以戰功授户部尚書、同中書門下平章事，節度如故。又代郭子儀爲朔方節度使。未幾，爲天下兵馬副元帥。上元元年，加太尉、中書令。寶應元年，進封臨淮郡王，稱李臨淮。與郭子儀齊名一時，世稱「郭李」。傳見《舊唐書》卷一一〇、《新唐書》卷一三六。

③ 周公擁孺子：孺子，指周武王之子周成王姬誦。周武王死時，成王年幼，故武王弟周公攝政輔佐。

竇列女傳〔一〕①

列女姓竇氏，小字桂娘。父良，建中初爲汴州户曹掾。桂娘美顔色，讀書甚有文。李希烈破汴州②，使甲士至良門，取桂娘以去。將出門，顧其父曰：「慎無戚，必能滅賊，使大人取富貴於天子。」桂娘既以才色在希烈側，復能巧曲取信，凡希烈之密，雖妻子不知者，悉皆得聞。希烈歸蔡州，桂娘謂希烈曰〔二〕：「忠而勇，一軍莫如陳先奇③。其妻竇氏，先奇寵且信之，願得相往來，以姊妹叙齒，因徐説之，使堅先奇之心。」希烈然之，桂娘因以姊事先奇妻〔三〕。嘗問曰〔四〕：「爲賊兇殘不道〔五〕，遲晚必敗，姊宜早圖遺種之地。」先奇妻然之。

興元元年四月，希烈暴死④，其子不發喪，欲盡誅老將校，以卑少者代之。計未決，有獻含桃者，桂娘白希烈子，請分遺先奇妻，且以示無事於外。因爲蠟帛書，曰：「前日已死，殯在後堂，欲誅大臣，希烈僭，故曰臣。須自爲計。」以朱染帛丸，如含桃。先奇發丸見之，言於薛育，育曰：「兩日希烈稱疾，但怪樂曲雜發，晝夜不絶〔六〕，此乃有謀未定，示暇於外，事不疑矣。」明日，先奇、薛育各以所部譟於牙門〔七〕⑤，請見希烈，希烈子迫出拜曰：「願去僞號，一如李納⑥。」時正已死，納代爲帥〔八〕。先奇曰：「爾父悖逆〔九〕，天子有命。」因斬希烈及妻子，函七首以獻，暴其尸於市。後兩月，吴少誠殺先奇⑦，知桂娘謀，因亦殺之。

請試論之：希烈負桂娘者，但劫之耳，希烈僭而桂娘妃〔一〇〕，復寵信之，於女子心，始終希烈可也。此誠知所去所就，逆順輕重之理明也。能得希烈，權也；姊先奇妻，智也；終能滅賊，不顧其私，烈也。六尺男子，有禄位者，當希烈叛，與之上下者衆矣，豈才力不足邪〔一一〕？蓋義理苟至，雖一女子可以有成。

大和元年，予客遊涔陽，路出荆州松滋縣，攝令王淇爲某言桂娘事〔一二〕。淇年十一歲能念

《五經》，舉童子及第⑧，時年七十五，尚可日記千言。當建中亂⑨，希烈與李納、田悅、朱泚、朱滔等僭詔書檄，爭戰勝敗，地名人名，悉能説之〔一三〕，聽説如一日前〔一四〕。言竇良出於王氏，實淇之堂姑子也。

【校勘記】

〔一〕「列女」，《文苑英華》卷七九六、《全唐文》卷七五六、文津閣本均作「烈女」，下同。

〔二〕「桂娘謂希烈曰」，《文苑英華》卷七九六作「桂娘嘗謂希烈曰」。

〔三〕「因以」，《文苑英華》卷七九六無「因」字，下校：「集有因字。」

〔四〕「嘗間曰」，《文苑英華》卷七九六、文津閣本作「嘗間謂曰」。

〔五〕「爲賊兇殘不道」，《文苑英華》卷七九六無「爲」字。

〔六〕「晝夜不絶」，原作「盡夜不絶」。胡校：「按庫本『盡夜』作『晝夜』，可從。『盡』、『晝』形近易訛。」文津閣本亦作「晝」，今據改。

〔七〕「所部譟於牙門」，《文苑英華》卷七九六、《全唐文》卷七五六作「所部兵譟於牙門」。

〔八〕「納代爲帥」，「帥」字原作「師」，據《文苑英華》卷七九五改。

〔九〕「悖逆」，原作「勃逆」，據《文苑英華》卷七九五、《全唐文》卷七五六、文津閣本改。

〔一〇〕「僭」，文津閣本作「貴」。

〔一一〕「豈才力不足邪」，《文苑英華》卷七九五作「此豈才力不足邪」。

〔一二〕「王淇」，「淇」字原作「洪」，據本篇下文改。《文苑英华》卷七九五作「湛」，下校：「集作淇，下同。」文津閣本作「淇」。

〔一三〕「悉能説之」，「説」，《文苑英華》卷七九五、《全唐文》卷七五六作「記」。

〔一四〕「一日」，《文苑英華》卷七九五作「一二日」，下校：「三字集作一日。」

【注　釋】

① 列女：同烈女。舊指重義輕生、有節操之婦女。本文謂「大和元年，予客遊涔陽，路出荆州松滋縣，攝令王淇爲某言桂娘事」，故文當作於大和元年（八二七）。其時杜牧遊澧州，訪其時初任澧州刺史之從兄杜悰也。

② 李希烈：唐燕州遼西人。先從平盧軍李忠臣，有戰功。德宗建中初，加御史大夫，爲淮西節度淮寧軍、檢校禮部尚書。不久，加檢校右僕射、同平章事。三年，又加檢校司空。後背叛朝廷，交通河北諸叛帥，僭稱建興王、天下都元帥。建中四年十二月，攻佔汴州，自稱帝。後因食牛肉遇疾，爲部將陳仙奇令醫人置藥毒死。傳見《舊唐書》卷一四五、《新唐書》卷二二五中。

③陳先奇：李希烈部將。《舊唐書·李希烈傳》作陳仙奇，並記其「起於行間，性忠果。自希烈死，朝廷授淮西節度，頗竭誠節。未幾，爲別將吳少誠所殺，贈太子太保，賻布帛、米粟有差，喪事官給」。傳見《舊唐書》卷一四五《李希烈傳》附、《新唐書》卷二二五中《李希烈傳》。

④興元元年四月二句：按希烈暴死時間，史書所載與此處所云不同。兩《唐書·李希烈傳》均記在貞元二年，《舊傳》更謂「貞元二年三月，因食牛肉遇疾，其將陳仙奇令醫人陳仙甫置藥以毒之而死」。《資治通鑑》卷二三二亦記於貞元二年，云「希烈兵勢日蹙，會有疾，夏，四月，丙寅，大將陳仙奇使醫陳山甫毒殺之」。《通鑑·考異》亦引杜牧此文，後云：「今從《實録》及《舊傳》。」則杜牧所記李希烈暴死時間當有誤。

⑤牙門：軍帳前立大旗表示營門。《國語·齊語》：「執枹鼓立於軍門。」韋昭注：「軍門立旌爲門，若今牙門矣。」

⑥李納：淄青鎮叛帥李正己之子。正己病死，李納請襲父位，朝廷不許，遂叛，稱齊王。興元初，德宗下詔罪己，納復歸順朝廷。傳見《舊唐書》卷一二四、《新唐書》卷二一三。

⑦吳少誠：李希烈寵將。幽州潞縣人。傳見《舊唐書》卷一四五、《新唐書》卷二一四。《舊傳》云：「希烈叛，少誠頗爲其用。希烈死，少誠等初推陳仙奇統戎事，朝廷已命仙奇，尋爲少誠所殺，衆推少誠知留務。朝廷遂授以申光蔡等州節度觀察兵馬留後，尋正授節度。」《資治通鑑》貞元二年

七月記「淮西兵馬使吳少誠殺陳仙奇，自爲留後。少誠素狡險，爲李希烈所寵任，故爲之報仇」。

⑧ 舉童子及第：童子，即唐代科舉考試中之童子科。凡十歲以下，能通一經，及《孝經》、《論語》，每卷誦文十通者，予官。通七者，與出身，謂之童子科。

⑨ 建中亂：指唐德宗建中時李希烈、朱泚、朱滔等人反叛朝廷事。

【集　評】

【伐國之女】李德裕云：自古得伐國之女以爲妃后，未嘗不致危亡之患。晉之驪姬，楚之夏姬、息嬀，苻堅之清河公主，侯景之溧陽公主，隋文帝之陳夫人，皆是物也。史蘇所謂我以男戎勝彼，彼必以女戎勝我。《隋書》曰：「興門之男，衰門之女。」信矣。杜牧集載陳希烈桂娘事尤異。云云。

楚成王滅息，以息嬀歸。後莊王滅陳，納夏姬。申公巫臣諫止，因自娶之，楚遂滅巫臣家。然則非亡楚也。又息嬀亦未嘗亡楚。與晉獻、秦堅事不合。桂娘是李希烈妾，後以計授陳仙奇殺希烈。楊誤合二人姓名爲一也。陳希烈是玄宗相，乃陷安禄山伏法者，相去亦不遠。凡此類姓名偶誤，或傳録者之僞，似不必置喙，第用修之語，後必信之，余恐致累學人，不敢避也。隋之亡，當由獨孤后陷太子勇，與陳氏無與。（胡應麟《少室山房筆叢》卷八續甲部「丹鉛新録」四）

書處州韓吏部孔子廟碑陰〔一〕①

天不生夫子於中國，中國當何如？曰不夷狄如也〔二〕。荀卿祖夫子，李斯事荀卿〔三〕，一日宰天下，盡誘夫子之徒與書坑而焚之〔四〕，曰：「徒能亂人，不若刑名獄吏治世之賢也。」彼商鞅者，能耕能戰，能行其法，基秦爲强，曰：「彼仁義亟官也，可以置之。」置之，言不用也。自董仲舒、劉向，皆言司馬遷良史也，而遷以儒分之爲九，曰：「博而寡要，勞而無功，不如道家者流也。」自有天地已來，人無有不死者，海上迂怪之士持出言曰〔五〕：「黄帝鍊丹砂，爲黄金以餌之，晝日乘龍上天，誠得其藥，可如黄帝〔六〕。」以燕昭王之賢〔七〕，破强齊，幾於霸；秦始皇、漢武帝之雄材，滅六强，擗四夷，盡非凡主也〔八〕。皆甘其説，耗天下、捐骨肉而不辭，至死而不悟〔九〕。莫尊於天地〔一〇〕，莫嚴於宗廟社稷。梁武帝起爲梁國者，以笴脯麪牲爲薦祀之禮，曰：「佛之教，牲不可殺。」以天子之尊〔一一〕，捨身爲其奴，散髮布地，親命其徒踐之。

有天地日月爲之主，陰陽鬼神爲之佐，夫子巍然統而辯之，復引堯、舜、禹、湯、文、武、周公爲之助，則其徒不爲劣，其治不爲僻。彼四君二臣，不爲無知，一旦不信，背而之他，仍族滅之。儻不生夫子，紛紜冥昧，百家鬭起，是己所是，非己所非，天下隨其時而宗之，誰敢非之。縱有非之者，欲何所依擬而爲其辭〔一二〕。是楊、墨、駢、慎已降，百家之徒，廟貌而血食，十年一變法，百年一改教，横斜高下，不知止泊。彼夷狄者，爲夷狄之俗，一定而不易，若不生夫子，是知其必不夷狄如也〔一三〕。

韓吏部《夫子廟碑》曰：天下通祀，惟社稷與夫子。社稷壇而不屋，取異代爲配〔一四〕，未若夫子巍然當門〔一五〕，用王者禮，以門人爲配②，自天子至於庶人〔一六〕，親北面而師之。夫子以德，社稷以功，固有次第〔一七〕。因引孟子曰：「生人已來，未有如夫子者也。」自古稱夫子者多矣，稱夫子之德，莫如孟子；稱夫子之尊，莫如韓吏部，故書其碑陰云。

【校勘記】

〔一〕《文苑英華》卷八四六於「碑陰」後有「記」字。

〔二〕「天不生夫子於中國中國當何如曰不夷狄如也」：胡校：「按庫本作『天不生夫子於春秋，後世當何如？曰不春秋如也。』」今按，庫本所改，當是避清諱而爲。

〔三〕「李斯事荀卿」，「事」字，《全唐文》卷七五四作「師」。

〔四〕「盡誘夫子之徒與書」，《文苑英華》卷八四六於「與」字後有「其」字，下校：「集本、文粹無其字。」

〔五〕「持」，《唐文粹》卷五一、《文苑英華》卷八四六、文津閣本作「時」，《全唐文》卷七五四作「特」，《文苑英華》下校：「二本作特。」胡校：「按庫本『持』作『特』，是。」

〔六〕「可如黄帝」，「如」字原作「知」，據《唐文粹》卷五一、《文苑英華》卷八四六、《全唐文》卷七五四、文津閣本改。

〔七〕「之賢」，「之」字，《文苑英華》卷八四六作「才」字，下校：「二本作才。」

〔八〕「凡主」，「主」字原作「王」，據《唐文粹》卷五一、《文苑英華》卷八四六、《全唐文》卷七五四改。

〔九〕「不悟」，「悟」字，《文苑英華》卷八四六作「寤」，下校：「二本作悟。」

〔一〇〕「莫尊於天地」，「莫」字原作「其」，據《唐文粹》卷五一、《文苑英華》卷八四六、《全唐文》卷七五四、文津閣本改。

〔一一〕「之」，原無「之」字，據《唐文粹》卷五一、《文苑英華》卷八四六、《全唐文》卷七五四、文津閣本補。

〔一二〕「依擬」，《唐文粹》卷五一、《文苑英華》卷八四六、《全唐文》卷七五四、文津閣本均作「依據」。

〔一三〕「彼夷狄者爲夷狄之俗一定而不易若不生夫子是知其必不夷狄如也」：胡校：「按庫本作『處後世者，弑父弑君，奚啻倍於春秋，若不生夫子，是知其必不春秋如也。』」

〔一四〕「配」，文津閣本作「祀」。

〔一五〕「當門」，《唐文粹》卷五一、《全唐文》卷七五四作「當座」。文津閣本作「高座」。

〔一六〕「至」，《文苑英華》卷八四六作「是」。

〔一七〕「固有次第」，《唐文粹》卷五一、《全唐文》卷七五四此句後有「哉」字。

【注釋】

①處州：唐州名。隋開皇九年於永嘉郡置，十二年改括州。唐復名處州。州治在今浙江麗水。韓吏部，即唐著名文學家韓愈。韓愈曾任吏部侍郎，故稱。此文作於何時難确考，蓋據現存資料，未有明確提及杜牧至處州者。然本集卷一六《薦韓乂啓》云「大和八年，自淮南有事至越，見韓居於鏡上」。則杜牧至越此行，未知是否亦至處州？倘有處州之行，則本文可能即作於大和八年（八三四）。

②用王者禮二句：指用祭祀王之禮儀以祭祀孔子。《舊唐書·玄宗紀》開元二十七年八月：「甲申，制追贈孔宣父爲文宣王，顔回爲兗國公，餘十哲皆爲侯，夾坐。後嗣褒聖侯改封爲文宣公。」

【集評】

韓退之《瀧吏》詩云：「不知官在朝，有益國家不。得無風其間，不武亦不文。仁義飾其躬，巧姦敗群倫。」古本「風」作「虱」。或引阮嗣宗「虱處褌中」爲解，非也。按秦公孫鞅書《靳令篇》云：「國以功受官予爵，則治省言寡，以六蝨授官予爵，則治煩言生。六蝨曰禮樂，曰詩書，曰修善，曰孝悌，曰誠信，曰貞廉，曰仁義，曰非兵，曰羞戰，國有十二者，上無使農戰，必貧至削，十二者成群，此謂君之治不勝其臣，官之治不勝其民，此謂六蝨勝其政也。」杜牧之云：「彼商鞅者，能耕能戰，能行其法，基秦爲强，曰：『彼仁義蝨官也，可以置之。』」此昌黎之意也。（姚寬《西溪叢語》卷下）

三子言性辯①

孟子言人性善，荀子言人性惡，楊子言人性善惡混。曰喜、曰哀、曰懼、曰惡、曰欲、曰愛、曰怒，夫七者情也，情出於性也。夫七情中，愛、怒二者〔一〕，生而自能〔二〕。是二者性之根，惡之端也。乳兒見乳，必拏求，不得即啼，是愛與怒與兒俱生也，夫豈知其五者焉。既壯，而五者隨而生焉。或有或亡，或厚或薄，至於愛、怒，曾不須臾與乳兒相離，而至於壯也。君子之性，愛、怒淡然，不出於道。中人可以上下者，有愛拘於禮，有怒懼於法〔三〕。世有禮法，其有踰者，不敢恣其情；世無禮法，亦隨而熾焉。至於小人，雖有禮法，而不能制，愛則求之，求不得即怒，怒則亂。故曰愛、怒者，性之本，惡之端，與乳兒俱生，相隨而至於壯也。

凡言性情之善者〔四〕，多引舜、禹；言不善者，多引丹朱、商均②。夫舜、禹二君子，生人已來，如二君子者，凡有幾人？不可引以爲喻。丹朱、商均爲堯、舜子，夫生於堯、舜之世，被其化皆爲善人〔五〕，況生於其室，親爲父子，蒸不能潤，灼不能熱，是其惡與堯、舜之善等耳。天止一日月耳，言光明者，豈可引以爲喻。人之品類，可與上下者衆，可與上下之性〔六〕，愛、怒居多。愛、怒者，惡之端也。苟言人之性惡，比於二子，苟得多矣。

【校勘記】

〔一〕「愛怒二者」，《文苑英華》卷三六七、《全唐文》卷七五四作「愛者、怒者」。

〔二〕「生而自能」，「自能」原作「能自」，據《唐文粹》卷四六、《文苑英華》卷三六七、《全唐文》卷七五四改。

〔三〕「有怒懼於法」，《文苑英華》卷三六七、《全唐文》卷七五四於「法」字後有「也」字。

〔四〕「性情」，《唐文粹》卷四六、《文苑英華》卷三六七作「情性」。

〔五〕「被其化」，文津閣本於「化」字後有「者」字。

〔六〕「可與上下之性」，《唐文粹》卷四六無「與」字。

【注　釋】

①　三子：據下文所言，三子指孟子（孟軻）、荀子（荀況）、楊子（揚雄，楊，應作揚）。

②　丹朱商均：據《史記・五帝本紀》，丹朱乃帝堯之子。堯因丹朱不肖，禪位於舜。商均，據《史記・五帝本紀》及《夏本紀》，乃舜之子。舜以爲商均不肖，乃使伯禹繼位。禹立，封商均於虞。

塞廢井文①

井廢輒不塞，於古無所據〔一〕。今之州府廳事有井〔二〕，廢不塞；居第在堂上，有井廢亦不塞，或匣而護之，或横木土覆之，至有歲久木朽，陷人以至於死，世俗終不塞之，不知何典故而井不可塞〔三〕？井雖列在五禮〔四〕②，在都邑中，物之小者也。若盤庚五遷其都者〔五〕，社稷宗廟〔六〕，尚毁其舊，而獨井豈不塞邪！古者井田，九頃八家，環而居之，一夫食一頃，中一頃樹蔬鑿井，而八家共汲之，所以籍齊民而重泄地氣。以小喻大，人身有瘡，不醫即死；木有瘡，久不封即亦死。地有千萬瘡，於地何如哉？古者八家共一井，今家有一井，或至大家至于四五井，十倍多於古。地氣漏泄，則所産脆薄，人生於地内，今之人不若古之人渾剛堅一，寧不由地氣洩漏哉？《易》曰「改邑不改井」，此取象言安也，非井不可塞也。天下每州，春、秋二時，天子許抽當所上賦錫宴〔七〕，其刺史及州吏必廓其地爲大宇，以張其事。黄州當是地，有古井不塞，故爲文投之而實以土〔八〕。

【校勘記】

〔一〕「據」，《文苑英華》卷三六四校：「一作稱。」

〔二〕「廳事」，「事」，《文苑英華》卷三六四校：「一作署。」

〔三〕「不知何典故」，《文苑英華》卷三六四、《全唐文》卷七五四於「何」字前有「出」字。

〔四〕「五禮」，《文苑英華》卷三六四、《全唐文》卷七五四作「五祀」。

〔五〕「者」，《文苑英華》卷三六四、《全唐文》卷七五四無「者」字。

〔六〕「社稷宗廟」，《文苑英華》卷三六四、《全唐文》卷七五四於「社」字前有「若」字。

〔七〕「當」，《文苑英華》卷三六四、《全唐文》卷七五四作「常」。

〔八〕此句原作「故爲文投實以土」，今據《文苑英華》卷三六四、《全唐文》卷七五四改。

【注釋】

①此文末云「黄州當是地，有古井不塞，故爲文投之而實以土」。則文乃杜牧任黄州刺史時所作，亦

即會昌二年春末至會昌四年（八四二—八四四）九月，唯未能定其確年。

② 五禮：古代五種禮儀。即祭祀之事爲吉禮，冠婚之事爲嘉禮，賓客之事爲賓禮，軍旅之事爲軍禮，喪葬之事爲凶禮，合稱五禮。

題荀文若傳後①

荀文若爲操畫策取兗州，比之高、光不棄關中、河内②；官渡不令還許，比楚、漢成皋③。凡爲籌計比擬，無不以帝王許之，海内付之。事就功畢，欲邀名於漢代，委身之道，可以爲忠乎？世皆曰曹、馬④。且東漢崩裂紛披，都遷主播，天下大亂，操起兵東都，提獻帝於徒步困餓之中，南征北伐，僅三十年，始定三分之業。司馬懿安完之代，竊發肘下，奪偷權柄，殘虐狡譎，豈可與操比哉。若使操不殺伏后，不誅孔融，不囚楊彪，從容於揖讓之間，雖慚於三代，天下非操而誰可以得之者？紂殺一比干，武王斷首燒屍而滅其國。桓、靈四十年間〔一〕，殺千百比干，毒流其社稷，可以血食乎？可以壇墠父天拜郊乎？假使當時無操，獻帝復能正其國乎？假使操不挾獻帝以令，天下英雄能與操爭乎？若使無操，復何人爲蒼生請命乎？教盜穴牆發櫃，多得金玉，已復不與同挈，得不爲盜乎？何況非盜也。文若之死，宜然耶。

【校勘記】

〔一〕「桓靈四十年間」，「桓靈」原作「桓温」，據《全唐文》卷七五四改。

【注　釋】

① 荀文若：即東漢末荀彧。字文若，潁川潁陰人。舉孝廉，拜守宫令，遷亢父令。初依袁紹，後投曹操。屢爲曹操出謀劃策，爲所器重。累官漢侍中，守尚書令。曹操雖征伐在外，軍國事皆與彧籌劃。後董昭等人謂曹操宜進爵魏公，「彧以爲曹操本興義兵以匡朝寧國，秉忠貞之誠，守退讓之實，君子愛人以德，不宜如此」（《三國志》本傳）。以此忤曹操意，遂飲毒自盡（一説以憂慮薨）。傳見《三國志》卷一〇、《後漢書》卷七〇。

② 此事《三國志·荀彧傳》載：「陶謙死，太祖欲遂取徐州，還乃定（吕）布。彧曰：『昔高祖保關中，光武據河内，皆深根固本以制天下，進足以勝敵，退卒以堅守，故雖有困敗而終濟大業。將軍本以兗州首事，……若舍布而東，多留兵則不足用，少留兵則民皆保城，不得樵採。布乘虚寇暴，民心益危，唯鄄城、范、衛可全，其餘非己之有，是無兗州也。若徐州不定，將軍當安所歸乎？』」

③此事《三國志·荀彧傳》載：「三年，太祖既破張繡，東擒吕布，定徐州，遂與袁紹相拒。孔融謂彧曰：『紹地廣兵彊；田豐、許攸，智計之士也，爲之謀；審配、逢紀，盡忠之臣也，任其事；顔良、文醜，勇冠三軍，統其兵：殆難克乎！』彧曰：『紹兵雖多而法不整。田豐剛而犯上，許攸貪而不治。審配專而無謀，逢紀果而自用，此二人留知後事，若攸家犯其法，必不能縱也，不縱，攸必爲變。顔良、文醜，一夫之勇耳，可一戰而禽也。』五年，與紹連戰。太祖保官渡，紹圍之。太祖軍糧方盡，書與彧，議欲還許以引紹。彧曰：『今軍食雖少，未若楚、漢在滎陽、成皋間也。是時劉、項莫肯先退，先退者勢屈也。公以十分居一之衆，畫地而守之，扼其喉而不得進，已半年矣。情見勢竭，必將有變，此用奇之時，不可失也。』太祖乃住。遂以奇兵襲紹别屯，斬其將淳于瓊等，紹退走。審配以許攸家不法，收其妻子，攸怒叛紹；顔良、文醜臨陣授首；田豐以諫見誅：皆如彧所策。」

④曹馬：此處指曹操和司馬懿。司馬懿原乃曹魏大臣，後來背叛曹魏，爲司馬氏政權替代曹魏政權奠定基礎。曹操，傳見《三國志》卷一。司馬懿，傳見《晉書》卷一。

【集評】

【荀彧與高祖比曹操元微之以比裴度】人有幸不幸。荀彧漢之忠臣，而牧之著論譏之云：「荀彧平日爲曹操畫策，嘗以高祖比之，則是與操反無疑。」予則以爲不然。且元微之《上裴晉公書》云：「日者閣下方事淮、蔡，獨當鑪錘。始以追韓信、拔吕蒙爲急務，固非叔孫通薦儒之日也。」然則微之固嘗以高祖比裴度矣，而謂微之勸度反，可乎？（吴曾《能改齋漫録》卷十）

樊川文集卷第七

唐故江西觀察使武陽公韋公遺愛碑〔一〕①

皇帝召丞相延英便殿講議政事，及於循吏，且稱元和中興之盛，言理人者誰居第一？丞相墀言：「臣嘗守土江西，目睹觀察使韋丹有大功德被于八州〔二〕，歿四十年，稚老歌思，如丹尚存。」丞相敏中②、丞相植皆曰③：「臣知丹之爲理，所至人愛〔三〕，所去人思〔四〕，江西之政，熟於聽聞。」乃命守臣紇干臮上丹之功狀〔五〕④，聯大中三年正月二十日詔書〔六〕，授史臣尚書司勳員外郎杜牧，曰：「汝爲丹序而銘之，以美大其事。」

臣某伏念天寶〔七〕、建中艱難之餘，根於河北，枝蔓於齊、魯、梁、蔡。闢爲章句書生以蜀叛⑤，錡爲宗室老以吳叛⑥。其他高下其目，跂而欲飛者，往往皆是。憲宗皇帝高聽古議〔八〕，廣諫益聖，任賢使能，考校法度，號令未出，威先雷霆。十有四年，擒殛兇狠，方行四海，罔不率伏。當是時〔九〕，凡五徵兵，解而復合，僅八周歲，天下晏然，不告勞苦，實以守土多循良吏，而丹居第一。周召伯治人於陝西，召穆公有武功於宣王時⑦，仲尼採《甘棠》、

《江漢》之詩〔一〇〕，絃而歌之，列于《風》、《雅》。班固叙漢宣帝中興名臣，言治人者亦首述黄霸、龔遂〔一一〕，次將相下。今下明詔刻丹治效，令得與元和功臣，彰中興得人之盛，懸於無窮，用古道也。

謹案韋氏自漢丞相賢已降，代有達官，寬有大功於後周〔一二〕，封鄖國公。鄖公曾孫幼平，爲岐州參軍；生抱貞，爲梓州刺史；生政，爲漢州雒縣丞，贈右諫議大夫；雒縣生武陽公。公字文明，以明《五經》登科，授校書郎、咸陽尉，以監察御史、殿中侍御史佐張獻甫於邠寧府。徵爲太子舍人，遷起居郎，檢校吏部員外郎，侍御史，河陽行軍司馬。未行，改駕部員外郎。會新羅國以喪來告，且稱立君，拜司封郎中、兼御史中丞，章服金紫，弔册其嗣。新羅再以喪告，不果行，改容州經略使，築州城環十三里，因悉城管内十三州，教種茶麥，多開屯田，黄賊畏服⑧，詔加太中大夫。貞元末，拜河南少尹，連拜檢校秘書監，兼御史中丞，鄭滑行軍司馬，皆未至。拜右諫議大夫。

憲宗即位，劉闢以蜀叛，議者欲行貞元故事，請釋不誅。公再上疏曰〔一三〕：「今不誅闢，則朝廷可以指臂而使者，唯兩京耳，此外而誰不爲叛〔一四〕？」因拜劍南東川節度使、兼御史大夫。時劉闢急攻梓州，公至漢中，表言攻急守堅，不可易帥，高崇文客軍遠鬭，無所資，若與梓州，綴其士心，必能有功。遂召拜晉、慈、隰三州觀察使。

不半歲，元和二年二月，拜洪州觀察使。洪據章江〔一五〕，上控百越，爲一都會。屋居以茅竹爲俗，人火之餘，烈日久風，竹戛自焚，小至百家，大至盪空。霖必江溢，燥必火作，火水夾攻，人無固志，傾摇懈怠，不爲旬月生産計。公始至任，計口取俸，除去冗事，取公私錢，教人陶瓦，伐山取材，堆疊億計。人能爲屋，取官材瓦，免其半賦，徐責其直，自載酒食，以勉其勞，初若艱勤，日成月就，不二周歲，凡爲瓦屋萬四千間，樓四千二百間，縣市營廄，名爲棟宇，無不創爲〔一六〕。派湖入江，節以斗門，以走暴漲。闢開廣衢，南北七里，盪渫汙壅，築堤三尺〔一七〕，長十二里。堤成明年，江與堤平。鑿六百陂塘，灌田一萬頃，益勸桑苧，機織廣狹，俗所未習，教勸成之。凡三周年，成就生遂〔一八〕，手爲目睹〔一九〕，無不如志。

公之爲政，去害興利，機決勢去，如孫、吴乘敵⑨，不可當向。輔以經術，仁撫智誘，慈母之心，赤子之欲，求必得之。故人自盡力，所指必就。子産治鄭，未及三年，國人尚謗；黄霸治潁川，前後八年，始曰愈治。考二古人行事，與公相次第，不知如何。元和五年薨，年五十八。其銘曰：

章武皇帝，披攘經營。凡十四年，五大徵兵〔二〇〕。人不告病，肩於太寧。將相是矣，豈無循良。考第理行，誰高武陽？武陽所至，爲人父母。於洪之功，洞無前古。洪始有居，水火是苦。二者夾攻，死無處所。曰天所然〔二一〕，不嗟不訴。武陽始至，材瓦是聚。公錢不足，以俸爲助。能爲居宇〔二二〕，貰貸付與。日載酒餚〔二三〕，如撫稚乳〔二四〕。不督不程，誘以美語。未二周星，創數萬堵。幾半重樓，如《詩》翬羽⑩。錮以長堤〔二五〕，繚四千步。明年水平，人始歌舞。災久事鉅，一日除去。灌田萬頃，益種桑苧。俗所未有，罔不完具。寂寥千年〔二六〕，誰守兹土？大中聖人，元和是師。圖讚功勞，武陽豈遺。乃命史臣，刻序碑辭。寵假武陽，爲人慰思。訓勸守吏，勉於爲治。

【校勘記】

〔一〕《文苑英華》卷八七〇題前無「唐」字。

〔二〕「韋丹」，原作「契丹」，據《文苑英華》卷八七〇、《全唐文》卷七五四、文津閣本改。

〔三〕「所至人愛」，此四字原無，據《文苑英華》卷八七〇、《全唐文》卷七五四、文津閣本補。

〔四〕「所去人思」，「去」字原作「至」，據《文苑英華》卷八七〇、《全唐文》卷七五四、文津閣本改。

〔五〕「乃命守臣紇干臮上丹之功狀」，「守臣」原作「首臣」，據《文苑英華》卷八七〇、《全唐文》卷七五四、文津閣本改。「紇干臮」，原作「紇干衆」，《文苑英華》卷八七〇、《全唐文》卷七五四作「覈干衆」。然《新唐書》卷五九《藝文志三》、《唐郎官石柱題名考》、《唐方鎮年表》等作「紇干臮」，當較可信，今據改。又，文津閣本作「覈於衆」。「上丹之功狀」，《文苑英華》卷八七〇無「之」字，並於「丹」字下校：「集有公字。」

〔六〕「聯」，《文苑英華》卷八七〇、《全唐文》卷七五四、文津閣本無「聯」字。

〔七〕「某」，《文苑英華》卷八七〇作「牧」，《全唐文》卷七五四作「臣某」。文津閣本作「臣牧」。

〔八〕「古」，文津閣本作「召」。

〔九〕「當是時」，《文苑英華》卷八七〇作「當時」。

〔一〇〕「仲尼」，原作「神尼」，據《文苑英華》卷八七〇、《全唐文》卷七五四、文津閣本改。

〔一一〕「首述」，原作「首迷」，據《文苑英華》卷八七〇、《全唐文》卷七五四、文津閣本改。

〔一二〕「寛有大功於後周」，《文苑英華》卷八七〇、《全唐文》卷七五四、文津閣本於「寛」字前有「孝」字。

〔一三〕「公再」，《文苑英華》卷八七〇作「公再拜」，並於「拜」字下校：「集無此字。」

〔一四〕「此外」，《文苑英華》卷八七〇作「此後外」，並於「後」字下校：「集無此字。」

〔一五〕「洪據章江」，「據」字原作「操」，據《文苑英華》卷八七〇、《全唐文》卷七五四、文津閣本改。

〔一六〕「創爲」，《文苑英華》卷八七〇無「爲」字。文津閣本作「創焉」。

〔一七〕「三尺」，《文苑英華》卷八七〇、《全唐文》卷七五四、文津閣本作「五尺」。

〔一八〕「成就」，《文苑英華》卷八七〇作「就成」。

〔一九〕「手爲目睹」，「目睹」原作「日睹」，據《文苑英華》卷八七〇、《全唐文》卷七五四、文津閣本改。

〔二〇〕「五大」，《文苑英華》卷八七〇、文津閣本作「五六」。

〔二一〕「所然」，《文苑英華》卷八七〇作「使無」，下校：「集作所然。」

〔二二〕「居守」，《文苑英華》卷八七〇作「居守」。

〔二三〕「日載」，《文苑英華》卷八七〇作「月載」，並於「月」下校：「集作日。」

〔二四〕「如撫稚乳」，「撫」字原作「無」，據《文苑英華》卷八七〇、《全唐文》卷七五四、文津閣本改。

〔二五〕「錮以長堤」，「錮」字原作「錭」，據《文苑英華》卷八七〇、《全唐文》卷七五四改。

〔二六〕「千年」，《文苑英華》卷八七〇作「十年」。

【注　釋】

①武陽公韋公：即韋丹。生平見本集卷一五《進撰故江西韋大夫遺愛碑文表》注。《資治通鑑》卷二四八載：「（大中）三年春正月，上與宰相論元和循吏孰爲第一。周墀曰：『臣嘗守土江西，聞觀察使韋丹功德被於八州，没四十年，老稚歌思，如丹尚存。』乙亥，詔史館修撰杜牧撰丹碑以記之。」杜牧撰畢此碑後，有《進撰故江西韋大夫遺愛碑文表》，未提及具體撰寫年月，然此兩文當均作於大中三年正月受命撰碑後不久，亦即大中三年（八四九）春之作。

②丞相敏中：即白敏中，字用晦。大中三年時任宰相。傳見《舊唐書》卷一六六、《新唐書》卷一

一九。

③丞相植：即馬植，字存之。大中三年時任宰相。傳見《舊唐書》卷一七六、《新唐書》卷一八四。

④紇干㮚：字咸一。曾任郢州長史、庫部郎中、知制誥、中書舍人等職。大中元年至三年任江西觀察使，後轉嶺南節度使。

⑤闢爲章句書生以蜀叛：闢，即劉闢，字太初。傳見《舊唐書》卷一四〇、《新唐書》卷一五八。據《資治通鑑》卷二三六，永貞元年八月，西川節度使韋皋卒，支度副使劉闢自爲留後，又使諸將表求節鉞，朝廷不許。後朝廷寬容之，命劉闢爲西川節度副使、知節度事。「右諫議大夫韋丹上疏，以爲：『今釋闢不誅，則朝廷可以指臂而使者，惟兩京耳。此外誰不爲叛！』上善其言。壬子，以丹爲東川節度使。」

⑥錡爲宗室老以吳叛：錡，即李錡。唐淄川王孝同五世孫。傳見《舊唐書》卷一一二、《新唐書》卷二二四上。據其本傳，李錡於德宗時任潤州刺史、浙西觀察、諸道鹽鐵轉運使。時恃恩驁横，無所憚，圖久安計，乃益募兵。又爲鎮海軍節度使，罷領鹽鐵轉運。憲宗即位後，詔拜尚書左僕射，抗命不從，遂謀據江左而反。

⑦召穆公有武功於宣王時：召穆公，即召公奭後代召虎。周宣王時，淮夷不服，宣王命召虎率軍沿江漢出征討伐，立下戰功。《詩·大雅·韓奕》：「江漢之滸，王命召虎。」即詠召穆公此事。

⑧黄賊：指黄家賊，黄家洞賊，即《新唐書》卷二二二下《南蠻下》之「西原蠻」中之一。此傳云：「西原蠻，居廣、容之南，邕、桂之西。有甯氏者，相承爲豪。又有黄氏，居黄橙洞，其隸也。其地西接南詔。天寶初，黄氏彊，與韋氏、周氏、儂氏相脣齒，爲寇害，據十餘州。」又「貞元十年，黄洞首領黄少卿者，攻邕管，圍經略使孫公器。……少卿子昌沔趫勇，前後陷十三州，氣益振。……元和初，邕州擒其別帥黄承慶。明年，少卿等歸款，拜歸順州刺史。」黄家賊狀況，又可參韓愈《黄家賊事宜狀》一文。

⑨孫吴：指孫武、吴起。孫武，春秋時齊國人，著名軍事家，著有《孫子兵法》十三篇。事吴王闔閭，爲吴將。傳見《史記》卷六五。吴起，戰國衛國人，著名軍事家，著有《吴子》一書。先事魏文侯爲將，任西河守，以拒秦、韓。又依楚悼王，相楚。後爲宗室大臣所忌，被害。傳見《史記》卷六五。

⑩如詩翬羽：《詩經》中有《斯干》篇，中有「如翬斯飛」句，乃用以形容宫室樓檐如同飛鳥之翅膀。翬，五彩之山雉。

唐故太子少師奇章郡開國公贈太尉牛公墓誌銘并序〔一〕①

唐佐四帝十九年宰相牛公諱某，字某〔二〕。八代祖弘，以德行儒學相隋氏，封奇章郡公，贈文安侯。文安後四世諱鳳及，仕唐爲中書門下侍郎、監修國史〔三〕，於公爲高祖。文安後五世集州刺史、贈給事中諱休克，於公爲曾祖。集州生太常博士、贈太尉諱紹〔四〕，太尉生華州鄭縣尉、贈太保諱幼聞，太保生公，孤始七歲。長安南下杜樊鄉東，文安有隋氏賜田數頃〔五〕，書千卷尚存。公年十五，依以爲學，不出一室，數年業就，名聲入都中。故丞相韋公執誼，以聰明氣勢，急於褒拔，如柳宗元、劉禹錫輩，以文學秀少〔六〕，皆在門下。韋公亟命柳、劉於樊鄉訪公，曰願一得相見〔七〕。公乘驢至門，韋公曰：「是矣。東京李元禮爲後進師②，隋奇章公仁德禄位，二者包而有之。」

登進士上第。元和四年，應賢良直諫制，數强臣不奉法，憂天子熾於武功，詔下第一，授伊闕尉。以直被毁，周歲凡十府奏取不下。伊闕滿歲，郤公士美以昭義軍書記辟，凡三上請，詔除河南尉，拜監察御史。丁母夫人憂，制終復拜監察御史，轉殿中侍御史，遷禮部員外郎、都官員外郎、兼侍御史知雜事。改考功員外郎、集賢殿學士〔八〕、庫部郎中、知制誥，賜五品命服。

半歲，遷御史中丞。宿州刺史李直臣以贓數萬敗，穆宗得偏辭於中〔九〕，稱直臣冤，且言有才，宰相言格不用。公以具獄奏〔一〇〕，上曰：「直臣有才可惜。」公曰：「彼不才者，無飽食以足妻子，安足慮。本設法令，所以縛束有才者。禄山、朱泚，是才過人而亂天下。」上因可奏，曰「善」。賜章服金紫，遷户部侍郎，掌財賦事。上益親重，欲相之。會中書令韓弘男公武謀曰：「大人守大梁二十年，齊、蔡誅後始來朝，今不以財援中外〔一一〕，設有飛一辭者，誰與保白。」〔一二〕公武賫弘書獻公錢千萬，公笑曰：「此何名爲？公亟持去。」明年，弘、公武繼卒，主藏奴與吏訟於御史府，上憐弘大臣，父子併死，稚孫將家事，走中使至第，盡取財簿自閲視。凡中外主權多納弘貨，獨朱勾細字曰：「某年月日，送户部牛侍郎錢千萬，不納。」上大喜，以指歷簿，遍視旁側，曰：「果然吾不謬知人。」言訖〔一三〕，殿上皆再拜呼萬歲。尋以本官平章事。明年，正位中書侍郎，加銀青三品，兼集賢殿大學士〔一四〕，監修國史。

敬宗即位，與武士畋宴無時，徵天下道士言長生事，公亟諫曰：「陛下不讀玄元皇帝《五千言》以清靜養生，彼道士皆庸人，徒誇欺虚荒，豈足師法。」未一歲，請退，不許，連四月日間，以疾辭。乃以鄂岳六州建節，號武昌軍，命公爲禮部尚書、平章事，爲節度使。公始至，問民疾苦〔一五〕，皆曰：「城土疎惡，歲輸篾竹爲苫具，姦吏旁緣，主爲侵取，費與税等，歲久，前後政欲畫計策〔一六〕，訖無所施。」公即除去冗長，用公私錢陶磚成城〔一七〕，凡五年乃就。明年，文宗即位，就加吏部尚書〔一八〕。明年，急徵拜兵部尚書、平章事，重拜中書侍郎〔一九〕、弘文館大學士〔二〇〕。鄭注怨宋丞相申錫，造言挾漳王爲大逆〔二一〕，狀跡牢密，上怒必殺。公曰：「人臣不過宰相，今申錫已宰相，假使如所謀，豈復欲過宰相有他圖乎！ 臣爲中丞，愛申錫忠良，奏爲御史，申錫心臣敢以死保之。」上意解〔二二〕，由是宋不死〔二三〕。

大和六年，西戎再遣大臣贊寶玉來朝，禮倍前時，盡罷東鄙守兵，用明臣附。 李太尉德裕時殿劍南西川，上言維州降，今若使生羌三千人〔二四〕，燒十三橋，擣戎腹心〔二五〕，可洗久恥，是韋皋二十年至死恨不能致。 事下尚書省百官聚議，皆如劍南奏。 公獨曰：「西戎四面各萬里，來責曰何事失信〔二六〕？ 養馬蔚茹川，在平涼郡西。 上平涼坂，萬騎綴回中，怒氣直辭，不三日至咸陽橋。 西南遠數千里，雖百維州〔二七〕，此時安可用？ 棄誠信，有利無害，匹夫不忍爲，況天子以誠信見責於夷狄，且有大患。」上曰：「然」，遂罷維州議。

大和六年，檢校右僕射〔二八〕、平章事、淮南節度使。 六年至開成二年〔二九〕，連上章請休官，詔益不許。 公曰：「臣惟退罷，可以行心〔三〇〕。」夏五月，以兵付監軍使，拜疏訖，就道，除檢校司空、留守東都。 明年，拜左僕射〔三一〕。 上恐公不起，詔曰：「朕比有疾，良已，思一面叙。」公不得已，至闕下一拜謝，閉門不出。 明年，檢校司空、平章事、襄州節度使，出都門，賜黄彝樽、龍杓，凡六品〔三二〕，名出《周禮》。 詔曰：「精金古器，用以比況君子，非無意也。」襄州七年饒假軍人〔三三〕，入賦不一，公至據地造籍，免貧弱四千萬，均入豪强，皆曰甘心，不出一怨言。

明年，武宗即位，就加司徒。會昌元年秋七月，漢水溢堤入郭，自漢陽王張柬之一百五十歲後〔三四〕，水爲最大〔三五〕。李太尉德裕挾維州事，曰修利不至，罷爲太子少師〔三六〕。未幾檢校司徒、兼太子少保〔三七〕。明年，以檢校官兼太子太傅、留守東都。劉稹以上黨叛誅死，時李太尉專柄五年，多逐賢士，天下恨怨，以公德全畏之，言於武宗曰：「上黨軋左京〔三八〕，控山東，劉從諫父死，擅之十年後來朝，加宰相，縱去不留之〔三九〕，致稹叛，竭天下力，乃能取。」此皆公與李公宗閔爲宰相時事。從諫以大和六年十二月十七日拜闕下，實以其月十九日節度淮南；明年正月，從諫以宰相東還。河南少尹吕述，公惡其爲人，述與李太尉書，言稹破報至，公出聲歎恨。上見述書，復聞前縱從諫去，疊二怒，不一參校。自十月至十二月，公凡三貶至循州員外長史，天下人爲公挼手咤駡。公走萬里瘴海上，二年恬泰若一無事〔四〇〕。

今天子即位，移衡州、汝州長史〔四一〕，遷太子少保、少師，凡四年復位。大中二年十月二十七日〔四二〕，薨于東都城南别墅，年六十九。天子悯傷〔四三〕，不朝兩日，册贈太尉〔四四〕。天下善人，執手相弔哭。

公忠厚仁恕，莊重敬慎，未嘗以此八者自勉〔四五〕，而終身益篤。爲宰相，急於銓品，凡名清官，不忍持一資以假非其人。以道德謨於天子，每指古義爲據，有言機利克迫，必鈲音華剓力各切使之摧破〔四六〕。三大邦去苛碎條約，除民大患〔四七〕，其輕巧吏欲賊公愛惡，希嚮所爲，渾然終不能見，故所至必大治。衣冠單窮，出俸錢嫁其子女，月與食，歲與衣，資送其死喪，凡數百家。李太尉志必殺公，後南謫過汝州，公厚供具，哀其窮，爲解説海上與中州少異，以勉安之，不出一言及於前事〔四八〕。鎮武昌時，軍容使仇士良爲監軍使，公律以禮敬。暑甚，大合軍宴，拱手至暮，一不摇扇，益自儉克。平居非公事不出内屏，周三歲，語言舉止，率有常度。仇軍容開成末首議立武宗〔四九〕，權力震天下，每言至公，必合手加額曰〔五〇〕：「清德可服人〔五一〕，但過悋官財，與人無一毫恩分耳〔五二〕。」不肯引譽，不敢怨毁，淡居其中。公始自河南薦鄉貢士，爲郎官考吏部科目選〔五三〕，三開幕府，中丞宰相外，凡取六十餘人，上至將相，次布臺閣，皆當時名士。每暇日讌語寮吏，必言古人修身行事，旁誘曲指，微警教之，不以己所長人所不及裁量高下，以生重輕。後進歸之，承望聲光，得一言許可，必自矜重。

夫人辛氏，以公封張掖郡，贈僕射祕之長女，士林稱爲「婦師」，凡三十年，前公八年殁。五男六女。長曰蔚，監察御史。次曰藂，浙南府協律郎〔五四〕，皆以文行登進士第，不藉公勢；次曰奉倩，河南府洛陽尉〔五五〕；弟二人〔五六〕，皆稚齒。長女嫁户部郎中上黨苗愔，次女嫁河中節度副使〔五七〕、檢校郎中范陽張洙，次女嫁河南府士曹、集賢校理常山張希復，次女嫁前進士鄧叔〔五八〕，次女未笄，一人始數歲。以某年月日，葬少陵南某鄉某里。銘曰：

道既訛衰，必有以扶。厥公之生，以隆其洿。幽以燭明，暵以雨濡〔五九〕。以教其徒，以佐天子。滅絶霸駁，如有樞梶。摽揭峙倚，巍乎二紀。臣宗德老，鉅傑魁壘。孰爲忌畏？譖去南海，不校不辯〔六〇〕。旋復顯大〔六一〕，百行渾圓。鄰於及年，以歸其全。

【校勘記】

〔一〕「唐故太子少師」，《唐文粹》卷六八作「唐宰相故太子少師」，《文苑英華》卷九三八作「宰相太子少師」，題後無「并序」二字。

〔二〕「牛公諱某字某」，《文苑英華》卷九三八作「牛公諱僧儒，字思黯」。按，據《舊唐書》卷一七二、《新唐書》卷一七四《牛僧孺傳》，「儒」字當作「孺」。

〔三〕「監修國史」，原作「修國史」。《唐文粹》卷六八、《全唐文》卷七五五、文津閣本作「監修國史」，今據改。

〔四〕「贈太尉諱紹」，原無「諱」字，據《文苑英華》卷九三八、《全唐文》卷七五五補。

〔五〕「賜田」，「田」字原作「由」，據《唐文粹》卷六八、《文苑英華》卷九三八、《全唐文》卷七五五、文津閣本改。

〔六〕「秀少」，《唐文粹》卷六八、《全唐文》卷七五五作「秀才」。

〔七〕「願一得相見」，《文苑英華》卷九三八、《全唐文》卷七五五作「願得一相見」。

〔八〕「集賢殿學士」，《文苑英華》卷九三八作「集賢殿直學士」。

〔九〕「得偏辭」，《文苑英華》卷九三八作「聽偏詞」，並於「聽」字下校：「二本、集聽。」

〔一〇〕「公以具獄奏」，《文苑英華》卷九三八作「公以直臣獄奏」。

〔一一〕「不以財援中外」，「援」字原作「授」，據《唐文粹》卷六八、《文苑英華》卷九三八、《全唐文》卷七五五改。

〔一二〕「誰與保白」，「與」，《文苑英華》卷九三八作「以」，下校「二本作與」。

〔一三〕「言訖」，「訖」下原衍「再拜」二字，據《文苑英華》卷九三八、《全唐文》卷七五五删。

〔一四〕「兼集賢殿大學士」，原無「殿」字，據《文苑英華》卷九三八、《全唐文》卷七五五補。

〔一五〕「問民疾苦」，「疾苦」，原作「尤苦」，據《唐文粹》卷六八、《文苑英華》卷九三八、《全唐文》卷七五五、文津閣本改。

〔一六〕「欲晝計策」，「晝」字原作「畫」，據《唐文粹》卷六八、《文苑英華》卷九三八、《全唐文》卷七五五、文津閣本改。

〔一七〕「成城」，《唐文粹》卷六八、《全唐文》卷七五五作「甃城」。

〔一八〕「就加吏部尚書」，《唐文粹》卷六八、文津閣本無「就」字。

〔一九〕「重拜中書侍郎」，「重」，《文苑英華》卷九三八作「再」，下校「一本作重」。

〔二〇〕「弘文館大學士」，「館」字原無，據《唐文粹》卷六八、《文苑英華》卷九三八、《全唐文》卷七五五補。

〔二一〕「漳王」，原作「津王」，據《唐文粹》卷六八、《文苑英華》卷九三八、《全唐文》卷七五五、文津閣本改。

〔二二〕「上意解」，「解」，《文苑英華》卷九三八作「改」。

〔二三〕「不死」，文津閣本作「免死」。

〔二四〕「使」，原作「冠」，《文苑英華》卷九三八作「寇」，據《唐文粹》卷六八、《全唐文》卷七五五、文津閣本改。

〔二五〕「擣戎腹心」，「擣」，《唐文粹》卷六八作「搏」。

〔二六〕「來責曰」，「責」字原作「貴」，據《唐文粹》卷六八、《文苑英華》卷九三八、《全唐文》卷七五五改。

〔二七〕「雖百維州」，「百」，《文苑英華》卷九三八作「得」，下校：「一本作百。」

〔二八〕「檢校右僕射」，《文苑英華》卷九三八無「右」字。

〔二九〕「六年」，《唐文粹》卷六八、《文苑英華》卷九三八、《全唐文》卷七五五、文津閣本作「經六年」。

〔三〇〕「可以行心」，「心」，《文苑英華》卷九三八、《全唐文》卷七五五作「志」。

〔三一〕「拜左僕射」，「左」，《文苑英華》卷九三八作「右」，下校：「一本作左。」

〔三二〕「六品」，《文苑英華》卷九三八作「六器」。
〔三三〕「饒假軍人」，《文苑英華》卷九三八作「假饒軍人」。
〔三四〕「歲」，《文苑英華》卷九三八作「載」，下校：「二本作歲。」
〔三五〕「水爲最大」，「最」，《文苑英華》卷九三八作「再」。
〔三六〕「太子少師」，「師」，《文苑英華》卷九三八作「保」，下校：「二本作師。」
〔三七〕「太子少保」，「少」，《文苑英華》卷九三八作「太」，下校：「集作少。」
〔三八〕「軋左京」，「軋」，《唐文粹》卷六八、《文苑英華》卷九三八作「扼」，《文苑英華》下校：「二本作軋。」
〔三九〕「縱去不留之」，《文苑英華》卷九三八作「縱去不即留之」，并于「即」字下校：「二本無此字。」
〔四〇〕「若一無事」，《全唐文》卷七五五作「若無一事」。
〔四一〕「長史」，「長」，《文苑英華》卷九三八作「刺」，下校：「二本作長。」
〔四二〕「大中二年十月二十七日」，文津閣本作「大中二年十二月十七日」。
〔四三〕「天子恫傷」，「恫」字原作「桐」，據《唐文粹》卷六八、《文苑英華》卷九三八、《全唐文》卷七五五改。
〔四四〕「太尉」，《文苑英華》卷九三八作「太師」。
〔四五〕「未嘗以此」，《文苑英華》卷九三八作「未嘗不以此」。
〔四六〕「摧破」，原作「擢破」，據《唐文粹》卷六八、《文苑英華》卷九三八、《全唐文》卷七五五、文津閣本改。

〔四七〕「除民大患」，「民」字原無，據《唐文粹》卷六八、《文苑英華》卷九三八補。

〔四八〕「及於前事」，《文苑英華》卷九三八作「及前事」。

〔四九〕「開成末」，「末」字原作「未」，據《唐文粹》卷六八、《文苑英華》卷九三八、《全唐文》卷七五五、文津閣本改。

〔五〇〕「加顙」，「顙」，《文苑英華》卷九三八作「額」，下校：「一本作顙。」

〔五一〕「服」，《文苑英華》卷九三八作「伏」，下校：「一本作服。」

〔五二〕「恩分」，「分」，《文苑英華》卷九三八作「力」，下校：「一本作分。」

〔五三〕「科目」，原作「科日」，據《唐文粹》卷六八、《文苑英華》卷九三八、《全唐文》卷七五五、文津閣本改。

〔五四〕「浙南」，「南」，《文苑英華》卷九三八作「東」，下校：「諸本並作南。」

〔五五〕「洛陽尉」，「尉」字原無，據《唐文粹》卷六八、《文苑英華》卷九三八、《全唐文》卷七五五、文津閣本補。

〔五六〕「弟二人」，「弟」字原作「第」，應爲「弟」，故改。

〔五七〕「節度副使」，《文苑英華》卷九三八作「節度使」。

〔五八〕「鄧叔」，《唐文粹》卷六八、《文苑英華》卷九三八、文津閣本作「鄧淑」。

〔五九〕「嘆以雨濡」，「嘆」字原作「映」，據《唐文粹》卷六八、《文苑英華》卷九三八、《全唐文》卷七五五改。

〔六〇〕「不辯」，《唐文粹》卷六八、《文苑英華》卷九三八作「不辨」。

〔六一〕「旋復顯大」，「旋」，《唐文粹》卷六八作「牽」。

【注　釋】

①太尉牛公：即牛僧孺。字思黯，卒贈太尉。生平見本文及李珏《故丞相太子少師贈太尉牛公神道碑銘并序》。傳見《舊唐書》卷一七二、《新唐書》卷一七四。本文作年，《杜牧年譜》大中三年（八四九）考云：「牛僧孺之葬在大中三年五月，見《唐文粹》李珏所撰牛僧孺神道碑，李商隱《樊南文集》卷七《樊南乙集序》云：『是歲葬牛太尉，天下設祭祀者百數。他日尹言：「吾太尉之薨，有杜司勳之誌。」』故知杜牧作牛僧孺墓誌蓋在本年。」牛僧孺之葬在大中三年五月，則文作於此時稍前。

②東京李元禮：李元禮即東漢李膺。字元禮，潁川襄城人。乃當時大名士，爲太學生所尊崇，稱之爲「天下楷模李元禮」。東京，東漢都城洛陽。李膺活動於東京，故稱東京李元禮。傳見《後漢書》卷六七。

【集評】

杜牧嘗爲奇章公掌書記，後誌牛公墓，書維州事，是牛而非李。又云：「李太尉專柄，多逐賢士。」牧弟顗嘗爲李衛公巡官，後李貶袁州，牛公欲辟致，顗辭以李公方在困，不願就。牧誌顗墓，備載其事。牛、李相反如冰炭，門下士各分朋黨。二杜於其時，一爲牛客，一爲李客，各行其志，各主其所主，不以牛、李之存没用捨爲向背，其兄弟俱豪傑之士矣！自唐至今，維州曲直之論未定，惟温公是奇章，與牧之論同。（劉克莊《後村詩話》後集卷一）

唐故東川節度使檢校右僕射兼御史大夫贈司徒周公墓誌銘〔一〕①

周平王次子烈封汝墳侯，秦以汝墳爲汝南郡，侯之孫因家焉，遂姓周氏。自烈十八世至西漢周仁，繼烈封侯。其後逃西晉亂，南去黄岡〔二〕，靈起仕梁爲桂州刺史，生炅，在陳爲車騎將軍。炅生法明，年十二，一命爲巴州刺史〔三〕，陳滅臣隋，爲趙之真定令。隋亂歸黄岡，起兵取蘄、安、沔、黄，武德中，籍四州地請命，授總管蘄安十六州軍事〔四〕、光禄大夫，封國於道。太宗命虞世南銘書墓碑。相國爲六代孫，曾祖惲，汝州梁縣令。祖沛，左拾遺。皇考頲，右驍衛兵曹參軍，贈禮部侍郎。

公少孤，奉養母夫人以孝聞。舉進士登第，始試秘書正字、湖南團練巡官。母夫人亡，哭泣無時，里人過公廬，曰：「無驚周孝子。」後自留守府監察真拜御史、集賢殿學士。李公宗閔以宰相鎮漢中，辟公爲殿中侍御史、行軍司馬。

後一年，復以殿中書職徵歸。時大和末，注、訓用事。夏六月，始逐丞相宗閔，立朋黨語，鉤挂名人凡百[五]，日逐朝士三十三輩，天下悼懾以目。受意附兇者，屢以公爲言，注、訓曰：「如去周殿中，恐人益驚。」竟不敢議。注、訓取公爲起居舍人。文宗復二史故事②，公濡筆立石螭下，丞相退，必召語旁側，窺帝每數十顧。遷考功員外郎[六]，帝曰：「周某不可不見，宜兼前官。」數月，以考功掌言事[七]。謝日，帝曰：「就試翰林。」公辭讓堅懇，帝正色以手三麾之，遂兼學士。遷職方郎中、中書舍人，政事細大，必被顧問，公終身不言，事故不傳。

武宗即位，以疾辭，出爲工部侍郎、華州刺史。八禁軍二十四内司居華下者，籍役等百姓，不敢妄出一辭。李太尉德裕伺公纖失，四年不得，知愈治不可蓋抑，遷公江西觀察使、兼御史大夫。公既得八州，施展教令，申明約束，發以虔守陳弇贓[八]，坐弇以法死，吏手膠拳，窮鄉遠井，如公在旁。縛出洞寇劉大朴，大朴徒數百人[九]，剗撥根脉[一〇]，無有遺失。彭蠡東口，戍五百人，上下千里，無一賊跡。遷禮部尚書、鄭滑節度使。老將某項領不如教約〔一一〕，公鞭背降爲下卒，聲北入魏，皆曰：「周尚書文儒，能治百姓，仁愛兵士，而復敢爾，是豈可犯〔一二〕。」朞歲〔一三〕，入拜兵部侍郎、度支兼户部吏曹事，積邊糧穀九十萬石。今天子即位，二年五月，以本官平章事。後一月，正位中書侍郎、監修國史，就加刑部尚書。因河湟事議不合旨，以檢校刑部尚書出爲劍南東川節度使。明日，入謝，面加檢校右僕射。

公自舉進士第，非其人不交言〔一四〕，旁睨後進，鐫心鏤志。及爲將相，近取遠挽，悉置于位。李太尉德裕會昌中以恩撰元和朝實録四十篇〔一五〕，溢美其父吉甫爲相事〔一六〕，公上言曰：「人君唯不改史〔一七〕，人臣可改乎？《元和實録》皆當時名士目書事實〔一八〕，今不信〔一九〕，而信德裕後三十年自名父功〔二〇〕，衆所不知者而書之。此若垂後，誰信史？」竟廢新本。并帥王宰剗所部財貨〔二一〕，承事貴倖，自請來朝，聲言我取平章事鎮大梁。公上言曰：「宰破太原，取汴州〔二二〕，不知天下治所凡幾得如太原、汴之大者，可飽宰欲？」乞宰還鎮，自補其殘。」後二日，還宰詔下。駙馬都尉韋讓求爲京兆尹，公言曰：「尹坐堂上，階下拜二赤縣令，屬官將百人，悉可笞辱。非有德者，京兆不可爲，豈止取吏事。」讓議竟寢。自此非道求進者鼠遁自屏。

及鎮東蜀一歲，欲歸閑洛師，微得風恙。公曰：「我今去，是以疾去，疾愈去非晚。」大中五

【集　評】

杜牧之《斑竹簟》云：「分明知是湘妃淚，何忍將身卧淚痕。」《述異記》：舜葬蒼梧，娥皇、女英淚下沾竹，竹悉爲斑。（朱翌《猗覺寮雜記》卷二）

和嚴惲秀才落花①

共惜流年留不得，且環流水醉流杯②。無情紅豔年年盛，不恨凋零却恨開。

【注　釋】

①嚴惲：字子重，吴興（今屬浙江）人。屢舉進士不第，歸居故里。杜牧任湖州刺史時，與之交往，頗稱賞其《落花》詩。咸通十一年卒。事跡見《唐詩紀事》卷六六、《唐才子傳校箋》卷六等。此詩《杜牧年譜》繫於大中五年（八五一），時杜牧任湖州刺史。

②流杯：即流觴。古代風俗，每逢三月上旬巳日，於水濱宴飲，以祓除不祥。宴集時，於水上放置酒杯，杯流行停其前，即取飲，稱爲「流觴曲水」。《荆楚歲時記》：「三月三日，士民并出江渚池沼間，爲流杯曲水之飲。」

樊川外集

斑竹筒簟〔一〕①

血染斑斑成錦紋〔二〕，昔年遺恨至今存。分明知是湘妃泣，何忍將身卧淚痕。

【校勘記】

〔一〕「斑竹」，原作「班竹」，據《全唐詩》卷五二四、馮注本改。

〔二〕「斑斑」，原作「班班」，據《全唐詩》卷五二四、馮注本改。

【注釋】

①斑竹句：斑竹，名湘妃竹，竹身有紫色或褐色斑紋。相傳堯之二女娥皇、女英爲舜妃，舜南巡不返，卒於蒼梧。二妃哀痛，淚水灑竹成斑。事見張華《博物志》卷八。簟，竹席。夾注：「《帝王世紀》：『舜巡狩死於蒼梧之野，二妃哭向湘江之上，洒淚染竹成班竹。』」

樊川外集

倡樓戲贈

細柳橋邊探半春〔一〕①，纈衣簾裏動香塵②。無端有寄閑消息，背插金釵笑向人。

【校勘記】

〔一〕「探半春」，原作「深半春」，據夾注本改。

【注釋】

① 探半春：《開元天寶遺事》卷下《探春》：「都人士女，每至正月半後，各乘車跨馬，供帳於園圃，或郊野中，爲探春之宴。」

② 纈衣簾句：纈衣簾，結彩之簾。香塵，指女子步履而起之塵。

【集評】

元、白、温、李，皆稱豔手。然樂天惟「來如春夢幾多時，去似朝雲無覓處」一篇爲難堪，餘猶《國風》之好色。飛卿「曲巷斜臨」、「翠羽花冠」、「微風和暖」等篇，俱無刻劃。杜紫微極爲狼籍，然如「緑楊深巷馬頭斜」、「馬鞭斜拂笑回頭」、「笑臉還須待我開」、「背插金釵笑向人」，大抵縱恣於旗亭北里間，自云「青樓薄倖」，不虛耳。元微之「頻頻聞動中門鎖，猶帶春酲懶相送」，李義山「書被催成墨未濃」、「車走雷聲語未通」，始真是浪子宰相，清狂從事。（賀裳《載酒園詩話》卷一「豔詩」）

初上船留寄

煙水本好尚，親交何慘悽。況爲珠履客①，即泊錦帆堤。沙雁同船去，田鴉遶岸啼。此時還有味，必卧日從西。

【注　釋】

① 珠履客：珠履，裝飾著珠子之鞋子。據《史記·春申君列傳》記載，春申君家賓客三千，其上客皆著珠履。

秋岸

河岸微退落①，柳影微凋疎。船上聽呼稗，堤南趁漉魚②。數帆旗去疾，一艇箭迴初。曾入相思夢，因憑附遠書。

【注釋】

①退落：指水位下落。

②堤南句：趁，趁勢。漉魚，使水乾涸而捉魚。

過大梁聞河亭方讌贈孫子端①

梁園縱玩歸應少〔一〕②，賦雪搜才去必頻③。板路豈緣無罰酒〔二〕④，不教客右更添人。

【校勘記】

〔一〕「梁園」，原作「築園」，據《全唐詩》卷五二四、馮注本改。

〔二〕「板路」，夾注本作「枚路」，《全唐詩》卷五二四作「板落」。

【注　釋】

① 大梁：戰國魏都，即今河南開封。

② 梁園：即梁苑、兔園，漢梁孝王劉武築，故址在今河南商丘東南。

③ 賦雪搜才句：謝惠連《雪賦》：「歲將暮，時既昏；寒風積，愁雲繁。梁王不悦，遊於兔園，乃置旨酒，命賓友，召鄒生，延枚叟。相如末至，居客之右。俄而微霰零，密雪下。王乃歌北風於衛詩，詠南山於周雅。」

④ 板路句：晉石崇與友人於金谷園遊宴，「遂各賦詩以叙中懷。或不能者，罰酒三斗」。事見《世説新語·品藻》劉孝標注引石崇《金谷詩叙》。

題吳興消暑樓十二韻①

晴日登攀好，危樓物象饒。一溪通四境，萬岫遶層霄。鳥翼舒華屋②，魚鱗棹短橈。浪花機乍織，雲葉近新雕〔一〕。臺榭羅嘉卉，城池敞麗譙③。蟾蜍來作鑑④，螮蝀引成橋⑤。燕任隨秋葉，人空集早潮。楚鴻行盡直，沙鷺立偏翹。暮角淒遊旅，清歌慘泬寥⑥。景牽遊目困，愁託酒腸銷。遠吹流松韻，殘陽渡柳橋〔二〕。時陪庾公賞⑦，還悟脱煩囂。

【校勘記】

〔一〕「近」，夾注本、《全唐詩》卷五二四、文津閣本、馮注本作「匠」，馮注本又校：「一作近。」

〔二〕「柳橋」，夾注本作「柳郊」。文津閣本作「柳嶠」。

【注　釋】

① 吳興：郡名，即湖州，今屬浙江。消暑樓，在湖州州治譙門東，見《輿地紀勝》卷四。郭文鎬《〈樊川外集〉詩辨僞》（《唐都學刊》一九八二年第二期）以爲此詩非杜牧所作。理由爲此詩有「燕任隨秋葉」、「時陪庾公賞」等句，可知杜牧乃於某年秋八月陪湖州刺史遊覽湖州。考杜牧生平，並無此經歷，故詩非杜牧作。以爲「許渾曾遊吳興，有《洞靈觀冬青》、《湖州韋長史山居》、《題衛將軍廟》等，渾詩誤入牧詩者甚多，此或恐其一歟？」

② 鳥翼：指屋角翹起之飛簷。

③ 麗譙：建有望樓之城門。

④ 蟾蜍句：指月，相傳月中有蟾蜍，故稱。夾注：「《五經通義》：月中有兔與蟾蜍。」鑑，鏡子。此指湖面。

⑤ 螮蝀：虹之别稱。此指湖上有拱橋。

⑥ 泬寥：空曠貌。此指天宇。

⑦ 庾公：指晉庾亮，嘗任荆州刺史，鎮武昌。其幕僚殷浩等乘秋夜同登南樓，後庾亮至，興致不淺，與幕僚談詠竟夕。後詩人常用爲故事。事見《晉書》卷七三《庾亮傳》。據此，此詩當非杜牧任湖州刺史時作。詩人之身份似是湖州刺史幕僚。

奉送中丞姊夫儔自大理卿出鎮江西叙事書懷因成十二韻①

惟帝憂南紀②，搜賢與大藩。梅仙調步驟③，庾亮拂櫜鞬④。一室何勞掃⑤，三章自不冤⑥。精明如定國⑦，孤峻似陳蕃⑧。灞岸秋猶嫩⑨，藍橋水始喧⑩。紅旓罣石壁⑪，黑矟斷雲根⑫。滕閣丹霄倚⑬，章江碧玉奔⑭。一聲仙妓唱，千里暮江痕。私好初童稚，官榮見子孫。流年休挂念，萬事至無言。玉輦君頻過⑮，馮唐將未論⑯。傭書醻萬債〔一〕⑰，竹塢問樊村⑱。

【校勘記】

〔一〕「萬債」，文津閣本作「夙債」。

【注　釋】

① 儔：裴儔，指和州刺史裴儔。字次之，杜牧姐夫。生平見《舊唐書》卷一七七《裴休傳》。中丞，御史中丞。裴儔出鎮江西所帶憲銜。此詩及下詩《杜牧年譜》原繫於大中四年，胡可先《杜牧詩文編年補正》（《四川大學學報》一九八三年第一期）認爲當作於大中三年（八四九）。蓋據《唐方鎮年表》，裴儔出任江西觀察使在大中三年。又杜牧下詩「《再奉長句》原注：『時收河湟、且立三州六關。』考《舊唐書・宣宗紀》，收河湟、立三州六關在大中三年八月，裴儔出鎮在三年無疑。《杜牧年譜》此條當繫大中三年。《編年詩》中《奉送中丞姊夫儔自大理卿出鎮江西，叙事書懷，因成十二韻》及《中丞業深韜略，叙事述懷，再奉長句》也當繫於大中三年」。今即據此訂此詩於大中三年（八四九）。

② 南紀：南方，此指江西。《詩・小雅・四月》：「滔滔江漢，南國之紀。」

③梅仙：指漢梅福。福字子真，「少學長安，明《尚書》、《穀梁春秋》，爲郡文學，補南昌尉。後去官歸壽春，數因縣道上言變事」。王莽專政時，「福一朝棄妻子，去九江」，傳説後成仙。傳見《漢書》卷六七。調步驟：調節脚步快慢，以示尊敬。

④櫜鞬：藏弓箭之器具。

⑤一室句：東漢陳蕃年十五，「嘗閑處一室，而庭宇蕪穢。父友同郡薛勤來候之，謂蕃曰：『孺子何不灑掃以待賓客？』蕃曰：『大丈夫處世，當掃除天下，安事一室乎！』勤知其有清世志，甚奇之」。事見《後漢書》卷六六本傳。

⑥三章：即約法三章，制定簡明便民之法律。《史記·高祖本紀》：「與父老約，法三章耳：殺人者死，傷人及盗抵罪。」

⑦精明句：定國，于定國。字曼倩，西漢時人。其父于公善治獄，「定國少學法於父，父死，後定國亦爲獄吏」。後爲廷尉，精明吏事，朝廷稱讚云：「于定國爲廷尉，民自以不冤。」事見《漢書》卷七一本傳。

⑧孤峻句：孤峻，孤高峻潔，不隨流俗。陳蕃，東漢人，字仲舉。爲人剛直敢言，出爲「豫章太守。性方峻，不接賓客，士民亦畏其高」。仕至太尉。後爲宦官所害。傳見《後漢書》卷六六。

⑨灞：水名，流經長安東。

⑩藍橋：在陝西藍田縣東南藍溪上。灞岸、藍橋，均裴儔南行所經。

⑪旃：旃旗上飄帶。

⑫黑稍句：稍，同槊，矛屬。雲根，指山石。《文選》張協《雜詩》：「雲根臨八極。」《注》：「雲根，石也。雲觸石而生，故曰雲根。」

⑬滕閣：滕王閣，在今江西南昌。

⑭章江：即章水，源出崇義縣聶都山，東北流經大庾、南康，入贛縣，與貢水合流爲贛江。古稱豫章水，亦名南江。

⑮玉輦：帝王車子。

⑯馮唐句：漢文帝時，馮唐爲郎中署長。帝曾乘車外出，遇見馮唐。馮唐批評文帝有良將而不能用。後匈奴入侵，文帝又問起此事，馮唐遂説雲中守魏尚多立戰功，以微罪而遭貶事。文帝即「令唐持節赦魏尚，復以爲雲中守」。事見《漢書》卷五〇《馮唐傳》。

⑰傭書：受雇爲人鈔書。

⑱竹塢句：竹塢，四周長滿竹子之處。樊村，即樊川。杜牧家有别墅在此。

【集評】

《奉送中丞姊夫儔自大理卿出鎮江西》：一、二寫江右物産之聚。三、四寫江右景致之勝。五、六寫江右勢位之尊。中丞出鎮於此，居極尊之勢，又處極庶之邦，恐其狃於自安，有負聖明任使之意。末以河湟未下，祖鞭先著作結，正欲其踈於逸樂，勤于王事也。其策勵中丞者至矣。此等詩，人都作綺麗語、贊頌詞已耳；而讀此詩者，亦只道「滕王閣」、「徐孺亭」、「八郡元侯」、「萬人師長」都作綺麗語、贊頌詞已耳。殊不知江右之仕宦人物不可勝數，江右之樓臺祠廟不可勝舉，而獨舉一滕王閣、徐孺亭者，豈泛泛作寫景觀耶？蓋滕王元嬰，爲唐高祖第二十二子，初爲金州刺史，驕縱失度，高宗以書切責之，遷洪州都督，則滕王元嬰可爲中丞鑒戒也。徐孺子，乃洪州之偉人，陳蕃爲豫章太守，特設一榻以待之，尊賢下士，至今傳爲美談，則豫章陳蕃可爲中丞則效也。五曰「非不貴」，六曰「豈無權」，句中各帶相規相勉之意在焉。原詩人之旨，以中丞爲朝廷之大臣，封疆重鎮，一日不可以偷閒，而中丞爲自我之親，知贈答往來，一字不可以涉套也。（朱三錫《東喦草堂評訂唐詩鼓吹》卷六）

中丞業深韜略志在功名再奉長句一篇兼有諮勸〔一〕①

檣似鄧林江拍天〔二〕②，越香巴錦萬千千③。滕王閣上柘枝鼓，徐孺亭西鐵軸船〔三〕④。八部元侯非不貴〔四〕⑤，萬人師長豈無權。要君嚴重踈歡樂〔五〕⑥，猶有河湟可下鞭⑦。時收河湟，且止三州六關〔六〕。

【校勘記】

〔一〕「奉」，《文苑英華》卷二六一作「拜」，下校：「集作奉。」馮注本校：「一作拜。」《文苑英華》卷二六一題上有「豫章」二字。馮注本於題下校：「一本題上有豫章二字。」

〔二〕「拍」，《文苑英華》卷二六一作「泊」，馮注本校：「一作泊。」

〔三〕「西」，《文苑英華》卷二六一作「前」，《全唐詩》卷五二四、馮注本校：「一作前。」

〔四〕「部」，《文苑英華》卷二六一、夾注本作「郡」，《全唐詩》卷五二四、馮注本校：「一作郡。」

〔五〕「君」，《文苑英華》卷二六一、《全唐詩》卷五二四、馮注本校：「一作知。」

〔六〕「六關」，夾注本作「七關」。「止」，《全唐詩》卷五二四、馮注本作「立」。《文苑英華》卷二六一無「且止三州六關」數字。

【注　釋】

①中丞：指裴儔，其鎮江西時帶御史中丞憲銜，故稱。韜略，用兵之謀略。此詩亦大中三年（八四九）送裴儔赴江西之作，詳見前詩注①。

②鄧林：神話中之樹林。夾注：「《列子》：夸父欲追日影，未至，道渴而死。棄其杖，屍骨膏肉所浸，生鄧林，彌廣數千里。」

③越香：嶺南産之香料。越，通粤。

④徐孺亭：徐孺，即徐穉。字孺子，東漢高士，南昌人。隱居耕稼，屢辟公府不赴，爲太守陳蕃及漢靈帝所禮遇。傳見《後漢書》卷五三。徐孺亭在南昌東湖西城上，見《輿地紀勝》卷二六。又夾注：「《十道志》：洪州有徐孺子墓。《注》：太守夏侯崇於塚側立思賢亭。又有徐孺子陂。《注》：有徐孺子宅。」

⑤八部句：八部即指八郡，指江南西道所轄洪、江、饒、虔、吉、信、撫、袁八州。元侯，諸侯之長。

⑥要君句：嚴重，嚴肅，莊重。疏，少。

⑦下鞭：揚鞭驅馬。此處指努力從事。

和裴傑秀才新櫻桃①

新果真瓊液，未應宴紫蘭〔一〕②。圓疑竊龍頷③，色已奪雞冠。遠火微微辨，繁星歷歷看〔二〕。茂先知味好〔三〕④，曼倩恨偷難⑤。忍用烹騂酪〔四〕，從將翫玉盤。流年如可駐，何必九華丹⑥。

【校勘記】

〔一〕「未」，《文苑英華》卷三二六作「來」，《全唐詩》卷五二四作「人」，馮注本校：「一作人。」此句文津閣本作「追陪宴紫欄」。

〔二〕「繁」，《文苑英華》卷三二六、《全唐詩》卷三二九《權德輿集》作「殘」。「歷歷」，《文苑英華》卷三二六、《全唐詩》卷三二九《權德輿集》作「隱隱」。

〔三〕「好」，《文苑英華》卷三二六、《全唐詩》卷三二九《權德輿集》作「易」，下校：「又作好。」

〔四〕「騂」，《全唐詩》卷五二四作「酥」，下校：「一作騂。」馮注本校：「一作酥。」「酪」，《全唐詩》卷三二九《權德輿集》作「駱」。

【注　釋】

①此詩又見《全唐詩》卷三二九《權德輿集》。《全唐詩重出誤收考》云：「按《新唐》六〇《藝文志四》載：『裴傑《史漢異義》三卷。河南人，開元十七年，授臨濮尉。』時爲西元七二九年，而權德輿生於肅宗上元二年（七六一），見《唐才子傳校箋》五，待德輿能作詩也將爲十五年以後，疑不可能與裴傑相識，而杜牧則更晚。《英華》三二六作權，而四部叢刊權集不載。杜牧《樊川詩集》本集中亦不收，而在外集中。此酬裴傑詩恐非權、杜二人所作，或中、晚唐時另有同名之人，暫存疑。」

②紫蘭：夾注：「《漢武内傳》：武帝忽見青衣女子曰：七月七日王母暫來。帝問東方朔：此何人也？朔曰：西王母紫蘭宫玉女，常傳使命。」

③圓疑句：此句龍頷指驪龍頷下之珠。《莊子·列禦寇》：「夫千金之珠，必在九重之淵，而驪龍頷下。」

④茂先句：茂先，乃晉代張華字。張華博學多識，著有《博物志》。傳見《晉書》卷三六。

⑤曼倩句：曼倩，乃漢代東方朔字。傳見《史記》卷一二六、《漢書》卷六五。夾注：「《漢武故事》：東郡獻短人，帝呼東方朔，朔至。短人指朔謂上曰：王母種桃三十歲一結子，此子不良，已三過偷之矣。」

⑥九華丹：亦即九丹。道家所謂服之可以長生升仙之九種丹藥：丹華、神符、神丹、還丹、餌丹、煉丹、柔丹、伏丹、寒丹。

【集　評】

杜牧之《和裴傑新櫻桃》詩云：「忍用烹酥酪，從將玩玉盤。流年如可駐，何必九華丹。」遂知唐人已用櫻桃薦酪也。（趙令時《侯鯖録》卷二）

《高齋詩話》云：「牧之《和裴傑新櫻桃》詩云：『忍用烹騂酪，從將玩玉盤。流年如可駐，何必

九華丹？』唐人已用櫻桃薦酪也。」苕溪漁隱曰：《摭遺》載：「唐新進士尤重櫻桃宴，劉覃及第，大會公卿，和以糖酪，人享蠻畫一小盎。」則唐人用櫻桃薦酪，此事又可驗矣。（胡仔《苕溪漁隱叢話前集》卷二十三「杜牧之」）

春思

豈君心的的①，嗟我淚涓涓。綿羽啼來久②，錦鱗書未傳③。獸爐凝冷豔〔一〕④，羅幕蔽晴煙。自是求佳夢，何須訝晝眠？

【校勘記】

〔一〕「豔」，《全唐詩》卷五二四、馮注本作「焰」，馮注本又校：「一作豔。」

【注釋】

① 的的：明白、昭著。

② 綿羽：黄鳥之别稱。《詩·小雅·綿蠻》：「綿蠻黄鳥，止於丘阿。」此以綿蠻形容黄鳥，後因以綿

羽爲黄鳥之别稱。王融《三月三日曲水詩序》：「雜夭采於柔荑，亂嚶聲於綿羽。」

③錦鱗書：即魚書，書信。夾注：「古詩：客從遠方來，遺我雙鯉魚。呼兒烹鯉魚，中有尺素書。」

④獸爐：獸形熏香爐。

代人作

樓高春日早，屏束麝煙堆①。盼眄凝魂别〔一〕②，依稀夢雨來③。緑鬟羞妥麼④，紅頰思夭偎〔二〕⑤。鬬草憐香蕙⑥，簪花間雪梅。戍遼雖咽切，遊蜀亦遲迴。錦字梭懸壁⑦，琴心月滿臺⑧。笑筵凝貝啓⑨，眠箔曉珠開⑩。臘破征車動⑪，袍襟對淚裁。

【校勘記】

〔一〕「凝魂」，文津閣本作「疑魂」。

〔二〕「夭」，原作「天」，據《全唐詩》卷五二四校語、馮注本改。馮注本校：「一作天。」

【注釋】

①屏束句：屏，屏風。麝煙，火燒麝香所散之香煙。

②盼眄：斜視貌。

③夢雨：用巫山雲雨事。宋玉《高唐賦》載，楚王遊高唐，夢見一婦人自云巫山神女，願薦枕席，王因幸之。去而辭曰：「妾在巫山之陽，高丘之阻；旦爲朝雲，暮爲行雨。朝朝暮暮，陽臺之下。」

④緑鬟句：緑鬟，烏亮之環形髮髻。妥麽，疑即墮馬髻。

⑤夭：舒柔貌。

⑥鬭草：唐代民俗，五月初五有踏百草之戲，稱鬭百草。

⑦錦字：用錦織成之書信。前秦秦州刺史竇滔被徙流沙，其妻蘇若蘭思之，「織錦爲廻文旋圖詩以贈滔。宛轉循環以讀之，其詞淒婉，凡八百四十字」。事見《晉書》卷九六《竇滔妻蘇氏傳》。

⑧琴心：彈琴以寄意。卓文君新寡，司馬相如以琴心挑之。事見《史記》卷一一七《司馬相如列傳》。

⑨貝：指潔白之牙齒。宋玉《登徒子好色賦》：「腰如束素，齒如含貝。」

⑩眠箔：指睡卧之竹席。

⑪臘破：臘盡，年終。

【集評】

《雪浪齋日記》云：……小杜以「錦字」對「琴心」，荆公以「帶眼」對「琴心」，謝夷季以「鏡約」對「琴心」，比荆公最爲精切。（胡仔《苕溪漁隱叢話前集》卷三十五「半山老人」三）

偶題二首①

其一

勞勞千里身②，襟袂滿行塵。深夜懸雙淚，短亭思遠人。蒼江程未息〔一〕，黑水夢何頻。明月輕橈去，唯應釣赤鱗。

【校勘記】

〔一〕「蒼」，《全唐詩》卷五二四、馮注本校：「一作滄。」

【注　釋】

①郭文鎬《〈樊川外集〉詩辨僞》（《唐都學刊》一九八七年第二期）以爲此詩「蒼江程，謂旅程。蒼江非水名」。「黑水」爲水名，在唐興元府即今漢中一帶。「杜牧一生未曾涉足，不得謂『蒼江程未息，黑水夢何頻』。」又「該詩其二云：『信已憑鴻去，歸唯與燕期』，又有『有恨秋來極』句，知作者秋日憑鴻傳書，將與燕同期而歸。則作者南歸也。其一末二句云：『明月輕橈去，唯應釣赤鱗』，參之知作者南歸耕釣矣。……詩與杜牧一生行踪及身事鄉貫皆不合，故非杜牧作」。

②勞勞：惆悵憂傷貌。《玉臺新詠·古詩爲焦仲卿妻作》：「舉手長勞勞，二情同依依。」

其二

有恨秋來極，無端別後知①。夜闌終耿耿②，明發竟遲遲。信已憑鴻去，歸唯與燕期。只應明月見〔一〕，千里兩相思。

【校勘記】

〔一〕「應」，《全唐詩》卷五二四作「因」，馮注本校：「一作因。」

【注 釋】

① 無端：指無端之愁。

② 耿耿：煩躁不安貌。此指不寐。夾注：「《詩·邶風·柏舟》：耿耿不寐，如有隱憂。」

冬至日遇京使發寄舍弟

遠信初逢雙鯉去〔一〕，他鄉正遇一陽生①。樽前豈解愁家國，輦下唯能憶弟兄②。旅館夜憂姜被冷〔二〕③，暮江寒覺晏裘輕④。竹門風過還惆悵，疑是松窗雪打聲。

【校勘記】

〔一〕「逢」，《全唐詩》卷五二四作「憑」，馮注本校：「一作憑。」

〔二〕「夜憂」，夾注本作「夜雨」。

【注 釋】

① 一陽生：指冬至。冬至後白天漸長，古代認爲是陽氣初動，所以冬至又稱一陽生。

②輦下：京城。此指長安。
③旅館夜憂句：東漢姜肱有孝悌之心，「與二弟仲海、季江，俱以孝行著聞。其友愛天至，常共卧起。及各娶妻，兄弟相戀，不能别寢」。事見《後漢書》卷五三本傳。李賢注引謝承《後漢書》謂「肱性篤孝，……兄弟同被而寢，不入房室，以慰母心」。
④晏裘：晏子一狐裘穿著三十年。見《禮記·檀弓下》。又《晏子春秋》卷六《内篇·雜下》：「景公飲酒，田桓子侍，望見晏子，而復於公曰：『請浮晏子。』公曰：『何故也？』無宇對曰：『晏子衣緇布之衣，麋鹿之裘，棧軫之車，而駕駑馬以朝，是隱君之賜也。』」

【集評】

《冬至遇京使發寄舍弟》：首句先寫寄書，次句方寫冬至。四句實寫憶弟，妙在第三句先插入「愁家國」與「憶弟兄」作對。夫家國、兄弟原非兩段，惟愁之深，自憶之切。「豈解」、「惟能」四字，實有一段欲言不能之致。五、六即承「憶弟兄」來，松户、松窗，猶是昔日團聚景色耳。（朱三錫《東喦草堂評訂唐詩鼓吹》卷六）

洛下送張曼容赴上黨召①

歌闋樽殘恨起偏〔一〕，憑君不用設離筵。未趨雉尾隨元老②，且驀羊腸過少年③。七葉漢貂真密近④，一枝詵桂亦徒然⑤。羽書正急徵兵地⑥，須遣頭風處處痊⑦。

【校勘記】

〔一〕「起」，《全唐詩》卷五二四作「却」，下校：「一作起。」馮注本校：「一作却。」

【注　釋】

①張曼容：張次宗子。事跡見《舊唐書》卷一二九《張弘靖傳》。上黨，郡名，即潞州，今山西長治。時爲昭義節度使治所。《全唐詩重出誤收考》考此詩云：「張金海《樊川詩真僞補訂》一文，認爲此詩不可能是杜牧作。云杜牧一生在洛陽有兩次，一是大和元年秋應進士試，二是大和九年至開成二年（八三五—八三七）春，任監察御史分司東都時，但這期間上黨地區並無戰事。見《武漢大學學報》一九八二年第二期。」又郭文鎬《〈樊川外集〉詩辨僞》（《唐都學刊》一九八七年第二期）

亦以爲詩非杜牧作。

②未趨雉尾句：雉尾，即雉尾扇，古代儀仗之一。崔豹《古今注·輿服》：「雉尾扇起於殷世，高宗時有雊雉之祥，服章多用翟羽。周制以爲王后夫人之車服，輿車有翣，即緝雉羽爲扇翣，以障翳風塵也。漢朝乘輿服之，後以賜梁孝王。魏晉以來用爲常，準諸王皆得用之。」

③且驀句：驀，超越。羊腸，阪名，在今山西靜樂境。

④七葉漢貂句：七葉，七世。貂，貂尾。漢代侍中等達官冠飾。漢武帝時金日磾任侍中，其後人七世皆爲近臣顯貴。事見《漢書》卷六八本傳。張曼容高祖張嘉貞、曾祖張延賞、祖父張弘靖三世爲相，故云。

⑤一枝詵桂：指進士及第。晉代郤詵對策上第，自云：「臣舉賢良對策，爲天下第一，猶桂林之一枝，昆山之片玉。」事見《晉書》卷五二本傳。

⑥羽書：插有鳥羽之緊急軍事文書。

⑦須遣句：三國時陳琳爲曹操草書檄，「太祖先苦頭風，是日疾發，卧讀琳所作，翕然而起曰：『此愈我病。』數加厚賜。」事見《三國志》卷二一《王粲傳》附《陳琳傳》。

【集　評】

《洛下送張曼容赴上黨召》：「歌闋罇殘」，已有離别之局。然而另有所恨，即不用離筵，亦使人有可恨之道。本來進士及第，便應爲侍從之臣，立於朝班，隨元老之後，乃忽涉羊腸而爲幕僚，且以世閥名家，又新折一枝之桂，豈非徒然哉。或者今以用兵之際，羽書需材正急，且作檄文，到處使其頭風痊耳。詩中章旨，總在第六上讀出，句句貫通矣。此是别致處。（胡以梅《唐詩貫珠箋》卷十）

宣州留贈①

紅鉛濕盡半羅裙②，洞府人間手欲分③。滿面風流雖似玉，四年夫婿恰如雲④。當春離恨杯長滿，倚柱關情日漸曛。爲報眼波須穩當，五陵遊宕莫知聞⑤。

【注　釋】

① 郭文鎬《〈樊川外集〉詩辨僞》（《唐都學刊》一九八七年第二期）以爲此詩非杜牧作，疑爲許渾詩。以爲杜牧大和四年至七年雖在宣州四年，與「四年夫婿恰如雲」合，然其離宣州後並未至長安，且其「歸長安不可謂『遊宕』且『莫知聞』」，故詩非杜牧作。

② 紅鉛：胭脂、鉛粉。夾注：「《洛神賦》：芳澤無加，鉛華不御。李善云：鉛華，粉也。《博物志》：燒鉛成胡粉。」

③ 洞府：神仙所居。此處指女子居處。

④ 如雲：言如雲來去不定。

⑤ 遊宕：指遊蕩子弟。

寄題宣州開元寺

松寺曾同一鶴棲，夜深臺殿月高低。何人爲倚東樓柱，正是千山雪漲溪。

【集　評】

《宣州開元寺》：「松寺曾同一鶴棲」，沈傳師爲宣州郡，牧從事，後又爲宣州判官，此詩蓋再至時作，故曰「曾同」。「何人爲倚東樓柱」，「爲倚」猶言共倚也。「正是千山雪漲溪」，或謂月色高低，如千山之雪者，非也。此詩乃雪後月霽，登樓孤賞，思昔日之懽遊，而歎今夕之無侶。詳味詞意，情思殊甚。首句所謂同棲者，應有所託，唐人多如此。退之園花巷柳，李商隱錦瑟，韓翃章台柳，皆是也。（何焯評：此解亦非。鶴那可比婦人，注謬。）（釋圓至《唐三體詩》卷一）

杜牧之《宣州開元寺》詩首句：「松寺曾同一鶴棲。」至注云：「所謂同鶴棲者，恐是與婦人同宿，

託名鶴爾。」此尤謬妄。牧之跌宕，人遂以此歸之，可發一笑。（吴師道《吴禮部詩話》）

《宣州開元寺》：用「何人爲」三字便靈活，俗筆即云「却思起向東樓望」矣。卧見皓月，因想起高處一望，更當倍萬空明。下二句不過用虚景襯託之法。松篁不能蔽，殿臺不能隔，况東樓高曠極目無極耶。先寫細處，然後放開説，便不熟滑。「雪漲溪」，謂雪消水盛，如所云月光如水水如天耳。此詩只是詠雪一事，翦作兩層，中夜夢回皓月，方中人在松際，有如皓鶴，若東樓放眼，水月交光，則水晶宫不足多矣。又從奥處虚想曠處，一半夜夜景也。錯會第一句轉鑿轉繆。言外亦有水深無語，姑自卑栖之意，然不若就景求之，已自超妙絶人。（何焯《唐三體詩》卷一）

贈張祜〔一〕①

詩韻一逢君，平生稱所聞。粉毫唯畫月②，瓊尺只裁雲③。黥陣人人懾④，秋星歷歷分〔二〕。數篇留別我，羞殺李將軍⑤。

【校勘記】

〔一〕「張祜」，原作「張祐」，據《文苑英華》卷二六一、夾注本、《全唐詩》卷五二四、馮注本改。

〔二〕「星」，《文苑英華》卷二六一作「霜」，下校：「集作星。」《全唐詩》卷五二四、馮注本校：「一作霜。」夾注本作「聲」。

【注釋】

①張祜：見《登池州九峰樓寄張祜》詩注①。胡可先《杜牧研究叢考·杜牧詩文編年》謂詩乃「張祜與杜牧分别，張祜寫了數首留别詩，杜牧在别時寫此詩。……會昌五年（八四五）九月九日杜牧與張祜同登齊山，相互唱和，分别當在此後不久，所以，詩作於會昌五年無疑」。今即據此訂爲會昌五年九月後作。

②粉毫：繪畫用粉筆。此指詩筆。

③瓊尺句：瓊尺，玉尺。裁雲，此指用詩描畫山水風雲。

④黥陣：漢黥布，善於行軍佈陣，故稱。見《史記》卷九一《黥布傳》。

⑤李將軍：指漢李陵。傳見《史記》卷一〇九、《漢書》卷五四。《文選》卷二九載李陵《與蘇武三首》，爲送别名作。

【集評】

陸龜蒙《謝人詩卷》云：「談仙忽似朝金母，説豔渾如見玉兒。」杜牧之云：「粉毫唯畫月，瓊尺只

裁雲。」「美似狂酲初啖蔗，快如衰病得觀濤。」涪翁：「清似釣船聞夜雨，狀如軍壘動秋鼙。」論用事之工，半山爲勝也。（吴聿《觀林詩話》）

殘春獨來南亭因寄張祜〔一〕①

暖雲如粉草如茵，獨步長堤不見人。一嶺桃花紅錦䵷②，半溪山水碧羅新。高枝百舌猶欺鳥③，帶葉梨花獨送春。仲蔚欲知何處在④？苦吟林下拂詩塵。

【校勘記】

〔一〕「張祜」，原作「張祐」，據夾注本、《全唐詩》卷五二四、馮注本改。

【注　釋】

① 此詩曹中孚《杜牧詩文編年補遺》（《江淮論壇》一九八四年第三期）以爲作於會昌六年（八四六）春。蓋張祜乃會昌五年秋來池州，此後離去。而此詩乃殘春時懷念張祜之作，且張祜有《奉和池州杜員外南亭惜春》，「乃是張祜在接到杜牧詩後的酬答」，「張祜這詩的題目和他在詩中對杜牧

所作的呼應，恰好爲我們考定杜牧這詩的寫作時間和地點提供了有力的依據」。

② 黦：汙跡，此指花色變壞。

③ 百舌：鳥名，即反舌鳥。百舌鳥立春後鳴囀不已，夏至後即無聲。

④ 仲蔚：張仲蔚，漢平陵人，善屬文，好詩賦，閉門養性，隱居不仕，不求名利。事見《高士傳》卷中。

【集　評】

《殘春寄張祜》：前四句寫殘春，後四句寫寄張祜。「高枝百舌」，言讒人也；「猶欺鳥」，言遭其誣也；「帶葉梨花」，言不應摧折也；「獨送春」，言受其禍也。（朱三錫《東喦草堂評訂唐詩鼓吹》卷六）

《殘春獨來南亭因寄張祜》：居然俊物。（王夫之《唐詩評選》卷四）

然亦有雖似無害而實不可援以爲例者，……杜牧之「一嶺桃花紅錦黦，半溪山水碧羅新」，及李咸用「蜀魂叫回芳草色，鷺鷥飛破夕陽煙」之晚唐習氣可厭；……如此之類，不可枚舉，要皆不可爲訓者爾。（王壽昌《小清華園詩談》卷下）

《殘春獨來南亭因寄張祜》：「煖雲如粉」，春殘氣煖，雲白如粉。「草如茵」，春殘草長，其厚如褥。「閒步長堤不見人」，此寫「獨來」二字。「一嶺桃花」，此寫南亭外嶺上之春色已殘。「紅錦黦」，「黦」音曷，物之帶黑文者。今桃花殘敗，綠暗紅稀，如紅錦之黴黦也。「半溪山水」，此南亭傍山臨

溪，山溪之水不寬而清，故用「半」字。「碧羅新」，溪水澄碧，色如新羅。「高枝百舌太欺鳥」，百舌鳥，即鳩也，其聲最巧，今在高枝一鳴，而百鳥不敢與比，是太欺也。比讒人居高位，鼓簧舌以毀人。「帶葉梨花獨送春」，春將歸，百花開過，而梨花獨遲，今且花殘帶葉矣。懷此芳姿，而不覺春之已去，脉脉有情，故獨送之，所以比君子也。「仲蔚」，張仲蔚三徑蓬蒿，怡然自樂，今藉以呼張祜。「欲知何處在」，言張祜欲知我之在何處乎？「苦吟林下避紅塵」，苦吟梨花之下，以避百舌之塵，此即我之近來行徑也。獨來南亭時，意興寥落至此。（王堯衢《唐詩合解》卷十一）

宣州開元寺南樓①

小樓纔受一床橫，終日看山酒滿傾。可惜和風夜來雨，醉中虛度打窗聲。

【注　釋】

① 此詩《杜牧年譜》繫於開成三年（八三八），時杜牧在宣州幕。

【集評】

予家有聽雨軒，嘗集古今人句。杜牧之云：「可惜和風夜來雨，醉中虛度打窗聲。」賈島云：「宿客不來過半夜，獨聞山雨到來時。」歐陽文忠公：「芳叢緑葉聊須種，猶得蕭蕭聽雨聲。」王荆公：「深炷爐香閉齋閣，卧聞簷雨瀉高秋。」東坡：「一聽南堂新瓦響，似聞東塢少荷香。」陳無己云：「一枕雨窗深閉閣，卧聽叢竹雨來時。」趙德麟云：「卧聽簷雨作宫商。」尤爲工也。（吴聿《觀林詩話》）

寄遠人

終日求人卜，迴迴道好音。那時離別後，入夢到如今。

别沈處士

舊事參差夢①，新程邐迤秋②。故人如見憶，時到寺東樓。

【注　釋】

①參差：不齊貌。此處指往事前後不斷夢到。

②邐迤：曲折綿延貌。

留　贈

舞韡應任閑人看，笑臉還須待我開。不用鏡前空有淚，薔薇花謝即歸來。

【集　評】

【唐舞妓着靴】舒元輿《詠妓女從良》詩云：「湘江舞罷却成悲，便脱蠻靴出鳳幃。誰是蔡邕琴酒客，曹公懷舊嫁文姬。」可考唐時妓女舞飾也。按《説文》：「鞮，四夷舞人所着屨也。」《周禮》有鞮鞻氏，亦是四夷之舞。今之樂部舞妝，皆出四夷。唐人舞妓皆着靴，猶有此意。盧肇《柘枝舞賦》：「靴瑞錦以鸞雲匝，袍蹙金而雁欵。」樂府歌：「錦靴玉帶舞回雲。」杜牧之《贈妓》詩曰：「舞靴應任傍人看，笑臉還須待我開。」黄山谷《贈妓》詞云：「風流太守，能籠翠羽，宜醉金釵。且留取、垂楊掩映庭階。直待朱輪去後，便從伊穿襪弓鞋。」則汴宋猶似唐制，至南渡頭妓女窄襪弓鞋如良人矣。故當

時有「蘇州頭杭州脚」之諺云。（楊慎《升菴詩話》卷八）

元、白、温、李，皆稱豔手。然樂天惟「來如春夢幾多時，去似朝雲無覓處」一篇爲難堪，餘猶《國風》之好色。飛卿「曲巷斜臨」、「翠羽花冠」、「微風和暖」等篇，俱無刻劃。杜紫微極爲狼籍，然如「緑楊深巷馬頭斜」、「馬鞭斜拂笑回頭」、「笑臉還須待我開」、「背插金釵笑向人」，大抵縱恣於旗亭北里間，自云「青樓薄倖」，不虚耳。元微之「頻頻聞動中門鎖，猶帶春酲懶相送」，李義山「書被催成墨未濃」、「車走雷聲語未通」，始真是浪子宰相，清狂從事。（賀裳《載酒園詩話》卷一「豔詩」）

奉和僕射相公春澤稍愆聖君軫慮嘉雪忽降品彙昭蘇即事書成四韻〔一〕白相國①

飄來雞樹鳳池邊②，漸壓瓊枝凍碧漣③。銀闕雙高銀漢裏④，玉山横列玉墀前⑤。昭陽殿下風迴急⑥，承露盤中月彩圓⑦。上相抽毫歌帝德⑧，一篇風雅美豐年⑨。

【校勘記】

〔一〕「書成」，夾注本、文津閣本均作「書懷」。

【注　釋】

①僕射相公：即白敏中，大中三年加尚書右僕射。字用晦，白居易從父弟。傳見《舊唐書》卷一六六、《新唐書》卷一一九。春澤：指春天之雨雪。愆：失常，指春旱。軫慮：指深切之憂慮。品彙昭蘇：萬物重獲生機，恢復元氣。此詩郭文鎬《杜牧詩文繫年小札》（《人文雜誌》一九八四年第六期）認爲大中三年三月至大中五年三月，可稱白敏中爲僕射相公。杜牧和詩即在此期間。然詩題有「春澤稍愆，聖君軫慮，嘉雪忽降，品彙昭蘇」語，認爲嘉雪忽降，乃正月或二月事，三月下雪，不可稱嘉雪。因此「大中三年正、二月，白敏中本官尚非僕射；大中五年正、二月，白敏中雖可稱爲僕射相公，然此時杜牧已在三千里外之湖州，無由奉和，不可能『即事書成』。故此詩爲杜牧大中四年正、二月間作，時杜牧在京任司勳員外郎、史館修撰」。今即據此訂本詩作於大中四年（八五〇）春。

②雞樹：指中書省官署。三國魏時，中書監劉放與中書令孫資相善，二人久任機要。夏侯獻與曹肇不平，見殿中有雞棲樹，相謂曰：「此亦久矣，其能復幾？」後人因謂中書省官署爲雞樹。語出《三國志》卷一四《劉放傳·注》。鳳池：鳳凰池，指中書省。唐代宰相政事堂在此。晉荀勖原任中書監，後守尚書令，頗悵恨。有人祝之，勖曰：「奪我鳳皇池，諸君賀我邪！」事見《晉書》卷三九本傳。

③瓊枝：指覆蓋著雪花之樹枝。瓊，玉。碧漣：碧波。

④銀闕：唐大明宫前有棲鳳、翔鸞二闕，爲雪覆蓋，故謂銀闕。銀漢：銀河。

⑤玉墀：宫殿臺階。

⑥昭陽殿：漢代宫殿名，此指唐宫殿。

⑦承露盤：漢武帝曾作承露盤，立銅仙人舒掌承盤以接甘露。

⑧上相：即宰相，此指白敏中。

⑨風雅：《詩經》中《國風》及《大雅》、《小雅》。此指白敏中所作詩歌。

寄李播評事①

子列光殊價②，明時忍自高。寧無好舟楫③，不泛惡風濤④。大翼終難戢⑤，奇鋒且自韜⑥。春來煙渚上，幾淨雪霜毫？

【注　釋】

①李播：字子烈。元和時登進士第。曾任大理評事，累遷金部員外郎、郎中分司。開成二年春，調

任蘄州刺史。會昌初，入朝爲尚書比部郎中，後爲杭州刺史。事跡見杜牧《杭州新造南亭子記》、《唐詩紀事》卷四七等。

②子列：即子烈，李播字。

③舟楫：此處借指治國才能與仕途上遷昇之憑藉。

④風濤：指仕途風波。

⑤大翼句：大翼，巨大之鳥翅膀。《莊子·逍遥遊》：「鵬之背，不知其幾千里也。怒而飛，其翼若垂天之雲。」戢，收斂。此句謂有能力遠舉高飛。

⑥奇鋒句：鋒，劍鋒。韜，收藏。

送牛相公出鎮襄州①

盛時常注意，南雍暫分茅②。紫殿辭明主，巖廊别舊交③。危幢侵碧霧〔一〕④，寒旆獵紅旓⑤。德業懸秦鏡⑥，威聲隱楚郊⑦。拜塵先灑淚⑧，成廈昔容巢⑨。遥仰沉碑會⑩，鸞鳳玉佩敲⑪。

【校勘記】

〔一〕「幢」，原作「憧」，據夾注本、《全唐詩》卷五二四、馮注本改。

【注　釋】

① 牛相公：即牛僧孺，開成四年八月由左僕射出爲襄州刺史、山南東道節度使。傳見《舊唐書》卷一七二、《新唐書》卷一七四。此詩《杜牧年譜》據「《舊唐書·文宗紀》：『開成四年八月癸亥，以左僕射牛僧孺檢校司空、同平章事，兼襄州刺史，充山南東道節度使。』」繫於開成四年（八三九）。牛僧孺開成四年八月出鎮，則詩乃是時之後作。

② 南雍句：南雍，即襄州，劉宋於此僑置南雍州。分茅，用白茅裹著泥土授予被分封之諸侯，象徵授予土地與權利。此指牛僧孺出鎮襄州。

③ 巖廊：廟堂、朝廷。

④ 幢：以羽毛爲飾之一種旗幟。

⑤ 旓：旌旗上之飄帶。

⑥ 秦鏡：傳説秦宮有方鏡，可照見腸胃五臟。人有邪心，照之見膽張心動。事見《西京雜記》卷三。

⑦ 隱：威重貌。《後漢書·吴漢傳》：「吴公差彊人意，隱若一敵國矣！」《注》：「隱，威重之貌。

言其威重若敵國。」

⑧拜塵句：晉初潘岳、石崇等諂事賈謐，每遇其出，輒望塵而拜。事見《晉書》卷五五《潘岳傳》。

⑨成廈句：容巢，容許棲止。大和七年至九年，杜牧在牛僧孺淮南節度使幕任掌書記。夾注：「《淮南子》：大廈成而燕雀相賀，湯沐具而蟣虱相弔。」

⑩沉碑：晉杜預好爲後世名，以爲「高岸爲谷，深谷爲陵」，變化極大，遂「刻石爲二碑，紀其勳績，一沈萬山之下，一立峴山之上，曰：『焉知此後不爲陵谷乎！』」事見《晉書》卷三四本傳。此亦兼用羊祜襄陽事。晉時羊祜鎮襄陽，樂山水，常登此山，置酒言詠，終日不倦。卒後，百姓於峴山立廟建碑，望碑者莫不流涕，杜預名之曰墮淚碑。事見《晉書》卷三四本傳。

⑪鴛鴦句：夾注：「《梁書·伏挺傳》：捐此薜蘿，出從鴛鷺。《詩史》：鴛鷺叼雲閣。《注》：古詩：廁跡鴛鷺行，謂侍從列也。」

送薛邽二首①

其一

可憐走馬騎驢漢，豈有風光肯占伊。只有三張最惆悵②，下山迴馬尚遲遲。

【注　釋】

① 此二詩《杜牧年譜》謂「詩中有『明年未去池陽郡，更乞春時却重來』之句，蓋守池時所作」。杜牧任池州刺史爲會昌四年九月至六年（八四四—八四六）九月，詩乃此期間作。

② 三張：晉朝張載、張協、張亢兄弟以文名並稱三張。此處用以比擬薛邽兄弟。

其二

小捷風流已俊才，便將紅粉作金臺①。明年未去池陽郡②，更乞春時却重來。

【注　釋】

① 便將句：紅粉，美女。金臺，即黄金臺。見《池州送孟遲先輩》詩注③。

② 池陽郡：即池州，治所在今安徽貴池。其時杜牧任池州刺史。

見穆三十宅中庭海榴花謝〔一〕①

矜紅掩素似多才，不待櫻桃不逐梅。春到未曾逢宴賞，雨餘爭解免低徊②。巧窮南國千般豔，趁得東風二月開。堪恨王孫浪遊去③，落英狼藉始歸來。

【校勘記】

〔一〕「海榴花」，原作「梅榴花」，據夾注本、《全唐詩》卷五二四改。

【注　釋】

① 海榴：即石榴，農曆四月底五月初開花。

② 爭解：怎懂得。

③ 王孫：此指穆十三。《楚辭·招隱士》：「王孫遊兮不歸，春草生兮萋萋。」

留誨曹師等詩①

萬物有醜好，各一姿狀分。唯人即不爾②，學與不學論。學非探其花，要自撥其根。孝友與誠實，而不忘爾言。根本既深實，柯葉自滋繁。念爾無忽此，期以慶吾門。

【注釋】

①《金華子雜編》卷上：（杜牧）「臨終留詩，誨其二子曹師晦辭、梠梠德祥等云：（詩略），晦辭終淮南節度判官，德祥昭宗朝爲禮部侍郎知貢舉，甚有聲望。」據《新唐書·宰相世系表》杜牧三子：長子名承澤；晦辭字行之，左補闕；德祥字應之，禮部侍郎。則曹師似應爲承澤。杜牧《自撰墓誌銘》亦云：「長男曰曹師，年十六。」《杜牧年譜》繫此詩於大中六年（八五二），蓋杜牧本年冬十二月病卒。

② 不爾：不這樣。

洛陽

文爭武戰就神功①，時似開元天寶中。已建玄戈收相土〔一〕②，應廻翠帽過離宮③。侯門草滿宜寒兔〔二〕，洛浦沙深下塞鴻〔三〕④。疑有女娥西望處〔四〕⑤，上陽煙樹正秋風⑥。

【校勘記】

〔一〕「建」，夾注本作「立」。

〔二〕「宜」，夾注本作「置」，《全唐詩》卷五二四、馮注本校：「一作置。」

〔三〕「下」，《全唐詩》卷五二四、馮注本校：「一作見。」

〔四〕「娥」，原作「蛾」，據夾注本、《全唐詩》卷五二四改。馮注本校：「原作娥。」

【注釋】

①神功：非凡業績。

②玄戈：亦作玄弋，星名。此指畫有玄戈星之旗幟。《文選》張衡《西京賦》：「建玄弋，樹招摇。」《注》：「玄弋，北斗第八星名……今鹵簿中畫之於旗，建樹之以前驅。」相，古地名，在黄河之北，今河南安陽西。

③應廻句：翠帽，此代指天子。《文選》卷二張衡《西京賦》「天子乃……戴翠帽，倚金較」。薛綜注謂「翠羽爲車蓋，黄金以飾較也」。離宫，帝王爲備遊幸之用而築之宫室。

④洛浦：洛水之濱。

⑤女娥：指宫女。

⑥上陽：宫名。在洛陽禁苑之東。

【集　評】

《洛陽》：洛陽，東都也。昔日文征武戰得就神功，一時玄戈戢影，萬國朝宗，翠帽回車，天子遊幸，可稱全盛。而獨稱開元、天寶者，言當日之盛，莫盛於開元、天寶，而今日之衰實衰於開元、天寶。點出「離宫」二字，是深識其佚遊之漸，致亂之由。五、六寫洛陽荒凉之狀，「女娥西望」，「煙樹秋風」，言當日即已如此，今日倍覺淒涼矣。（朱三錫《東喦草堂評訂唐詩鼓吹》卷六）

寄唐州李玭尚書①

累代功勳照世光②，奚胡聞道死心降③。書功筆禿三千管〔一〕，領節門排十六雙④。先揖耿弇聲寂寂〔二〕⑤，今看黄霸事摐摐〔三〕⑥。時人欲識胸襟否？彭蠡秋連萬里江⑦。

【校勘記】

〔一〕「書功」，夾注本作「攻書」。

〔二〕「寂寂」，夾注本作「籍籍」。

〔三〕「摐摐」，文津閣本作「樅樅」。

【注釋】

①唐州：州名，唐武德九年改顯州置，時州治在比陽縣，即今河南泌陽縣。天寶元年改爲淮安郡，乾元元年復爲唐州。轄境相當今河南泌陽、唐河、方城、社旗、桐柏等縣地。天祐三年改爲泌州，徙治泌陽縣，即今河南唐河縣。五代唐復改爲唐州。李玭，唐代著名將領李愬子。歷任黔中、泰寧、平盧、嶺南諸鎮節度使，改刑部尚書、鳳翔節度使。又按，吳廷燮《唐方鎮年表》卷四《山南東道》：「會昌六年，《樊川集·唐州李玭尚書》詩，疑玭以五年爲山南東道，唐州當爲襄州之誤。會昌末，蔣係刺唐州，玭歷爲方鎮，非降黜不得爲刺史。」

②累代句：累代，累世。李玭祖李晟，晟子李愿、李愬、李聽，均爲唐代名將，屢立功勳。

③奚胡：奚爲東胡族。原居遼水上游，柳城西北。漢時稱烏桓。

④領節句：節，符節。十六雙，指門戟。唐官府及高級官吏家門前立棨戟。

⑤耿弇：東漢人，從漢光武帝征戰，平郡四十六，屠城三百，以功官至建威大將軍。傳見《後漢書》卷一九。

⑥今看句：黄霸，西漢人，字次公，爲潁川太守，治稱天下第一。傳見《漢書》卷八九。摐摐，紛錯，衆多貌。

⑦彭蠡：湖名，即鄱陽湖，在今江西。

【集評】

《寄唐州李尚書》：昔李公在唐時，父子昆弟俱以功業名世。一起先頌其家聲，頌其勳勞，自與等閒將帥不同。三寫李之能文，其書法如逸少。四寫李之能武，其領節如謝安。以文臣而兼武將，又與凡爲將者高無數矣。五寫李之聲望，六寫李之事業，又引絶頂之文臣武將比之，又與凡爲將者高無數矣。夫古來名將代不乏人，而襟期之瀟灑，度量之淵弘，如謝東山、羊叔子之外，不數數見也。末更以胸襟作結。其頌李尚書者至矣。寫山僧必寫其置酒，寫美人必寫其學道，寫秀才必寫其從獵，寫武臣必寫其讀書，謂之翻盡本色，别出妙理也。（朱三錫《東喦草堂評訂唐詩鼓吹》卷六）

《寄唐州李玭尚書》：牧之去李愬稍後，此别一人，當考。集作「李玭尚書」，按西平諸孫，皆從玉旁，而玭不見於表。（何焯《評注唐詩鼓吹》卷六）

南陵道中〔一〕①

南陵水面漫悠悠〔二〕，風緊雲輕欲變秋。正是客心孤迥處②，誰家紅袖凭江樓〔三〕。

【校勘記】

〔一〕《才調集》卷四題作《寄遠》，有三首，此詩爲第二首。《全唐詩》卷五二四、馮注本分别校：「原作寄遠」，「一本作寄遠。」

〔二〕「漫」，《才調集》卷四作「謾」。

〔三〕「凭」，《才調集》卷四作「倚」，《全唐詩》卷五二四、馮注本校：「一作倚。」

【注釋】

① 南陵：唐時宣州屬縣，今屬安徽。

② 孤迥：志意高遠。

【集評】

【江山秋思圖】杜樊川詩時堪入畫。「南陵水面漫悠悠，風緊雲輕欲變秋。正是客心孤迥處，誰家紅袖倚高樓。」陸瑾、趙千里皆圖之，余家有吳興小册，故臨于此。（董其昌《畫禪室隨筆》卷二題自畫）

【題畫南陵水面詩意】江南顧大中，嘗于南陵逃捕舫子上，畫杜樊川詩意。時大中未知名，人莫加重，後爲過客竊去，乃共歎惋。予曾見文徵仲畫此詩意，題曰：吾家有趙榮禄仿趙伯駒小幀畫，妙絶，間一摹之，殊愧不似。（董其昌《畫禪室隨筆》卷二「評舊畫」）

「萬事不如杯在手，一年幾見月當頭。」文徵仲嘗寫此詩意。又樊川翁「南陵水面漫悠悠，風緊雲輕欲變秋」，趙千里亦圖之。此皆詩中畫，故足畫耳。（董其昌《畫禪室隨筆》卷三「評詩」）

「南陵水面漫悠悠，風緊雲輕欲變秋。正是客心孤迥處，誰家紅袖倚高樓。」右樊川詩。宋顧大中曾於南陵巡捕司舫子卧屏上畫此詩意，而人不知其名，未甚賞譽。後爲具眼者竊去，乃更歎息。（陳繼儒《佘山詩話》卷上）

登九峰樓①

晴江灩灩含淺沙②，高低遶郭滯秋花〔一〕③。牛歌漁笛山月上〔二〕，鷺渚鶖梁溪日斜④。爲郡異鄉徒泥酒⑤，杜陵芳草豈無家。白頭搔殺倚柱遍，歸棹何時聞軋鴉⑥。

【校勘記】

〔一〕「滯」，夾注本作「帶」。

〔二〕「牛歌」，原作「牛酒」，據《全唐詩》卷五二四、馮注本改。

【注　釋】

①九峰樓：在池州東南。見《登池州九峰樓寄張祜》詩注①。此詩《杜牧年譜》以爲乃杜牧任池州刺史時即會昌四年九月至六年（八四四—八四六）九月所作。

②灩灩：水光摇動貌。

③滯：遺留。

④鶖梁：鶖，水鳥名。梁，魚梁。《詩・小雅・白華》：「有鶖在梁。」

⑤泥酒：沉湎於酒。

⑥軋鴉：象聲詞。此處爲划槳聲。

【集　評】

【軋軋鴉】杜牧《登九峰樓》詩：「白頭搔殺倚柱遍，歸棹何時軋軋鴉。」「軋軋鴉」，棹聲也。（楊慎《升菴詩話》卷六）

【泥人嬌】俗謂柔言索物曰「泥」，乃計切，諺所謂「軟纏」也。杜子美詩：「忽忽窮愁泥殺人。」元微之《憶内》詩：「顧我無衣搜藎篋，泥他沽酒拔金釵。」杜牧之《登九華樓》：「爲郡異鄉徒泥酒。」皇甫《非煙傳》詩：「郎心應似琴心怨，脉脉春情更泥誰？」楊乘詩：「晝泥琴聲夜泥書。」（楊慎《詞品》卷一）

别家

初歲嬌兒未識爺，别爺不拜手吒叉①。拊頭一别三千里②，何日迎門却到家？

【注釋】

① 吒叉：叉手爲禮。

② 拊頭：撫摸頭。拊通撫。

歸家〔一〕①

稺子牽衣問〔二〕，歸來何太遲？共誰爭歲月，贏得鬢邊絲。

【校勘記】

〔一〕「歸」，馮注本校：「一作到。」《全唐詩》卷五二四、馮注本題下校：「一作趙嘏詩。」《全唐詩》卷五五〇《趙嘏集》題作《到家》，下校：「一作杜牧詩，題作歸家。」

〔二〕「穉子牽衣」，《全唐詩》卷五五〇《趙嘏集》作「童稚苦相」。

【注　釋】

①此詩又見《全唐詩》卷五五〇《趙嘏集》，題爲《到家》。《全唐詩重出誤收考》云：「《絶句》七作趙嘏。此篇載《樊川詩集·外集》，清楊守敬使日本時，見楓山官庫藏本，後影鈔回國刊出，序云：『……考牧之詩唯正集皆爲牧作，其外、别兩集，已多他人之詩。如外集《歸家》一首爲趙嘏詩；《龍丘途中》二首、《隋苑》一首見《李義山集》；另集之《子規》一首，見太白集，皆采輯之誤。』」

【集　評】

《歸家》：人在家貧困，便思出門，以爲不能得名，亦可得利。及至在外，事不由我，眼望日子，不覺改换寒暑，終日奔馳，而頭顱早已如雪矣。出門纔及生髭，歸家一根拄杖，空着雙手，有話不好説出，又怕家人來問，遂請出一個稚子來，妙極。胸中已先有「鬢如絲」三個字，故以稚子作反映，稚子且又是個未出門之人。如《賈誼傳》有「諸老先生」四字，蓋對「洛陽年少」而言也。古人下字無有不對鋒者。稚子從不曉得世情，所衣所食，不知是那處來的，大人在外營圖，亦不知爲何原故，見大人歸家，乃牽衣問曰：「歸家何太遲？」歸遲則必有以致之者。「共誰爭歲月」，人即有所爭，決不與歲月爭，爭歲月是個癡漢，天下豈更有如是癡漢在與之爭，此不着痛癢之事。「贏得鬢如絲」，爭則定有輸贏，爭得歲月多者爲贏，歲月多則髮白，歸來並無別件，頭鬢祇有如絲，然則輸于少歲月者多矣。據稚子問來，直是不須出門去。（徐增《説唐詩》卷九）

雨

連雲接塞添迢遞，灑幕侵燈送寂寥。一夜不眠孤客耳，主人窗外有芭蕉。

【集評】

詠秋冬間雨，言其淒涼，旅中聞雨則思家，在家聞雨則思旅中。古詩有《秋雨》云：「白藕作花風已秋，不堪殘夢更回頭。暮雲帶雨歸飛急，只在西窗一夜愁。」甚得秋水氣象。又絶句《秋雨》云：「連雲接塞添迢遞，灑幕侵燈送寂寥。一夜不眠孤客耳，主人窗外有芭蕉。」上兩句説秋雨淒涼，下兩句説雨聲來歷，蓋使孤客一夜不眠，而耳中不靜者，乃主人窗外芭蕉被雨聲所滴耳。（吳沆《環溪詩話》卷下）

送人〔一〕

鴛鴦帳裏暖芙蓉〔二〕①，低泣關山幾萬重〔三〕。明鑑半邊釵一股〔四〕，此生何處不相逢〔五〕②？

【校勘記】

〔一〕《文苑英華》卷二八〇題下校：「又云寓言。」

〔二〕「帳裏」，《文苑英華》卷二八〇作「繡被」，下校：「集作帳裏。」《全唐詩》卷五二四校：「一作繡被。」馮注本校：「一云繡被。」

〔三〕此句《文苑英華》卷二八〇作「遥想關山萬里重」，下校：「集作低泣關山幾萬重。」馮注本校：「一云遥想關山萬里重。」

〔四〕「鑑」，《文苑英華》卷二八〇、《全唐詩》卷五二四、馮注本作「鏡」。

〔五〕「此」，《文苑英華》卷二八〇作「人」，馮注本校：「一作人。」

【注　釋】

① 芙蓉：芙蓉花。此指相戀之女子。夾注：「《廣記》：寶曆二年，浙東貢舞女二人，一曰飛燕，二曰輕鳳。每夜歌舞一發，如鸞鳳之音，百鳥莫不翔集其上。及於庭際，舞態豔逸，非人間所有。每歌罷，上令內人藏之金屋寶帳。由是宮中語曰：寶帳香重重，一雙紅芙蓉。」

② 明鑑半邊二句：此處乃用陳太子舍人徐德言與妻樂昌公主，於陳政亂亡離別之際分執破鑑，後夫妻因破鑑而重逢再合故事。事見《本事詩·情感》。又白居易《長恨歌》：「惟將舊物表深情，鈿合金釵寄將去。釵留一股合一扇，釵擘黃金合分鈿。」

遣　懷

道泰時還泰①，時來命不來。何當離城市，高卧博山隈②。

【注　釋】

① 泰：通暢。

② 博山隈：博山，今山東、江西均有博山。隈，山水彎曲處。

醉贈薛道封

飲酒論文四百刻①，水分雲隔二三年〔一〕。男兒事業知公有，賣與明君直幾錢？

【校勘記】

〔一〕此句文津閣本作「水雲遥隔二三年」。

【注　釋】

① 四百刻：四晝夜。古滴水計時，器上刻度，一晝夜爲一百刻。《説文》：「漏以銅受水，刻節，晝夜百刻。」

歙州盧中丞見惠名醖①

誰憐賤子啓窮途，太守封來酒壹壺。攻破是非渾似夢，削平身世有如無。醺醺若借嵇康懶②，兀兀仍添甯武愚③。猶念悲秋更分賜，夾溪紅蓼映風蒲。

【注釋】

① 歙州：唐州名。治所在今安徽歙縣。盧中丞，盧弘止，字子强，開成中爲歙州刺史。累官工、户二部侍郎，徐州、宣武諸鎮節度使。傳見《舊唐書》卷一六三、《新唐書》卷一七七。醖：酒。此詩郭文鎬《〈樊川外集〉詩辨僞》（《唐都學刊》一九八七年第二期）認爲歙州盧中丞爲盧弘止，趙嘏與盧弘止多有交往，有《寄盧中丞》、《重寄盧中丞》、《發新安後途中寄盧中丞二首》等詩。《寄盧中丞》詩有「獨攜一榼郡齋酒，吟對青山憶謝公」句，詩中節令情景與《歙州盧中丞見惠名醖》相合，故此詩乃趙嘏開成三年（八三八）秋之作，非杜牧詩。

② 嵇康：字叔夜，仕魏爲中散大夫。嗜酒，工詩文。傳見《三國志》卷二一、《晉書》卷四九。其《與山巨源絶交書》謂己「性復疏懶」，「懶與慢相成」。

③ 兀兀句：兀兀，昏沉貌。甯武，即甯俞，春秋時衛國大夫，謚武。《論語·公冶長》：「子曰：甯武子，邦有道，則知；邦無道，則愚。其知可及也，其愚不可及也。」

詠襪

鈿尺裁量減四分〔一〕①，纖纖玉笋裹輕雲②。五陵年少欺他醉，笑把花前出畫裙。

【校勘記】

〔一〕「鈿尺」，文津閣本作「細尺」。

【注　釋】

① 鈿尺：即金粟尺。嵌金粟於尺，故稱。

② 玉笋：此用以比喻柔美之脚趾。

【集　評】

【雙行纏】《墨莊漫録》載婦人弓足，始於五代李後主，非也。予觀六朝樂府有《雙行纏》，其辭云：「新羅綉行纏，足趺如春妍。他人不言好，獨我知可憐。」唐杜牧之詩云：「鈿足裁量減四分，碧琉璃滑裹春雲。五陵年少欺他醉，笑把花前出畫裾。」段成式詩云：「醉袂幾侵魚子纈，彯纓長戛鳳凰釵。知君欲作《閒情賦》，應願將身作錦鞋。」《花間集》詞云：「慢移弓底綉羅鞋。」則此飾不始於五代也。（胡應麟《少室山房筆叢》卷十二續甲部「丹鉛新録」八）

杜牧之詩：「纖纖玉笋裹春雲。」見《合璧事類》，楊作「碧琉璃滑」，誤也。婦人纏足，實當起於此時，併楊所引花間詞、商隱絶可證。然《合璧》引杜詩，乃入襪類，恐唐人自以足指爲玉笋，非必以弓纖也。（牧之集亦作《詠襪詩》，楊誤。）（胡應麟《少室山房筆叢》卷十二續甲部「丹鉛新録」八）

【婦人弓足】婦人纏足，不知始自何時。或云始于齊東昏，則以「步步生蓮」一語也。然余向年觀唐文皇長孫后繡履圖，則與男子無異。友人陳眉公、姚叔祥，俱有説爲證明。又見則天后畫像，其芳趺亦不下長孫。可見唐初大抵俱然。惟大曆中夏侯審《咏被中睡鞋》云：「雲裹蟾鉤落鳳窩，玉郎沈醉也摩抄。」蓋弓足始見此。至杜牧詩云：「鈿尺纔量減四分，纖纖玉笋裹輕雲。」又韓偓詩云：「六寸膚圓光緻緻。」唐尺只抵今制七寸，則六寸當爲今四寸，亦弓足之尋常者矣。因思此法當始於唐之中葉。今又傳南唐後主爲宫姬窅娘作新月樣，以爲始於此時，似亦未然也。向聞今禁掖中，凡被選之女，一登籍入内，即解去足紈作宫様。蓋取便於御前奔趨無顛蹶之患，全與民間初制不侔。予向曾寓京師，隆冬遇掃雪軍士從内出，拾得宫婢敝履相視，始信其説不誣。（沈德符《敝帚軒剩語》卷中）

《墨莊漫録》載，婦人弓足，始于五代李後主，非也。予觀六朝樂府有《雙行纏》，其辭云：「新羅繡行纏，足趺如春妍。他人不言好，獨我知可憐。」唐杜牧詩云：「鈿尺裁量減四分，纖纖玉筍裹輕雲。五陵年少欺他醉，笑把花前出畫裙。」段成式詩云：「醉袂幾侵魚子纈，彯纓長戛鳳凰釵。知君欲作《閑情賦》，應願將身作錦鞋。」《花間集》詞云：「慢移弓底繡羅鞋。」此則飾不始於五代也。或謂起於妲己，乃瞽史以欺閭巷者。士夫或信以爲真，亦可笑哉。（俞弁《逸老堂詩話》卷下）

【弓足】婦女弓足，不知起於何時，有謂起於五代者。……然伊世珍《嫏嬛記》，謂馬嵬老媼拾得太真襪以致富，其女名玉飛，得雀頭履一隻，長僅三寸。《詩話總龜》亦載明皇自蜀回，作楊貴妃所遺羅襪銘曰：「羅襪羅襪，香塵生不絶。細細圓圓，地下得瓊鉤。窄窄弓弓，手中弄初月。又如脱履露纖圓，恰似同衾見時節。方知清夢事非虚，暗引相思幾時歇。」又杜牧詩：「鈿尺裁量減四分，纖纖玉筍裹輕雲。」周達觀引之，以爲唐人亦裹足之證。韓偓《屧子》詩云：「六寸膚圓光緻緻。」《花間集》詞云：「慢移弓底繡羅鞋。」楊用修因之，並引六朝《雙行纏》詩，所謂「新羅繡行纏，足趺如春妍。他人不言好，獨我知可憐」，以爲六朝已裹足。不特此也。《雜事秘辛》載，漢保林吴姁足長八寸，踁跗豐妍，底平趾斂，約縑迫襪，收束微如禁中。《史記》云，臨淄女子彈絃縱足。又云，揄修袖，躡利屣。利屣者，以首之尖鋭言之也。則纏足之風，戰國已有之。高江村《天禄識餘》亦祖其説，謂弓足相傳起于東昏侯，使潘妃以帛纏足，金蓮貼地行其上，謂之步步生蓮花。然石崇屑沉香爲塵，使姬人步之無跡，已先之。而《史記》並有利屣之語，則裹足之風，由來已久云云。此主弓足起於秦漢之説也。

是二説固皆有所據，然《瑯嬛記》及《詩話總龜》所云，恐係後人附會之詞，而李白之詠素足，則確有明據。即杜牧詩之「尺減四分」，韓偓詩之「六寸膚圓」，亦尚未纖小也，第詩家已詠其長短，則是時俗尚已漸以纖小爲貴可知。至於五代乃盛行扎脚耳。（趙翼《陔餘叢考》卷三十一）

宮詞二首

其一

蟬翼輕綃傳體紅①，玉膚如醉向春風。深宮鎖閉猶疑惑〔一〕，更取丹沙試辟宮〔二〕②。

【校勘記】

〔一〕「宮」，《全唐詩》卷五二四、馮注本校：「一作闈。」

〔二〕「辟宮」，文津閣本作「守宮」。

【注　釋】

① 蟬翼輕綃：像蟬翅一般之輕柔薄絹。傅，附著。夾注：「魏文帝詩：綃綃白如雪，輕華比蟬翼。」

② 辟宮：又稱守宮，即壁虎。《漢書》卷六五《東方朔傳》：「置守宮盂下。」顏師古注：「守宮，蟲名也。……今俗呼爲辟宮，辟亦禦扞之義耳。」張華《博物志》卷四：「蜥蜴或名蝘蜓。以器養之，以朱砂，體盡赤，所食滿七斤，治擣萬杵，點女人支體，終年不滅。唯房室事則滅，故號守宮。」

其二

監宮引出暫開門，隨例須朝不是恩〔一〕。銀鑰却收金鎖合，月明花落又黃昏。

【校勘記】

〔一〕「須」，《全唐詩》卷五二四、馮注本校：「一作趨。」文津閣本作「趨」。

【集　評】

苕溪漁隱曰：《宮詞》云：「監宮引出暫開門，隨例雖朝不是恩。銀鑰却收金鎖合，月明花落又黃昏。」此絶句極佳，意在言外，而幽怨之情自見，不待明言之也。詩貴夫如此，若使人一覽而意盡，亦何足道哉。（胡仔《苕溪漁隱叢話後集》卷十五「杜牧之」）

《宮怨》：夫不見可欲，使心不亂。宮人而鎖于長門，閉門寂寂，與女伴或可相忘。牧之特于此盤旋，以爲不見君王，亦不成怨，乃尋出監宮引出一事來，何其思之深且曲也。宮人雖退守長門，有出來朝君王之例，若開門出來，必須監宮引出。「暫」字妙，惟閉門是常，故開門云暫也。開門雖暫時，畢竟是得見天光，宮人必相私異曰：吾今番得見君王，或重承寵渥不可知。于是，即急急回絶他云：此朝是例，不是恩也。恩與怨對，反弄出怨來，故不是恩也。須臾朝過，依舊重入長門，監宮却將銀鑰收管，金鎖早已合上矣。不消更説到下句，此際已極難堪。此門既入，不知于何日再出來。出一出，笑一笑，合一合，惱一惱，一出一合，使宮人老到白頭便了，可憐，可憐。「月明花落又黄昏」，平素凄涼景況，已消受得慣矣，獨是今日朝君，無窮妄想竟成虚話，又得見君王一面，越形出淒涼不堪，日裏夜間，一總不論，乃于欲睡未睡之際，滿宮明月，一院落花，上天下地，團團怨海，向之所最苦者，此境今又依然在此矣。妙極。（徐增《説唐詩》卷十二）

《宮怨》：「監宮引出暫開門」，宮人鎖閉長門，亦有出來朝君之例，必須監宮者引出，以其閉門是常，故開門只是暫時耳。此時雖暫得近天顔，宮人意中，不無希寵望恩之意。「隨例雖朝不是恩」，誰知此朝也不過隨例而已，非有特恩也。既不是恩，定須是成怨矣。宮人寂守不覺，開門後反勾動愁腸，奈何！「銀鑰却收金鎖合」，朝罷依舊入門，監宮却收了銀鑰，合上金鎖，此際之情，比不出宮中更慘。此門一入，又不知何日再得出來也。「月明花落又黄昏」，開門之後，欲睡不睡，只見滿宫明月，空庭落花，是向日受慣之淒涼，而今又依然在此矣。説至此，字字怨入骨髓。（王堯衢《唐詩合解》卷六）

月

三十六宫秋夜深①，昭陽歌斷信沉沉②。唯應獨伴陳皇后③，照見長門望幸心。

【注　釋】

① 三十六宫：班固《西都賦》：「離宫别館，三十六所。」

② 昭陽：即昭陽殿。漢成帝時，趙飛燕姊妹得寵，趙飛燕妹趙合德居此。

③ 陳皇后：即漢武帝皇后阿嬌。失寵後居長門宫。

忍死留别獻鹽鐵裴相公二十叔①

賢相輔明主，蒼生壽域開②。青春辭白日③，幽壤作黄埃④。豈是無多士⑤，偏蒙不棄才。

孤墳一尺土〔二〕，誰可爲培栽？

【校勘記】

〔二〕「一」，《全唐詩》卷五二四作「三」，馮注本校：「一作三。」

【注　釋】

①鹽鐵裴相公：指宰相兼鹽鐵轉運使裴休。此詩胡可先辨非杜牧詩。《全唐詩重出誤收考》云：「胡可先認爲此詩非杜牧作，見《徐州師範學院學報》一九八二年第一期。據世系排列，杜牧的姐夫裴儔是裴休的哥哥，此詩題中稱叔，不合，故疑爲裴儔之子裴延翰作。此鹽鐵裴相公爲裴休，時任諸道鹽鐵轉運使。」

②壽域：仁壽之域，太平盛世。

③青春：春季。《楚辭·大招》：「青春受謝，白日昭只。」

④幽壤：地下。

⑤多士：衆多之人才。《詩·大雅·文王》：「濟濟多士，文王以寧。」

悲吳王城①

二月春風江上來〔一〕，水精波動碎樓臺〔二〕②。吳王宮殿柳含翠，蘇小宅房花正開③。解舞細腰何處往，能歌姹女逐誰迴④？千秋萬古無消息，國作荒原人作灰。

【校勘記】

〔一〕「春風」，原作「春色」，據《全唐詩》卷五二四、馮注本改。馮注本又校：「一作色。」

〔二〕「水精」，文津閣本作「水清」。

【注　釋】

① 吳王城：即春秋吳王闔閭使伍子胥所築闔閭城，地在今蘇州。

② 水精句：水精，此處比喻清澈之江水。碎樓臺，謂樓臺倒影水中，風吹水動，樓臺倒影晃動貌。

③ 蘇小：即南朝錢塘名妓蘇小小。

④ 姹女：美女。

閨情代作

梧桐葉落雁初歸，迢遞無因寄遠衣。月照石泉金點冷，鳳酣簫管玉聲微①。佳人力杵秋風外〔一〕②，蕩子從征夢寐希。遥望戍樓天欲曉，滿城鼛鼓白雲飛。

【校勘記】

〔一〕「力」，《全唐詩》卷五二四、馮注本作「刀」，馮注本又校：「一作力。」

【注　釋】

① 鳳酣簫管：暗用秦蕭史、弄玉事。秦穆公女弄玉，嫁蕭史。史善吹簫，日教弄玉作鳳鳴。居數年，吹似鳳聲，鳳凰來止其屋。公爲作鳳臺，夫婦止其上不下數年，一旦皆隨鳳凰飛去。事見《列仙傳》卷上。

② 杵：擣衣杵，用以搗洗寒衣之工具。

【集　評】

《閨情代作》：大凡窮愁思慕之情，無論征夫遊子、怨女思婦，未有不至秋而倍甚者。「梧桐葉落」，秋時也，當秋而思寄衣，秋情也。三閨中所見，四閨中所聞，下二「冷」字、「微」字，極寫閨中淒涼景致。五、六將蕩子與佳人作對，可爲傷心。「力杵秋風」、「從征夢稀」，此真徹夜不寐、愁聽街鼓神理也。（朱三錫《東喦草堂評訂唐詩鼓吹》卷六）

寄沈褒秀才

晴河萬里色如刀①，處處浮雲卧碧桃②。仙桂茂時金鏡曉③，洛波飛處玉容高。雄如寶劍衝牛斗④，麗似鴛鴦養羽毛。他日憶君何處望？九天香滿碧蕭騷⑤。

【注　釋】

① 晴河句：晴河，指銀河。如刀，謂明亮。

② 碧桃：即碧桃花，其色有白者。此用以比喻浮雲。

③ 仙桂茂時句：仙桂茂時，指滿月時。傳説月中有桂樹，故云。金鏡，指月。

④ 衝牛斗：見《李甘》詩注㉖。

⑤ 九天句：九天，天極高處。香滿，指桂花香濃鬱。蕭騷，風聲。唐人以進士及第爲折桂。此意爲沈褒將登進士第。

入　關

東西南北數衢通，曾取江西徑過東。今日更尋南去路，未秋應有北歸鴻。

及第後寄長安故人①

東都放榜未花開②，三十三人走馬廻③。秦地少年多辦酒〔一〕④，已將春色入關來〔二〕⑤。

【校勘記】

〔一〕「辦」，《唐詩紀事》卷五六、《全唐詩》卷五二四作「釀」，夾注本、馮注本校：「一作釀。」《全唐詩》卷五二四校：「一作辦。」

〔二〕「已」，《唐詩紀事》卷五六作「即」，《全唐詩》卷五二四、馮注本校：「一作即。」

【注釋】

①《唐摭言》卷三《慈恩寺題名遊賞賦詠雜記》載：「大和二年，崔郾侍郎東都放榜，西都過堂。杜牧有詩曰：『東都放榜未花開，三十三人走馬廻。秦地少年多釀酒，却將春色入關來』。」此詩《杜牧年譜》據此繫於大和二年（八二八）。詩有「已將春色入關來」句，乃作於春日。

②東都句：大和二年，禮部試進士移至洛陽舉行。唐制一般於二月放榜。

③三十三人：指大和二年及第進士人數。

④秦地：指長安。

⑤春色入關：此處語義雙關，既指大自然之春色入關（潼關）；又意謂過關試（即進士及第後又通過吏部試）。

【集評】

大和二年，崔郾侍郎東都放榜，西都過堂。杜牧有詩曰：「東都放榜未花開，三十三人走馬廻。秦地少年多釀酒，却將春色入關來。」（王定保《唐摭言》卷三「慈恩寺題名遊賞賦詠雜記」）

【進士科故實】榜放於禮部南院，張院東別牆。陳標詩所云「春官南院粉牆東」者是也。歲每三十人爲率。李山甫詩：「麻衣盡舉一隻手，桂樹只生三十枝。」言得者之少而難如此。東都舉，永泰及太和初元亦一行，據杜紫微東都登第詩：「三十三人走馬廻」，合兩都又當六十餘人矣。蓋間舉之事。（胡震亨《唐音癸籤》卷十八「詁箋」三）

偶作

才子風流詠曉霞，倚樓吟住日初斜。驚殺東鄰繡床女，錯將黃暈壓檀花①。

【注釋】

① 黃暈：黃色。

【集評】

【杜牧徐渭】牧《遣懷》詩云：「落魄江湖載酒行，楚腰腸斷掌中輕。十年一覺揚州夢，占得青樓薄倖名。」又：「才子風流咏曉霞，倚樓吟住日初斜。驚殺東鄰繡床女，錯將黃暈壓檀花。」此二詩乃牧在揚州爲牛僧孺書記時作也。牧負才不羈，日爲放浪狎邪之行，僧孺縱其出入，且遣人易服隨後潛護之。其愛才如此。數百年後，山陰徐渭得胡太保宗憲而事之，草露布，爲幕府上客，放浪狎邪，無復拘束，亦如牧之在揚州然。余於此歎杜、徐二子之奇，尤歎牛、胡兩公之愛才，前後一轍也。（田雯《古歡堂集雜著》卷三）

贈終南蘭若僧①

北闕南山是故鄉〔一〕，兩枝仙桂一時芳②。休公都不知名姓〔二〕③，始覺禪門氣味長〔三〕④。

【校勘記】

〔一〕孟棨《本事詩·高逸》引此句作「家在城南杜曲傍」，《全唐詩》卷五二四、馮注本校：「一作家在城南杜曲傍。」

〔二〕孟棨《本事詩·高逸》引此句作「禪師都未知名姓」。

〔三〕孟棨《本事詩·高逸》引此句作「始覺空門意味長」。

【注釋】

①終南：山名，即終南山，在長安南。蘭若，梵語阿蘭若之省稱，意爲清靜無苦惱煩亂之處，即佛寺。《本事詩·高逸》：「杜舍人牧，弱冠成名，當年制策登科，名振京邑。嘗與一二同年城南遊覽，至文公寺，有禪僧擁褐獨坐，與之語，其玄言妙旨，咸出意表。問杜姓字，具以對之。又云：『修何業？』傍人以累捷誇之，顧而笑曰：『皆不知也。』杜歎訝，因題詩曰：『家在城南杜曲傍，兩枝仙桂一時芳。禪師都未知名姓，始覺空門意味長。』」詩乃大和二年（八二八）春杜牧登科後回長安時作。

②兩枝仙桂：指杜牧大和二年連登進士及賢良方正能直言極諫二科。

③休公：南朝詩僧湯惠休。此處泛指僧人。夾注：「《南史·徐湛之傳》：時有沙門釋惠休善屬文，湛之甚厚。孝武使還俗。本姓湯，位至揚州從事。」

④禪門：佛教禪宗教門。

【集評】

杜舍人牧，弱冠成名，當年制策登科，名振京邑。嘗與一二同年城南遊覽，至文公寺，有禪僧擁褐獨坐，與之語，其玄言妙旨，咸出意表。問杜姓字，具以對之。又云：「修何業？」傍人以累捷誇之，顧而笑曰：「皆不知也。」杜歎訝，因題詩曰：「家在城南杜曲傍，兩枝仙桂一時芳。禪師都未知名姓，始覺空門意味長。」（孟棨《本事詩·高逸》第三）

人之所詩與所仰慕者，皆不出本等。唐杜牧詣僧，僧不識人，人言其名，亦不省，故詩曰：「家住城南杜曲旁，兩枝仙桂一時芳。山僧都不知姓名，始覺空門興味長。」因爲之語云：「毁譽但能驕本等，利害但能動適用。」（晁説之《晁氏客語》）

遣懷〔一〕①

落魄江南載酒行〔二〕②，楚腰腸斷掌中輕〔三〕③。十年一覺揚州夢〔四〕，占得青樓薄倖名〔五〕④。

【校勘記】

〔一〕《才調集》卷四題作《題揚州》。

〔二〕「魄」，《本事詩·高逸》作「拓」，《才調集》卷四作「托」，《全唐詩》卷五二四校：「一作托。」馮注本校：「一作拓。」「江南」，《本事詩·高逸》、《太平廣記》卷二七三引作「江湖」。《全唐詩》卷五二

四、馮注本在「南」字下校：「一作湖。」

〔三〕「腸斷」，《才調集》卷四、《本事詩・高逸》、《太平廣記》卷二七三作「纖細」，《全唐詩》卷五二四、馮注本校：「一作纖細。」「輕」，《本事詩・高逸》、《太平廣記》卷二七三作「情」。

〔四〕「十年」，《本事詩・高逸》、《太平廣記》卷二七三作「三年」，夾注本校：「一作三年。」

〔五〕「占」，《才調集》卷四、《本事詩・高逸》、《太平廣記》卷二七三、《全唐詩》卷五二四、文津閣本均作「贏」，《全唐詩》卷五二四校：「一作占。」夾注本、馮注本校：「一作贏。」「薄倖」，夾注本作「薄行」。

【注釋】

①《本事詩・高逸》：「杜（牧）登科後，狎遊飲酒。爲詩曰：……」所引詩中「十年」作「三年」。杜牧大和七年至揚州幕，第三年爲大和九年。則此詩應作於大和九年（八三五）杜牧將離揚州淮南節度使幕入京時。

②落魄：窮困失意。

③楚腰句：楚腰，即細腰。古時楚靈王愛細腰，楚腰即謂女子之細腰。掌中輕，漢成帝皇后趙飛燕身姿輕盈，能在掌上起舞，故謂。

④ 青樓句：青樓，此指妓女住所。薄倖，無情。

【集　評】

杜爲御史，分務洛陽時，李司徒罷鎮閒居，聲伎豪華，爲當時第一。洛中名士，咸謁見之。李乃大開筵席。當時朝客高流，無不臻赴，以牧持憲，不敢邀置。牧遣坐客達意，願與斯會。李不得已馳書。方對花獨斟，亦已酣暢，聞命遽來，時會中已飲酒，女奴百餘人，皆絶藝殊色。杜獨坐南向，瞪目注視，引滿三卮，問李云：「聞有紫雲者，孰是？」李指示之。杜凝睇良久，曰：「名不虛得，宜以見惠。」李俯而笑，諸妓亦皆迴首破顔。杜又自飲三爵，朗吟而起曰：「華堂今日綺筵開，誰喚分司御史來？忽發狂言驚滿座，兩行紅粉一時迴。」意氣閒逸，旁若無人。杜登科後，狎遊飲酒，爲詩曰：「落拓江湖載酒行，楚腰纖細掌中情。三年一覺揚州夢，贏得青樓薄倖名。」（孟棨《本事詩·高逸》第三）

苕溪漁隱曰：《遣懷》詩：「落魄江湖載酒行，楚腰腸斷掌中輕。十年一覺揚州夢，贏得青樓薄幸名。」余嘗疑此詩必有謂焉。因閲《芝田録》云：「牛奇章帥維揚，牧之在幕中，多微服逸遊，公聞之，以街子數輩潛隨牧之，以防不虞。後牧之以拾遺召，臨別，公以縱逸爲戒，牧之始猶諱之，公命取一篋，皆是街子輩報帖，云杜書記平善，乃大感服。」方知牧之此詩，言當日逸遊之事耳。（胡仔《苕溪漁隱叢話後集》卷十五「杜牧之」）

【杜牧徐渭】牧《遣懷》詩云：「落魄江湖載酒行，楚腰腸斷掌中輕。十年一覺揚州夢，占得青樓薄倖名。」又：「才子風流咏曉霞，倚樓吟住日初斜。驚殺東鄰繡床女，錯將黄暈壓檀花。」此二詩乃牧在揚州爲牛僧孺書記時作也。牧負才不羈，日爲放浪狎邪之行，僧孺縱其出入，且遣人易服隨後潛護之。其愛才如此。數百年後，山陰徐渭得胡太保宗憲而事之，草露布，爲幕府上客，放浪狎邪，無復拘束，亦如牧之在揚州然。余於此歎杜、徐二子之奇，尤歎牛、胡兩公之愛才，前後一轍也。（田雯《古歡堂集雜著》卷三）

【落魄】若杜牧之「落魄江湖載酒行」一絶，尤爲豪放，乃知落魄爲放蕩失檢之意，非淪落不堪也。（胡鳴玉《訂僞雜録》卷一）

杜司勳詩「誰家唱《水調》，明月滿揚州」、「誰知竹西路，歌吹是揚州」、「揚州塵土試回首，不惜千金借與君」、「二十四橋明月夜，玉人何處教吹簫」、「春風十里揚州路，卷上珠簾總不如」、「十年一覺揚州夢，贏得青樓薄倖名」，何其善言揚州也！（余成教《石園詩話》卷二）

春日途中①

田園不事來遊宦，故國誰教爾別離？獨倚關亭還把酒，一年春盡送春時。

【注　釋】

①　此詩已見《樊川文集》卷四，詩句全同，僅詩題作《春盡途中》，與此微異，當以《樊川文集》爲是。此乃《樊川外集》重收。

秋　感

金風萬里思何盡，玉樹一窗秋影寒。獨掩柴門明月下〔一〕，淚流香袂倚欄干。

【校勘記】

〔一〕「柴」，原作「此」，今據夾注本、景蘇園本、《全唐詩》卷五二四、馮注本校改。

贈漁父

蘆花深澤靜垂綸①，月夕煙朝幾十春。自説孤舟寒水畔，不曾逢著獨醒人②。

【注　釋】

① 綸：釣絲。

② 獨醒人：戰國時屈原遭放逐，行吟澤畔，遇漁父，漁父問其何以至此？屈原曰：「舉世皆濁我獨清，衆人皆醉我獨醒，是以見放。」事見《楚辭·漁父》。

【集　評】

《贈漁父》：此獨醒人難逢，逢亦難識。（黄周星《唐詩快》卷十六）

歎　花〔一〕①

自恨尋芳到已遲〔二〕，往年曾見未開時。如今風擺花狼藉，緑葉成陰子滿枝。

【校勘記】

〔一〕馮注本題下校：「一作悵詩。」《全唐詩》卷五二七《杜牧集·補遺》詩題亦作《悵詩》，文字同下〔二〕引《唐詩紀事》所録。其題下小注云：「牧佐宣城幕，遊湖州。刺史崔君張水戲，使州人畢觀，令牧閑行閲奇麗。得垂髫者十餘歲。後十四年，牧刺湖州，其人已嫁，生子矣。乃悵而爲詩。」

〔三〕《太平廣記》卷二七三、《唐詩紀事》卷五六引此詩作「自是尋春去校遲，不須惆悵怨芳時。狂風落盡深紅色，緑葉成陰子滿枝。」馮注本詩後所校詩同。

【注釋】

①此詩又題爲《悵詩》。其本事出《唐闕史》卷上：「杜牧在宣州幕時，曾遊湖州，見鴉頭女，年十餘，驚爲國色，以重幣結之，與其母約曰：『吾不十年，必守此郡。十年不來，乃從爾所適。』後周墀爲相，杜牧乃以三箋干墀，乞守湖州。大中三年，始授湖州刺史，比至郡，則已十四年矣。所約者，已從人三載，而生三子。因賦詩以自傷。」《太平廣記》卷二七三、《麗情集》、《唐詩紀事》卷五六、《唐才子傳》卷六均記此事。繆鉞《杜牧詩選》認爲此故事與杜牧行跡及史事不合，故《全唐詩重出誤收考》謂「繆鉞《杜牧年譜》於大中四年下引此事，疑爲後人附會，與杜牧行跡及史事頗有舛午。再編唐詩總集當依《樊川詩集》五作《歎花》，注出以上傳奇附會之出處，不必重出。」

【集評】

歐公閒居汝陰時，一妓甚潁，文公歌詞盡記之，筵上戲約他年當來作守。後數年，公自維揚果移汝陰，其人已不復見矣。視事之明日，飲同官湖上，種黃楊樹子，有詩留擷芳亭云：「柳絮已將春去遠，海棠應恨我來遲。」後三十年，東坡作守見詩笑曰：「杜牧之『緑葉成陰』之句耶。」（趙令時《侯鯖録》卷二）

苕溪漁隱曰：顏魯公《題謝公塘碑陰》云：「太保謝公，東晉咸和中，以吳興山水清遠，求典此郡。」故東坡《將之湖州戲贈莘老》詩云：「亦知謝公到郡久，應怪杜牧尋春遲。鬢絲只好對禪榻，湖亭不用張水嬉。」（胡仔《苕溪漁隱叢話後集》卷十五「杜牧之」）

【尹惟曉詞】梅津尹渙惟曉未第時，嘗薄遊苕溪籍中，適有所盼。後十年，自吳來霅，艤舟碧瀾，問訊舊遊，則久爲一宗子所據，已育子，而猶掛名籍中。於是假之郡將，久而始來。顏色瘁赧，不足膏沐，相對若不勝情。梅津爲賦《唐多令》云：「蘋末轉清商，溪聲供夕涼。緩傳杯，催喚紅妝。煥綰烏雲新浴罷，拂地水沉香。　歌短舊情長，重來驚鬢霜。悵緑陰，青子成雙。説著前歡佯不采，颺蓮子，打鴛鴦。」數百載而下，真可與杜牧之「尋芳較晚」之爲偶也。（周密《齊東野語》卷十）

田晝詩：「弟病兄孤失所依，當時書語最堪悲。豈面乞得南州牧，却恨尋春去較遲。」此詩正以譏牧之放肆之過也。（蔡正孫《詩林廣記》前集卷六「杜牧之」）

【杜牧之湖州詩】嘗讀《太平廣記》，載杜牧之湖州詩曰：「自是尋春去較遲，不須惆悵怨芳時。狂風落盡深紅色，茂緑成陰子滿枝。」今觀《麗情集》，則曰：「自恨尋春到已遲，往年曾見未開時。如

今風捭花狼籍，緑葉成陰子滿枝。」大意雖同，而前詩似勝，若論紀實，則後者爲是。尚當求杜集正之。（劉壎《隱居通議》卷十）

題劉秀才新竹

數莖幽玉色，曉夕翠煙分〔一〕。聲破寒窗夢，根穿緑蘚紋。漸籠當檻日，欲礙入簾雲。不是山陰客①，何人愛此君。

【校勘記】

〔一〕「曉夕」，文津閣本作「晚夕」。

【注釋】

①山陰客：山陰，今浙江紹興。王徽之嘗居山陰，性愛竹。常寄居空宅，便令種竹，或問其故，徽之但嘯詠，指竹曰：「何可一日無此君邪！」事見《晉書》卷八〇本傳。

山行

遠上寒山石徑斜，白雲生處有人家。停車坐愛楓林晚①，霜葉紅於二月花。

【注釋】

① 坐：因爲。

【集評】

【先入言爲主】予爲童子時，十月朝從諸長上拜南山先壟，行石磴間，紅葉交墜，先伯元範誦杜牧之「停車坐愛楓林晚，霜葉紅於二月花」之句。又在薦橋舊居，春日新燕飛遶簷間，先姑誦劉夢得「舊時王謝堂前燕，飛入尋常百姓家」之句。至今每見紅葉與飛燕，輒思之。不但二詩寫景詠物之妙，亦先入之言爲主也。（瞿佑《歸田詩話》卷五）

杜牧之詩：「遠上寒山石逕斜，白雲生處有人家。」亦有親筆刻在甲秀堂帖中。今刻本作「深」，不逮「生」字遠甚。（何良俊《四友齋叢説》卷三十六「考文」）

《山行》：「白雲」即是炊煙，已起「晚」字；「白」、「紅」二字，又相映發；有逕則有人，字字相生。「有人家」三字，下反「停車」，「愛」字方有力。（何焯《唐三體詩》卷一）

書　懷

滿眼青山未得過，鏡中無那鬢絲何①。秖言旋老轉無事，欲到中年事更多。

【注　釋】

① 無那：即無奈。駱賓王《豔情代郭氏贈盧照隣》詩：「無那短封即疎索，不在長情守期契。」王昌齡《從軍行》：「更吹横笛關山月，無那金閨萬里愁。」

紫薇花

曉迎秋露一枝新，不占園中最上春。桃李無言又何在①？向風偏笑豔陽人②。

【注　釋】

①桃李無言：《史記·李將軍傳贊》：「諺曰：『桃李不言，下自成蹊。』此言雖小，可以諭大也。」

②豔陽人：夾注：「鮑明遠《詠雪》詩：兹辰自爲美，當避豔陽人。豔陽桃李節，皎潔不成妍。《注》：豔陽，春也。」

醉後呈崔大夫

謝傅秋涼閲管絃①，徒教賤子侍華筵。溪頭正雨歸不得，辜負南窗一覺眠〔一〕。

【校勘記】

〔一〕「南」，《全唐詩》卷五二四作「東」，下校：「一作南。」馮注本校：「一作東。」

【注　釋】

①謝傅：指晉謝安，官至宰相，位列三公。卒贈太傅，故稱。傳見《晉書》卷七九。此處喻指崔大夫。

和宣州沈大夫登北樓書懷〔一〕①

兵符嚴重辭金馬②，星劍光芒射斗牛〔二〕③。筆落青山飄古韻，帳開紅旆照高秋。香連日彩浮綃幕，溪逐歌聲遶畫樓。可惜登臨佳麗地，羽儀須去鳳池遊④。

【校勘記】

〔一〕「和」，原作「知」，據夾注本、景蘇園本、《全唐詩》卷五二四、馮注本改。

〔二〕「星劍」，原作「星生」，據《全唐詩》卷五二四、馮注本改。夾注本作「星座」。文津閣本作「星出」。

【注　釋】

① 沈大夫：即沈傳師，大和二年十月，爲江西觀察使。後卒於吏部侍郎任。事跡見杜牧《唐故尚書吏部侍郎贈吏部尚書沈公行狀》、《舊唐書》卷一四九、《新唐書》卷一三二本傳、《嘉泰吳興志》等。《杜牧年譜》大和六年謂「此詩不知何年所作，詩中有『帳開紅旆照高秋』之句，蓋秋日所作，明年四月，沈傳師内召爲吏部侍郎，故此詩至遲應是本年作品」。今即據此姑訂於大和六年（八

三二）秋。

②兵符句：嚴重，嚴肅，莊重。金馬，漢長安宦者署門名，後泛指朝廷官署。沈傳師自尚書右丞出鎮江西，故云。

③星劍句：晉張華見斗牛星間常有紫氣，因與雷焕共觀天象，雷焕以爲乃寶劍之精上沖而成。華遂命雷焕爲豐城令，到縣，掘獄屋基，得寶劍龍泉、太阿。事見《晉書》卷三六《張華傳》。

④羽儀句：羽儀，儀仗中以羽毛裝飾之旌旗之類。《南史·宋武帝紀》：「便步出西掖門，羽儀絡繹追隨，已出西明門矣。」鳳池，即鳳凰池，指中書省。唐代宰相政事堂在此。晉荀勖原任中書監，後守尚書令，頗悵恨。有人祝賀，勖曰：「奪我鳳皇池，諸君賀我邪！」事見《晉書》本傳。此句意爲盼望沈大夫再入朝爲中書省官。

夜雨

九月三十日，雨聲如別秋〔一〕。無端滿階葉，共白幾人頭？點滴侵寒夢，蕭騷著淡愁①。
漁歌聽不唱，蓑濕棹迴舟。

【校勘記】

〔一〕「别」，《文苑英華》卷一五三作「初」，《全唐詩》卷五二四、馮注本校：「一作初。」

【注　釋】

① 蕭騷：風雨聲。

方　響①

數條秋水挂琅玕②，玉手丁當怕夜寒。曲盡連敲三四下〔一〕，恐驚珠淚落金盤。

【校勘記】

〔一〕「四」，《全唐詩》卷五二四校：「一作五。」馮注本作「五」，下校：「一作四。」

【注　釋】

① 方響：古代打擊樂器，磬類，銅鐵製，始創於南朝梁。以十六枚鐵片組成，其制上圓下方、大小相

同而厚薄不一之鐵片，分兩排，懸於一架。以小銅槌擊奏，其聲清濁不等，爲隋唐燕樂中常用之樂器。

②數條秋水句：秋水，此處用以比喻方響上用以懸挂鐵片者。琅玕，美石。此用以指方響上之鐵片。

將出關宿層峰驛却寄李諫議①

孤驛在重阻，雲根掩柴扉〔一〕。數聲暮禽切，萬壑秋意歸。心馳碧泉澗〔二〕，目斷青瑣闈②。

明日武關外，夢魂勞遠飛。

【校勘記】

〔一〕「掩」，原作「[illegible]」，據《全唐詩》卷五二四改。

〔二〕「澗」，夾注本作「洞」。

【注　釋】

①關：指武關，見《題武關》詩注①。諫議，諫議大夫。此詩郭文鎬《〈樊川外集〉詩辨僞》（《唐都學

刊》一九八七年第二期)認爲非杜牧詩，謂「詩云『明日武關外，夢魂勞遠飛。』所出即武關。詩又云：『數聲暮禽切，萬壑秋意歸。』節令爲秋」。認爲此詩乃離京出武關之作，而杜牧數次出武關均非在秋日，故與杜牧行踪不合，詩非杜牧作。

② 青瑣闈：刻爲連鎖文而以青色塗飾之宮門。

使迴枉唐州崔司馬書兼寄四韻因和①

清晨候吏把酒來〔一〕②，十載離憂得暫開。癡叔去時還讀《易》③，仲容多興索銜杯〔二〕④。
人心計日殷勤望，馬首隨雲早晚迴。莫爲霜臺愁歲暮⑤，潛龍須待一聲雷⑥。

【校勘記】

〔一〕「酒」，夾注本、《全唐詩》卷五二四、文津閣本、馮注本均作「書」。

〔二〕「索」，文津閣本作「素」。

【注　釋】

① 唐州：州名。詳見前《寄唐州李玭尚書》詩注①。司馬，州郡佐官。詩用「癡叔」、「仲容」事，作者當爲崔姓，與崔司馬爲叔侄關係。故郭文鎬《〈樊川外集〉詩辨僞》以爲非杜牧詩。

② 候吏：古代迎送賓客之吏人。

③ 癡叔：晉王湛懷才不露，親戚以爲癡。晉武帝見其侄王濟，每以「癡叔」戲稱之。後王湛父昶卒，湛居墓次，兄子濟往省湛，見床頭有《周易》，謂湛曰：「叔父用此何爲？頗曾看不？」湛笑曰：「體中佳時，脱復看耳。今日當與汝言。」因共談《易》，剖析入微，妙言奇趣，濟所未聞，歎不能測。事見《世説新語・賞譽》及《注》引鄧粲《晉紀》。

④ 仲容：晉阮咸字。咸爲阮籍侄，亦嗜酒。妙解音律，善彈琵琶。雖處世不交人事，惟共親知絃歌酣宴而已。傳附見《晉書》卷四九《阮籍傳》。銜杯，指飲酒。

⑤ 霜臺：指御史臺。

⑥ 潛龍：深藏之龍。比喻賢才在下位，隱而未顯。

郡齋秋夜即事寄斛斯處士許秀才

有客誰人肯夜過？獨憐風景奈愁何。邊鴻怨處迷霜久，庭樹空來見月多。故國杳無千里信，彩紘時伴一聲歌①。馳心秖待城烏曉，幾對虚簷望白河②。

【注 釋】

① 彩絃：指彩飾之絃樂器。

② 白河：指銀河。杜甫《送嚴侍郎到綿州同登杜使君江樓宴》：「不勞朱户閉，自待白河沉。」

同趙二十二訪張明府郊居聯句①

陶潛官罷酒瓶空，門掩楊花一夜風（牧）。古調詩吟山色裏，無絃琴在月明中（嘏）②。遠簷高樹宜幽鳥，出岫孤雲逐晚虹（牧）。别後東籬數枝菊，不知閑醉與誰同（嘏）？

【注 釋】

① 趙二十二：即趙嘏。詳見《雪晴訪趙嘏街西所居三韻》詩注①。明府：唐人稱縣令爲明府。

② 無絃琴句：《宋書·陶潛傳》：「潛不解音聲，而畜素琴一張，無弦，每有酒適，輒撫弄以寄其意。」

【集　評】

《訪張明府同趙二十二嘏聯句》：此必明府罷官歸隱，故通首以陶令相比耳。昔陶令官不罷而酒瓶常空，罷官之後酒瓶愈空，是藉以形明府之清貧也。明府之清貧與陶令同，而高情逸興無不相同。「古調詩」、「無弦琴」，皆其安貧樂道之實也。五、六就郊居景色而言，「高樹」、「幽鳥」、「孤雲」、「晚虹」，俱與罷官歸隱之意相照。七、八仍以黃花、閑醉作結，正與一、二相應。（朱三錫《東嵒草堂評訂唐詩鼓吹》卷六）

早春題真上人院 生天寶初

清羸已近百年身，古寺風煙又一春。寰海自成戎馬地①，唯師曾是太平人。

【注　釋】

① 寰海：海内，全國。江淹《爲建平王慶明帝疾和禮上表》：「仁鑄蒼岳，道括寰海。」

【集　評】

【惟師曾是太平人】唐天寶間有真上人者，至杜牧之時，其人年已近百歲，故題其寺曰：「清羸已近百年身，古寺風煙又一春。寰海自成戎馬地，惟師曾是太平人。」此意最遠，不言其道行，獨以其年多，嘗見天寶時事也。天祐間，東坡典外制，有百歲得官者曰：「繄此百年之故老，曾爲四世遺民。」與此意合而皆有味。（程大昌《演繁露續集》卷六）

對花微疾不飲呈座中諸公〔一〕

花前雖病亦提壺〔二〕①，數調持觴興有無。盡日臨風羨人醉〔三〕，雪香空伴白髭鬚②。

【校勘記】

〔一〕「座中」，原作「坐中」，據夾注本改。

〔二〕「前」，《全唐詩》卷五二四、馮注本校：「一作間。」

〔三〕「羨人」，夾注本作「美人」。

【注　釋】

① 提壺：指提酒壺。夾注：「劉伶《酒德頌》：挈榼提壺。」

② 雪香：指白色花。

酬王秀才桃花園見寄〔一〕①

桃滿西園淑景催，幾多紅豔淺深開。此花不逐溪流出，晉客無因入洞來②。

【校勘記】

〔一〕今湖南桃源縣有杜牧題壁詩，其詩題與詩個別文字有所不同，今引如下：《酬王秀才桃園見寄》：「桃滿西園淑景催，幾多紅豔淺深開。此花不逐溪流出，晉客何因入洞來。」此詩又見《湖南通志》卷二六七《藝文》二三《金石》九《常德府》。

【注　釋】

① 據本集卷六《竇列女傳》：「大和元年，予客遊涔陽。」則此詩如確爲杜牧作，詩或作於大和元年

（八二七）杜牧南遊湖南時。其時桃花盛開，則約在春夏間。然詩題曰《酬王秀才桃花園見寄》，則詩未必杜牧在湖南桃源縣所作，故難以準確繫年。

② 晉客：遊桃花源之晉人。晉陶淵明《桃花源記》謂，晉太元中，武陵漁人溯桃花夾岸之溪流，得一洞，由洞口進入桃花源。此中人自言先世避秦亂來此，遂與世隔絶等事。

走筆送杜十三歸京①

煙鴻上漢聲聲遠，逸驥尋雲步步高。應笑内兄年六十，郡城閑坐養霜毛。

【注　釋】

① 此詩非杜牧作。馮集梧《樊川詩集注》引胡震亨云：「牧之卒年五十，此云六十，或非牧詩也。」並按云：「杜十三即牧之，此是送杜之詩，内兄年六十，作者自謂也。」今按，此詩乃杜牧内兄詩而誤作杜牧詩者。

送王十至褒中因寄尚書①

闕下經年別，人間兩地情。壇場新漢將②，煙月古隋城③。雁去梁山遠④，雲高楚岫明。君家荷藕好，緘恨寄遥程。

【注釋】

①褒中：縣名，唐名褒城縣，屬梁州。故城在今陝西勉縣東北。夾注：「《通典》：山南西道漢中郡，今之梁州領縣褒城。漢褒中縣有褒水、褒谷。」尚書，尚書省六部之長官。此尚書當是山南西道節度使帶尚書銜者，故稱。《全唐詩人名考證》謂「尚書，疑爲封敖。《舊唐書》本傳：『（大中）四年，出爲興元尹、御史大夫、山南西道節度使。』《全文》卷七七七李商隱有《爲興元裴從事賀封尚書啓》，知封敖在山南西道任檢校尚書。開成二年杜牧在宣歙幕時，敖爲宣歙治内池州刺史」。

②壇場句：漢高祖劉邦曾在南鄭築壇拜韓信爲大將，此處「新漢將」指題内尚書。

③古隋城：褒城縣本名褒中縣，隋開皇元年，以避廟諱改爲褒内縣。仁壽元年，改爲褒城。「古隋城」指此。見《元和郡縣圖志》卷二二。

④ 梁山：泛指梁州一帶之山。

後池泛舟送王十

相送西郊暮景和，青蒼竹外遶寒波。爲君蘸甲十分飲①，應見離心一倍多。

【注　釋】

① 蘸甲十分：酒斟滿沾濕指甲，以示暢飲。夾注：「樂天詩：十分蘸甲酌。」

重送王十

分袂還應立馬看〔一〕，向來離思始知難。雁飛不見行塵滅，景下山遥極目寒。

【校勘記】

〔一〕「分」，《全唐詩》卷五二四、馮注本校：「一作執。」

洛陽秋夕

泠泠寒水帶霜風，更在天橋夜景中①。清禁漏閑煙樹寂②，月輪移在上陽宮③。

【注　釋】

①天橋：指洛陽洛水上天津橋。

②清禁句：清禁，謂皇宮。漏，古計時器。

③上陽宮：唐宫名。在洛陽（東都）禁苑之東，東接皇城之西南隅，唐上元中置。故址在今河南洛陽市。

贈獵騎

已落雙鵰血尚新，鳴鞭走馬又翻身。憑君莫射南來雁，恐有家書寄遠人。

【集　評】

【莫射雁】牧之《獵詩》云："憑君莫射南來雁，恐有家書寄遠人。"沈存中用之作《拱辰樂府》曰："彎弓不射雲中雁，歸雁而今不寄書。"（程大昌《演繁露續集》卷四）

懷吳中馮秀才①

長洲苑外草蕭蕭②，却算遊程歲月遥。唯有别時今不忘，暮煙秋雨過楓橋③。

【注　釋】

① 馮注本題下校："《全唐詩》云張祜作，題作《楓橋》。"《全唐詩重出誤收考》云："吳企明認爲此詩杜牧作而誤作張祜，在北宋時已經重出。孫覿《平江府楓橋普明禪院興造記》云：『唐人張繼、張祜嘗即其處作詩紀遊，吟誦至今，而楓橋寺遂知名天下。』見《鴻慶居士集》二二。范成大《吳郡志》也徵引張繼、張祜此詩。此詩宋蜀刻本張集不收，《絶句》三二作杜牧，詩句乃懷人之作，與杜牧之詩題吻合，非張祜作。見《唐音質疑録》。"

② 長洲苑：在今江蘇蘇州市西南、太湖北。春秋時爲吳王闔閭遊獵之處。夾注："《通典》：吳郡

蘇州領縣長洲，有吳之長洲苑，因以爲名。」

③ 楓橋：舊名封橋。在今江蘇蘇州市閶門西楓橋鎮東。因唐張繼《楓橋夜泊》詩而改名楓橋。范成大《吳郡志》卷一七：「楓橋在閶門外九里道傍，自古有名，南北客經由未有不憩此橋而題詠者。」

【集評】

【楓橋】杜牧之詩曰：「長洲茂苑草蕭蕭，暮煙秋雨過楓橋。」近時孫尚書仲益、尤侍郎延之作《楓橋修造記》與夫《楓橋植楓記》，皆引唐人張繼、張祜詩爲證，以謂楓橋之名著天下者，由二公之詩，而不及牧之。按牧與祜正同時也。（王楙《野客叢書》卷二十三）

寄東塔僧

初月微明漏白煙，碧松梢外挂青天。西風静起傳深業〔一〕，應送愁吟入夜蟬〔二〕。

【校勘記】

〔一〕「業」，《全唐詩》卷五二四作「夜」，下校：「一作業。」馮注本校：「一作夜。」

〔二〕「蟬」，《全唐詩》卷五二四作「襌」，下校：「一作蟬。」馮注本作「蟬」，下校：「一作襌。」

秋　夕①

紅燭秋光冷畫屏〔一〕，輕羅小扇撲流螢。瑶階夜色涼如水〔二〕，坐看牽牛織女星〔三〕②。

【校勘記】

〔一〕「紅」，《全唐詩》卷五二四、馮注本校：「一作銀。」

〔二〕「瑶」，《全唐詩》卷五二四、文津閣本作「天」，下校：「一作瑶。」馮注本校：「一作天。」

〔三〕「坐」，《全唐詩》卷五二四、馮注本校：「一作卧。」

【注　釋】

①此詩馮注本注云：「《竹坡詩話》：此一詩杜牧之、王建集中皆有之，不知其誰所作？以余觀之，

當是建詩耳。蓋二子之詩，其清婉大略相似，而牧多險側，建多平麗。此詩蓋清而平者也。」

②牽牛織女星：夾注：「吴筠《續齊諧記》：桂陽城武丁有仙道，忽謂其弟曰：七月七日織女當渡河。弟問織女何事渡河？答曰：暫詣牽牛。世人至今云：織女嫁牽牛是也。《長恨歌傳》：秋七月七日，牽牛織女相見之夕。秦人風俗，是夜張錦繡，陳飲食，焚香於庭，號爲乞巧。宫掖間尤尚之也。曹植《九詠・注》：牽牛爲夫，織女爲婦。織女、牽牛之星，各處一方，七月七日，得一會同矣。」

【集　評】

《跋李成德宫詞》：唐人工詩者，多喜爲宫詞，「天階夜色涼如水，卧看牽牛織女星」、「玉容不及寒鴉色，猶帶昭陽日影來」，世稱絶唱。以予觀之，此特記恩遇疏絶之意，於凝遠不言之中，非能摹寫太平，藻節萬物。（釋惠洪《石門文字禪》卷二十七）

詩有句含蓄者，如老杜曰：「勳業頻看鏡，行藏獨倚樓。」鄭雲叟曰：「相看臨遠水，獨自上孤舟。」有意含蓄者，如《宫詞》曰：「銀燭秋光冷畫屏，輕羅小扇撲流螢。天街夜色涼如水，卧看牽牛織女星。」又嘲人詩曰：「怪來妝閣閉，朝下不相迎。總向春園裏，花開笑語聲。」是也。有句意俱含蓄者，如《九日》詩曰：「明年此會知誰健，醉把茱萸仔細看。」《宫怨》曰：「玉顔不及寒鴉色，猶帶昭陽

日影來。」是也。（釋惠洪《冷齋夜話》卷四）

小杜《秋夜》宫詞云：「銀燭秋光冷畫屏，輕羅小扇撲流螢。天階夜色涼如水，卧看牽牛織女星。」含蓄有思致。星象甚多，而獨言牛、女，此所以見其爲宫詞也。（曾季貍《艇齋詩話》）

「銀燭秋光冷畫屏，輕羅小扇撲流螢。天階夜色涼如水，卧看牽牛織女星。」此一詩，杜牧之、王建集中皆有之，不知其誰所作也。以余觀之，當是建詩耳。蓋二子之詩，其流婉大略相似，而牧多險側，建多工麗，此詩蓋清而平者也。（周紫芝《竹坡詩話》）

苕溪漁隱曰：予閲王建《宫詞》，選其佳者，亦自少得，只世所膾炙者數詞而已，其間雜以他人之詞，如「閑吹玉殿昭華管，醉折梨園縹蔕花。十年一夢歸人世，絳縷猶封繫臂紗。」又如「銀燭秋光冷畫屏，輕羅小扇撲流螢。天街夜色涼如水，卧看牽牛織女星。」此並杜牧之作也。「淚滿羅巾夢不成，夜深前殿按歌聲。紅顔未老恩先斷，斜倚薰籠坐到明。」此白樂天詩也。「寶仗平明金殿開，暫將紈扇共徘徊。玉顔不及寒鴉色，猶帶昭陽日影來。」此王昌齡詩也。建詞凡百有四篇，及逸詞九篇，或云，元微之亦有詞雜於其間。予以《元氏長慶集》檢尋，却無之，或者之言誤也。（胡仔《苕溪漁隱叢話後集》卷十四「王建」）

王建以宫詞著名，然好事者多以他人之詩雜之，今所傳百篇，不皆建作也。余觀詩不多，所知者如：「新鷹初放兔初肥，白日君王在内稀。薄暮千門臨欲鎖，紅妝飛騎向前歸。」「黄金捍撥紫檀槽，弦索初張調更高。盡理昨來新上曲，内官簾外送櫻桃。」張籍《宮詞》二首也。「淚盡羅巾夢不成，夜深前殿按歌聲。紅顔未老恩先斷，斜倚熏籠坐到明。」白樂天《後宮詞》也。「閑吹玉殿昭華管，醉折梨園縹蔕花。十年一夢歸人世，絳縷猶封繫臂紗。」杜牧之《出宮人》詩也。「紅燭秋光冷畫屏，輕羅小扇撲流螢。瑶階夜月涼如水，坐看牽牛織女星。」杜牧之《秋夕》詩也。「寶杖平明秋殿開，且將團扇暫徘徊。玉顔不及寒鴉色，猶帶昭陽日影來。」王昌齡《長信秋詞》也。「日晚長秋簾外報，望陵歌舞在明朝。添爐欲爇薰衣麝，憶得分時不忍燒。」「日映西陵松柏枝，下臺相顧一相悲。朝來樂府歌新曲，唱著君王自作詞。」劉夢得《魏宮詞》二首也。或全録，或改一二字而已。（趙與旹《賓退録》卷一）

【王建宮詞】王建宮詞一百首，至宋南渡後失去七首，好事者妄取唐人絶句補入之。「淚盡羅巾夢不成」，白樂天詩也。「鴛鴦瓦上忽然聲」，花蕊夫人詩也。「寶帳平明金殿開」，王少伯詩也。「日晚長秋簾外報」，又「日映西陵松柏枝」二首，乃樂府《銅雀臺》詩也。「銀燭秋光冷畫屏」及「閑吹玉殿昭華管」二首，杜牧之詩也。余在滇南見一古本，七首特全。（楊慎《升菴詩話》卷二）

【王建宮詞】予閲王建《宮詞》，輒雜以他人詩句，如：「奉帚平明金殿開，暫將紈扇共徘徊。玉顔不及寒鴉色，猶帶昭陽日影來。」此王少伯《長信秋詞》之一也。「日晚長秋簾外報，望陵歌舞在明朝。添爐欲爇熏衣麝，憶得分明不忍燒。」「日映西陵松柏枝，下臺相顧一相悲。朝來樂府歌新曲，唱著君王自作詞。」此皆劉夢得《魏宮詞》也。「淚盡羅衣夢不成，夜深前殿按歌聲。紅顔未老恩先斷，斜倚熏籠坐到明。」此白樂天《後宫詞》之一也。「新鷹初放兔初肥，白日君王在内稀。薄暮午門臨欲鎖，紅妝飛騎向前歸。」「黄金桿撥紫檀槽，弦索初張調更高。盡理昨來新上曲，内官簾外送櫻桃。」此皆張文昌《宫詞》也。「銀燭秋光冷畫屏，輕羅小扇撲流螢。天街夜色涼如水，卧看牽牛織女星。」此又杜牧之《秋夕》作也。「閑吹玉殿昭華琯，醉打梨園縹蒂花。十年一夢歸人世，絳縷猶封繫臂紗。」此又杜牧之《出宫人》之一也。意宋南渡後，逸其真作，好事者摭拾以補之。余歷參古本，百篇具在，他作一一删去。（毛晋《汲古閣書跋》）

「銀燭秋光冷畫屏，輕羅小扇撲流螢。天階夜色涼如水，卧看牽牛織女星。」亦即「參昴衾裯」之義。但古人興意在前，此倒用於後。昔人感歎中猶帶慶倖，故情辭悉露。此詩全寫淒涼，反多含蓄。（黄白山評：「此即古詩『盈盈一水間，脈脈不得語』之意，殊非『參昴衾裯』之義。」）（賀裳《載酒園詩話又編·杜牧》）

《宫詞》（銀燭秋光冷畫屏）：淒冷。崔顥《七夕》詩後四句云：「長信深陰夜轉幽，瑶墀金閣數螢流。班姬此夕愁無限，河漢三更看斗牛。」此篇蓋點化其意。次句再用「團扇」事，却渾成無跡。此篇在杜牧集中。（何焯《唐三體詩》卷一）

（絶句）兩不對，如賈至「紅粉當壚弱柳垂，金花臘酒解酴醿。笙歌日暮能留客，醉殺長安輕薄兒」（首句作主）。李白「楊花落盡子規啼，聞道龍標過五溪。我寄愁心與明月，隨風直到夜郎西」

（次句作主）。王昌齡「昨夜風開露井桃，未央前殿月輪高。平陽歌舞新承寵，簾外春寒賜錦袍」（三句作主）。杜牧「銀燭秋光冷畫屏，輕羅小扇撲流螢。天階夜色涼如水，卧看牽牛織女星」（四句作主）。韓翃「春城無處不飛花，寒食東風御柳斜。日暮漢宫傳蠟燭，輕煙散入五侯家」（三四作主）。白居易「帝子吹簫逐鳳凰，空餘仙洞號華陽。落花何處堪惆悵，頭白宫人掃影堂」（一二作主）。（冒春榮《葚原説詩》卷三）

瑶瑟

玉仙瑶瑟夜珊珊①，月過樓西桂燭殘〔一〕②。風景人間不如此〔二〕，動摇湘水徹明寒。

【校勘記】

〔一〕「樓西」，《全唐詩》卷五二四、馮注本校：「一作西樓。」

〔二〕「不如」，夾注本作「不知」。

【注　釋】

①瑶瑟句：瑶瑟，用玉爲飾之瑟。珊珊，象聲詞，玉撞擊聲。此指瑟聲。《楚辭·遠遊》：「使湘靈鼓瑟兮，令海若舞馮夷。」

②桂燭：加上桂木製成之蠟燭，點時取其香味。

送故人歸山

三清洞裏無端别①，又拂塵衣欲卧雲。看著挂冠迷處所②，北山蘿月在《移文》③。

【注　釋】

①三清洞：神仙居住之處。此借指道觀。三清，道家認爲人天兩界之外，别有三清。其説有二：一爲四人天外之玉清、太清、上清，乃神仙居住之仙境；二爲四人天外之大赤、禹餘、清微爲三清境。

②挂冠：指辭官。

③北山句：移文，官府文書之一種。南齊孔稚圭於《北山移文》中代鍾山神立言，諷刺鍾山隱士周顒貪圖禄位，棄隱出仕，使林澗蒙羞，中有「秋桂遺風，春蘿罷月」之句。

聞角

曉樓煙檻出雲霄，景下林塘已寂寥。城角爲秋悲更遠，護霜雲破海天遥①。

【注釋】

① 護霜：《梁溪漫志》卷七《方言入詩·雲》：「九月霜降而雲，謂之護霜。」

押兵甲發谷口寄諸公〔一〕①

曉澗青青桂色孤，楚人隨玉上天衢②。水辭谷口山寒少，今日風頭校暖無③？

【校勘記】

〔一〕夾注本「寄」字下有「呈」字。

【注　釋】

①谷口：古地名。又名寒門，故地在今陝西禮泉縣東北。《漢書·郊祀志》：「所謂寒門者，谷口也。」注：「谷口，仲山之谷口也。漢時爲縣，今呼之治縣是也。以仲山之北寒凉，故謂北谷爲寒門也。」此詩郭文鎬《〈樊川外集〉詩辨僞》（《唐都學刊》一九八七年第二期）認爲非杜牧詩，蓋認爲詩中「楚人」乃自謂，「該句言己身懷奇才赴京師。詩題又爲『押兵甲』」，故「與杜牧身世履歷大相徑庭，非杜牧詩。」

②楚人隨玉句：用楚人卞和獻玉璞事。春秋楚人卞和得玉璞，先後獻給厲王、武王，然均被鑒定爲石頭，卞和亦連遭刖刑，失去雙脚，遂抱玉哭於荆山之下。楚文王聞之，使人理璞，得寶玉，名之爲和氏璧。事見《韓非子·和氏》。天衢，天路，此指京師。

③校：即較。

和令狐侍御賞蕙草①

尋常詩思巧如春，又喜幽亭蕙草新。本是馨香比君子②，遶欄今更爲何人？

【注釋】

①侍御：唐代對殿中侍御史及監察御史之稱呼。

②馨香比君子：屈原《離騷》多以香草比配忠貞君子，中有「又樹蕙之百畝」句。

偶題

道在人間或可傳，小還輕變已多年〔一〕①。今來海上昇高望，不到蓬萊不是仙②。

【校勘記】

〔一〕「輕」，《全唐詩》卷五二四、馮注本校：「一作經。」

【注釋】

①小還句：小還，道家煉丹名。張籍《贈避穀者》：「學得餐霞法，逢人與小還。」變，猶轉，迴轉變化，指丹成。

②蓬萊：蓬萊山，在海中，傳説爲神仙所居之處。

三川驛伏覽座主舍人留題①

舊跡依然已十秋，雪山當面照銀鉤②。懷恩淚盡霜天曉，一片餘霞映驛樓〔一〕。

【校勘記】

〔一〕「驛樓」，文津閣本作「畫樓」。

【注釋】

①三川：古郡名，郡治在今河南洛陽，因有伊、洛、河三川，故名。座主，唐代進士稱其登第時禮部知貢舉者。舍人，指中書舍人，掌草詔書等。此詩稱「座主舍人」，則詩人之座主乃任中書舍人者。然杜牧之座主崔郾當杜牧登第時乃任禮部侍郎，且其後又爲檢校禮部尚書、御史大夫、贈吏部尚書，杜牧不當以舍人稱之。故此詩非杜牧之作。

②銀鉤：此指書法筆姿之遒勁。《晉書·索靖傳》：「蓋草書之爲狀也，婉若銀鉤，漂若驚鸞。」夾注：「《紺珠集》：鐵點銀鉤，點欲堅直如鐵，鉤欲活而有力如銀。」

陝州醉贈裴四同年①

淒風洛下同羈思②，遲日棠陰得醉歌③。自笑與君三歲別，頭銜依舊鬢絲多④。

【注 釋】

①陝州：州名。州治在今河南三門峽。裴四，即裴素。寶曆元年及進士第，大和二年與杜牧同登賢良方正、能直言極諫科。歷任司封員外郎、翰林學士、中書舍人，會昌中卒。事跡見《唐尚書省郎官石柱題名考》卷六。據《杜牧年譜》，大和九年秋杜牧監察御史分司東都，至開成二年春爲三年。開成二年春杜牧由洛陽赴同州迎眼醫石生途中經陝州時與裴素相逢，此時離其大和九年秋初見裴素於洛陽恰爲三年。此與「淒風洛下同羈思」、「自笑與君三歲別」句相合。杜牧前後兩次見裴素時均爲監察御史，故有「頭銜依舊鬢絲多」之句。故此詩作於開成二年（八三七）春。

②羈思：羈旅之思。

③遲日句：遲日，即春日。棠陰，用召公甘棠事。指官吏有善政遺愛。《詩·召南》有《甘棠》篇，相傳召公姬奭爲西伯，有善政，常息於甘棠之下以聽政事，詩人思之而愛其樹，遂作《甘棠》詩。陝

州爲周、召分陝而治之地，故云。

④頭銜：此處指官職。

破鏡

佳人失手鏡初分，何日團圓再會君①？今朝萬里秋風起，山北山南一片雲。

【注釋】

①何日團圓句：陳太子舍人徐德言娶樂昌公主，德言知國亡時不能相保，因破鏡與妻各執半，約他年正月望日賣於都市，冀得重逢，後果因破鏡夫妻團聚。事見《本事詩·情感》。

長安雪後

秦陵漢苑參差雪①，北闕南山次第春。車馬滿城原上去②，豈知惆悵有閑人。

【注　釋】

① 秦陵漢苑：秦王陵墓，漢代苑囿。此指長安一帶。

② 原：指樂遊原，亦稱樂遊苑，乃唐代長安遊賞勝地。故址在今陝西西安市郊，原爲秦宜春苑。漢宣帝神爵三年修樂遊廟，因以爲名。

華清宮①

零葉翻紅萬樹霜，玉蓮開蕊暖泉香〔一〕②。行雲不下朝元閣③，一曲《淋鈴》淚數行④。

【校勘記】

〔一〕「開」，夾注本作「閑」。

【注　釋】

① 華清宮：見《華清宮三十韻》詩注①。

② 玉蓮：驪山華清宮温泉池用文瑶寶石砌壁，中央有玉蓮花，湯泉噴以成池。《開元天寶遺事》卷

下：華清宫中「奉御湯中以文瑶密石，中央有玉蓮，湯泉湧以成池。又縫錦繡爲鳧雁於水中，帝與貴妃施鈒鏤小舟，戲玩於其間。」

③行雲句：行雲，用楚王夢見神女事。此處暗指楊貴妃。宋玉《高唐賦》載，楚王遊高唐，夢見一婦人自云巫山神女，願薦枕席，王因幸之。去而辭曰：「妾在巫山之陽，高丘之阻；旦爲朝雲，暮爲行雨。朝朝暮暮，陽臺之下。」朝元閣，在驪山華清宫。唐玄宗天寶七載，傳説玄元皇帝（即老子）見於朝元閣，因改名降聖閣。

④淋鈴：即《雨霖鈴》。唐教坊曲名。《明皇雜録》：「明皇既幸蜀，西南行，初入斜谷，屬霖雨涉旬，於棧道雨中聞鈴，音與山相應。上既悼念貴妃，采其聲爲《雨霖鈴》曲，以寄恨焉。」

【集評】

《雨淋鈴》，《明皇雜録》及《楊妃外傳》云：帝幸蜀，初入斜谷，霖雨彌日，棧道中聞鈴聲，帝方悼念貴妃，采其聲爲《雨淋鈴》曲，以寄恨。時梨園弟子惟張野狐一人善觱篥，因吹之，遂傳乎世。……《楊妃外傳》又載：上皇還京後，復幸華清，侍宫嬪御多非舊，於望京樓下，命張野狐奏《雨淋鈴》曲，上回顧淒然，自是聖懷耿耿，但吟「刻木牽絲作老翁，雞皮鶴髮與其同。須臾弄罷寂無事，還似人生一世中。」杜牧之詩云：「行雲不下朝元閣，一曲《淋鈴》淚數行。」張祜詩云：「雨淋鈴夜却歸秦，猶是張徽一曲新。長説上皇和淚教，月明南内更無人。」張徽即張野狐也。或謂祜詩言上皇出蜀時曲，與《明皇雜録》、《楊妃外傳》不同。祜意明皇入蜀時作此曲，至雨淋鈴夜却又歸秦，猶是張野狐向來新曲，非異説也。（王灼《碧雞漫志》）

冬日題智門寺北樓

滿懷多少是恩酬〔一〕，未見功名已白頭。不爲尋山試筋力，豈能寒上背雲樓。

【校勘記】

〔一〕「恩酬」，夾注本作「恩讎」。

别王十後遣京使累路附書①

重關曉度宿雲寒②，羸馬緣知步步難。此信的應中路見③，亂山何處拆書看？

【注　釋】

①累路：沿途。

②宿雲：隔夜之雲。

③的應：確應。

【集　評】

《別王十後附書》：逼真天趣。（黄周星《唐詩快》卷十六）

許秀才至辱李蘄州絶句問斷酒之情因寄①

有客南來話所思，故人遥枉醉中詩。暫因微疾須防酒，不是歡情減舊時。

【注　釋】

①李蘄州：即李播。字子烈。元和時登進士第。曾任大理評事，累遷金部員外郎、郎中分司。開成三年春，調任蘄州刺史。會昌初，入朝爲尚書比部郎中，後爲杭州刺史。事跡見杜牧《杭州新造南亭子記》、《唐詩紀事》卷四七等。據郁賢皓《唐刺史考全編》，李播任蘄州刺史在開成三年至五

年（八三八—八四〇），本詩約作於此期間。

送張判官歸兼謁鄂州大夫①

處士聞名早，遊秦獻疏迴②。腹中書萬卷③，身外酒千杯。江雨春波闊，園林客夢催。今君拜旌戟④，凜凜近霜臺⑤。

【注　釋】

① 鄂州：州治在今湖北武昌。大夫，指御史大夫，此爲鄂岳觀察使所帶憲銜。

② 秦：此指長安。

③ 腹中句：《世説新語》下卷之下：「郝隆七月七日出日中仰卧，人問其故。答曰：我曬書。」

④ 拜旌戟：指拜見擁有雙旌雙節之觀察使。旌戟，指出行時持棨戟爲前列。此處代指鄂州大夫。

⑤ 凜凜句：凜凜，此處形容御史大夫之嚴威。霜臺，指御史臺。此鄂州大夫乃兼御史大夫銜，故謂「近霜臺」。

宿長慶寺

南行步步遠浮塵①，更近青山昨夜鄰〔一〕。高鐸數聲秋撼玉②，霽河千里曉橫銀③。紅蕖影落前池淨〔二〕④，緑稻香來野逕頻。終日官閑無一事，不妨長醉是遊人〔三〕。

【校勘記】

〔一〕「昨」，夾注本、文津閣本作「作」。

〔二〕「蕖」，原作「渠」，據《全唐詩》卷五二四、馮注本改。「淨」，夾注本校：「一作晚。」

〔三〕此句夾注本校：「一作不妨長是靜遊人。」

【注　釋】

①浮塵：指塵世喧擾之處。

②鐸：指寺塔之風鈴。

③霽河：明河。指銀河。

④紅蕖：紅荷花。

望少華三首〔一〕①

其一

身隨白日看將老，心與青雲自有期②。今對晴峰無十里，世緣多累暗生悲③。

【校勘記】

〔一〕詩題原無「三首」二字，據夾注本、《全唐詩》卷五二四、馮注本增。

【注　釋】

①少華：此指江西德興縣東之少華山，又名三清山。其最高峰爲玉京峰。

②心與青雲句：青雲，比喻隱逸。

③世緣：佛教以因緣解釋人事，因稱人世之事爲世緣。

其二

文字波中去不還，物情初與是非閑〔一〕①。時名竟是無端事，羞對靈山道愛山②。

【校勘記】

〔一〕「閑」，夾注本作「間」。

【注釋】

① 物情句：物情，物理人情。閑，阻隔不通。毫無關係之意。

② 靈山：仙山。此指少華山。

其三

眼看雲鶴不相隨①，何況塵中事作爲〔一〕。好伴羽人深洞去②，月前秋弄玉參差〔二〕③。

【校勘記】

〔一〕「何況」，原作「何看」，據《全唐詩》卷五二四、馮注本改。文津閣本作「何日」。

〔二〕「秋弄」，文津閣本作「秋聽」。

【注釋】

①眼看雲鶴句：夾注：「莊子厭世上仙，乘彼白雲，至於帝鄉。」

②羽人：神話中有羽翼之仙人，亦指道士。《楚辭》屈原《遠遊》：「仍羽人於丹丘兮，留不死之舊鄉。」《注》：「《山海經》言有羽人之國，不死之民，或曰人得道，身生毛羽也。」一説仙人穿羽衣，故稱羽人。《拾遺記》卷二：昭王「晝而假寐，忽夢白雲蓊蔚而起，有人衣服並皆毛羽，因名羽人。夢中與語，問以上仙之術。」

③參差：排簫，一説爲笙。夾注：「《樂府雜録》：笙，女媧造也，象鳳翼。一名參差。」

登澧州驛樓寄京兆韋尹 尹曾典此郡①

一話涔陽舊使君②，郡人迴首望青雲③。政聲長與江聲在，自到津樓日夜聞。

【注　釋】

①　此詩胡可先《杜牧詩文真僞考》（見其《杜牧研究叢稿》）認爲非杜牧詩，理由爲杜牧唯大和元年曾遊澧州，而大和七年前澧州無姓韋之京兆韋尹，故詩非杜牧作。又據「童養年輯《全唐詩續補遺》卷十一收此詩爲李群玉《澧州》二首之一，注云：『《全唐詩》五二四第一首作杜牧詩，題爲《登澧州驛樓寄京兆韋尹》。』輯自《輿地紀勝》卷七十《澧州》」。而「李群玉爲澧州人，正與『郡人廻首望青雲』相合，而杜牧是京兆萬年人，與之相去甚遠，可證詩爲李群玉作無疑」。又《全唐詩重出誤收考》謂：「張金海《樊川詩真僞補考》認爲此詩必是他人作品誤入杜集，見《武漢大學學報》一九八二年第二期。《輿地紀勝》七〇澧州下載此詩於杜牧詩後，署李群玉，爲確。繆鉞《杜牧年譜》繫此詩於大和元年（八二七）杜牧遊涔陽（澧州）作」，似不確。

②　涔陽：澧州洲渚名。此代指澧州。澧州，州治在今湖南澧縣。

③　青雲：喻官位顯赫者。此指京兆韋尹。《史記·范雎傳》：「須賈頓首言死罪，曰：『賈不意君能自致于青雲之上。』」

長安晴望

翠屏山對鳳城開①，碧落摇光霽後來②。廻識六龍巡幸處③，飛煙閑繞望春臺④。

【注　釋】

①翠屏山句：翠屏山，指蒼翠陡峭之山峰。鳳城，指長安城。

②碧落：天空。

③六龍：皇帝車駕之六匹馬。此代指皇帝。

④望春臺：疑在望春宫中。望春宫，故址在今陝西西安市東。隋開皇中建，大業初改爲長樂宫。唐復曰望春宫。《新唐書·地理志》萬年縣：「有南望春宫，臨滻水，西岸有北望春宫，宫東有廣運潭。」

歲日朝廻口號〔一〕①

星河猶在整朝衣，遠望天門再拜歸②。笑向春風初五十，敢言知命且知非③。

【校勘記】

〔一〕詩題《全唐詩》卷五二四作「歲旦（一作日）朝回口號」，馮注本作「歲日（一作旦）朝回口號」。

【注　釋】

①《杜牧年譜》以此詩有「笑向春風初五十，敢言知命且知非」句，而大中六年杜牧年五十，故繫此詩於大中六年（八五二）春正月。

②天門：指長安皇宮宮門。

③敢言知命句：知命，懂得天命。《論語·爲政》：「子曰：『吾十有五而志於學，三十而立，四十而不惑，五十而知天命。』」知非，《淮南子·原道》：「蘧伯玉年五十，而知四十九年非。」

驌驦駿〔一〕①

瑤池罷遊宴②，良、樂委塵沙③。遭遇不遭遇④，鹽車與鼓車⑤。

【校勘記】

〔一〕「駿」，夾注本作「阪」。馮注本題下校：「《統籤》作阪，與別集《驌驦》一首合作二首。」

【注　釋】

① 驌驦：駿馬名。

② 瑶池：神話中神仙所居之處。《穆天子傳》卷三：「乙丑，天子觴西王母於瑶池之上，西王母爲天子謡。」

③ 良樂句：良樂，指王良、伯樂，兩人爲古代善駕馭馬、相馬者。委，委棄。夾注：「《呂氏春秋》：古之善相馬者，若趙之王良，秦之伯樂，尤盡其妙也。《淮南子》：王良、趙父之御也，上車攝轡投足，調均勞佚若一。」

④ 遭遇句：夾注：「劉越石詩序：騄驥倚輈於虞阪，鳴於良樂，知與不知也。百里奚非愚於虞而智於秦，遇與不遇也。」

⑤ 鹽車句：鹽車，運鹽之車。此指賢才而屈居賤役。《戰國策·楚策四》：汗明謂春申君「曰：『君亦聞驥乎？夫驥之齒至矣，服鹽車而上太行，……中阪遷延，負轅不能上。伯樂遭之，下車攀而哭之，解紵衣以冪之。驥於是俛而噴，仰而鳴，聲達於天，若出金石聲者，何也？彼見伯樂之知己

也」。鼓車，載鼓之車。東漢時，外國進獻千里名馬，光武帝「詔以馬駕鼓車，劍賜騎士」。事見《後漢書》卷七六《循吏列傳序》。

龍丘途中二首〔一〕①

其一

漢苑殘花別②，吳江盛夏來③。唯看萬樹合，不見一枝開。

【校勘記】

〔一〕夾注本題下無「二首」二字。《全唐詩》卷五二四校：「一作李商隱詩。」馮注本校：「亦見李商隱集。」《全唐詩》卷五四一《李商隱集》題下校：「《統籤》作一首誤。」

【注釋】

① 龍丘：縣名，屬衢州信安郡，即今浙江衢縣東北龍遊鎮。夾注：「《通典》：江南道衢州，領縣龍

丘。」此詩既非杜牧作，亦非出於李商隱之手。馮浩《玉溪生詩集》注釋云：「詩亦見《戊籤・牧之集》，牧之曾刺睦州，固近衢州矣。玩詩意是春末發京師，五六月至龍丘，合之義山遊蹤，更不可符，恐牧之亦未必是，筆趣皆不類。《萬首絶句》五言牧之二十七首，亦無此。」《全唐詩重出誤收考》謂：「張金海認爲此詩非李、杜二人詩。……一、詩中説『漢苑殘花別，吳江盛夏來』，説明是春末從京師出發，五六月至龍丘，但杜牧任睦州刺史不是從京師外調，時間且在九月至十二月間。二、杜牧從池州移守睦州，並未曲走龍丘，而是從池州沿江經潤州達杭州，再溯富春江至睦州，其詩集中歷歷可考。三、杜牧除會昌六年（八四六）由池州移守睦州外，再没有到過睦州或衢州。因此，此詩也非杜牧作。見《武漢大學學報》一九八二年第二期。」

② 漢苑：漢代苑囿。此代指唐京城長安。

③ 吳江：即吳淞江。由長江赴浙東經此。《太平寰宇記》卷九一吳江縣：吳江「本名松江，又名松陵，又名笠澤。其江出太湖，二源：一江東五十八里入小湖，一江東二百六十里入大海。」《方輿紀要》卷二四吳江縣：吳江「在縣東門外，即長橋下分太湖之流而東出者」。

其二

水色饒湘浦①，灘聲怯建溪②。淚流迴月上，可得更猿啼③？

【注釋】

①饒：讓。

②建溪：水名，即閩江上游。夾注：「《通典》：建安郡，今建州，大唐至德四年置。建州以建溪爲名。」

③猿啼：夾注：「《荆州記》：巴東三峽，猿聲哀啼，至三聲，聞者垂淚。」

宫人塚

盡是離宫院中女①，苑牆城外塚纍纍。少年入内教歌舞，不識君王到老時〔一〕。

【校勘記】

〔一〕「老」，夾注本作「死」，《全唐詩》卷五二四、馮注本校：「一作死。」

【注釋】

①離宫：帝王正式宫殿之外，供隨時遊處之宫殿。

寄浙西李判官①

燕臺上客意何如②？四五年來漸漸疎。直道莫拋男子業，遭時還與故人書③。青雲滿眼應驕我④，白髮渾頭少恨渠⑤。唯念賢哉崔大讓，可憐無事不歌魚⑥。

【注釋】

①浙西：指浙西觀察使幕，治所在潤州（今江蘇鎮江）。

②燕臺：即黄金臺。見《池州送孟遲先輩》詩注③。

③遭時：指遇到好時機，意謂春風得意時。

④青雲：指官高位顯。詳見《登澧州驛樓寄京兆韋尹》詩注③。

⑤白髮句：渾頭，滿頭。渠，它。

⑥歌魚：戰國時，孟嘗君門客馮諼彈鋏「歌曰：『長鋏歸來乎！食無魚。』」以示不滿之意。事見《戰國策・齊策四》。

寄杜子二首〔一〕

其一

不識長楊事北胡①，且教紅袖醉來扶。狂風烈焰雖千尺，豁得平生俊氣無②。

【校勘記】

〔一〕詩題原無「二首」二字，據夾注本、《全唐詩》卷五二四、馮注本增。

【注　釋】

① 長楊：秦漢時宫名，在長安附近，乃皇帝遊獵之處。漢成帝爲向胡人誇耀中國野獸種類之多，令人捕野獸，「載以檻車，輸長楊射熊館，……令胡人手搏之，自取其獲」。揚雄作《長楊賦》以諷。事見《漢書》卷八七下《揚雄傳》。

② 豁得句：豁，敞開，顯露。俊氣，俊爽豪放之氣。

其二

武牢關吏應相笑①，箇底年年往復來②？若問使君何處去，爲言相憶首長廻。

【注釋】

①武牢關：即虎牢關，避唐李淵祖名改。秦置，在今河南滎陽縣西北汜水鎮西，形勢險要，爲兵家必爭之地。

②箇底：這裏。

盧秀才將出王屋高步名場江南相逢贈别①

王屋山人有古文〔一〕，欲攀青桂弄氛氲②。將攜健筆干明主，莫向山壇問白雲〔二〕。馳逐寧教爭處讓③，是非偏忌衆中分〔三〕。交遊話我憑君道，除却鱸魚更不聞④。

【校勘記】

〔一〕「人」，《全唐詩》卷五二四、馮注本校：「一作中。」

〔二〕「山」，《全唐詩》卷五二四、馮注本作「仙」。

〔三〕「中」，《全唐詩》卷五二四、馮注本作「人」。

【注釋】

① 盧秀才：盧霈，字子中，范陽（今北京）人。開成三年赴進士試，次年客遊代州，南歸爲盜所殺。事見本集卷九《唐故范陽盧秀才墓誌》。王屋，山名。在今山西陽城、垣曲兩縣間。此詩據郭文鎬《〈樊川外集〉詩辨僞》（《唐都學刊》一九八七年第二期）所考非杜牧詩。其説主要以爲杜牧在開成三年初夏盧霈秀才將赴舉時，在宣州有《句溪夏日送盧霈秀才歸王屋山將欲赴舉》詩贈行。而本詩「前四句稱頌盧霈：『王屋山人有古文，欲攀青桂弄氛氲。將攜健筆干明主，莫向山壇問白雲。』後四句則言己：『馳逐寧教爭處讓，是非偏忌衆中分。交遊話我憑君道，除却鱸魚更不聞。』乃借他人之酒澆己胸中塊壘，似有一腔委屈。與《句溪夏日送盧霈秀才歸王屋山將欲赴舉》相比，不唯意趣不同，且與杜牧盧霈交契不合。其次，二詩均作於盧霈將出王屋欲赴舉時，若同出杜牧手筆，則當言明再贈，然二詩皆無再贈意，不見重逢再别之蛛絲馬跡。復次，《盧秀才將出王

屋高步名場江南相逢贈别》點明贈别之地爲『江南』，此非泛指，謂大江南岸。盧霈初夏離宣城返王屋山，秋八九月須離王屋上京赴舉，其初夏别杜牧後即不容緩程稽留，杜牧則難與其又在大江之濱再逢。故此當是盧霈自宣城返王屋渡江前相逢他人見贈之詩，非杜牧詩」。

②青桂：指進士及第。晉代郤詵對策上第，自云：「臣舉賢良對策，爲天下第一，猶桂林之一枝，昆山之片玉。」事見《晉書》卷五二本傳。氛氲，雲氣盛貌。

③馳逐句：馳逐，指科場競爭奔走。寧教，怎教，怎使。

④鱸魚：晉張翰在洛陽爲官，「因見秋風起，乃思吴中菰菜、蓴羹、鱸魚膾，曰：『人生貴得適志，何能羈宦數千里以要名爵乎！』遂命駕而歸」。事見《晉書》卷九二本傳。

送劉三復郎中赴闕①

横溪辭寂寞②，金馬去追遊③。好是鴛鴦侶④，正逢霄漢秋。玉珂聲瑣瑣⑤，錦帳夢悠悠⑥。微笑知今是，因風謝釣舟。

【注　釋】

①劉三復：唐潤州句容人。長慶初任潤州金壇尉，屢爲李德裕幕吏。累官主客員外郎、諫議大夫、給事中。後遷刑部侍郎、弘文館學士判館事。事跡附見《舊唐書》卷一七七、《新唐書》卷一八三《劉鄴傳》。據胡可先《杜牧研究叢稿·杜牧詩真僞考》所考，此詩非杜牧作，乃許渾詩。其理由爲劉三復爲郎中在浙西之時間爲開成二年五月，此詩即作於此時。而杜牧此時不在浙西，不可能有此詩之作。許渾與劉三復多有交往，有《和浙西從事劉三復送僧南歸》、《春日思舊遊寄南徐從事劉三復》等詩。而「許渾開成四年前爲當塗縣令，與劉三復在浙西的時間也完全吻合，則《送劉三復郎中赴闕》詩應爲許渾作」。

②横溪：即浙西横溪橋鎮。在今江蘇江寧縣南横溪鄉。

③金馬：見《寄内兄和州崔員外十二韻》詩注⑮。

④鴛鴦：猶鴛鷺。此處指朝官班行。鴛、鷺皆水鳥，止有班，立有序，因以喻朝官班列。杜甫《暮春題瀼西新賃草堂》之五：「不見豺虎鬥，空慚鴛鷺行。」柳宗元《上權德輿補闕温卷決進退啓》：「今鴛鷺充朝而獨干執事者，特以顧下念舊，收接儒素，異乎他人耳。」

⑤玉珂句：玉珂，馬勒上貝飾，色白如玉，振動則有聲。瑣瑣，聲音細碎貌。

⑥錦帳：見《除官歸京睦州雨霽》詩注⑥。此處代指郎官。

羊欄浦夜陪宴會

弋檻營中夜未央〔一〕①，雨沾雲惹侍襄王②。毬來香袖依稀暖③，酒凸觥心泛灩光④。紅絃高緊聲聲急，珠唱鋪圓裊裊長⑤。自比諸生最無取，不知何處亦升堂⑥？

【校勘記】

〔一〕「弋」，夾注本、《全唐詩》卷五二四均作「戈」。

【注　釋】

① 弋檻：軍器排列如檻。此處形容軍營戒備森嚴。

② 雨沾雲惹句：宋玉《高唐賦》載，楚襄王遊高唐，夢見一婦人自云乃巫山神女，願薦枕席，王因幸之。去而辭曰：「妾在巫山之陽，高丘之阻；旦爲朝雲，暮爲行雨。朝朝暮暮，陽臺之下。」

③ 毬：指一種内填香料之彩球。香袖：指女子之衣袖。此處代指女子。

④ 觥：飲酒器。

⑤珠唱鋪圓：形容歌聲圓潤如珠似鋪（一種圓形銅器）。裊裊：柔弱摇曳貌。

⑥升堂：即升堂入室。《論語·先進》：「由也升堂矣，未入於室也。」

送杜顗赴潤州幕①

少年才俊赴知音，丞相門欄不覺深②。直道事人男子業，異鄉加飯弟兄心③。還須整理韋弦佩④，莫獨矜誇玳瑁簪⑤。若去上元懷古處〔一〕⑥，謝安墳下與沉吟⑦。

【校勘記】

〔一〕「處」，原作「去」，據《全唐詩》卷五二四、馮注本改。文津閣本作「調」。

【注　釋】

①杜顗：杜牧弟。潤州，州治在今江蘇鎮江。此詩《杜牧年譜》繫於大和八年（八三四）十一月，時李德裕出爲鎮海節度使（治潤州），辟杜顗爲試協律郎，杜牧於揚州賦詩送行。然郭文鎬《杜牧詩文繫年小札》（《人文雜誌》一九八九年第五期）云：「據牧《杜君墓誌銘》，顗大和六年第，在朝爲

試秘書正字、匭使判官，李德裕自兵部尚書出領潤州，顗赴潤州幕當從德裕行，時牧在揚州爲牛僧孺幕掌書記。除授在十一月乙亥（二十九日），詔下後數日内成行，即在十二月上旬。揚州至上都二千六百里（《元和郡縣志》），德裕一行年内斷無可能過揚州。德裕赴任路經汝州，時刺史劉禹錫有二詩送之，其二爲《重送浙西李相公，頃廉問江南已經七載，後歷滑臺、劍南兩鎮遂入相，今復領舊地，新加旌旆》，德裕大和三年八月罷浙西，『已經七載』即大和九年，則德裕經汝州已在授後之次年，故顗赴潤州經揚州晤兄，牧以詩送之爲大和九年春事，詩應繫於大和九年。」今即據此訂本詩於大和九年（八三五）春。

②丞相：指李德裕，大和七年任宰相，八年十一月出鎮浙西。

③加飯：多進飲食，保重身體。《古詩十九首》：「棄捐勿復道，努力加餐飯。」

④韋弦佩：《韓非子》卷八《觀行》：「西門豹之性急，故佩韋以自緩；董安于之心緩，故佩弦以自急。」此處乃用以勸勉杜顗應隨時留心自我調理。

⑤玳瑁簪：用玳瑁製作之髮簪。玳瑁簪華貴，可用以代指幕僚。李嶠《劉侍讀見和山邸十篇重申此贈》：「顧己慚鉛鍔，叨名恥玳簪。」

⑥上元：縣名，屬潤州，在今江蘇南京。

⑦謝安：東晉名臣。傳見《晉書》卷七九。

有感

宛溪垂柳最長枝①，曾被春風盡日吹。不堪攀折猶堪看，陌上少年來自遲。

【注　釋】

①宛溪：在安徽宣州城東。詳見《題宣州開元寺水閣閣下宛溪夾溪居人》詩注①。此詩作於作者在宣州時，然未能考定具體作年。

書懷寄盧歙州〔一〕①

謝山南畔州②，風物最宜秋。太守懸金印③，佳人敞畫樓。凝缸暗醉夕④，殘月上汀洲〔二〕⑤。可惜當年鬢⑥，朱門不得遊。

【校勘記】

〔一〕「盧歙州」，原作「盧州」，夾注本於「盧州」下校：「盧當作廬。」《全唐詩》卷五二四於題下校：「一作瀘州守。」馮注本校：「一云瀘州守。」按，詩題似當以《書懷寄盧歙州》爲正，詳注①。今即據改。

〔二〕「汀洲」，原作「汀州」，據《樊川詩集注·樊川外集》改。

【注釋】

① 陶敏《樊川詩人名箋補》謂詩題有誤。題「盧州」，應作「盧歙州」，即盧弘止。「開成三年盧弘止守歙州，杜牧正在宣州沈傳師幕中。詩中『可惜當年鬢』乃自謂。時杜牧三十六歲，正是『當年』。」今即據此訂詩作於開成三年（八三八）。

② 謝山：指宣州之敬亭山或青山，因謝朓爲宣城守有詩又曾卜宅青山而名。

③ 太守句：太守，即刺史。指歙州刺史盧弘止。傳見《舊唐書》卷一六三、《新唐書》卷一七七。懸金印，謂公事之餘。

④ 缸：燈，通釭。

⑤ 汀洲：水中小洲。

⑥ 當年：壯年。

賀崔大夫崔正字①

内舉無慚古所難②，燕臺遥想拂塵冠③。登龍有路水不峻④，一雁背飛天正寒⑤。別夜酒餘紅燭短，映山帆去碧霞殘〔一〕。謝公樓下潺湲響⑥，離恨詩情添幾般。

【校勘記】

〔一〕「去」，《全唐詩》卷五二四作「滿」，下校：「原作去。」馮注本校：「原作滿。」

【注　釋】

① 大夫：諫議大夫或御史大夫均可簡稱爲大夫。此處或指御史大夫。正字，秘書省屬官，正九品下。會昌時，崔龜從曾爲宣歙觀察使，且兼御史大夫銜，崔大夫不知是否即此人？蓋詩難確定爲杜牧作，故崔大夫爲何人及此詩之作年難定。崔正字，當爲崔大夫之子侄。

② 内舉：春秋時祁奚「外舉不棄仇，内舉不失親」。事見《左傳·襄公二十一年》。此指推薦自己之親人。

③燕臺：即黄金臺，故址在今河北易縣東南。據南朝梁任昉《述異記》所記，燕昭王築臺以接待賢士，故稱賢士臺，又稱招賢臺。後用以爲招納賢士之典故。《史記·燕召公世家》：昭王延攬賢士，「爲（郭）隗築宫而師事之」。後傳爲燕昭築臺，以千金置臺上。事見《水經注·易水》。

④登龍：龍，指龍門，在陝西韓城縣與山西河津縣之間。登龍，乃登龍門之省稱，此以喻獲得有名望者接待與援引而提高身價。《後漢書》卷六七《李膺傳》：「膺獨持風裁，以聲名自高，士有被其容接者，名爲登龍門。」《注》：「以魚爲喻也。龍門，河水所下之口，在今絳州龍門縣。辛氏《三秦記》曰：『河津一名龍門，水險不通，魚鼈之屬莫能上，江海大魚薄集龍門下數千，不得上，上者爲龍也。』」

⑤背飛：逆風而飛。此處喻己處境艱難。

⑥謝公樓：南齊詩人謝朓任宣城太守時所建城北樓。亦稱謝朓樓。

江南送左師

江南爲客正悲秋，更送吾師古渡頭。惆悵不同塵土别①，水雲蹤跡去悠悠②。

【注　釋】

① 惆悵句：塵土別，謂世俗人之離別。左師乃釋徒，故云「不同塵土別」。

② 水雲蹤跡：如流水浮雲行跡不定。

寢　夜①

蛩唱如波咽②，更深似水寒。露華驚弊褐③，燈影挂塵冠④。故國初離夢，前溪更下灘。紛紛毫髮事，多少宦遊難。

【注　釋】

① 詩中「前溪」在湖州，詳見《寄李起居四韻》詩注②。此詩如確爲杜牧詩，則當作於大中四年（八五〇）秋抵湖州刺史任時。蓋「故國初離」，乃指杜牧赴任湖州初離故國長安也。

② 蛩：蟋蟀。

③ 露華句：露華，即露水。弊褐，破舊粗麻衣服。

④ 塵冠：指官帽。

十九兄郡樓有宴病不赴

十二層樓敞畫簷①，連雲歌盡草纖纖②。空堂病怯階前月，燕子嗔垂一行簾〔一〕。

【校勘記】

〔一〕「行」，夾注本作「桁」。《全唐詩》卷五二四作「竹」，下校：「原作行，又作桁。」馮注本校：「一作桁。」

【注釋】

①十二層樓：十二樓乃傳説中神仙所居之地。此喻指郡樓。夾注：「《十洲記》：崑崙山有十二玉樓。鮑照詩：鳳樓十二重。」《漢書·郊祀志下》：「明年，東巡海上，考神仙之屬，未有驗者。方士有言黄帝時爲五城十二樓，以候神人於執期，名曰迎年。」《注》：「應劭曰：『昆侖玄圃五城十二樓，仙人之所常居。』」

②連雲歌盡：夾注：「《列子》：秦青撫節悲歌，聲振林木，響遏行雲。」

愁①

聚散竟無形，迴腸自結成②。古今留不得，離別又潛生。降虜將軍思③，窮秋遠客情。何人更憔悴，落第泣秦京④。

【注　釋】

①此詩《全唐詩》卷五三二作許渾詩，題作《題愁》，其文字略有不同，全詩如下：「聚散竟無形，迴腸百結成。古今銷不得，離别覺潛生。降虜將軍思，窮秋遠客情。何人更憔悴，落第泣秦京。」《全唐詩重出誤收考》謂「此載《樊川外集》中。尾聯：『何人更憔悴，落第泣秦京。』顯爲久未登第者，杜牧於大和二年（八二八）一舉登第。《摭言》三載其：『東都放榜未花開，三十三人走馬迴。秦地少年多釀酒，却將春色入關來。』杜牧時二十六歲，孟棨《本事詩》稱其：『弱冠成名，當時制策登科，名振京邑。』故此詩與杜牧不合，許渾四十二歲屢試不第，其下第别人，寄友之詩，集中常見，但此詩在其諸本集中不載，如四部叢刊宋本《丁卯集》，《續古逸叢書》景宋蜀本《許用晦文集》及《統籤》五八三至五九一許集等；揚州詩局編臣將此詩增入許渾集五」。

②迴腸：中心輾轉，喻愁之鬱結不解。

③降虜將軍：指漢李陵。李陵率五千人與匈奴戰，被圍，兵矢既盡，無食無援，遂降匈奴。事見《史記》卷一〇九《李將軍列傳》附。

④秦京：原指秦國首都咸陽，此處指唐代首都長安。唐宋之問《早發韶州》：「緑樹秦京道，青雲洛水橋。」

隋苑 一云定子牛相小青〔一〕①

紅霞一抹廣陵春〔二〕②，定子當筵睡臉新〔三〕③。却笑丘墟隋煬帝〔四〕，破家亡國爲誰人〔五〕？

【校勘記】

〔一〕《才調集》卷四題爲《定子》。夾注本題爲《隋苑》。《全唐詩》卷五二四題下校：「一作李商隱詩，題云定子。」馮注本校：「亦見《李商隱集》，題云《定子》。」《全唐詩》卷五四一《李商隱集》題作《定子》，題下校：「此詩又見《杜牧外集》，題作《隋苑》。注一云：定子，牛相小青。」

〔二〕「紅霞」，《才調集》卷四作「濃檀」，《全唐詩》卷五二四、馮注本校：「一作濃檀。」《全唐詩》卷五四一《李商隱集》作「檀槽」。

〔三〕「定子」，夾注本於此句下注：「本注：一云定子牛相小青。」馮注本於「定子」下注：「定子，牛相小青。」「當筵」，《才調集》卷四、《全唐詩》卷五四一《李商隱集》作「初開」，《全唐詩》卷五二四、馮注本校：「一作初開。」

〔四〕「丘墟」，《才調集》卷四、《全唐詩》卷五四一《李商隱集》作「喫虛」，《李商隱集》並於「虛」字下校：「又作虧。」《全唐詩》卷五二四作「喫虧」，馮注本校：「一作喫虧。」

〔五〕「誰」，《才調集》卷四、《全唐詩》卷五四一《李商隱集》作「何」，《全唐詩》卷五二四、馮注本校：「一作何。」

【注釋】

①詩題李商隱集作《定子》。此詩吴企明《樊川詩甄辨柿札》認爲應是杜牧在牛僧孺淮南幕府時所作，非李商隱之詩。故《全唐詩重出誤收考》謂「吴企明考認爲非李商隱作。定子，乃牛僧孺之小青衣，文宗大和六年十二月，牛僧孺罷相，出爲淮南節度使，一任六載，杜牧曾在淮南佐牛僧孺幕，而李商隱一生並未入牛僧孺幕，故詩非其作。見《唐音質疑録》」。又王琦《玉溪生詩箋注》以爲

《定子》「亦見《杜牧外集》，題作《隋苑》，注曰：『定子，牛相小青。』《才調集》、《萬首絶句》皆編杜牧作。朱（鶴齡）曰：牛僧孺鎮淮南，牧之掌書記，故有此作。《西溪叢話》以屬義山，謬也」。胡可先《杜牧詩文編年補正》（《四川大學學報》一九八三年第一期）以爲「杜牧大和七年四月離沈傳師宣州幕府，應牛僧孺之辟至淮南，八年底遷監察御史。詩云『廣陵春』，則作於春天在揚州時。杜牧大和七年四月後離開宣州而受辟於淮南，季節已在孟夏之後，不得有此詩，所以繫於八年」。今即據此訂此詩於大和八年（八三四）春。

②紅霞句：紅霞，李商隱集作「檀槽」，即檀木製絃樂器上架絃之格子。廣陵，即揚州。夾注：「《通典》：淮南道廣陵郡，今之揚州。理江都、江陽二縣。隋初爲揚州置總管府，煬帝初又爲江都郡。後帝徙都而喪國焉。」

③定子：《樊川外集》、夾注本「定子」下原注：「定子，牛相小青。」據注知爲牛僧孺侍婢。

芭蕉

芭蕉爲雨移，故向窗前種。憐渠點滴聲①，留得歸鄉夢。夢遠莫歸鄉，覺來一翻動。

【注　釋】

① 渠：他；它。此處指雨打芭蕉之聲。《三國志·吳書·趙達傳》：「（公孫）滕如期往，乃陽求索書，驚言失之，云：『女婿昨來，必是渠所竊。』」唐寒山《詩三百三首》之六三：「蚊子叮鐵牛，無渠下觜處。」

汴水舟行答張祜〔一〕①

千里長河共使船〔二〕，聽君詩句倍愴然〔三〕。春風野岸名花發，一道帆檣畫柳煙。

【校勘記】

〔一〕「汴水」，原作「汴人」，據夾注本改。

〔二〕「千里」，原作「千萬」，據夾注本改。

〔三〕「愴」，原作「滄」，據夾注本、《全唐詩》卷五二四、馮注本改。《全唐詩》、馮注本校：「一作悽。」

【注 釋】

① 汴水：即汴河。張祜，見《登池州九峰樓寄張祜》詩注①。此詩胡可先《杜牧研究叢稿·杜牧詩真僞考》以爲杜牧張祜相識於會昌五年，此後杜牧可經行汴河的大中二年、大中四年、大中五年均非在春日，而本詩有「春風野岸名花發」句，故詩非杜牧之作。

牧陪昭應盧郎中在江西宣州佐今吏部沈公幕罷府周歲公宰昭應牧在淮南縻職叙舊成二十韻用以投寄①

燕雁下揚州，涼風柳陌愁〔一〕。可憐千里夢，還是一年秋〔二〕。宛水環朱檻②，章江敞碧流③。謬陪吾益友④，祗事我賢侯⑤。印組縈光馬⑥，鋒鋩看解牛⑦。井閭安樂易⑧，冠蓋愜依投⑨。政簡稀開閤，功成每運籌。送春經野塢，遲日上高樓。玉裂歌聲斷⑩，霞飄舞帶收。泥情斜拂印⑪，別臉小低頭⑫。日晚花枝爛，釭疑粉彩稠〔三〕。未曾孤酩酊⑬，剩肯隻淹留⑭。重德俄徵寵⑮，諸生苦宦遊⑯。分途之絕國⑰，灑淚拜行輈⑱。聚散真漂梗⑲，光陰極轉郵⑳。銘心徒歷歷，屈指盡悠悠。君作烹鮮用㉑，誰膺仄席求〔四〕㉒？卷懷能憤悱〔五〕㉓，卒歲且優遊㉔。去矣時難遇㉕，沽哉價莫酬㉖。滿枝爲鼓吹㉗，衷甲避戈矛㉘。

隋帝宫荒草，秦王土一丘。相逢好大笑，除此總雲浮㉙。

【校勘記】

〔一〕「愁」，夾注本作「秋」。

〔二〕「秋」，夾注本作「愁」。

〔三〕「疑」，夾注本、《全唐詩》卷五二四、文津閣本、馮注本作「凝」。

〔四〕「仄席」，文津閣本作「側席」。

〔五〕「卷懷」，文津閣本作「睠懷」。

【注　釋】

① 昭應：縣名，治所在今陝西臨潼。盧郎中，即盧弘止，生平見《歙州盧中丞見惠名醖》詩注①。沈公，沈傳師，生平見《張好好詩》注②。宰，縣令。淮南，指淮南節度使幕，治所在揚州。縻職，被官職牽制束縛。此詩《杜牧年譜》繫於大和八年（八三四），蓋據詩題，賦此詩時乃在沈公罷府周歲時。沈傳師罷宣歙幕任内調吏部侍郎在大和七年四月，周歲後乃爲大和八年，時杜牧在牛僧孺淮南節度使幕。詩有「可憐千里夢，還是一年秋」句，乃作於秋日。

②宛水：即宛溪，在宣州。其源出安徽宣城縣東南嶧山，東北流爲九曲河，折而西，繞城東，名宛溪。北流合句溪，又北流入當塗縣境，合於青弋江，由此出蕪湖入長江。

③章江：即章水，源出崇義縣聶都山，東北流至贛縣，與貢水合流爲贛江。

④益友：有益之友。此處指盧郎中。《論語·季氏》：「孔子曰：『益者三友，損者三友。友直，友諒，友多聞，益矣。友便辟，友善柔，友便佞，損矣。』」《晏子春秋·雜上十二》：「聖賢之君，皆有益友，無偷樂之臣。」

⑤衹事句：衹事，恭敬地侍奉。賢侯，指沈傳師。

⑥印組句：印組，印及繫印絲帶。光馬，即「鞍馬光照塵」之意。

⑦鋒鋩：刀劍尖端。庖丁爲文惠君解牛，其技藝高超，得心應手而不傷鋒刃，云：「彼節者有間而刀刃者無厚，以無厚入有間，恢恢乎其於遊刃必有餘地矣。」事見《莊子·養生主》。此用以稱譽處理政事之才能。

⑧井閭：鄉里，指百姓。

⑨冠蓋句：冠蓋，官帽和車蓋。借指官吏。依投，依附投靠。

⑩玉裂：指歌聲清脆有如玉碎裂所發出之聲音。

⑪泥：軟纏，執著。

⑫別臉：回轉過臉避人。

⑬孤酩酊：獨醉。

⑭剩肯句：剩，多。隻淹留，獨留。

⑮徵寵：徵召並委以重任。指沈傳師由宣州入朝任吏部侍郎。

⑯諸生：指沈傳師宣歙幕中僚佐。

⑰絶國：極遥遠地方。

⑱行軥：出行之車。

⑲漂梗：漂流之桃梗。《戰國策·齊策三》載：蘇秦「謂孟嘗君曰：『今者臣來，過於淄上，有土偶人與桃梗相與語。……土偶曰：「不然。吾西岸之土也，土則復西岸耳。今子，東國之桃梗也，刻削子以爲人，降雨下，淄水至，流子而去，則子漂漂者將何如耳。」』」

⑳轉郵：郵亭轉遞文書，言其迅速。

㉑烹鮮：指盧弘止爲昭應令。《老子》下篇：「治大國若烹小鮮。」王弼注：「不擾也。」河上公注：「鮮，魚。烹小魚，不去腸，不去鱗，不敢撓，恐其靡也。」

㉒誰膺仄席句：膺，受、當。仄席，即側席。《後漢書·章帝紀》：「詔曰：『朕思遲直士，側席異聞。』」《注》：「側席謂不正坐，所以待賢良也。」

㉓卷懷句：卷懷，收藏，藏身退隱。《論語・衛靈公》：「邦有道則仕，邦無道則可卷而懷之。」憤悱，憂憤鬱結而難以用言語表達。

㉔卒歲句：卒歲，終年，全年。優游，悠閒自得。夾注：「《孔子家語》：優哉游哉，聊以卒歲。」

㉕去矣句：夾注：「《漢書》蒯通説韓信曰：夫功者難成而易敗，時者難值而易失。時乎，時不再來。」

㉖沽哉句：沽，賣。《論語・子罕》：「子貢曰：『有美玉於斯，韞櫝而藏諸？求善賈而沽諸？』子曰：『沽之哉！沽之哉！我待賈者也。』」

㉗滿枝句：滿枝，指鳥。鼓吹，軍樂。南齊孔稚圭門庭之内草萊不翦，中有蛙鳴，謂可當「兩部鼓吹」。夾注：「蔡邕曰：鼓吹，歌軍樂也。」

㉘衷甲句：衷甲，内披衣甲。夾注：「《左傳》曰：楚人衷甲。《注》：甲在衣中。《後漢書・董卓傳》：李肅以戟刺之，卓衷甲不入。《注》：施鎧於衣中。」

㉙雲浮：此喻不值得關心與重視之事。《論語・述而》：「不義而富且貴，於我如浮雲。」

樊川别集

樊川別集序

集賢校理裴延翰編次牧之文，號《樊川集》者二十卷，中有古律詩二百四十九首。且言牧始少得恙，盡搜文章，閱千百紙，擲焚之，纔屬留者十二三。疑其散落于世者多矣。舊傳集外詩者又九十五首，家家有之。予往年於棠郊魏處士野家得牧詩九首，近汶上盧訥處又得五十篇，皆二集所逸者。其《後池泛舟宴送王十秀才》詩，乃知外集所亡，取别句以補題。今編次作一卷，俟有所得，更益之。熙寧六年三月一日，杜陵田槩序。

樊川别集

寓言

暖風遲日柳初含①，顧影看身又自慚。何事明朝獨惆悵，杏花時節在江南。

【注釋】

① 遲日：春日。杜審言《渡湘江》：「遲日園林悲昔遊，今春花鳥作邊愁。」

猿

月白煙青水暗流，孤猿銜恨叫中秋。三聲欲斷疑腸斷①，饒是少年須白頭〔一〕②。

【校勘記】

〔二〕「須」，《全唐詩》卷五二五作「今」，下校：「一作須。」馮注本校：「一作今。」

【注　釋】

①三聲欲斷句：《水經注·江水》記三峽漁者歌曰：「巴東三峽巫峽長，猿鳴三聲淚沾裳。」又《世説新語·黜免》：「桓公入蜀，至三峽中，部伍中有得猨子者，其母緣岸哀號，行百餘里不去，遂跳上船，至便即絶。破視其腹中，腸皆寸寸斷。」

②饒：任憑，儘管。

懷　歸①

塵埃終日滿窗前，水態雲容思浩然。爭得便歸湘浦去，却持竿上釣魚船。

【注　釋】

①《全唐詩重出誤收考》謂「張金海認爲，詩中有『爭得便歸湘浦去』，表明作者家居瀟湘，杜牧京兆

萬年人，不應寫懷歸瀟湘的詩，另尚有《别懷》、《旅宿》、《旅情》、《憶歸》四首，亦非杜牧作。見《武漢大學學報》一九八二年第二期」。

邊上晚秋

黑山南面更無州①，馬放平沙夜不收。風送孤城臨晚角，一聲聲入客心愁。

【注　釋】

①黑山：黑山有多處。此或指在今陝西榆林市南，有黑水流經其下之黑山。《方輿紀要》卷六一榆林鎮：黑山「在鎮南十里。水草甘美。……山下黑水出焉」。

傷友人悼吹簫妓〔一〕

玉簫聲斷没流年〔二〕，滿目春愁隴樹煙〔三〕。豔質已隨雲雨散①，鳳樓空鎖月明天②。

【校勘記】

〔一〕《才調集》卷四題作《悼吹簫妓》。

〔二〕「没」，《才調集》卷四作「殁」。

〔三〕此句《才調集》卷四作「滿眼春愁壠上煙」。「樹」，《全唐詩》卷五二五、馮注本作「上」。

【注釋】

① 豔質：美豔之資質。此指吹簫妓。

② 鳳樓：婦女所居樓。此指吹簫妓所居樓。江總《簫史曲》：「來時兔月照，去後鳳樓空。」

訪許顔

門近寒溪窗近山，枕山流水日潺潺。長嫌世上浮雲客，老向塵中不解顔①。

【注釋】

① 解顔：開顔歡笑。

春日古道傍作

萬古榮華旦暮齊，樓臺春盡草萋萋。君看陌上何人墓？旋化紅塵送馬蹄。

青　塚①

青塚前頭隴水流，燕支山上暮雲秋〔一〕②。蛾眉一墜窮泉路③，夜夜孤魂月下愁。

【校勘記】

〔一〕「燕支」，文津閣本作「燕山」。

【注　釋】

① 青塚：漢王昭君墓，在内蒙呼和浩特市南。相傳塚上草色常青，故名青塚。

② 燕支山：也作焉支山。在今甘肅永昌。此地産焉支草，故名。

③ 窮泉路：窮泉，即九泉，指地下。

大夢上人自廬峰迴①

行脚尋常到寺稀②，一枝藜杖一禪衣③。開門滿院空秋色〔一〕，新向廬峰過夏歸④。

【校勘記】

〔一〕「開」，《全唐詩》卷五二五、馮注本校：「一作閑。」

【注　釋】

① 廬峰：指江西廬山。
② 行脚：指僧道周遊各地。
③ 藜杖：用藜木老莖製成之手杖。
④ 過夏：避暑。此處指僧人度過夏天。

洛　中二首①

其一

柳動晴風拂路塵，年年宮闕鎖濃春。一從翠輦無巡幸②，老却蛾眉幾許人③？

【注　釋】

①《杜牧年譜》謂「杜牧於大和九年秋至洛陽，開成二年春，即以弟病去官，居洛陽僅一年半」，且此二詩乃作於春日，故繫於開成元年（八三六）。詩有「多把芳菲泛春酒，直教愁色對愁腸」句，乃春日作。

②翠輦句：翠輦，指帝王車駕。無巡幸，此指皇帝不至洛陽。

③蛾眉：此指洛陽皇宮之宮女。

其二

風吹柳帶摇晴緑，蝶遶花枝戀暖香。多把芳菲泛春酒，直教愁色對愁腸。

邊上聞胡笳三首①

其一

何處吹笳薄暮天？塞垣高鳥没狼煙②。遊人一聽頭堪白，蘇武爭禁十九年〔一〕③！

【校勘記】

〔一〕「爭禁」，馮注本校：「一作曾經。」

【注　釋】

① 笳：古代管樂器名。漢時流行於西域一帶。初卷蘆葉吹之，後以竹爲之。

② 塞垣句：塞垣，邊境地帶。狼煙，燃狼糞之煙相傳直上而不散，故軍事上作爲報警信號。

③ 蘇武：西漢人，武帝時出使匈奴，被扣留逼降而不屈，徙至北海牧羊，歷時十九年，至昭帝時方歸朝。傳見《漢書》卷五四。

【集　評】

【杜牧邊上聞胡笳】「何處吹笳薄暮天，塞垣高鳥没狼煙。遊人一聽頭先白，蘇武爭禁十九年。」蘇武之苦節如此，而歸來只爲典屬國，漢之寡恩，霍光之罪也。王維詩：「蘇武纔爲典屬國，節旄空盡海西頭。」（楊慎《升菴詩話》卷五）

【胡曾詠史】「漠漠黄沙際碧天，問人云此是居延。停驂一顧猶魂斷，蘇武爭銷十九年。」此詩全用杜牧之句。慎少侍先師李文正公，公曰：「近日兒童村學教以胡曾《詠史》詩，入門入壞了聲口矣。」慎曰：「如《詠蘇武》一首亦好。」公曰：「全是偷杜牧之《聞胡笳》詩。」退而閲之，誠然。曾之詩，此外無留良者。（楊慎《升菴詩話》卷七）

【唐詩不厭同】唐人詩句，不厭雷同，絶句尤多，試舉其略。……杜牧《邊上聞胡笳》詩云：「何處吹笳薄暮天，塞垣高鳥没狼煙。遊人一聽頭堪白，蘇武爭禁十九年。」胡曾詩：「漠漠黄沙際碧天，問人云此是居延。停驂一顧猶魂斷，蘇武爭消十九年。」（楊慎《升菴詩話》卷八）

杜牧《邊上聞笳》詩：「何處吹笳薄暮天，塞垣高鳥没狼煙。遊人一聽頭堪白，蘇武爭經十九年。」令狐楚《塞上曲》：「陰磧茫茫塞草腓，桔橰烽上暮煙飛。交河北望天連海，蘇武曾將漢節歸。」二詩同用蘇武事而俱佳，然杜詩止於感歎，令狐便有激發忠義之意，杜不如也。至胡曾竊杜語爲詠史，無論蹈襲可恥，立意先淺直矣，固不足言。（賀裳《載酒園詩話》卷一三「偷」）

【古人趁筆】杜牧《胡笳》詩：「遊人一聽頭堪白，蘇武曾經十九年。」胡曾《居延》詩：「停驂一顧魂猶斷」，下句却同，惟以「聽」字「顧」字點題。……古人趁筆，往往有之。（宋長白《柳亭詩話》卷五）

《邊上聞笳》：「爭禁」妙，俗本作「曾禁」。（沈德潛《説詩晬語》卷二十）

其二

海路無塵邊草新①，榮枯不見緑楊春。白沙日暮愁雲起，獨感離鄉萬里人。

【注釋】

① 海：此指瀚海，即沙漠。

其三

胡雛吹笛上高臺①，寒雁驚飛去不迴。盡日春風吹不散，只應分付客愁來〔一〕。

【校勘記】

〔一〕「應」，馮注本作「因」，下校：「一作應。」

【注　釋】

①胡雛：胡兒。

春日寄許渾先輩①

薊北雁初去②，湘南春又歸。水流滄海急，人到白頭稀。塞路盡何處？我愁當落暉。終須接鴛鷺〔一〕③，霄漢共高飛。

【校勘記】

〔一〕「須」，《全唐詩》卷五二五、馮注本校：「一作年。」

【注　釋】

①先輩：唐代進士互相推敬稱先輩。

②薊：地名，故地在今北京市西南。

③鴛鷺：見《送劉三復郎中赴闕》詩注④。

經闔閭城①

遺蹤委衰草，行客思悠悠。昔日人何處？終年水自流。孤煙村戍遠，亂雨海門秋②。吟罷獨歸去，煙雲盡慘愁。

【注　釋】

① 闔閭城：春秋時吴王闔閭所築城，即古蘇州。

② 海門：見《寄題甘露寺北軒》詩注⑤。

并州道中①

行役我方倦，苦吟誰復聞。戍樓春帶雪〔一〕，邊角暮吹雲。極目無人跡，廻頭送雁群。如何遣公子，高卧醉醺醺。

【校勘記】

〔一〕「春帶雪」，文津閣本作「春積雪」。

【注釋】

① 并州：唐州名，治所在今山西太原。

別懷①

相別徒成泣，經過總是空。勞生慣離別②，夜夢苦西東。去路三湘浪，歸程一片風。他年寄消息，書在鯉魚中③。

【注釋】

① 此詩有「去路三湘浪，歸程一片風」語，與杜牧京兆人不合，詩恐非杜牧作。參《懷歸》詩注①。

② 勞生：辛勞之生活。《莊子·大宗師》：「夫大塊載我以形，勞我以生，佚我以老，息我以死。」駱賓王《海曲書情》：「薄遊倦千里，勞生負百年。」

③ 鯉魚：《飲馬長城窟行》古辭：「客從遠方來，遺我雙鯉魚。呼兒烹鯉魚，中有尺素書。」

漁父

白髮滄浪上，全忘是與非。秋潭垂釣去，夜月叩船歸。煙影侵蘆岸，潮痕在竹扉。終年狎鷗鳥，來去且無機①。

【注釋】

① 終年二句：狎，親近。無機，没有機心。《列子·黄帝》：「海上之人有好漚鳥者，每旦至海上，從漚鳥遊。漚鳥之至者百住而不止。其父曰：『吾聞漚鳥皆從汝遊，汝取來，吾玩之。』明日之海上，漚鳥舞而不下也。」

秋夢

寒空動高吹，月色滿清砧。殘夢夜魂斷，美人邊思深。孤鴻秋出塞，一葉暗辭林①。又寄征衣去，迢迢天外心。

【注　釋】

①一葉句：《淮南子·説林》：「見一葉落，而知歲之將暮。」

【集　評】

唐喻鳧以詩謁杜牧之不遇，曰：「我詩無綺羅鉛粉，安得售？」然牧之非徒以「綺羅鉛粉」擅長者，史稱其剛直有大節，余觀其詩，亦伉爽有逸氣，實出李義山、温飛卿、許丁卯諸公上。如：「樓倚霜樹外，鏡天無一毫。南山與秋色，氣勢兩相高。」「長空碧杳杳，萬古一飛鳥。生前酒伴閑，愁醉閑多少？煙深隋家寺，殷葉暗相照。獨佩一壺遊，秋毫泰山小。」「寒空動高吹，月色滿清砧。殘夢夜魂斷，美人邊思深。孤鴻秋出塞，一葉暗辭林。又寄征衣去，迢迢天外心。」「長空澹澹孤鳥没，萬古銷沉向此中。看取漢家何事業，五陵無樹起秋風。」皆竟體超拔，俯視一切。（潘德輿《養一齋詩話》卷十）

早秋客舍①

風吹一片葉，萬物已驚秋。獨夜他鄉淚，年年爲客愁。别離何處盡，摇落幾時休？不及磻溪叟②，身閑長自由。

【注　釋】

① 此詩題爲《早秋客舍》，顯然作者乃旅途中客居，非官員赴任途中所稱。又詩中有「獨夜他鄉淚，年年爲客愁」句，乃多年奔波他鄉，窮途落魄者之感歎，此均與杜牧生平不符，故詩恐非杜牧所作。

② 磻溪叟：磻溪，在陝西寶雞東南，北流注入渭水。磻溪叟，指吕尚。相傳吕尚在磻溪垂釣而遇周文王。《宋書·符瑞志上》：「（周文王）至於磻溪之水，吕尚釣於涯，王下趨拜曰：『望公七年，乃今見光景於斯。』尚立變名答曰：『望釣得玉璜，其文要曰：姬受命，昌來提，撰爾雒鈐報在齊。』」

逢故人①

故交相見稀，相見倍依依。塵路事不盡，雲巖閑好歸②。投人銷壯志，徇俗變真機③。又落他鄉淚，風前一滿衣。

【注　釋】

①此詩謂「投人銷壯志，徇俗變真機。又落他鄉淚，風前一滿衣」。乃長期落魄途窮者之語，與杜牧之生平經歷不符，故詩恐非杜牧之作。

②雲巖：高峻之山。唐王丘《咏史》：「雲巖響金奏，空水灩朱顔。」高適《同群公題中山寺》詩：「平原十里外，稍稍雲巖深。」隱居者多居於深山中，故此處用以指隱居之處。

③投人二句：指投謁達官貴人。徇俗，從俗。真機，謂純真本性。

秋晚江上遣懷①

孤舟天際外，去路望中賒②。貧病遠行客，夢魂多在家。蟬吟秋色樹，鴉噪夕陽沙。不擬徹雙鬢③，他方擲歲華④。

【注釋】

①此詩有「貧病遠行客，夢魂多在家」、「不擬徹雙鬢，他方擲歲華」句，顯然爲年老大而貧病者之語，與杜牧之生平經歷顯然不同，故詩恐非杜牧之作。

②賒：遥遠。

③徹雙鬢：指雙鬢均變白。

④擲歲華：拋棄掉美好年華。

長安夜月

寒光垂靜夜，皓彩滿重城①。萬國盡分照，誰家無此明〔一〕。古槐疎影薄，仙桂動秋聲。獨有長門裏②，蛾眉對曉晴③。

【校勘記】

〔一〕「誰家無此明」，「明」字原作「名」，據《全唐詩》卷五二五、馮注本改。

【注釋】

① 重城：九重城。此指長安。

② 長門：漢長安宮名。漢武帝陳皇后失寵後居此。

③ 蛾眉：指宫女。

雲

東西那有礙，出處豈虛心。曉入洞庭闊，暮歸巫峽深。渡江隨鳥影，擁樹隔猿吟。莫隱高唐去①，枯苗待作霖②。

【注釋】

① 高唐：楚國臺觀名。宋玉《高唐賦·序》記作者與楚襄王遊於雲夢之臺，往高唐之觀，其上獨有雲氣。

② 霖：甘雨。《書·説命上》載殷高宗命傅説爲相之詞：「若歲大旱，用汝作霖雨。」

春懷

年光何太急，倏忽又青春①。明月誰家主，江山暗換人。鶯花潛運老〔一〕②，榮樂漸成塵。遥憶朱門柳，别離應更頻。

【校勘記】

〔一〕「潛運」，文津閣本作「潛送」。

【注　釋】

① 青春：春季。《楚辭·大招》：「青春受謝，白日昭只。」《注》：「青，東方春位，其色青也。」

② 運老：變老。

逢故人

年年不相見，相見却成悲。教我淚如霰①，嗟君髮似絲〔一〕。正傷攜手處，況值落花時。莫惜今宵醉〔二〕，人間忽忽期。

【校勘記】

〔一〕「嗟君」，文津閣本作「唯君」。

〔二〕「今宵」，文津閣本作「今朝」。

【注釋】

①霰：俗稱米雪。

閑題

男兒所在即爲家，百鎰黄金一朵花①。借問春風何處好？緑楊深巷馬頭斜。

【注釋】

①鎰：重量單位，二十兩爲一鎰。一説二十四兩爲一鎰。

【集評】

元、白、温、李，皆稱豔手。然樂天惟「來如春夢幾多時，去似朝雲無覓處」一篇爲難堪，餘猶《國風》之好色。飛卿「曲巷斜臨」、「翠羽花冠」、「微風和暖」等篇，俱無刻劃。杜紫微極爲狼籍，然如「緑楊深巷馬頭斜」、「馬鞭斜拂笑回頭」、「笑臉還須待我開」、「背插金釵笑向人」，大抵縱恣於旗亭北里間，自云「青樓薄倖」，不虚耳。元微之「頻頻聞動中門鎖，猶帶春酲懶相送」，李義山「書被催成

墨未濃」、「車走雷聲語未通」，始真是浪子宰相，清狂從事。（賀裳《載酒園詩話》卷一豔詩）

金谷園①

繁華事散逐香塵，流水無情草自春。日暮東風怨啼鳥，落花猶似墮樓人②。

【注　釋】

①金谷園：見《題桃花夫人廟》詩注③。《杜牧年譜》謂「石崇金谷園故址，在唐洛陽城東北。此詩亦杜牧居洛陽時所作；詩作於春日，蓋在開成元年或二年春間」，故將此詩姑附於開成元年（八三六）。

②墮樓人：指晉石崇愛妾緑珠。參見《題桃花夫人廟》詩注③。

【集　評】

低徊百倍。（鄭郲評本詩）

重登科①

星漢離宮月出輪，滿街含笑綺羅春②。花前每被青娥問〔一〕③，何事重來只一人？

【校勘記】

〔一〕「娥」，《全唐詩》卷五二五作「蛾」，馮注本校：「一作蛾。」

【注　釋】

① 此詩《全唐詩》卷五一六又作何扶詩，詩題、文字有所不同。其詩題爲《寄舊同年》，詩云：「金榜題名墨尚新，今年依舊去年春。花間每被紅妝問，何事重來只一人。」此詩早即見於唐五代王定保《摭言》。《全唐詩重出誤收考》以爲「詩句與何扶逼肖，題爲《寄舊同年》。《摭言》三載：『何扶，太和九年及第；明年，捷三篇，因以一絶寄舊同年曰：『金榜題名墨上新，今年依舊去年春。花間每被紅粧問：何事重來只一人？』疑後人略作改動，而誤入《樊川別集》」。

② 綺羅：指穿著綺羅之女子。

③青娥：少女。江淹《水上神女賦》：「青娥羞豔，素女慚光。」

遊邊

黄沙連海路無塵①，邊草長枯不見春。日暮拂雲堆下過②，馬前逢著射鵰人③。

【注釋】

①海：瀚海，即沙漠。

②拂雲堆：見《題木蘭廟》詩注③。

③射鵰人：善射者。北齊斛律光嘗從周世宗校獵，「見一大鳥，雲表飛颺，光引弓射之，正中其頸。此鳥形如車輪，旋轉而下，至地乃大鵰也。世宗取而觀之，深壯異焉。丞相屬邢子高見而歎曰：『此射鵰手也。』當時傳號落鵰都督。」事見《北齊書》卷一七《斛律金傳附斛律光傳》。

將赴池州道中作①

青陽雲水去年尋②，黄絹歌詩出翰林③。投轄暫停留酒客④，絳帷斜繫滿松陰⑤。妖人笑我不相問⑥，道者應知歸路心。南去南來盡鄉國，月明秋水只沉沉〔一〕⑦。

【校勘記】

〔一〕「月明」，原作「月沉」，據《全唐詩》卷五二五、馮注本改。

【注　釋】

①《全唐詩重出誤收考》謂「吴在慶《杜牧疑僞詩考辨》以爲，青陽乃池州屬縣，杜牧只在會昌四年秋由黄州移刺池州，而本詩却説去年已到過青陽，與杜牧行踪不符。詩題又云《赴池州道中》，詩中有『投轄暫停』及『絳帷斜繫』等句，顯爲由陸路赴池州，而杜牧由黄州赴池州乃沿江乘舟而下，顯然乖忤。詩意又有歸家心急之意，杜牧家在長安，又不合，故詩非其作。見《中華文史論叢》一九八五年第一輯」。

②青陽：池州屬縣，今屬安徽。

③黄絹歌詩：絶妙之詩歌。《世説新語·捷悟》記曹娥碑背有「黄絹幼婦，外孫齏臼」八字，楊修釋云：「黄絹，色絲也，於字爲絶；幼婦，少女也，於字爲妙；外孫，女子也，於字爲好；齏臼，受辛也，於字爲辭。所謂絶妙好辭也。」

④投轄：轄，插入車軸兩端孔穴以固定車輪之銷釘。漢代陳遵嗜酒，宴賓客時，常將門關上，「取賓客車轄投井中，雖有急，終不得去」。事見《漢書》卷九二本傳。

⑤絳帷：紅色車帷。漢代刺史用「傳車驂駕垂赤帷裳」，後遂以絳帷代指刺史。

⑥妖人：美麗女子。

⑦沉沉：深邃貌。

隋宫春

龍舟東下事成空①，蔓草萋萋滿故宫。亡國亡家爲顔色②，露桃猶自恨春風〔一〕③。

【校勘記】

〔一〕「春風」，文津閣本作「東風」。

【注　釋】

① 龍舟東下：指大業年間隋煬帝多次乘龍舟遊幸江都之事。

② 顔色：指美色。陸機《擬青青河畔草》：「粲粲妖容姿，灼灼美顔色。」

③ 露桃：即桃樹、桃花。以《樂府詩集·相和歌辭三·雞鳴》：「桃生露井上，李樹生桃旁。」故稱。左思《齊都賦》：「露桃霜李。」顧況《瑶草春》：「露桃穠李自成蹊，流水終天不向西。」

蠻中醉〔一〕①

瘴塞蠻江入洞流〔二〕，人家多在竹棚頭〔三〕。青山海上無城郭〔四〕，唯見松牌出象州〔五〕②。

【校勘記】

〔一〕《全唐詩》卷五二五題下校：「一作張籍詩。」馮注本校：「一作張籍詩，題無醉字。」《全唐詩》卷三八六《張籍集》題作《蠻州》，下校：「又作杜牧詩，題云《蠻中醉》。」

〔二〕「瘴塞蠻江」，《全唐詩》卷三八六《張籍集》作「瘴水蠻中」。

〔三〕「在」，《全唐詩》卷三八六《張籍集》作「住」。

〔四〕「青」，《全唐詩》卷三八六《張籍集》作「一」，下校：「一作青。」

〔五〕「出」，《全唐詩》卷三八六《張籍集》作「記」。

【注 釋】

①《全唐詩重出誤收考》謂「詩云：『瘴水蠻中入洞流，人家多住竹棚頭。青山海上無城郭，唯見松牌出象州。』松牌即水松牌，晉嵇含撰《南方草木狀》云：『水松……出南海，……嶺北人極愛之。』……象州屬嶺南道桂管經略使治下，在今廣西柳州市南。而杜牧《自撰墓誌銘》中之仕歷，一生遊蹤未至廣西。張籍及第前曾漫遊浙贛，渡嶺南下，集中有《嶺外逢故人》及《蠻中》等詩，他在嶺南漫遊期間，也曾結識下一些朋友，其《送南客》云：『夜市連銅柱，巢居屬象州。來時舊相識，誰向日南遊。』那麼此重出詩亦是張籍至象州時所寫。杜牧《樊川別集》收入，而後人對別集中詩多有懷疑，如明代徐𤊹《紅雨樓題跋》曾云：『別集一卷，姚寬《西溪叢話》以爲許渾詩，許曾至鬱林，杜未有西粵之役，而別集有「松牌出象州」之句，姚語或有據也。』」

②象州：州名。隋開皇十一年置，治所在桂林縣，以象山爲州名。唐大曆十一年移治陽壽縣（今廣西象州縣）。

寓　題

把酒直須判酩酊①，逢花莫惜暫淹留。假如三萬六千日②，半是悲哀半是愁。

【注　釋】

①判：不顧，豁出去。杜甫《曲江值雨》：「縱飲久判人共棄，嬾朝真與世相違。」

②三萬六千日：人生百年約計日數。

送趙十二赴舉

省事却因多事力，無心翻似有心來。秋風郡閣殘花在，别後何人更一杯？

偶呈鄭先輩

不語亭亭儼薄妝①，畫裙雙鳳鬱金香②。西京才子旁看取〔一〕，何似喬家那窈娘〔二〕③？

【校勘記】

〔一〕此句文津閣本作「西京風度旁看取」。

〔二〕「何似」，文津閣本作「可似」。

【注　釋】

①儼薄妝：儼，矜持莊重貌。薄妝，淡妝。

②鬱金香：香草名。《唐會要》卷一百《雜録》：「伽毘國獻鬱金香，葉似麥門冬，九月花開，狀如芙蓉，其色紫碧，香聞數十步，華而不實。欲種取其根。」

③窈娘：初唐詩人喬知之侍婢名。《本事詩·情感第一》：「唐武后時，左司郎中喬知之有婢名窈娘，藝色爲當時第一。知之寵愛，爲之不婚。武延嗣聞之，求一見，勢不可抑。既見，即留，無復還

理。知之痛憤成疾，因爲詩，寫以縑素，厚賂守以達。窈娘得詩悲惋，結於裙帶，赴井而死。」

子　規〔一〕①

蜀地曾聞子規鳥〔二〕，宣城又見杜鵑花〔三〕。一叫一回腸一斷，三春三月憶三巴。

【校勘記】

〔一〕《全唐詩》卷一八四《李白集》題作《宣城見杜鵑花》，下校：「一作杜牧詩，題云《子規》。」《全唐詩》卷五二五、馮注本校：「此詩又見李白集，題作宣城見杜鵑花。」

〔二〕「蜀地」，《全唐詩》卷一八四《李白集》作「蜀國」。

〔三〕「又」，《全唐詩》卷一八四《李白集》作「還」。

【注　釋】

①《全唐詩重出誤收考》謂「王琦注云：『太白本蜀地綿州人，綿州在唐時亦謂之巴西郡，因在異鄉，見杜鵑花開，想蜀地此時杜鵑應已鳴矣，不覺有感而動故國之思。楊升庵引此詩以爲太白是蜀人

非山東人之一證。或以此詩爲杜牧所作《子規》詩，非也。』詹鍈《李白詩文繫年》繫此詩爲天寶十四載（七五五）太白在宣城郡作。按曰：『詩云：「三春三月憶三巴」，知是暮春作。《李詩辨疑》曰：「辭意支離，不相續照，據詩意後二句當接説杜鵑花，却説杜鵑鳥去，意不相照。一叫一回腸一斷，乃宋元以下卑弱之辭，曾謂唐之大方家而爲此乎！」《全唐詩》於題下注云：「一作杜牧詩，題云子規」。楊升庵外集：「此太白寓宣州懷西蜀故鄉之作也。太白爲蜀人，見於劉全白誌銘、曾南豐集序、楊遂故宅記及自叙書，不一而足，此詩又一證也。」按楊慎家藏樂史本《李太白集》，此詩既爲慎所稱道，則樂史本《李翰林集》當已載此詩，且杜牧京兆萬年人，生平未嘗一履蜀地，與此詩所云「蜀國曾聞子規鳥」亦不合。則此詩當是太白原作，朱諫謂爲宋元以後卑弱之辭，大誤。』」

江　樓①

獨酌芳春酒，登樓已半醺。誰驚一行雁，衝斷過江雲。

【注　釋】

①《全唐詩》卷四六又作韋承慶詩,《全唐詩重出誤收考》謂「《樊川文集》中不載此詩,北宋熙寧六年(一〇七三)田槩編《樊川別集》時補入。《絶句》一四作杜牧」。

旅　宿①

旅館無良伴,凝情自悄然。寒燈思舊事,斷雁警愁眠〔一〕。遠夢歸侵曉,家書到隔年。湘江好煙月,門繫釣魚船。

【校勘記】

〔一〕「愁眠」,文津閣本作「秋眠」。

【注　釋】

①此詩有「湘江好煙月,門繫釣魚船」句,則作者家鄉在湘江畔,與杜牧生平不合,詩非杜牧作。

杜鵑①

杜宇竟何冤，年年叫蜀門②？至今銜積恨，終古弔殘魂。芳草迷腸結〔一〕，紅花染血痕③。山川盡春色，嗚咽復誰論？

【校勘記】

〔一〕「腸」，原作「觴」，據《全唐詩》卷五二五、馮注本改。馮注本校：「一作觴。」

【注釋】

①杜鵑：鳥名，又名子規、杜宇。相傳古蜀國望帝（杜宇）自以德薄，委國禪鱉泠，自亡去，死後化爲子規。

②蜀門：原爲山名。即劍門。在四川省劍閣縣北。山勢險峻，古爲戍守之處。此處用以代稱蜀地。杜甫《木皮嶺》詩：「季冬攜童稚，辛苦赴蜀門。」

③染血痕：據説杜鵑悲啼滴血，紅花似其血所染。

聞　蟬

火雲初似滅，曉角欲微清。故國行千里，新蟬忽數聲。時行仍髣髴，度日更分明。不敢頻傾耳，唯憂白髮生。

送友人

十載名兼利，人皆與命爭。青春留不住〔一〕，白髮自然生。夜雨滴鄉思，秋風從別情。都門五十里，馳馬逐雞聲。

【校勘記】

〔一〕「留」，原作「望」，據《全唐詩》卷五二五改。馮注本校：「一作留。」

旅情①

窗虚枕簟凉，寢倦憶瀟湘②。山色幾時老？人心終日忙。松風半夜雨，簾月滿堂霜。匹馬好歸去，江頭橘正香。

【注釋】

① 本詩有「憶瀟湘」及「匹馬好歸去，江頭橘正香」句，則作者家在湖湘一帶，與杜牧家京兆不合，詩非杜牧作。

② 瀟湘：見《早春寄岳州李使君李善棋愛酒情地閒雅》詩注②。

曉望

獨起望山色，水雞鳴蓼洲①。房星隨月曉②，楚木向雲秋。曲渚疑江盡，平沙似浪浮。秦原在何處〔一〕③？澤國碧悠悠。

【校勘記】

〔一〕「秦原」，文津閣本作「秦園」。

【注　釋】

① 水雞句：水雞，水鳥名。《漢書·司馬相如傳上》：「煩鶩庸渠。」唐顔師古注：「庸渠，即今之水雞也。」杜甫《閬水歌》：「巴童蕩槳欹側過，水雞銜魚來去飛。」仇兆鰲注引朱鶴齡曰：「嘗聞一蜀士云：『水雞，其狀如雄雞而短尾，好宿水田中。』今川人呼爲水雞翁。」蓼洲，在今江西南昌市西南。原有兩洲相並，水自中流，上有居民。

② 房星：星名，二十八宿之一。

③ 秦原：泛指陝西長安及附近地區。

貽友人

自是東西客①，逢人又送人。不應相見老，秖是別離頻。度日還知暮，平生未識春。儻無遷谷分②，歸去養天真③。

【注　釋】

①東西客：指四處奔波之旅客。

②遷谷：指進士及第或仕途升遷。《詩・小雅・伐木》：「伐木丁丁，鳥鳴嚶嚶。出自幽谷，遷於喬木。」

③天真：指自然真淳之本性。

書　事①

自笑走紅塵，流年舊復新。東風半夜雨，南國萬家春。失計拋漁艇，何門化涸鱗②？是誰添歲月，老却暗投人③。

【注　釋】

①此詩有「自笑走紅塵，流年舊復新」、「失計拋漁艇，何門化涸鱗？是誰添歲月，老却暗投人」諸句，可見作者乃老於場屋未第者，此與杜牧生平不合，詩非杜牧作。

②化涸鱗：化，改變。涸鱗，涸轍之魚。比喻身陷困境急待救援者。《莊子・外物》：「莊周家貧，

故往貸粟於監河侯。監河侯曰：『諾。我將得邑金，將貸子三百金，可乎？』莊周忿然作色曰：『周昨來，有中道而呼者，周顧視車轍中，有鮒魚焉。周問之曰：「鮒魚來，子何爲者邪？」對曰：「我東海之波臣也，君豈有斗升之水而活我哉？」周曰：「諾。我且南遊吳越之王，激西江之水而迎子，可乎？」鮒魚忿然作色曰：「吾失我常與，我無所處。吾得斗升之水然活耳，君乃言此，曾不如早索我於枯魚之肆！」』」

③暗投：明珠暗投，用以比喻懷才不遇。

別鶴〔一〕

分飛共所從，六翮勢催風〔二〕①。聲斷碧雲外，影孤明月中。青田歸遠路②，丹桂舊巢空〔三〕③。矯翼知何處④？天涯不可窮。

【校勘記】

〔一〕《全唐詩》卷四四六《白居易集》題作《失鶴》，其五、六兩句與本詩三、四句同，僅「影孤」白集作「影沉」。

〔二〕「催」，《全唐詩》卷五二五、馮注本校：「一作摧。」

〔三〕「丹」，《全唐詩》卷五二五校：「一作月。」

【注釋】

① 六翮：鳥翼。翮，鳥翅大翎。

② 青田：縣名，唐屬括州。治所即在今浙江青田縣。縣西北，有青田山，産胎化鶴。

③ 丹桂：桂樹之一種，葉如桂，皮赤。

④ 矯翼：舉翼高飛。

晚泊

帆濕去悠悠，停橈宿渡頭。亂煙迷野岸，獨鳥出中流。篷雨延鄉夢，江風阻暮秋。儻無身外事，甘老向扁舟。

山寺

峭壁引行徑①，截溪開石門。泉飛濺虛楹〔一〕，雲起漲河軒②。隔水看來路，疎籬見定猿③。未閑難久住，歸去復何言。

【校勘記】

〔一〕「楹」，《全唐詩》卷五二四作「檻」。馮注本作「牗」，下校：「一作檻。」

【注　釋】

①引：延伸。

②河軒：臨河長廊或亭軒之類建築物。

③定猿：安靜不動之猴子。

【集評】

《山寺》：鍾云：慨然感深。（鍾惺譚元春《唐詩歸》卷三十三「晚唐」一）

《山寺》詩曰：「峭壁引行徑，截溪開石門。泉飛濺虛檻，雲起漲河軒。隔水看來路，疎籬見定猿。未閑難久住，歸去復何言？」詩亦清傲。但讀韋蘇州「新泉泄陰壑，高蘿蔭緑塘。攀林一棲止，飲水得清涼。物累誠可遺，疲甿終未忘。還歸坐郡閣，但見山蒼蒼」，彼則温然循良者之言矣。（賀裳《載酒園詩話又編·杜牧》）

早行

垂鞭信馬行，數里未雞鳴。林下帶殘夢，葉飛時忽驚。霜凝孤鶴迥，月曉遠山横。僮僕休辭慮〔一〕，時平路復平。

【校勘記】

〔一〕「慮」，《全唐詩》卷五二五、馮注本作「險」，馮注本又校：「一作慮。」

秋日偶題

荷花兼柳葉，彼此不勝秋。玉露滴初泣，金風吹更愁。緑眉甘棄墜〔一〕①，紅臉恨飄流②。數息是遊子〔二〕，少年還白頭。

【校勘記】

〔一〕「棄墜」，文津閣本作「葉墜」。

〔二〕「數」，《全唐詩》卷五二五、文津閣本、馮注本作「歎」。

【注釋】

① 緑眉：指柳葉，葉形如眉。

② 紅臉：指荷花，粉紅如臉。

憶　歸①

新城非故里，終日想柴扃。興罷花還落，愁來酒欲醒。何人初髮白，幾處亂山青？遠憶湘江上，漁歌對月聽。

【注　釋】

① 此詩有「終日想柴扃」、「遠憶湘江上，漁歌對月聽」句，則作者故鄉在湘江畔，與杜牧生平不合，詩當非杜牧之作。

偶　見黄州作〔一〕①

朔風高緊掠河樓，白鼻騧郎白罽裘②。有箇當壚明似月③，馬鞭斜揖笑回頭。

【校勘記】

〔一〕詩題原作《偶見黄州作》，今據《全唐詩》卷五二五改。馮注本作《黄州偶作》。

【注　釋】

①《杜牧年譜》謂此詩乃杜牧任黄州刺史時作，即在會昌二年至四年（八四二—八四四）秋間作。

②白鼻騧郎句：騧，身黄嘴黑之馬。白罽裘，白毛之皮衣。罽，一種毛織品。

③當壚：指當壚賣酒之女子。壚，酒店安放酒甕、酒壇之土臺。

醉　倒

日晴空樂下仙雲，俱在涼亭送使君。莫辭一盞即相請，還是三年更不聞。

酬許十三秀才兼依來韻

多爲裁詩步竹軒①，有時凝思過朝昏。篇成敢道懷金璞②，吟苦唯應似嶺猿。迷興每慚花月夕，寄愁長在別離魂。煩君把卷侵寒燭〔一〕③，麗句時傳畫戟門④。

【校勘記】

〔一〕「煩」，《全唐詩》卷五二五作「憑」，下校：「一作煩。」馮注本校：「一作憑。」

【注釋】

① 裁詩：裁紙題詩。

② 金璞：猶金玉，此指詩篇精美。

③ 侵：近。

④ 畫戟門：指官府及顯貴之家。畫戟，有彩飾之木戟，列官府、宫廟及顯貴之家門前。

後池泛舟送王十秀才

城日晚悠悠，絃歌在碧流。夕風飄度曲①，煙嶼隱行舟〔一〕。問拍疑新令〔二〕②，憐香占彩毬③。當筵雖一醉，寧復緩離愁。

【校勘記】

〔一〕「嶼」，《全唐詩》卷五二五、馮注本校：「一作嶴。」

〔二〕「疑」，《全唐詩》卷五二五作「擬」，下校：「一作疑。」馮注本作「疑」，下校：「一作擬。」

【注　釋】

①度曲：按譜歌唱。張衡《西京賦》：「度曲未終，雲起雪飛，初若飄飄，後遂霏霏。」

②問拍句：拍，節拍。新令，新成之酒令。

③彩毬：一種内填香料之彩色球。白居易《醉後贈人》：「香球趁拍回環匼。」

書　情

誰家洛浦神①？十四五來人。媚髮輕垂額，香衫軟著身。摘蓮紅袖濕，窺淥翠蛾頻〔一〕②。飛鵲徒來往③，平陽公主親④。

【校勘記】

〔一〕「蛾」，原作「娥」，據《全唐詩》卷五二五、馮注本改。

【注　釋】

① 洛浦神：洛水女神宓妃。此泛指美女。

② 翠蛾顰：翠蛾，指女子眉毛。顰，通颦。

③ 鵲：喜鵲。俗以爲喜鵲叫聲爲吉祥之兆。

④ 平陽公主：漢景帝女陽信長公主嫁平陽侯曹壽，故稱平陽公主。此謂美女乃權勢家之親戚，不可接近。

兵部尚書席上作〔一〕①

華堂今日綺筵開，誰召分司御史來〔二〕②？偶發狂言驚滿坐〔三〕，三重粉面一時回〔四〕。

【校勘記】

〔一〕《全唐詩》卷五二五、馮注本均在「兵部」下校：「一作李。」

〔二〕「召」，《本事詩·高逸》、《唐詩紀事》卷五六、《全唐詩》卷五二五、馮注本均作「唤」，《全唐詩》卷五二五、馮注本又校：「一作召。」

〔三〕「偶」，《本事詩·高逸》、《唐詩紀事》卷五六作「忽」，《全唐詩》卷五二五、馮注本均校：「一作忽。」

〔四〕「三重粉面」，《本事詩·高逸》、《唐詩紀事》卷五六作「兩行紅粉」，《全唐詩》卷五二五、馮注本均校云：「《紀事》作兩行紅粉。」

【注釋】

①此詩及本事見於《本事詩·高逸》：「杜爲御史，分務洛陽時，李司徒罷鎮閒居，聲伎豪華，爲當時第一。洛中名士，咸謁見之。李乃大開筵席，當時朝客高流，無不臻赴。以杜持憲，不敢邀置。杜遣座客達意，願與斯會。李不得已，馳書。方對花獨酌，亦已酣暢，聞命遽來。時會中已飲酒，女奴百餘人，皆絶藝殊色。杜獨坐南行，瞪目注視。引滿三卮，問李云：『聞有紫雲者，孰是？』李指示之。杜凝睇良久，曰：『名不虚得，宜以見惠。』李俯而笑，諸妓亦皆迴首破顔。杜又自飲三爵，朗吟而起曰：『華堂今日綺筵開，誰唤分司御史來？忽發狂言驚滿坐，兩行紅粉一時迴。』意

氣閒逸，傍若無人。」未及李司徒之名，文字與注亦略有不同。《太平廣記》卷二七三謂李司徒爲李願。繆鉞《杜牧年譜》認爲李司徒爲李聽，詩作於大和末、開成初（八三五—八三六）杜牧任監察御史分司東都時。然《全唐詩重出誤收考》引吳企明之説謂「杜牧爲御史分務洛陽，是在開成元年（八三六），而李願卒於寶曆元年（八二五）六月，故不會在洛陽共宴，見《唐音質疑録》。」兩説不同，並記於此。

②分司：唐代於東都洛陽設置留省、留臺，其官員稱分司官。

【集評】

苕溪漁隱曰：東坡聞李公擇飲傳國博家，大醉，有詩云：「不肯醒醒騎馬回，玉山知爲玉人頽。紫雲有語君知否，莫唤分司御史來。」即此事也。又《侍兒小名録》云：「兵部李尚書樂妓崔紫雲，詞華清峭，眉目端麗，李公爲尹東洛，宴客將酣，杜公輕騎而來，連飲三觥，謂主人曰：『嘗聞有能篇詠紫雲者，今日方知名不虚傳，倘垂一惠，無以加焉。』諸妓回頭掩笑，杜作前詩，詩罷，上馬而去。李公尋以紫雲贈之。紫雲臨行獻詩曰：『從來學製斐然詩，不料霜臺御史知。忽見便教隨命去，戀恩腸斷出門時。』」《侍兒小名録》不載此事出於何書，疑好事者附會爲之也。（胡仔《苕溪漁隱叢話後集》卷十五「杜牧之」）

唐人佳作林立，選家以愛憎爲去取，遂失廬山真面。先廣文嘗云：「讀古人詩，須讀全集，選本最誤人。中唐詩人如劉夢得、杜牧之、張文昌，皆卓然成家。夢得詩如《梦絲瀑》、《秋螢引》、《生公講堂》，樂府絶句，《杜司空席上》諸作，宛有六朝風致。律詩至晚唐，義山而下，牧之爲最。宋人評其詩豪宕奇麗，排偶中時有奔逸之氣，蓋確論也。文昌擬樂府諸詩，綽有妙緒；五言近體如《聽泉》、《夜到漁家》、《山中贈日南僧》、《酬韓庶子》，七言如《贈王秘書》、《謝裴司空寄馬》、《贈茆山楊判官》、《哭丘長史》諸作，東野所謂「一卷冰雪文，避俗常自攜」者也。選家無識，隨意去取，古人之真，日就湮没，可勝歎哉！」（陸鎣《問花樓詩話》卷一）

驌驦阪①

荆州一萬里②，不如蒯易度③。仰首望飛鳴，伊人何異趣？

【注　釋】

① 驌驦：駿馬名。本作「肅爽」、「驌驦」。《左傳·定公三年》：「唐成公如楚，有兩肅爽馬。」張協《七命》：「駕紅陽之飛燕，驂唐公之驌驦。」

② 荆州：州名。治所在今湖北江陵。

③蒯易度：「易」字當作「異」。蒯越，字異度，原爲劉表大將，後降曹操。《三國志·劉表傳》注引《傅子》云：「荆州平，太祖與荀彧書曰：『不喜得荆州，喜得蒯異度耳。』」此即詩意所本。

集外詩

集外詩一

《集外詩一》乃録自《全唐詩》卷五二六（一九七八年上海古籍出版社《樊川詩集注》一書中《樊川集遺收詩補録》亦據《全唐詩》此卷收入大部分詩）。此卷詩多與許渾詩重出，當出自劉克莊所見杜牧《續别集》三卷中。劉克莊《後村詩話》謂《續别集》「十八九是許渾詩」。此集《全唐詩》中有校語者，今均移出以「本詩校」併入校勘記中。

冬日五湖館水亭懷别〔一〕①

蘆荻花多觸處飛，獨凭虚檻雨微微〔二〕。寒林葉落鳥巢出，古渡風高漁艇稀〔三〕。雲抱四山終日在，草荒三徑幾時歸。江城向晚西流急〔四〕，無限鄉心聞擣衣〔五〕。

【校勘記】

〔一〕「湖」，《文苑英華》卷二九八、《全唐詩》卷五三六《許渾集》作「浪」。本詩校：「一作浪。」

〔二〕「獨凭」，《文苑英華》卷二九八作「遊登」，下校：「集作獨凭。」

〔三〕「風」，《文苑英華》卷二九八、《全唐詩》卷五三六《許渾集》作「浪」，《文苑英華》又校：「集作浪。」

〔四〕「晚」，《全唐詩》卷五三六《許渾集》作「暝」。「西流急」，《文苑英華》卷二九八校：「集作東風急。」《全唐詩》卷五三六《許渾集》作「東風急」。

〔五〕「無限鄉心」，《文苑英華》卷二九八校：「集作一半鄉愁。」《全唐詩》卷五三六《許渾集》作「一半鄉愁」，本詩校：「一作一半鄉愁。」

【注釋】

①此詩又見《全唐詩》卷五三六《許渾集》。《全唐詩重出誤收考》謂「《英華》二九八作杜牧，並據其本集校。四部叢刊景宋本《丁卯集》不載。《詩人玉屑》三引頷聯亦爲杜牧。」

【集評】

【唐人句法·眼用拗字】「寒林葉落鳥巢出，古渡風高漁艇稀。」杜牧《五湖館水亭懷别》。（魏慶之《詩人玉屑》卷三）

不寢①

到曉不成夢，思量堪白頭。多無百年命，長有萬般愁。世路應難盡〔一〕，營生卒未休。莫言名與利，名利是身讐。

【校勘記】

〔一〕「世路」，《全唐詩》卷五三二《許渾集》作「世事」。

【注　釋】

① 此詩又見《全唐詩》卷五三二《許渾集》。《全唐詩重出誤收考》謂「四部叢刊景宋本《丁卯集》不載，樊川集、别集、外集亦不收，疑非二人詩」。

泊松江〔一〕①

清露白雲明月天，與君齊櫂木蘭船。南湖風雨一相失〔二〕，夜泊横塘心渺然。

【校勘記】

〔一〕《全唐詩》卷五三八《許渾集》題作《夜過（一作泊）松江渡寄友人》，本詩校：「一作許渾詩，題作夜泊松江渡寄友人。」

〔二〕「南湖風雨」，本詩校：「一作風波湖雨。」

【注　釋】

① 此詩又見《全唐詩》卷五三八《許渾集》。《全唐詩重出誤收考》謂「吳企明《樊川詩甄辨柿札》云，宋岳珂《寶真齋法書贊》卷六載『唐許渾烏絲欄詩真跡』，按語云：『右唐郢州刺史許渾所書烏絲欄詩一百七十一篇真跡。分上下兩卷，組織間錯，辭格華古，筆妙爛然，見爲三絶。』吳企明云『逐一核對，《樊川集遺收詩補録》中有二十九首，見之於許渾真跡。各詩題名如下：《聞開江相國宋

公下世二首》、《出關》、《過鮑溶宅有感》、《寄兄弟》、《秋日》、《卜居招書侶》、《西山草堂》、《貽隱者》、《夜泊松江渡寄友人》(《樊川集遺收詩補録》題作《泊松江》)、《石池》、《送蘇協律從事振武》、《懷政禪師》、《送荔浦蔣明府赴任》、《秋夕有懷》、《秋霽寄遠》、《經古行宫》、《宣州開元寺贈惟真上人》、《秋晚懷茅山石涵村舍》、《留題李侍御書齋》、《行次白沙館先寄上河南王侍郎》、《越中》、《聞范秀才自蜀遊江湖》、《緑蘿》、《貽遷客》、《宿東横山瀨》、《陵陽送客》、《贈桐江隱者》(《樊川集遺收詩補録》題作《寄桐江隱者》)、《送太昱禪師》。』據此，此詩在許渾手跡内，非杜牧作。《絶句》二四作許」。

題水西寺①

三日去還住，一生焉再遊。含情碧溪水，重上粲公樓。

【注釋】

① 此詩馮集梧《樊川詩集注》本《樊川詩補遺》已據《唐音統籤》收入。

贈别宣州崔群相公①

衰散相逢洛水邊，却思同在紫薇天。盡將舟楫板橋去，早晚歸來更濟川。

【注　釋】

①此詩《樊川詩補遺》已據《唐音統籤》收入。《全唐詩重出誤收考》謂「張金海、吴在慶考皆以爲此詩非杜牧作，崔群任宣州是在文宗大和元年正月以前，而杜牧在大和元年於東都洛陽應進士舉，以後授弘文館校書郎，二人不可能在宣州相别。且詩有『衰散相逢洛水邊，却思同在紫薇天。』可知：一、詩人與崔群年輩相仿。據《舊唐》一五九崔群傳及白居易《祭崔相公文》，崔群卒於大和六年，享年六十一。杜牧此時年方三十，兩人年輩懸殊。二、衰散指老邁，即使杜、崔相逢於洛水時，也當在大和元年至二年，此時杜牧年方二十五六，斷不可自稱『衰散』。三、即使崔、杜相遇於洛，但崔已任兵部尚書，杜亦不宜再以『宣州崔相公』稱之。四、所謂紫薇，指中書省，詩中『却思同在紫薇天』指同在中書省任職，崔群任中書舍人時杜牧尚未入仕，故此詩決非杜牧作。見《武漢大學學報》一九八二年第二期、《中華文史論叢》一九八五年第一期」。

聞開江相國宋公下世二首[一]①

其一

權門陰進奪移才[二]，驛騎如星墮峽來。晁氏有恩忠作禍，賈生無罪直爲災。貞魂誤向崇山没，冤氣疑從湘水回[三]。畢竟成功何處是[四]，五湖雲月一帆開。

【校勘記】

〔一〕詩題原作《聞開江相國宋下世二首》，並在「宋」字下校：「一作宋相公申錫」，《全唐詩》卷五三六《許渾集》題作《聞開江相國宋相公申錫下世二首》，今據宋岳珂《寶真齋法書贊》卷六載「唐許渾烏絲欄詩真跡」改。

〔二〕「進」，《全唐詩》卷五三六《許渾集》作「奏」，本詩校：「一作奏。」

〔三〕「湘」，《全唐詩》卷五三六《許渾集》作「汨」，下校：「一作湘。」本詩校：「一作汨。」

〔四〕「成功」，《全唐詩》卷五三六《許渾集》作「功成」，本詩校：「一作功成。」

【注釋】

① 此詩又見《全唐詩》卷五三六《許渾集》，詩題爲《聞開江相國宋相公申錫下世二首》。《全唐詩重出誤收考》謂「宋申錫字慶臣，《舊唐》一六七、《新唐》一五二有傳。言其孤直清慎，文宗即位拜户部郎中、知制誥，大和二年（八二八）拜中書舍人，復爲翰林學士。帝惡宦官權寵震主，而王守澄典禁兵跋扈放肆。文宗察申錫忠厚，令外廷朝臣謀去之。事泄，王守澄使鄭注告宋申錫謀反，又將以二百騎就靖恭里欲屠申錫之家，左常侍崔玄亮等朝臣十四人伏玉階申其冤，貶宋申錫爲開州司馬。大和七年卒於開州。許渾集中尚有《太和初靖恭里感事》，《全詩》注云：『詠宋申錫也。申錫爲王守澄所構，謫死開州，文宗太和五年事。』按此兩首亦在許渾手跡中，……當爲許渾作。吴企明考亦認爲是許渾的感事詩而誤入樊川集中。」

其二

月落清湘棹不喧〔一〕，玉杯瑶瑟奠蘋蘩。誰令力制乘軒鶴〔二〕，自取機沉在檻猿。位極乾坤三事貴，謗興華夏一夫冤。宵衣旰食明天子，日伏青蒲不爲言〔三〕。

【校勘記】

〔一〕「清湘」，《全唐詩》卷五三六《許渾集》作「湘潭」，本詩校：「一作湘潭。」

〔二〕「令」，本詩校：「一作能。」「軒」，《全唐詩》卷五三六《許渾集》作「時」。

〔三〕「爲」，《全唐詩》卷五三六《許渾集》作「敢」，本詩校：「一作敢。」

出關①

朝纓初解佐江濆〔一〕，麋鹿心知自有群。漢囿獵稀慵獻賦，楚山耕早任移文。卧歸漁浦月連海，行望鳳城花隔雲。關吏不須迎馬笑，去時無意學終軍。

【校勘記】

〔一〕「濆」，《全唐詩》卷五三六《許渾集》作「濱」。

【注釋】

① 此詩又見《全唐詩》卷五三六《許渾集》。《全唐詩重出誤收考》謂「此詩亦見許渾手跡中。張金

海考認爲非杜作，詩中『朝纓初解佐江瀆』及『卧歸漁浦月連海』等句，作者應是長江中下游一帶的人，與許渾身世合」。

暝投雲智寺渡溪不得却取沿江路往①

雙巖瀉一川，回馬斷橋前。古廟陰風地，寒鐘暮雨天。沙虛留虎跡，水滑帶龍涎。却下臨江路，潮深無渡船。

【注　釋】

① 此詩又見《全唐詩》卷五三二《許渾集》，詩題作《暝投靈智寺渡溪不得却取沿江路往》。《全唐詩重出誤收考》謂「中四句又見許渾《晚投慈恩寺呈俊上人》詩中。此詩兩聯在許渾集中雙見，許渾作詩用語多雷同，疑非杜牧作」。

宣城贈蕭兵曹①

桂檝謫湘渚，三年波上春。舟寒句溪雪〔一〕，衣故洛城塵〔二〕。客道恥摇尾，皇恩寬犯鱗。

花時去國遠，月夕上樓頻。賒酒不辭病〔三〕，傭書非爲貧。行吟值漁父，坐隱對樵人。紫陌罷雙轍，碧潭窮一綸〔四〕。高秋更南去〔五〕，煙水是通津。

【校勘記】

〔一〕「句」，《全唐詩》卷五三七《許渾集》作「剡」，本詩校：「一作剡。」

〔二〕「故」，《全唐詩》卷五三七《許渾集》作「破」，本詩校：「一作破。」

〔三〕「賒」，《全唐詩》卷五三七《許渾集》作「貪」。

〔四〕「綸」，《全唐詩》卷五二六、本詩均校：「一作輪。」

〔五〕「秋」，《全唐詩》卷五三七《許渾集》作「歌」。

【注　釋】

①此詩又見《全唐詩》卷五三七《許渾集》。《全唐詩重出誤收考》謂「此詩載四部叢刊景宋本《丁卯集》下，而卷上尚有《贈蕭兵曹先輩》，二句『帆轉瀟湘萬里餘』，與此詩『桂楫謫湘渚』之地點合，許渾曾在當塗、太平任縣令，皆屬宣城，董乃斌《唐詩人許渾生平考索》即繫此詩在此地作，時約開成二年秋至四年初春，見《文史》二六輯。吳在慶《杜牧疑僞詩考》亦認爲本詩確是許渾之作。

宋葛立方《韻語陽秋》三載：『余讀許渾詩，獨愛「道直去官早，家貧爲客多」之句，非親嘗者，不知其味也。《贈蕭兵曹》詩云：「客道恥揺尾，皇恩寛犯鱗。」直道去官早之實也。』《總龜》後集一一亦引之。此又許渾詩之一證」。

過鮑溶宅有感〔一〕①

寥落故人宅，重來身已亡〔二〕。古苔殘墨沼〔三〕，深竹舊書堂〔四〕。秋色池館靜〔五〕，雨聲雲木涼〔六〕。無因展交道，日暮倍心傷〔七〕。

【校勘記】

〔一〕《文苑英華》卷三〇四作劉得仁詩，題爲《哭鮑溶有感》。

〔二〕「重」，《文苑英華》卷三〇四、《全唐詩》卷五四四《劉得仁集》作「今」。

〔三〕「殘」，《全唐詩》卷五四四《劉得仁集》作「封」，下校：「一作淺。」

〔四〕「舊」，《文苑英華》卷三〇四作「淺」，《全唐詩》卷五四四《劉得仁集》作「映」，下校：「一作舊。」

〔五〕「池館」，《文苑英華》卷三〇四作「池臺」，下校：「一作館。」《唐詩紀事》卷四一作「館池」，《全唐詩》卷五四四《劉得仁集》於「館」下校：「一作臺。」

〔六〕「木」，《文苑英華》卷三〇四、《全唐詩》卷五四四《劉得仁集》作「水」。

〔七〕「倍心傷」，《文苑英華》卷三〇四作「割心腸」，《全唐詩》卷五四四《劉得仁集》作「剖心腸」。

【注釋】

①此詩又見《唐詩紀事》卷四一，作許渾詩。又見《全唐詩》卷五三二《許渾集》，《全唐詩》卷五四四《劉得仁集》亦見，題爲《哭鮑溶（一作容）有感》。《全唐詩重出誤收考》謂「此詩亦見許渾手跡中，……當斷爲許作。《英華》三〇四載作劉得仁，後緊接爲許渾，疑編次當從此詩起爲許渾作」。

寄兄弟〔一〕①

江城紅葉盡，旅思倍淒涼〔二〕。孤夢家山遠，獨眠秋夜長。道存空倚命，身賤未歸鄉。南望仍垂淚〔三〕，天邊雁一行〔四〕。

【校勘記】

〔一〕《全唐詩》卷五三二《許渾集》題作《寄小弟》。

〔二〕此句《全唐詩》卷五三二《許渾集》作「旅思復悽傷」。

〔三〕「仍」，《全唐詩》卷五三二《許渾集》作「空」。

〔四〕此句下本詩校：「此首又見許渾集，題作寄小弟。」

【注　釋】

① 此詩又見《全唐詩》卷五三二《許渾集》，題爲《寄小弟》。《全唐詩重出誤收考》謂「此詩亦見許渾手跡中，……吴在慶考認爲本詩落拓情感，詩必外出覓舉干禄時作。詩中有『孤夢家山遠』及『南望仍垂淚』，杜牧入仕前僅南遊澧州、荆州等地，隨後即返長安、洛陽，故不應有南望垂淚之語。而許渾潤州丹陽人，赴長安應舉干禄，而賦詩南望家山較爲切合」。

秋　日①

有計自安業，秋風罷遠吟〔一〕。買山惟種竹〔二〕，對客更彈琴。煙起藥廚晚〔三〕，杵聲松院深。閑眠得真性，惆悵舊時心。

【校勘記】

〔一〕「遠」，《全唐詩》卷五三二《許渾集》作「苦」。

〔二〕「惟」，《全唐詩》卷五三二《許渾集》作「兼」。

〔三〕「廚」，《全唐詩》卷五三二《許渾集》作「園」。

【注釋】

① 此詩又見《全唐詩》卷五三二《許渾集》，題爲《秋日》。《全唐詩重出誤收考》謂「此詩亦見許渾手跡中，當爲許作」。

卜居招書侶①

憶昨未知道〔一〕，臨川每羨魚。世途行處見，人事病來疏。微雨秋栽竹，孤燈夜讀書。憐君亦同志，晚歲傍山居。

【校勘記】

〔一〕「憶昨」，《全唐詩》卷五三二《許渾集》與本詩均校：「一作意壯。」

【注　釋】

① 此詩又見《全唐詩》卷五三二《許渾集》。《全唐詩重出誤收考》謂「此詩亦見許渾手跡中，當爲許作」。

西山草堂①

何處人事少〔一〕，西峰舊草堂〔二〕。曬書秋日晚，洗藥石泉香。後嶺有微雨〔三〕，北窗生曉涼〔四〕。徒勞問歸路，峰疊遶家鄉。

【校勘記】

〔一〕「人事少」，《全唐詩》卷五三二《許渾集》作「少人事」。

〔二〕「峰」，《全唐詩》卷五三二《許渾集》作「山」，本詩下校：「一作山。」

〔三〕「後嶺有」，《全唐詩》卷五三二《許渾集》作「浚嶺有」，下校：「一作後嶺看。」本詩於「有」字下校：「一作看。」「微雨」，《全唐詩》卷五三二《許渾集》作「朝雨」。

〔四〕「曉涼」，《全唐詩》卷五三二《許渾集》作「夜涼」。

【注釋】

① 此詩又見《全唐詩》卷五三二《許渾集》。《全唐詩重出誤收考》謂「此詩亦見許渾手跡中。吳在慶考此詩與《途中逢故人話西山讀書早曾遊覽》詩皆爲許渾作。西山在洪州，今江西境内，杜牧早年從未至此地讀書，詩當爲許作」。吳考詳《杜牧論稿·杜牧疑僞詩考辨》。

貽隱者〔一〕①

回報隱居山〔二〕，莫憂山興闌〔三〕。求人顔色盡，知道性情寬。信譜彈琴誤，緣崖斸藥難〔四〕。東皋亦自給，殊愧遠相安。

【校勘記】

〔一〕「貽」,《全唐詩》卷五三二《許渾集》作「贈」。

〔二〕「居」,《全唐詩》卷五三二《許渾集》校:「一作名。」「山」,《全唐詩》卷五三二《許渾集》作「士」。

〔三〕「憂」,《全唐詩》卷五三二《許渾集》作「愁」。

〔四〕「緣」,《全唐詩》卷五三二《許渾集》作「沿」,本詩校:「一作沿。」

【注　釋】

① 此詩又見《全唐詩》卷五三二《許渾集》,詩題爲《贈隱者》。《全唐詩重出誤收考》謂「此詩亦見許渾手跡中,當爲許作」。

石　池①

通竹引泉脈,泓澄深石盆〔一〕。驚魚翻藻葉,浴鳥上松根。殘月留山影〔二〕,高風耗水痕。誰家洗秋藥,來往自開門〔三〕。

【校勘記】

〔一〕「深」，《全唐詩》卷五三二《許渾集》作「激」，本詩校：「一作激。」

〔二〕「殘月留」，《全唐詩》卷五三二《許渾集》與本詩均校：「一作斜日回。」

〔三〕「開」，《全唐詩》卷五三二《許渾集》校：「一作關。」

【注釋】

①此詩又見《全唐詩》卷五三二《許渾集》。《全唐詩重出誤收考》謂「此詩亦見許渾手跡中，當爲許作」。

送蘇協律從事振武①

琴尊詩思勞〔一〕，更欲學龍韜。王粲暫投筆〔二〕，呂虔初佩刀。夜吟關月苦〔三〕，秋望塞雲高。去去從軍樂，鵰飛岱馬豪。

【校勘記】

〔一〕「琴尊」，《全唐詩》卷五二九《許渾集》作「琴清」。

〔二〕「投筆」，《全唐詩》卷五二九《許渾集》作「停筆」。

〔三〕「苦」，《全唐詩》卷五二九《許渾集》作「靜」。

【注　釋】

① 此詩又見《全唐詩》卷五二九《許渾集》，詩題作《送樓煩李別駕》。《全唐詩重出誤收考》謂「此詩亦見許渾手跡中。四部叢刊景宋寫本《丁卯集》下，《品彙》拾遺七作許渾，當爲許作」。

懷政禪師院①

山齋路幾層，敗衲學真乘。寒暑移雙樹，光陰盡一燈。風飄高竹雪，泉漲小池冰。莫訝頻來此，修身欲到僧。

【注　釋】

① 此詩又見《全唐詩》卷五三二《許渾集》。《全唐詩重出誤收考》謂「此詩亦見許渾手跡中，當爲許作」。

送荔浦蔣明府赴任①

路長春欲盡，歌怨酒多酣〔一〕。白社蓮塘北〔二〕，青袍桂水南。驛行盤鳥道，船宿避龍潭。真得詩人趣，煙霞處處諳。

【校勘記】

〔一〕「多」，《全唐詩》卷五三二《許渾集》作「初」。

〔二〕「塘」，《全唐詩》卷五三二《許渾集》作「宮」，本詩校：「一作宮。」

【注　釋】

① 此詩又見《全唐詩》卷五三二《許渾集》。《全唐詩重出誤收考》謂「此詩亦見許渾手跡中，當爲許作」。

秋夕有懷①

念遠坐西閣，華池涵月涼。書回秋欲盡，酒醒夜初長。露白蓮衣淺，風清蕙帶香。前年此佳景，蘭棹醉横塘。

【注　釋】

① 此詩又見《全唐詩》卷五三二《許渾集》。《全唐詩重出誤收考》謂「此詩亦見許渾手跡中，當爲許作」。

秋霽寄遠①

初霽獨登賞，西樓多遠風。横煙秋水上，疏雨夕陽中。高樹下山鳥，平蕪飛草蟲。唯應待明月，千里與君同。

【注 釋】

① 此詩又見《全唐詩》卷五三二《許渾集》。《全唐詩重出誤收考》謂「此詩亦見許渾手跡中，當爲許作」。

經古行宮〔一〕①

臺閣參差倚太陽〔二〕，年年花發滿山香。重門勘鎖青春晚〔三〕，深殿垂簾白日長。草色芊綿侵御路，泉聲嗚咽繞宮牆。先皇一去無回駕，紅粉雲環空斷腸〔四〕。

【校勘記】

〔一〕本詩題下原校：「一作經華清宮。」

〔二〕「臺」，本詩校：「一作樓。」

〔三〕「勘」，本詩校：「一作閑。」

〔四〕「雲環」，本詩校：「一作翠鬟。」《全唐詩》卷五三六《許渾集》作「雲鬟」。

【注　釋】

① 此詩又見《全唐詩》卷五三六《許渾集》。《全唐詩重出誤收考》謂「此詩亦見許渾手跡中，當爲許作」。

宣州開元寺贈惟真上人①

曾與徑山爲小師，千年僧行衆人知。夜深月色當禪處，齋後鐘聲到講時。經雨緑苔侵古畫，過秋紅葉落新詩。勸君莫厭江城客，雖在風塵別有期。

【注　釋】

① 此詩見許渾烏絲欄真跡，《全唐詩重出誤收考》謂「許渾任當塗、太平縣令時，多有在宣州詩作，……故此詩亦誤入杜牧集者」。

秋晚懷茅山石涵村舍①

十畝山田近石涵，村居風俗舊曾諳。簾前白艾驚春燕，籬上青桑待晚蠶。雲暖採茶來嶺北，月明沽酒過溪南。陵陽秋盡多歸思，紅樹蕭蕭覆碧潭。

【注釋】

①此詩又見《全唐詩》卷五三六《許渾集》。《全唐詩重出誤收考》謂「此詩亦見許渾手跡中。首聯：『十畝山田近石涵，春居風俗舊曾諳。』頸聯：『雲暖採茶來嶺北，月明沽酒過溪南。』可見作者對茅山十分熟悉。吳在慶考認爲，許渾家在潤州，而丹徒縣有茅山，許渾集中尚有《下第歸朱方寄劉三復》，朱方即丹徒縣。又有《茅山贈梁尊師》、《遊茅山》、《贈茅山高拾遺》、《祇命許昌自郊居移就公館秋日寄茅山高拾遺》諸作，故此詩爲許渾作無疑」。

留題李侍御書齋①

曾話平生志〔一〕，書齋幾見留〔二〕。道孤心易感，恩重力難酬。獨立千峰晚〔三〕，頻來一葉秋。雞鳴應有處，不學淚空流〔四〕。

【校勘記】

〔一〕「曾」，《全唐詩》卷五三二《許渾集》作「昔」。

〔二〕「書」，《全唐詩》卷五三二《許渾集》作「高」。

〔三〕「晚」，《全唐詩》卷五三二《許渾集》作「曉」。

〔四〕「學」，《全唐詩》卷五三二《許渾集》作「覺」。「空」，本詩和《全唐詩》卷五三二《許渾集》均校：「一作潛。」

【注　釋】

① 此詩又見《全唐詩》卷五三二《許渾集》。《全唐詩重出誤收考》謂「李侍御爲李師晦，許渾有《曉發天井關寄李師晦》、《秋夕宴李侍御蓑》、《贈李伊闕》等，《新唐》二一四載：『李師晦者，本宗室子，始（劉）悟辟致幕府。』後擢伊闕令。許渾《贈李伊闕》序云：『前伊闕李師晦侍御辭秩歸山，過余所止，醉圖二室於屋壁，亦招隱之旨也，因而有贈焉。』亦稱李爲侍御。郭文鎬《許渾北遊考》認爲，此重出詩爲許渾寶曆二年秋在潞州酬師晦作，見《遼寧大學學報》一九八七年第四期。此詩亦見許渾手跡中，故詩乃許渾之作」。

行次白沙館先寄上河南王侍郎①

夜程何處宿，山疊樹層層。孤館閑秋雨〔一〕，空堂停曙燈。歌慚漁浦客，詩學雁門僧。此意無人識〔二〕，明朝見李膺〔三〕。

【校勘記】

〔一〕「閑」，《全唐詩》卷五三二《許渾集》作「閉」。

〔二〕「意」，《全唐詩》卷五三二《許渾集》校：「一作去。」

〔三〕《全唐詩》卷五三二《許渾集》此句下有小注：「侍御嘗任河南少尹。」

【注　釋】

① 此詩又見《全唐詩》卷五三二《許渾集》。《全唐詩重出誤收考》謂「此詩亦見許渾手跡中，當爲許作」。

貴　遊①

朝回珮馬草萋萋〔一〕，年少恩深衛霍齊。斧鉞舊威龍塞北，池臺新賜鳳城西。門通碧樹開金鎖，樓對青山倚玉梯。南陌行人盡迴首，笙歌一曲暮雲低。

【校勘記】

〔一〕「珮」，《全唐詩》卷五三六《許渾集》作「佩」。「草」，《全唐詩》卷五三六《許渾集》作「早」。「萋萋」，《全唐詩》卷五三六《許渾集》作「淒淒」。

【注　釋】

① 此詩又見《全唐詩》卷五三六《許渾集》。董乃斌《唐詩人許渾生平事跡考索》（《文史》第二十六輯）以爲此詩乃許渾大中三年作於監察御史任上。

越　中①

石城花暖鷓鴣飛，征客春帆秋不歸。猶自保郎心似石，綾梭夜夜織寒衣。

【注　釋】

① 此詩又見《全唐詩》卷五三八《許渾集》。《全唐詩重出誤收考》謂「此詩亦見許渾手跡中，當爲許作」。

聞范秀才自蜀遊江湖①

蜀道下湘渚，客帆應不迷。江分三峽響，山並九華齊。秋泊雁初宿，夜吟猿乍啼。歸時慎行李，莫到石城西。

【注　釋】

①此詩又見《全唐詩》卷五三二《許渾集》。《全唐詩重出誤收考》謂「此詩亦見許渾手跡中，當爲許作」。

緑　蘿①

緑蘿縈數匝，本在草堂間。秋色寄高樹，晝陰籠近山〔一〕。移花疏處過〔二〕，斸藥困時攀。日暮微風起，難尋舊徑還〔三〕。

【校勘記】

〔一〕「近」，《全唐詩》卷五三二《許渾集》作「遠」，下校：「一作舊。」本詩校：「一作遠。」

〔二〕「過」，《全唐詩》卷五三二《許渾集》作「種」，本詩校：「一作種。」

〔三〕「徑」，《全唐詩》卷五三二《許渾集》校：「一作路。」

【注　釋】

①此詩又見《全唐詩》卷五三二《許渾集》，詩題作《紫藤》。《全唐詩重出誤收考》謂「此詩亦見許渾

手跡中，當爲許作」。

宿東横山瀨〔一〕①

孤舟路漸賒，時見碧桃花。溪雨灘聲急，巖風樹勢斜。獮猴懸弱柳〔二〕，鸂鶒睡横楂〔三〕。謾向仙林宿，無人識阮家。

【校勘記】

〔一〕「山」，本詩校：「一作小。」《全唐詩》卷五三二《許渾集》題作《宿東横山》，下校：「一作東横小瀨。」

〔二〕「懸」，《全唐詩》卷五三二《許渾集》作「垂」。「柳」，《全唐詩》卷五三二《許渾集》作「蔓」，本詩校：「一作蔓。」

〔三〕此句《全唐詩》卷五三二《許渾集》作「鸛鶴睡横槎」。

【注釋】

① 此詩又見《全唐詩》卷五三二《許渾集》，詩題作《宿東横山》，下校：「一作東横小瀨。」《全唐詩

重出誤收考》謂「此詩亦見許渾手跡中，當爲許作」。

貽遷客〔一〕①

無機還得罪，直道不傷情。微雨昏山色，疏籠閉鶴聲。閒居多野客，高枕見江城。門外長溪水，憐君又濯纓。

【校勘記】

〔一〕「貽」，本詩校：「一作贈。」

【注　釋】

① 此詩又見《全唐詩》卷五三二《許渾集》，詩題作《贈遷客》。《全唐詩重出誤收考》謂「此詩亦見許渾手跡中，當爲許作」。

陵陽送客〔一〕①

南樓送郢客，西郭望荆門〔二〕。鳧鵠下寒渚，牛羊歸遠村。蘭舟倚行棹，桂酒掩餘罇。重此一留宿，前汀煙月昏〔三〕。

【校勘記】

〔一〕《全唐詩》卷五三〇《許渾集》詩題作《送李秀才》。

〔二〕「望」，《全唐詩》卷五三〇《許渾集》作「見」。

〔三〕「汀」，《全唐詩》卷五三〇《許渾集》作「村」。「月」，《全唐詩》卷五三〇《許渾集》作「水」，本詩校：「一作水。」

【注　釋】

① 此詩又見《全唐詩》卷五三〇《許渾集》，詩題作《送李秀才》。《全唐詩重出誤收考》謂「此詩亦見許渾手跡中，當爲許作」。

寄桐江隱者〔一〕①

潮去潮來洲渚春，山花如繡草如茵。嚴陵臺下桐江水，解釣鱸魚能幾人。

【校勘記】

〔一〕本詩題下有小注：「一作許渾詩。」

【注　釋】

①此詩又見《全唐詩》卷五三八《許渾集》。《全唐詩重出誤收考》謂「此詩亦見許渾手跡中，又見四部叢刊景寫宋本《丁卯集》上，趙宧光本《絶句》二九亦作許渾」。

長興里夏日寄南鄰避暑〔一〕①

侯家大道傍〔二〕，蟬噪樹蒼蒼。開鎖洞門遠，捲簾官舍涼〔三〕。欄圍紅藥盛，架引緑蘿長。

永日一欹枕〔四〕，故山雲水鄉〔五〕。

【校勘記】

〔一〕「鄰」，《文苑英華》卷二六一作「陵」，本詩校：「一作林。」

〔二〕「家」，《全唐詩》卷五三〇《許渾集》作「門」，下校：「一作家。」

〔三〕「捲」，《文苑英華》卷二六一、《全唐詩》卷五三〇《許渾集》作「下」。「官舍」，《文苑英華》卷二六一作「高館」，《全唐詩》卷五三〇《許渾集》作「賓館」，又於「賓」下校：「一作高。」

〔四〕「欹」，《文苑英華》卷二六一作「歌」。

〔五〕「水」，《全唐詩》卷五三〇《許渾集》校：「一作外。」

【注釋】

①此詩又見《全唐詩》卷五三〇《許渾集》，《文苑英華》卷二六一亦作許渾詩。《全唐詩重出誤收考》謂「《英華》二六一作許渾，題中『南鄰』作『南陵』。末句『永日一欹枕，故山雲水鄉。』此語只應該是許渾口氣，詩亦載許渾手跡中」。故此詩當爲許渾所作。

送太昱禪師〔二〕①

禪床深竹裏，心與徑山期。結社多高客，登壇盡小師。早秋歸寺遠，新雨上灘遲。別後江雲碧，南齋一首詩。

【校勘記】

〔二〕本詩題下校：「一作許渾詩。」

【注釋】

①此詩又見《全唐詩》卷五二九《許渾集》。《全唐詩重出誤收考》謂「此詩亦見許渾手跡中，四部叢刊景宋本《丁卯集》下亦載，當爲許作」。

梁秀才以早春旅次大梁將歸郊扉言懷兼别示亦蒙見贈凡二十韻走筆依韻①

玉塞功猶阻，金門事已陳。梁君在文皇朝獻書，榮宣下中書，令授一官，爲執政所阻。世途皆擾擾，鄉黨盡循循。客道難投足，家聲易發身。松篁標節晚，蘭蕙吐詞春。處困羞摇尾，懷忠壯犯鱗。宅臨三楚水，衣帶二京塵。斂跡愁山鬼，遺形慕谷神。採芝先避貴，栽橘早防貧。弦泛桐材響，杯澄糯醁醇。但尋陶令集，休獻楚王珍。林密聞風遠，池平見月勾。藤龕紅婀娜，苔磴緑嶙峋。雪樹交梁苑，冰河漲孟津。面邀文作友，心許德爲鄰。旅館將分被，嬰兒共灑巾。渭陽連漢曲，京口接漳濱。某自監察御史謝病歸家，蒙除潤州司馬。通塞時應定，榮枯理會均。儒流當自勉，妻族更誰親。照矚三光政，生成四氣仁。磻溪有心者，垂白肯湮淪。

【注　釋】

①《全唐詩重出誤收考》謂「岑仲勉《讀全唐詩札記》考定此詩爲許渾作，説：『自注云：「某自監察

御史謝病歸家，蒙除潤州司馬。」按《全文》七五四牧自撰墓銘，「拜真監察御史，分司東都，以弟病去官，授宣州團練判官」。與此不合。唯《才子傳》七許渾云：「爲當塗、太平二縣令，……久之，起爲潤州司馬，太（大）中三年，拜監察御史」，則兩仕相符而後先互倒，豈《才子傳》誤歟？』」董乃斌《唐詩人許渾生平考索》云大中三年秋，許渾自監察御史辭歸京口，後任潤州司馬。此詩作於此時」。

川守大夫劉公早歲寓居敦行里肆有題壁十韻今之置第乃獲舊居洛下大僚因有唱和歎詠不足輒獻此詩①

旅館當年葺，公才此日論。林繁輕竹祖，樹暗惜桐孫。鍊藥藏金鼎，疏泉陷石盆。散科松有節，深薙草無根。龍卧池猶在，鶯遷谷尚存。昔爲揚子宅，今是李膺門。積學螢嘗聚，微詞鳳早吞。百年明素志，三顧起新恩。雪耀冰霜冷，塵飛水墨昏。莫教垂露跡，歲晚雜苔痕。

【注　釋】

①《全唐詩重出誤收考》謂「杜牧集中尚有《分司東都寓居履道叨承川尹劉侍郎大夫恩知上四十

韻》，此『川尹劉侍郎大夫』與『川守大夫劉公』當爲一人，岑仲勉對此有考證，云：『按《舊書》一七七劉瑑傳，「會昌末，累遷尚書郎知制誥，正拜中書舍人，大中初，轉刑部侍郎，……出爲河南尹」，唐人常稱曰三川尹，若西川者則稱成都尹，不稱川尹，且（杜）牧同時成都尹亦無劉姓其人，合而勘之，確知劉侍郎即瑑，川上奪「三」字也。……瑑出河南尹，依壁記及《舊紀》一八下，應在大中五年五月後，牧則是年八月十二方卸湖州刺史（見牧詩），隨即入拜考功郎中知制誥，遷中書舍人而卒（見《舊書》一四七），方瑑官河南尹，牧無分司東都事。唯舊牧傳云，「俄真拜監察御史，分司東都」，李紳《拜宣武軍節度使詩引》，「開成元年六月二十六日，制授宣武軍節度使，七月，……五日赴鎮，……留臺御史杜牧使臺吏遮歐百姓，令其廢祖帳」，則牧分司在開成元年，詩題之意，如云前分司東都時承瑑恩知，兹追頌其德則可，否則此詩不得爲杜作。』岑仲勉在許渾《寄獻三川守劉公詩序》下又云：『按此亦劉瑑也。《紀事》五六，「渾，睦州人，字用晦，圉師之後，大中三年，任監察御史，以疾乞東歸，終郢、睦二州刺史」；……渾其時殆以御史（？）分司東都，故得陪劉瑑也。余由是復悟前七册杜牧之《分司東都寓居履道叨承川尹劉侍郎大夫恩知上四十韻》一首，乃許渾詩而誤收杜牧者。』據此，知此首詩亦當爲許渾作，時劉瑑新置第，正是早歲寓居之敦行里肆，洛下大僚群起唱和祝賀，而許渾獻此詩。張金海、吳在慶文亦皆以爲渾詩而誤入杜牧集」。

中秋日拜起居表晨渡天津橋即事十六韻獻居守相國崔公兼呈工部劉公①

碧樹康莊内，清川鞏洛間。壇分中岳頂，城繚大河灣。廣殿含涼静，深宫積翠閑。内有含涼殿、積翠樓。樓齊雲漠漠，橋束水潺潺。過雨檉枝潤，迎霜柿葉殷。紫鱗衝晚浪，白鳥背秋山。月拜西歸表，晨趨北向班。鴛鴻隨半仗，貔虎護重關。玉帳才容足，金罇暫解顔。跡留傷墮履，恩在樂銜環。南省蘭先握，東堂桂早攀。龍門君夭矯，鶯谷我綿蠻。分薄嵇心懶，哀多庾鬢班。人慚公幹卧，頻送子牟還。自睹宸居壯，誰憂國步艱。只應時與醉，因病縱疏頑。

【注　釋】

①《全唐詩重出誤收考》謂「吴廷燮《唐方鎮年表考證》上云，崔公爲崔珙，由東都留守再鎮鳳翔，『許渾有《分司東都叨承川尹劉侍郎恩知上四十韻》詩，又有《中秋日拜起居表晨渡天津橋即事十六韻獻居守相國崔公兼工部劉公》詩。按川尹劉侍郎，即工部劉公，名瑑。《唐會要》大中五年，有

刑部侍郎劉瑑。瑑改河南尹在大中六年以後。珙以此時爲東都留守。……許渾詩舊作杜牧。按詩自注：「某六代祖，國初賜宅在仁和里。」渾，許圉師六世孫也。』此亦應爲許渾詩誤入杜牧集者」。

分司東都寓居履道叨承川尹劉侍郎大夫恩知上四十韻①

命世須人瑞，匡君在岳靈。氣和薰北陸，襟曠納東溟。賦妙排鸚鵡，詩能繼鶺鴒。蒲親香案色，蘭動粉闈馨。侍郎自補闕拜。周孔傳文教，蕭曹授武經。家僮諳禁掖，廄馬識金鈴。侍郎尋歸翰苑。性與姦邪背，心因啓沃冥。進賢光日月，誅惡助雷霆。閶闔開時召，簫韶奏處聽。水精懸御幄，雲母展宮屏。捧詔巡汧隴，飛書護井陘。先聲威虎兕，餘力活蟭螟。榮重秦軍箭，功高漢將銘。戈鋋迴紫塞，干戚散彤庭。順美皇恩洽，扶顛國步寧。禹謨推掌誥，湯網屬司刑。侍郎自中書舍人遷刑部郎中。穉榻蓬萊掩，膺舟鞏洛停。馬群先去害，民籍更添丁。猾吏門長塞，豪家户不扃。四知臺上鏡，三惑井中瓶。雅韻憑開匣，雄鋩待發硎。火中膠緑樹，泉下斸青萍。五岳期雙節，三台空一星。鳳池方注意，麟閣會圖形。寒暑逾流電，光陰甚建瓴。散曹分已白，崇直眼由青。賜第成官舍，傭居起客亭。某六代祖國初賜宅在仁和里，尋已屬官舍。今於履道坊賃宅居止。松筠侵巷陌，禾黍接郊坰。宿雨回爲沼，春沙淀作汀。魚罾棲翡翠，蛛網掛蜻蜓。遲曉河初轉，傷秋露已零。夢餘鐘杳杳，吟罷燭熒熒。字小書難寫，杯遲酒易醒。久貧驚早雁，多病放殘螢。雪勁孤根竹，風彫數莢蓂。轉喉空婀娜，垂手自娉婷。脛細摧新履，腰羸減舊鞓。海邊慵逐臭，塵外怯吞腥。隱豹窺重巘，潛虯避濁涇。商歌如不顧，歸棹越南濡。某家在朱方，揚子江界有南濡北濡。

【注　釋】

①《全唐詩重出誤收考》謂「此亦許渾詩。……岑仲勉云：『乃許渾詩而誤收杜牧者。何以見之，一緣（劉）瑑尹河南，牧已知制誥，無恩知事跡，而瑑許薦渾出守，有詩序可據。二緣《分司東都》詩自注云：「某六代祖，國初賜宅在仁和里，尋已屬官舍，今於履道坊賃宅居止」，據《新表》七二上，牧六代祖淹，官不過本縣中正，何來賜宅？渾爲高宗相圉師後，或即其六世孫，高宗常幸東都，圉師可得賜宅。且履道坊賃宅，正與此題屬移履道洎「半年三度轉蓬居」句合，若牧則方官西京，應無賃居履道之可能也。再進一步，更疑八函七册杜牧之《中秋日拜起居表晨渡天津橋即事十六韻獻居守相國崔公兼呈工部劉公》一章，亦是渾詩，蓋牧分司之日，裴度居留，「繼者牛僧孺，無崔相國其人，惜大中後史闕有間，未能提炳證耳。」』」吳企明、董乃斌考皆認爲渾詩」。

題白雲樓〔一〕①

西北樓開四望通，殘霞成綺月懸弓。江村夜漲浮天水，澤國秋生動地風。高下緑苗千頃盡，新陳紅粟萬箱空〔二〕。才微分薄憂何益，却欲回心學塞翁。

【校勘記】

〔一〕此詩題下原校：「一作許渾詩，題作漢水傷稼。」《全唐詩》卷五三五《許渾集》題作「漢水傷稼」，下有「并序」二小字。序云：「此郡雖自夏無雨，江邊多穡（一作稼），油然可觀。秋八月，天清日朗，漢水泛濫（一作溢），人實爲災。軫念疲羸，因賦四韻。」

〔二〕「箱」，《全唐詩》卷五三五《許渾集》作「厫」，下校：「一作箱。」

【注釋】

① 此詩又見《全唐詩》卷五三五《許渾集》。《全唐詩重出誤收考》謂「頷聯又見許渾《酬郭少府先奉使巡澇見寄兼呈裴明府》詩中。此詩載四部叢刊景宋本《丁卯集》上，《韻語陽秋》一亦云：『許

渾《呈裴明府》詩云：「江村夜漲浮天水，澤國秋生動地風。」《漢水傷稼》亦全用此一聯。』許集自序云：『此郡雖自夏無雨，江邊多穡（一作稼），油然可觀。秋八月，天清日朗，漢水泛濫，人實爲災。軫念疲羸，因賦四韻。』許渾曾爲郢州刺史，濱臨漢水，且『江村』一聯在許詩中兩出，故此非杜牧作」。

贈別①

眼前迎送不曾休，相續輪蹄似水流。門外若無南北路，人間應免別離愁。蘇秦六印歸何日？潘岳雙毛去值秋。莫怪分襟銜淚語，十年耕釣憶滄洲。

【注釋】

①此詩又見《全唐詩》卷五三六《許渾集》。《全唐詩重出誤收考》謂「吳在慶考本詩非杜牧作，其理由有二。一、詩中有『蘇秦六印歸何日，潘岳雙毛去值秋』，可見此時詩人尚未出仕。杜牧二十六歲舉進士入仕，與本詩所言牴牾。二、本詩云『十年耕釣憶滄洲』，杜牧絶無『十年耕釣』之經歷，許渾未仕前確有耕釣生涯。故詩當許作」。吳考詳見《杜牧論稿・杜牧疑僞詩考辨》。

秋夜與友人宿①

楚國同遊過十霜，萬重心事幾堪傷。蒹葭露白蓮塘淺，砧杵夜清河漢涼。雲外山川歸夢遠，天涯岐路客愁長。寒城欲曉聞吹笛，猶卧東軒月滿床。

【注釋】

① 此詩又見《全唐詩》卷五三六《許渾集》。《全唐詩重出誤收考》謂「詩云：『楚國同遊過十霜』及『天涯岐路客愁長』，似許渾之身世經歷，杜牧早年入仕，當無天涯岐路之感，疑非杜詩」。按，詩乃許渾之作。

將赴京留贈僧院①

九衢塵土遞追攀，馬跡軒車日暮間。玄髮盡驚爲客换，白頭曾見幾人閒。空悲浮世雲無定，多感流年水不還。謝却從前受恩地，歸來依止叩禪關。

【注　釋】

① 此詩又見《全唐詩》卷五三六《許渾集》。《全唐詩重出誤收考》謂「觀中二聯似許渾語，尤其是『空悲浮世』『多感流年』句，與杜牧身世仕宦不合，疑非杜詩」。

寄湘中友人①

莫戀醉鄉迷酒杯，流年長怕少年催〔一〕。西陵水闊魚難到，南國路遥書未回。匹馬計程愁日盡，一蟬何事引秋來。相如已定題橋志，江上無由夢釣臺。

【校勘記】

〔一〕「少」，《全唐詩》卷五三六《許渾集》作「老」，本詩校：「一作老。」

【注　釋】

① 此詩又見《全唐詩》卷五三六《許渾集》。《全唐詩重出誤收考》謂「詩有『南國路遥書未回』及『相如已定題橋志』語，亦似許渾語，疑非杜詩」。

江上逢友人①

故國歸人酒一杯，暫停蘭棹共裴回〔一〕。村連三峽暮雲起，潮送九江寒雨來。已作相如投賦計，還憑殷浩寄書迴。到時若見東籬菊，爲問經霜幾度開。

【校勘記】

〔一〕「裴回」，《全唐詩》卷五三六《許渾集》作「徘徊」。

【注　釋】

① 此詩又見《全唐詩》卷五三六《許渾集》。《全唐詩重出誤收考》謂「存疑待考」。

金谷懷古①

淒涼遺跡洛川東，浮世榮枯萬古同。桃李香銷金谷在，綺羅魂斷玉樓空。往年人事傷心外，今日風光屬夢中。徒想夜泉流客恨，夜泉流恨恨無窮。

【注　釋】

①此詩又見《全唐詩》卷五三六《許渾集》。《全唐詩重出誤收考》謂「存疑待考」。

寄盧先輩①

一從分首劍江濱，南國相思寄夢頻。書去又逢商嶺雪，信回應過洞庭春。關河日日悲長路，霄漢年年望後塵。願指丹梯曾到處，莫教猶作獨迷人。

【注　釋】

①觀此詩所云，作者似爲南方人，且詩有「關河日日悲長路，霄漢年年望後塵。願指丹梯曾到處，莫教猶作獨迷人」句，當爲長年未登第而求援引者，此與杜牧生平不合，詩恐非杜牧作。

南樓夜

玉管金罇夜不休，如悲晝短惜年流。歌聲裊裊徹清夜，月色娟娟當翠樓。枕上暗驚垂釣夢，燈前偏起別家愁。思量今日英雄事，身到簪裾已白頭。

行經廬山東林寺①

離魂斷續楚江壖，葉墜初紅十月天。紫陌事多難暫息〔一〕，青山長在好閑眠。方趨上國期干禄，未得空堂學坐禪。他歲若教如范蠡，也應須入五湖煙。

【校勘記】

〔一〕「暫息」，《全唐詩》卷五三六《許渾集》作「數悉」。

【注　釋】

①此詩又見《全唐詩》卷五三六《許渾集》。《全唐詩重出誤收考》謂「據詩中『紫陌事多難暫息，青山長在好閑眠』及『方趨上國期干禄』等，似長年奔波江湖及上京，以求干禄，此非杜牧語，疑爲許渾作」。

途中逢故人話西山讀書早曾遊覽①

西巖曾到讀書堂，穿竹行莎十里强。湖上夢餘波灩灩，嶺頭愁斷路茫茫。經過事寄煙霞遠，名利塵隨日月長。莫道少年頭不白，君看潘岳幾莖霜。

【注　釋】

①此詩又見《全唐詩》卷五三六《許渾集》。此詩非杜牧作，詳前《西山草堂》詩注①。

將赴京題陵陽王氏水居①

簾卷平蕪接遠天，暫寬行役到罇前。是非境裏有閒日，榮辱塵中無了年。山簇暮雲千野雨〔一〕，江分秋水九條煙。馬蹄不道貪西去，爭向一聲高樹蟬。

【校勘記】

〔一〕「野」，《全唐詩》卷五三六《許渾集》校：「又作點。」

【注　釋】

① 此詩又見《全唐詩》卷五三六《許渾集》。《全唐詩重出誤收考》謂「陵陽，漢屬丹陽郡，唐時在涇縣，有陵陽山，緊鄰當塗縣，許渾曾在當塗任縣令，疑此詩爲許渾作。許集尚有《陵陽春日寄汝洛舊遊》」。

送別①

溪邊楊柳色參差，攀折年年贈別離。一片風帆望已極，三湘煙水返何時？多緣去棹將愁遠，猶倚危亭欲下遲〔一〕。莫殢酒杯閒過日，碧雲深處是佳期。

【校勘記】

〔一〕「亭」，《全唐詩》卷五三六《許渾集》作「樓」，本詩校：「又作樓。」

【注　釋】

① 此詩又見《全唐詩》卷五三六《許渾集》。《全唐詩重出誤收考》謂「存疑待考」。按，此詩云「一片風帆望已極，三湘煙水返何時？」作者當與「三湘」關係密切者，故有「返何時」之歎。此與杜牧事跡不合，恐非杜牧之作。

寄遠①

兩葉愁眉愁不開，獨含惆悵上層臺。碧雲空斷雁行處，紅葉已彫人未來。塞外音書無信息，道傍車馬起塵埃。功名待寄凌煙閣，力盡遼城不肯迴。

【注釋】

① 此詩又見《全唐詩》卷五三六《許渾集》。《全唐詩重出誤收考》謂「存疑待考」。

新柳①

無力摇風曉色新，細腰爭妬看來頻。緑陰未覆長堤水，金穗先迎上苑春。幾處傷心懷遠路，一枝和雨送行塵〔一〕。東門門外多離别，愁殺朝朝暮暮人。

【校勘記】

〔二〕「雨」，《全唐詩》卷五三六《許渾集》作「日」。

【注　釋】

①此詩又見《全唐詩》卷五三六《許渾集》。《全唐詩重出誤收考》謂「存疑待考」。

旅懷作①

促促因吟晝短詩，朝驚穠色暮空枝。無情春色不長久，有限年光多盛衰。往事只應隨夢裹，勞生何處是閒時。眼前擾擾日一日，暗送白頭人不知。

【注　釋】

①此詩又見《全唐詩》卷五三六《許渾集》。《全唐詩重出誤收考》謂「存疑待考」。

雁①

萬里銜蘆别故鄉，雲飛雨宿向瀟湘〔一〕。數聲孤枕堪垂淚，幾處高樓欲斷腸。度日翩翩斜避影，臨風一一直成行。年年辛苦來衡岳，羽翼摧殘隴塞霜。

【校勘記】

〔一〕「雨」，《全唐詩》卷五三六《許渾集》作「水」，本詩校：「一作水。」

【注釋】

① 此詩又見《全唐詩》卷五三六《許渾集》。《全唐詩重出誤收考》謂「存疑待考」。

惜春①

花開又花落，時節暗中遷。無計延春日，何能駐少年〔一〕。小叢初散蝶，高柳即聞蟬。繁豔歸何處？滿山啼杜鵑。

【校勘記】

〔一〕「駐」，《全唐詩》卷五三二《許渾集》、《全唐詩》卷五五八《薛能集》均作「留」，本詩校：「一作留。」

【注釋】

① 此詩又見《全唐詩》卷五三二《許渾集》、《全唐詩》卷五五八《薛能集》。《全唐詩重出誤收考》謂「《季稿》五二、《統籤》五八三至五九一許渾集不收，《樊川詩集》及其《别集》《外集》亦無載，《季稿》墨筆補入杜牧下，《統籤》六六七至六七二薛能集所據爲紹興山陰陸榮望之選本，中無此首，《季稿》四九鈔本《唐許昌節度使薛太拙詩》收入。此詩之歸屬尚難斷定」。

鴛鴦①

兩兩戲沙汀，長疑畫不成。錦機爭織樣，歌曲愛呼名。好育顧栖息，堪憐泛淺清。鳧鷗皆爾類，惟羨獨含情。

【注　釋】

①此詩又見《全唐詩》卷五三二《許渾集》。《全唐詩重出誤收考》謂「存疑待考」。

聞　雁①

帶霜南去雁，夜好宿汀沙。驚起向何處？高飛極海涯。入雲聲漸遠，離岳路猶賒〔一〕。歸夢當時斷，參差欲到家。

【校勘記】

〔一〕「猶」，原作「由」。《全唐詩》卷五三二《許渾集》作「猶」，本詩校：「一作猶。」今據改。

【注　釋】

①此詩又見《全唐詩》卷五三二《許渾集》。《全唐詩重出誤收考》謂「此詩由南去之雁而夜夢家山，頓起鄉愁，當非杜牧作。許渾潤州人，與詩意合」。

江樓晚望①

湖山翠欲結蒙籠，汗漫誰遊夕照中。初語燕雛知社日，習飛鷹隼識秋風。波摇珠樹千尋拔，山鑿金陵萬仞空。不欲登樓更懷古，斜陽江上正飛鴻。

【注　釋】

① 此詩《樊川詩集注·樊川詩補遺》亦録，下校：「見《唐音統籤》。」

【集　評】

《江樓晚望》：此必杜公當秋思歸，故因望而有感也。首二句是江樓晚景，三、四是江樓所望之物，以見物尚知時，況於人乎？五是江樓所望之水，六是江樓所望之山，山與水常存，人與時代謝，此固登樓之所必望，亦登樓之所必懷者。七、八用反言作結，愈見其思歸之切耳。（朱三錫《東喦草堂評訂唐詩鼓吹》卷六）

集外詩二

《集外詩二》録自《全唐詩》卷五二七《杜牧·補遺》。其中本書上已收録者，此處不再收録。

懷紫閣山①

學他趨世少深機，紫閣青霄半掩扉。山路遠懷王子晉，詩家長憶謝玄暉。百年不肯疏榮辱，雙鬢終應老是非。人道青山歸去好，青山曾有幾人歸。

【注　釋】

① 此詩又見《文苑英華》卷一九五杜牧詩，詩題同。

【集　評】

【杜牧詩】「盡道青山歸去好，青山能有幾人歸？」比之「林下何曾見一人」之句，殊有含蓄。（楊慎《升菴詩話》卷五）

【濂溪詩】濂溪集《和費令遊山》詩云：「是處塵勞皆可息，時清終未忍辭官。」此乃由衷之語，有道之言，所以不可及也。今之人，口爲懷山之言，暗行媚竈之計，良可惡也。唐僧曇秀云：「住山人少説山多。」杜牧云：「盡道青山歸去好，青山曾有幾人歸。」（楊慎《升菴詩話》卷十三）

題孫逸人山居〔一〕①

長懸青紫與芳枝，塵刹無應免別離〔二〕。馬上多於在家日，罇前堪憶少年時〔三〕。關河客夢還鄉遠〔四〕，雨雪山程出店遲。却羨高人終此老〔五〕，軒車過盡不知誰。

【校勘記】

〔一〕《全唐詩》卷六五四又作羅鄴詩，詩題作《留題張逸人草堂》，下校：「一作杜牧詩。」《文苑英華》卷二三二作杜牧詩，題爲《題孫逸人山居》。

〔二〕「刹」，《文苑英華》卷二三二杜牧《題孫逸人山居》與本詩均校：「一作世。」《全唐詩》卷六五四《羅鄴集》作「路」。「應」，《文苑英華》卷二三三二、《全唐詩》卷六五四《羅鄴集》作「因」。

〔三〕「憶」，《全唐詩》卷六五四《羅鄴集》作「惜」。

〔四〕「遠」，《全唐詩》卷六五四《羅鄴集》作「後」。

〔五〕「終此」，《全唐詩》卷六五四《羅鄴集》作「此中」，下校「又作終此」。

【注　釋】

①此詩又見《文苑英華》卷二三三二，《全唐詩》卷六五四《羅鄴集》。《羅鄴集》詩題作《留題張逸人草堂》，下校：「一作杜牧詩。」胡可先《杜牧研究叢稿·杜牧詩真僞考》以爲「『馬上多於在家日』，與杜牧事跡不相合。牧進士及第後，一直任京官與外官，并無馬上之事。考此詩乃羅鄴作，……《唐詩紀事》卷六八稱鄴『俯就督郵』，正與馬上事合」。

中途寄友人〔一〕①

道傍高木盡依依，落葉驚風處處飛。未到鄉關聞早雁，獨於客路授寒衣〔二〕。煙霞舊想長相阻，書劍投人久不歸。何日一名隨事了，與君同採碧溪薇。

【校勘記】

〔二〕「中途」，《文苑英華》卷二六一作「途中」。

〔三〕「授」，《文苑英華》卷二六一作「受」。

【注釋】

① 此詩又見《文苑英華》卷二六一，作杜牧詩。然詩中云：「煙霞舊想長相阻，書劍投人久不歸。何日一名隨事了，與君同採碧溪薇。」杜牧早年登進士第而入仕，與此詩所云不合，詩恐非杜牧所作。

吳宫詞二首〔一〕①

其一

越兵驅綺羅，越女唱吳歌。宫燼花聲少〔二〕，臺荒麋跡多。茱萸垂曉露〔三〕。菡萏落秋波。無遺君王醉〔四〕，滿城嚬翠蛾〔五〕。

【校勘記】

〔一〕《全唐詩》卷五三〇《許渾集》題作《重經姑蘇懷古二首》，題下校：「又作杜牧之詩。」

〔二〕「燼」，《全唐詩》卷五三〇《許渾集》作「盡」。「花」，《全唐詩》卷五三〇《許渾集》作「燕」，下校：「又作花。」

〔三〕「曉」，《全唐詩》卷五三〇《許渾集》校「一作晚」。

〔四〕「遣」，《全唐詩》卷五三〇《許渾集》作「復」。

〔五〕「嚬」，《全唐詩》卷五三〇《許渾集》作「顰」。「蛾」，《全唐詩》卷五三〇《許渾集》校：「又作娥。」

【注釋】

① 此二首又見《全唐詩》卷五三〇《許渾集》，題作《重經姑蘇懷古二首》，題下校：「又作杜牧之詩。」馮注本《樊川詩補遺》亦收此詩，下校：「見范成大《吳郡志》。」《全唐詩重出誤收考》謂「許渾有《姑蘇懷古》，見《英華》卷三〇八，此二首當爲重經所詠，見《續古逸叢書》本景宋蜀刻《許用晦文集》二。謝榛《四溟詩話》三云：『王摩詰《送少府貶郴州》。許用晦《姑蘇懷古》二律，亦同前病。』那麽此詩當爲許作。」

其二

香逕遶吴宫，千帆落照中。鶴鳴山苦雨〔一〕，魚躍水多風〔二〕。城帶晚莎緑，池連秋蓼紅。當年國門外，誰信伍員忠〔三〕。

【校勘記】

〔一〕「鶴」，《全唐詩》卷五三〇《許渾集》作「鸛」。「苦」，《全唐詩》卷五三〇《許渾集》作「欲」。

〔二〕「水」，《全唐詩》卷五三〇《許渾集》校：「一作海。」

〔三〕「信」，《全唐詩》卷五三〇《許渾集》作「識」，下校：「一作信。」

金　陵①

始發碧江口，曠然諧遠心。風清舟在鑑，日落水浮金。瓜步逢潮信，臺城過雁音。故鄉何處是，雲外即喬林。

【注　釋】

①此詩馮注本《樊川詩補遺》亦收，題下校：「見《景定建康志》。」又童養年《全唐詩續補遺》（見《全唐詩外編》）卷七據《古今圖書集成·職方典·江寧府部》輯作權德輿詩。詩爲何人所作，俟考。

即　事①

小院無人雨長苔，滿庭修竹間疏槐。春愁兀兀成幽夢，又被流鶯喚醒來。

【注　釋】

①此詩馮注本《樊川詩補遺》收入，題下校：「以下三首見《事文類聚》、《全唐詩》。」所謂三首即包括以下《七夕》、《薔薇花》二首。

七　夕

雲階月地一相過，未抵經年別恨多。最恨明朝洗車雨，不教回脚渡天河。

薔薇花

朵朵精神葉葉柔，雨晴香拂醉人頭。石家錦幛依然在，閒倚狂風夜不收。

句

幽人聽達曙，聊罷蘇床琴。（《海録碎事》）①

【注　釋】

① 此二句《全唐詩》卷五四四又作劉得仁《聽夜泉》詩末二句，然文句有所不同，劉詩作「幽人聽達曙，相和一作難罷蘚床吟」。《全唐詩重出誤收考》謂「《海録碎事》三下誤作杜牧，《英華》一六四載全詩作劉得仁」。故此詩句當爲劉得仁詩。

魚多知海熟，藥少覺山貧。（以下《方輿勝覽》）①

【注　釋】

①宋代王象之《輿地紀勝》卷一二兩浙東路下引此二句詩，下注：「賈牧《送友人赴天台幕》。」故詩句恐非杜牧作。

土控吴兼越，州連歙與池。山河地襟帶，軍鎮國藩維①。

【注　釋】

①此四句又見《全唐詩》卷四三六《白居易集》中詩《叙德書情四十韻上宣歙翟中丞》一詩中第五至第八句。《全唐詩重出誤收考》謂「朱金城《白居易年譜》繫此詩於貞元十六年（八〇〇），翟（一作崔）中丞爲宣歙觀察使崔衍。宋紹興本，那波本作崔」。據此，則此數句當爲白居易詩。

緑水櫂雲月，洞庭歸路長。春橋垂酒幔，夜柵集茶檣。箬影沈溪暖，蘋花遶郭香。出守吴興①

【注　釋】

①此數句又見《全唐詩》卷五三一《許渾集》，詩題作《送人歸吴興》。《全唐詩重出誤收考》謂「《英

華》二八〇載全詩作許渾。《統籤》五六二收作杜牧，注見《方輿勝覽》。又見許渾手跡中，非杜句」。

經冬野菜青青色，未臘山梅樹樹花。（《優古堂詩話》）①

【注　釋】

①此二句又見《全唐詩》卷五四六《邢群集》，詩題爲《郡中有懷寄上睦州員外杜十三兄》。《全唐詩重出誤收考》謂「杜十三即杜牧，時任睦州刺史。繆鉞《杜牧年譜》宣宗大中元年（八四七）下云，杜牧四十五歲，爲睦州刺史，有《初春有感寄歙州邢員外》，即邢群。尚有《正初奉酬歙州刺史邢群》。並云：『邢群《郡中有懷寄上睦州員外杜十三兄》詩，舊混入《樊川文集》中，馮集梧注本據《全唐詩》正之。』此句出自《優古堂詩話》，云：『未臘山梅樹樹花，杜牧之詩：「經冬野菜青青色，未臘山梅樹樹花。」許渾詩：「未臘梅先實，經春草自薰。」渾雖用牧意，然終不能及也。』邢群詩原附《樊川文集》四，詩話誤引爲杜牧」。

【集　評】

【未臘山梅樹樹花】杜牧之詩：「經冬野菜青青色，未臘山梅樹樹花。」許渾詩：「未臘梅先實，經春草自薰。」渾雖用牧意，然終不能及也。（吴曾《能改齋漫録》卷八）

集外詩三

《集外詩三》主要録自陳尚君《全唐詩補編》，其中《全唐詩補編》中有已見於本書上已收者則不再録。此外見於宋代謝枋得《千家詩》署名杜牧之《清明》詩，儘管今人多有以爲非杜牧詩者，然尚意見不一，爲保存文獻以供研究計，今亦録於此處。《尊前集》載有杜牧《八六子》詞一首，今據《彊村叢書·尊前集》，一併收於此處。

七絶一首①

嵓□□□萬木中，□□特地一枝紅。擬攀叢棘□寂寥，□□□香感細風。見陸心源《吴興金石記》卷四

【注　釋】

① 此詩收於《全唐詩補編·全唐詩補逸卷之十二》，小注云：「《吴興金石記》陸心源案略云：『拓本

高一尺三寸，廣二尺三寸，字徑二寸。……談鑰《吴興志》：牧於大中四年十一月授湖州刺史。逾年，以考功郎中知制誥，遺愛塞路。公退之餘，登臨賦詠，碧瀾消暑，俱有留題。蓋亦不知顧渚之有詩刻石也。』」又注云：「《吴興金石記》云此詩在顧渚山，詩前有序，已殘泐，録如次：『□於□□□爲大中五年刺史樊川杜牧奉貢訖事季春□休來□□□七言。』詩及序又見《兩浙金石志》卷三，但殘泐更甚，詩中第二句『特地』作『時池』，似誤。」據此，此詩乃作於大中五年（八五一）晚春。

九華山①

昔年幽賞快疎慵，每喜佳山在邑封。江上重來六七載，雲間略見兩三峰。淩空瘦骨寒如削，照水清光翠且重。却憶謫仙才格俊，解吟秀出九芙蓉。《輿地紀勝》二二《池州

【注　釋】

① 此詩收於《全唐詩補編・全唐詩續補遺卷七》，小注云：「吴在慶謂此詩又見於嘉靖《池州府志》卷八，僅録後四句。又云杜牧僅在會昌四年九月至六年九月在池州任刺史，此外別無到池州之

跡，亦無遊九華山之作。而據此詩前四句，顯爲詩人重遊九華山之作，所謂『昔年』乃距重遊時六七年，而這一情況，顯然與杜牧生平不合。因疑此詩非杜牧作。」

貴池亭①

倚雲軒檻夏疑秋，下視西江一帶流。鳥簇晴沙殘照墮，風迴極浦片帆收。驚濤隱隱遥天際，遠樹微微古岸頭。祇此登攀心便足，何須箇箇到瀛洲。見《古今圖書集成·職方典》卷八一〇《池州府部·藝文》

【注釋】

① 此詩收於《全唐詩補編·全唐詩續拾卷二十九》。

暮春因遊明月峽故留題①

從前聞説真仙景，今日追遊始有因。滿眼山川流水在，古來靈跡必通神。（《塵史》卷中）

【注　釋】

① 此詩收於《全唐詩補編·全唐詩續拾卷二十九》。按宋代王得臣《麈史》卷中《書畫》記云：「武功蘇泌進之，子美子也，任湖北運判，按行至鄂，予時守郡，蘇出其曾王父國老所收杜牧之村舍門扉之墨跡，隱然突起，良可怪也。其所書曰：『暮春因遊明月峽，故留題。前霅紇史杜牧。從前聞說真仙景，今日追遊始有因。滿眼山川流水在，古來靈跡必通神。』國老云：『杜罷牧吳興，遊長興之明月峽，留字於村居門扉，至今二百年。予壬子歲宰烏程聞此說，托陳驤往彼得之。字體遒媚，隱出木間，真希世之墨寶也。』」又繆鉞《杜牧年譜》大中五年云：「據《讀史方輿紀要》卷九十一，浙江湖州府長興縣顧渚山，『傍又有二山相對，號明月峽，絕壁峭立，大澗中流，產茶絕佳』。故杜牧遊明月峽，蓋在本年春來顧渚山督採茶時。」

安賢寺①

謝家池上安賢寺，面面松窗對水開。莫道閉門防俗客，愛閑能有幾人來。見民國十三年刊徐乃昌纂《南陵縣志》卷四二

【注釋】

① 此詩收於《全唐詩補編·全唐詩續拾卷二十九》。

【集評】

【詩中愛用閑字】「多病愛閑」，始見《南史·王儉傳》。樂天有「經忙始愛閑」，劉夢得有「功成却愛閑」，杜牧之有「愛閑能有幾人來」。（龔頤正《芥隱筆記》）

【愛閑】庾杲之《致劉虬書》：「山水無情，應之以會，愛閑在我。」王僧祐爲司空祭酒，嘗謝病不與公卿遊，高帝謂其從兄儉曰：「卿從可爲朝隱。」儉對曰：「臣從非敢妄同高人，直是愛閑多病耳。」祐嘗贈儉詩曰：「汝家在市門，我家在南郭。汝家饒賓侶，我家多鳥雀。」儉時聲高一代，賓客填門，僧祐不爲之屈。然味其語氣，不當是弟贈兄。劉夢得「功成却愛閑」，姚武功「愛閑求病假」，杜紫微「愛閑能有幾人來」，俱用其語。呂文靖《題天花寺》絶句，又用紫微。（宋長白《柳亭詩話》卷四）

【愛閑】陸文裕《春風堂隨筆》云：昔人云，讀《漢書》要取堂扁，合作者信難。宋呂文靖《題鏡湖天花寺一絶》云：「賀家湖上天花寺，一一軒窗向水開。不用閉門防俗客，愛閑能有幾人來。」按此見江鄰幾《嘉祐雜誌》予欲取「愛閑」二字，署山房一軒。庸按：《柳亭詩話》卷四：庾杲之《致劉虬書》：「山水無情，應之以會，愛閑在我。」王僧祐爲司空祭酒，嘗謝病不與公卿遊。高帝謂其從兄儉曰：「卿從可謂朝隱。」儉對曰：「臣從非敢妄同高人，直是愛閑多病耳。」祐嘗贈儉詩曰：「汝家在市門，我家在南郭。汝家饒賓侶，我家多鳥雀。」儉時聲高一代，賓客填門，僧祐不爲之屈。然味其語氣，不當是弟贈兄。劉夢得「功成却愛閑」，姚武功「愛閑求病假」，杜紫微「愛閑能有幾人來」，俱用其語。呂文靖《題天花寺》詩，又用紫微。據岸舫此條，則文靖直盜竊小杜，文裕考之未廣也。（平步青《霞外捃屑》卷八上《眠雲舸釀説上》詩話）

玉　泉①

山股遥飛泉，泓澄傍巖石。亂垂寒玉條，碎灑珍珠滴。澄波涵萬象，明鏡瀉天色。有時乘月來，賞跡還自適。《古今圖書集成·職方典》卷五七四《慶陽府部》

【注　釋】

①此詩收於《全唐詩補編·全唐詩續拾卷二十九》。慶陽府乃北宋宣和七年（一一二五）改慶州置，治所在安化縣（今甘肅慶陽縣）。轄境相當今甘肅西峰、慶陽、合水以北，環縣以東，陝西志丹以西，定邊以南地區。杜牧行蹤未見到此，詩疑非杜牧所作。

遊盤谷①

巉巖太行高，其下有幽谷。環繞兩峰間，盤向廓山腹。甘泉注肥疇，茂草映修木。勢阻絶諠譁，巖深易潛伏。昔人有李願，築地一居獨。白鳥依蘆塘，菰花映茅屋。心怡適所安，憂大反忘慾。掉頭不肯應，謂我此樂足。友人韓昌黎，文章驚世俗。長言貴生毛，落落燦珠玉。好事買名石，鐫文寄崖隩。已經三十年，磨滅僅可讀。我來不復見，命吏廣追逐。訪知石氏遇，猶畏長官督。不愛石上字，秋風一砧覆。易之以千金，復使置巖麓。從此生光輝，萬古從瞻矚。見《古今圖書集成·山川典》卷四八《太行山部》

【注　釋】

①此詩收於《全唐詩補編·全唐詩續拾卷二十九》。此詩謂韓昌黎（即韓愈）爲友人，而杜牧乃韓愈後輩，平生亦不見相往來，稱韓愈爲「友人」，不似杜牧口氣，疑詩非杜牧所作。

清明

清明時節雨紛紛，路上行人欲斷魂。借問酒家何處有？牧童遥指杏花村。

【注釋】

① 此詩見於南宋末謝枋得所編選《千家詩》，署名杜牧。然其是否杜牧之作，多有懷疑爭議，甚至否定者，如陳寅恪《元白詩箋證稿·附校補記》云：「曹寅《楝亭十二種》後村《千家詩》三《節候》門載杜牧《清明》七絶一首云：……此詩收於明代《千家詩》節本，乃三家村課蒙之教科書，數百年來實唐詩最流行之一首。若究其出處，殊爲可疑。今馮集梧《杜樊川詩注》，既不載此首，其補遺亦不收入，馮氏未加説明，不敢臆斷。但此詩有『清明時節雨紛紛』及『牧童遥指杏花村』二句，似是在北方所作。考杜牧曾以監察御史分司東都（見《舊唐書》壹肆柒《杜佑傳》附牧傳，並參孟棨《本事詩·高逸》類《杜舍人牧弱冠成名》條。）然則牧之此《清明》七絶一首，或在此時所作耶？然無佐證。」又繆鉞《關于杜牧〈清明詩〉的兩個問題》（《文史知識》一九八三年第十二期）亦以爲此詩乃首見於《千家詩》，此前文獻並無提及杜牧此詩者，只是遲到謝枋得時方出現；且此詩文

韻、魂韻通押，通押用韻與唐人用韻不合等，以爲此詩非杜牧作，乃宋人詩。胡可先《〈清明〉詩作者和杏花村地望蠡測》（見其《杜牧研究叢稿》）亦以爲《清明》詩「最流行的是明代《千家詩》，此節本似與《樊川續别集》無關，其實大不然。因爲《千家詩》節本乃節選自南宋末謝枋得《千家詩》，而謝枋得《千家詩》祖本爲劉克莊《後村千家詩》。考曹寅《楝亭十二種》中《後村千家詩》卷三《節候》門即載杜牧《清明》詩。劉克莊是藏有《樊川續别集》並對此非常熟悉之人，故《後村千家詩》中的《清明》詩當選自《樊川續别集》。」又以爲「《續别集》即洪邁所言『皆許渾詩』，劉克莊所言『十之八九皆渾詩』」。又許渾有《下第歸蒲城别墅居》詩，中有「薄烟楊柳路，微雨杏花村」句，認爲此杏花村即在此蒲城，亦即《清明》詩中之杏花村，地在今山西省永濟縣西。因此認爲「《清明》詩當出自《樊川續别集》」、「《清明》詩作者應爲許渾」。此外否定此詩爲杜牧作者尚多有，然亦有些論者以爲此詩確爲杜牧之作，歧見紛紛，尚難統一。儘管否定者多，且似較爲可信，然其真僞似尚未有定論。

【集　評】

杜牧之《清明》詩曰：「借問酒家何處有，牧童遥指杏花村。」此作宛然入畫，但氣格不高。或易之曰：「酒家何處是，江上杏花村。」此有盛唐調。予擬之曰：「日斜人策馬，酒肆杏花西。」不用問

答，情景自見。（謝榛《四溟詩話》卷一）

八六子

洞房深，畫屏燈照，山色凝翠沈沈。聽夜雨冷滴芭蕉，驚斷紅窗好夢，龍煙細飄繡衾。辭恩久歸長信，鳳帳蕭疏，椒殿閑扃。輦路苔侵，繡簾垂，遲遲漏傳丹禁。蕣華偷悴，翠鬟羞整，愁坐望處，金輿漸遠，何時綵仗重臨？正消魂，梧桐又移翠陰。

【集評】

【秦杜八六子】秦少游《八六子》詞云：「片片飛花弄晚，濛濛殘雨籠晴。正銷凝，黄鸝又啼數聲。」語句清峭，爲名流推激。予家舊有建本《蘭畹曲集》，載杜牧之一詞，但記其末句云：「正銷魂，梧桐又移翠陰。」秦公蓋效之。似差不及也。（洪邁《容齋四筆》卷第十三）

《蕭學中采詞序》：古今作者之作流落多矣，豈獨當吾世爲可恨哉？秦少游詞勝於詩，「正銷凝，黄鸝又啼數聲」，乃其詞最勝處。然洪容齋記杜牧之「正銷魂，梧桐又移翠陰」，乃知少游所出，幾於句意倣傚，不止暗合而已。後來行到一溪深處，有黄鸝千百，乃其觀化垂去，神變活脱，猶未離此窠

曰。牧之要何可及哉？然予極意求其全不可得，頃乃得之古詩雜襲中，非容齋拈出，詎復知有牧之者？（劉將孫《養吾齋集》卷九）

少游《八六子》尾闋云：「正銷凝。黄鸝又啼數聲。」唐杜牧之一詞，其末云：「正銷魂。梧桐又移翠陰。」秦詞全用杜格。然秦首句云：「倚危亭。恨如芳草凄凄，剗盡還生。」二語甚妙，固非杜可及也。（陳霆《渚山堂詞話》卷二）

《詞綜》一書，采摭精富矣，而失載杜樊川之《八六子》。按是詞見顧梧芳《尊前集》，竹垞凡例曾列是書，而《曝書亭集》又有一跋，謂得吴文定公手鈔本，詞人之先後，樂章之次第與顧氏靡有不同。始知是集爲宋初人編輯，非顧氏所撰也。然則此詞必非明人僞作可知。竹垞既見此詞，不解何以弗采。其詞云云（從略）。唐詞傳世甚罕，零璣斷璧，俱屬可寶。第此詞後片一連四句無韻，不應如是之疏。檢《詞綜》所選少游之作亦然，第上片又微有不同，而《詞律》楊纘、晁補之等篇，則第四句皆有韻。紅友疑杜、秦俱有錯誤是也。又按洪文敏曰：「少游《八六子》詞『片片飛花弄晚，濛濛殘雨籠晴。正銷凝，黄鸝又啼數聲。』余家舊有建本《蘭畹集》載杜牧之一詞，記其末句云云。」（《容齋四筆》）然則詞調俱在，而吴子律詞話謂詞不全而並忘調名，則失考之甚矣。（謝章鋌《賭棋山莊詞話》卷十）

集外文

集外文

《全唐文》卷七五〇《杜牧集》收有兩篇未見於《樊川文集》之制誥；周密《癸辛雜識》載杜牧玲瓏山題名，今一併録於此。

授劉縱秘書郎制①

敕。具官劉縱。徒步詣闕，上獻封章，又自叙其先臣陳、許問事，皆歷歷可聽。公侯子弟，多溺於驕邪，爾能讀書學文，自可嘉獎。圖籍之府，命爾爲郎。豈惟振滯求能，且不欲使勤勞一作勞能之後〔一〕，栖栖於塵土中也。可秘書省秘書郎。

【校勘記】

〔一〕「且不欲使勤勞一作勞能之後」，《全唐文》卷七五〇無「一作勞能」校語。

【注　釋】

① 《樊川文集》未收此文，此録自《文苑英華》卷四〇〇、《全唐文》卷七五〇，均署名杜牧。是否杜牧文，俟考。

覃恩昭憲杜皇后孝惠賀皇后淑德尹皇后孫姪等轉官制①

敕。某等。予大祭于廟祧，而哀夫先後之家，寖替而不章。乃詔有司，博求其世。爾等名在戚里，序于王朝，各因其官，增位一等。冀以上稱神靈之意，豈特慰予追遠之心。可（下闕）

【注　釋】

① 按此文《樊川文集》未收，《全唐文》卷七五〇收入《杜牧集》。考《宋史》卷二四二《后妃》上有《太祖母昭憲杜太后傳》、《太祖孝惠賀皇后傳》、《太宗淑德尹皇后傳》，故諸太后、皇后均爲宋人。且《四庫全書》本王安石《臨川文集》卷五二收入此文，故文非杜牧作，乃《全唐文》誤收。

玲瓏山杜牧題名①

前湖州刺史杜牧，大中五年八月八日來。

【注　釋】

① 宋周密《癸辛雜識》前集《吴興園圃》條：「玲瓏山，在卞山之陰，嵌空奇峻，略如錢塘之南屏及靈隱、薌林，皆奇石也。有洞曰歸雲，有張謙中篆書於石上，有石梁，闊三尺許，横繞兩石間，名定心石，傍有唐杜牧題名云：『前湖州刺史杜牧，大中五年八月八日來。』」據此，則題名乃在大中五年（八五一）八月八日杜牧初卸湖州任時。

附録一

杜牧研究資料

(一)生平傳記資料

牧字牧之,既以進士擢第,又制舉登乙第,解褐弘文館校書郎,試左武衛兵曹參軍。沈傳師廉察江西宣州,辟牧爲從事、試大理評事。又爲淮南節度推官、監察御史裏行,轉掌書記。俄真拜監察御史,分司東都,以弟顗病目棄官。授宣州團練判官、殿中侍御史、内供奉。遷左補闕、史館修撰,轉膳部、比部員外郎,並兼史職。出牧黄、池、睦三郡,復遷司勳員外郎、史館修撰,轉吏部員外郎。又以弟病免歸。授湖州刺史,入拜考功郎中、知制誥,歲中遷中書舍人。牧好讀書,工詩爲文,嘗自負經緯才略。武宗朝誅昆夷、鮮卑,牧上宰相書論兵事,言「胡戎入寇,在秋冬之間,盛夏無備,宜五六月中擊胡爲便」。李德裕稱之。注曹公所定《孫武十三篇》行於代。

牧從兄悰隆盛于時,牧居下位,心常不樂。將及知命,得病,自爲墓志、祭文。又嘗夢人告曰:「爾改名畢。」踰月，奴自家來，告曰：「炊將熟而甑裂。」牧曰：「皆不祥也。」俄又夢書行紙曰：「皎皎白駒，在彼空谷。」寤寢而歎曰：「此過隙也。吾生於角，徵還於角，爲第八宫，吾之甚厄也。予自湖守遷舍人，木還角，足矣。」其年，以疾終於安仁里，年五十。有集二十卷，曰《杜氏樊川集》，行於代。子德祥，官至丞郎。

史臣曰：……佑承蔭入仕，讞獄受知，博古該今，輸忠效用，位居極品，榮逮子孫，操修之報，不亦宜哉！及其賓僚紊法，嬖妾受封，事重因循，難乎語於正矣！牧之文章，悰之長厚，能否既異，才位不倫，命矣夫！（《舊唐書》卷一四七《杜佑傳》附《杜牧傳》及史臣評論）

牧字牧之。善屬文。第進士，復舉賢良方正。沈傳師表爲江西團練府巡官，又爲牛僧孺淮南節度府掌書記。擢監察御史，移疾分司東都。以弟顗病棄官。復爲宣州團練判官，拜殿中侍御史内供奉。是時，劉從諫守澤潞，何進滔據魏博，頗驕蹇不循法度。牧追咎長慶以來朝廷措置亡術，復失山東，鉅封劇鎮，所以繫天下輕重，不得承襲輕授，皆國家大事，嫌不當位而言，實有罪，故作《罪言》，其辭曰：

生人常病兵，兵祖於山東，羨於天下。不得山東，兵不可死。山東之地，禹畫九土曰冀州，舜以其分太大，離爲幽州，爲并州。程其水土，與河南等，常重十一二，故其人沉鷙多材力，重許可，能辛苦。魏、晉以下，工機纖雜，意態百出，俗益卑弊，人益脆弱，唯山東敦五種，本兵矢，他不能蕩而自若也。産健馬，下者日馳二百里，所以兵常當天下。冀州，以其恃彊不循理，冀其必破弱；雖已破，冀其復彊大也。并州，力足以并呑也。幽州，幽陰慘殺也。聖人因以爲名。

黄帝時，蚩尤爲兵階，自後帝王多居其地。周劣齊霸，不一世，晉大，常傭役諸侯。至秦萃鋭三晉，經六世乃能得韓，遂折天下脊；復得趙，因拾取諸國。韓信聯齊有之，故蒯通知漢、楚輕重在信。光武始於上谷，成於鄗。魏武舉官渡，三分天下有其二。晉亂胡作，至宋武號英雄，得蜀，得關中，盡有河南地，十分天下之八，然不能使一人度河以窺胡。至高齊荒蕩，宇文取之，隋文因以滅陳，五百年間，天下乃一家。隋文非宋武敵也，是宋不得山東，隋得山東，故隋爲王，宋爲霸。由此言之，山東，王者不得不爲王，霸者不得不爲霸，猾賊得之，足以致天下不安。

天寶末，燕盜起，出入成皋、函、潼間，若涉無人地。郭、李輩兵五十萬，不能過鄴。自爾百餘城，天下力盡，不得尺寸，人望之若回鶻、吐蕃，義無敢窺者。國家因之畦河修障戍，塞其街蹊。齊、魯、梁、蔡被其風流，因亦爲寇。以裏拓表，以表撑裏，混澒回轉，顛倒横邪，未嘗五年間不戰。生人日頓委，四夷日日熾，天子因之幸陝、幸漢中，焦焦然七十餘年。運遭孝武，澣衣一肉，不畋不樂，自卑冗中拔取將相，凡十三年，乃能盡得河南、山西地，洗削更革，罔不能適。唯山東不服，亦再攻之，皆不利。豈天使生人未至於帖泰邪？豈人謀未至邪？何其艱哉！

今日天子聖明，超出古昔，志於平治。若欲悉使生人無事，其要先去兵。不得山東，兵不可去。今者，上策莫如自治。何者？當貞元時，山東有燕、趙、魏叛，河南有齊、蔡叛，梁、徐、陳、汝、白馬津、盟津、襄、鄧、安、黄、壽春皆戍厚兵，十餘所纔足自護治所，實不輟一人以他使，遂使我力解勢弛，熟視不軌者，無可奈何。階此，蜀亦叛，吴亦叛，其他未叛者，迎時上下，不可保信。自元和初至今二十九年間，得蜀，得吴，得蔡，得齊，收郡縣二百餘城，所未能得，唯山東百城耳。土地人户，財物甲兵，較之往年，豈不綽綽乎？亦足自以爲治也。法令制度，品式條章，果自治乎？賢才姦惡，搜選置捨，果自治乎？障戍鎮守，干戈車馬，果自治乎？井閭阡陌，倉廩財賦，果自治乎？如不果自治，是助虜爲虜。環土三千里，植根七十年，復有天下陰爲之助，則安可以取？故曰，上策莫如自治。中策莫如取魏。魏於山東最重，於河南亦最重。魏在山東，以其能遮趙也。既不可越魏以取趙，固不可越趙以取燕，是燕、趙常取重於魏，魏常操燕、趙之命。故魏在山東最重。黎陽距白馬津三十里，新鄉距盟津一百五十里，陴壘相望，朝駕暮戰，是二津虜能潰一，則馳入成皋，不數日間。故魏於河南亦最重。元和中，舉天下兵誅蔡，誅齊，頓之五年，無山東憂者，以能得魏也。昨日誅滄，頓之三年，無山東憂，亦以能得魏也。長慶初誅趙，一日五諸侯兵四出潰解，以失魏也。昨日誅趙，罷如長慶時，亦以失魏也。故河南、山東之輕重在魏。非魏彊大，地形使然也。故曰取魏爲中策。最下策爲浪戰，不計地勢，不審攻守是也。兵多粟多，驅人使戰者，便於守；兵少粟少，人不驅自戰者，便於戰。故我常失於戰，虜常困於守。山東叛且三五世，後生所見言語舉止，無非叛也，以爲事理正當如此，沉酣入骨髓，無以爲非者，至有圍急食盡，啖屍以戰。以此爲俗，豈可與決一勝一負哉？自十餘年凡三收趙，食盡且下。郗士美敗，趙復振；杜叔良敗，趙復振；李聽敗，趙復振。故曰，不計地勢，不審攻守，爲浪戰，最下策也。

累遷左補闕，史館修撰，改膳部員外郎。宰相李德裕素奇其才。會昌中，黠戛斯破回鶻，回鶻種落潰入漠南，牧説德裕不如遂取之，以爲：「兩漢伐虜，常以秋冬，當匈奴勁弓折膠，重馬免乳，與之相校，故敗多勝少。今若以仲夏發幽、并突騎及酒泉兵，出其意外，一舉無類矣。」德裕善之。會劉稹拒命，詔諸鎮兵討之，牧復移書於德裕，以「河陽西北去天井關彊百里，用萬人爲壘，窒其口，深壁勿與戰。成德軍世與昭義爲敵，王元逵思一雪以自奮，然不能長驅徑擣上黨，其必取者在西面。今若以忠武、武寧兩軍益青州精甲五千、宣潤弩手二千，道絳而入，不數月必覆賊巢。昭義之食，盡仰山東，常日節度使率留食邢州，山西兵單少，可乘虛襲取。故兵聞拙速，未睹巧之久也」。俄而澤潞平，略如牧策。歷黄、池、睦三州刺史，入爲司勳員外郎，常兼史職。改吏部，復乞爲湖州刺史。踰年，以考功郎中知制誥，遷中書舍人。

牧剛直有奇節，不爲齪齪小謹，敢論列大事，指陳病利尤切至。少與李甘、李中敏、宋邧善，其通古今，善處成敗，甘等不及也。牧亦以疏直，時無右援者。從兄悰更歷將相，而牧困躓不自振，頗怏怏不平。卒，年五十。初，牧夢人告曰：「爾應名畢。」復夢書「皎皎白駒」字，或曰「過隙也」。俄而炊甑裂，牧曰：「不祥也。」乃自爲墓誌，悉取所爲文章焚之。

牧於詩，情致豪邁，人號爲「小杜」，以别杜甫云。（宋祁等《新唐書》卷一百六十六《杜牧傳》）

杜紫微頃於宰執求小儀，不遂，請小秋，又不遂。嘗夢人謂曰：「辭春不及秋，昆脚與皆頭。」後果得比部員外。（又公自述不曾歷小比，此必傳之誤。）（李綽《尚書故實》）

杜舍人再捷之後，時譽益清，物議人情，待以仙格。紫微恃才名，頗縱聲色，嘗自言有鑒裁之能。聞吴興郡有長眉纖腰，有類神仙者，罷宛陵從事，專往觀焉。使君籍甚其名，迎待頗厚。至郡旬日，繼以洪飲，睨觀官妓，曰：「善則善矣，未稱所傳也。」覽私選，曰：「美則美矣，未愜所望也。」將離去，使君敬請所欲，曰：「願泛彩舟，許人縱觀，得以寓目，愚無恨焉。」使君甚悦，擇日大具戲舟謳棹較捷之樂，以鮮華誇尚，得人縱觀，兩岸如堵。紫微則循泛肆目，竟靡所得。及暮將散，俄於曲岸見里婦攜幼女，年鄰小稔。紫微曰：「此奇色也。」遽命接致綵舟，欲與之語。母幼惶懼，如不自安。紫微曰：「今未必去，第存晚期耳。」遂贈羅纈一篋爲質。婦人辭曰：「他人無狀，恐爲所累。」紫微曰：「不然。余今西航，祈典此郡，汝待我十年，不來而後嫁。」遂筆於紙，盟而後别。紫微到京，常意霅上。厥後十四載，出刺湖州。之郡三日，即命搜訪，女適人已三載，有子二人矣。紫微召母及嫁者詰之，其夫慮爲所掠，攜子而往。紫微謂曰：「且納我賄，何食前言？」母即出留翰以示之，復曰：「待十年不至而後嫁之，三載有子二人。」紫微熟視舊札，俛首逾刻，曰：「其詞也直。」因贈詩以導其志，詩曰：「自是尋春去較遲，不須惆悵怨芳時。狂風落盡深紅色，緑樹成蔭子滿枝。」翌日，遍聞於好事者。（高彦休《闕史》卷上）

致仕尚書白舍人，初到錢塘，令訪牡丹花，獨開元寺僧惠澄，近於京師得此花栽，始植於庭，欄圈甚密，他處未之有也。時春景方深，惠澄設油幕以覆其上，牡丹自此東越分而種之也。會徐凝自富春來，未識白公，先題詩曰：「此花南地知難種，慚媿僧閒用意栽。海燕解憐頻睥睨，胡蜂未識更徘徊。虚生芍藥徒勞妬，羞殺玫瑰不敢開。唯有數苞紅幞在，含芳只待舍人來。」白尋到寺看花，乃命徐生同醉而歸。時張祜榜舟而至，甚若疎誕。然張、徐二生未之習稔，各希首薦焉。中舍曰：「二君論文，若廉、白之鬭鼠穴，勝負在於一戰也。」遂試《長劍倚天外賦》、《餘霞散成綺詩》。試訖解送，以凝爲元，祜其次耳。張曰：「祜詩有『地勢遥尊岳，河流側讓關』，多士以陳後主『日月光天德，山河壯帝居』此徒有前名矣。又祜《題金山寺》詩曰：（此寺大江之中。）『樹影中流見，鐘聲兩岸聞』，雖綦毋潛云：『塔影挂青漢，鐘聲和白雲』，此句未爲佳也。」祜《觀獵》四句及《宫詞》，白公曰：「張三作獵詩，以較王右丞，予則未敢優劣也。」王維詩曰：「風勁角弓鳴，將軍獵渭城。草枯鷹眼疾，雪盡馬蹄輕。忽過新豐戍，還歸細柳營。迴看落鴈處，千里暮雲平。」張祜詩曰：「曉出禁城東，分圍淺草中。紅旗開向日，白馬驟臨風。背手抽金鏃，翻身控角弓。萬人齊指處，一雁落寒空。」白公又以《宫詞》四句之中，皆數對，何足奇乎？然無徐生云：「今古長如白練飛，一條界破青山色。」徐凝賦曰：「譙周室裏，定游夏於立虔；馬守帷中，分易禮於盧鄭。如我明公薦，豈唯偏黨乎？」張祜曰：「虞韶九奏，非瑞馬之至音；荆玉三投，佇良工之必鑒。且鴻鐘運擊，瓦缶雷鳴；榮辱糺繩，復何定分？」祜遂行歌而邁，凝亦鼓枻而歸。二生終身偃仰，不隨鄉試者乎。先是李補闕林宗、杜殿中牧，與白公輦下較文，具言元、白詩體舛雜，而爲清苦者見嗤，因兹有恨也。白爲河南尹，李爲河陽令，道上相遇，尹乃乘馬，令則肩輿，似乖趨事之禮。嘗謂樂天爲囁嚅公，聞者皆笑，樂天之名稍減矣。白尹曰：「李直水，（林宗字也。）吾之猶子也，其鋒不可當。」後杜舍人之守秋浦，與張生爲詩酒之交，酷吟祜《宫詞》，亦知錢塘之歲，白有非之論，懷不平之色，爲詩二首以高。則曰：「誰人得似張公子，千首詩輕萬户侯。」又云：「如何故國三千里，虚唱歌詞滿六宫。」張君詩曰：「故國三千里，深宫二十年。一聲河滿子，雙淚落君前。」此歌宫娥諷念思鄉，而起長門之思也。祜復遊甘露寺，觀前盧肇先輩題處曰：「不謂三吳經此詩人也。」祜曰：「日月光先到，山川勢盡來。」盧曰：「地從京口斷，山到海門迴。」因而仰伏，願交於此士矣。（范攄《雲溪友議》卷中）

杜牧侍郎，罷宣城幕，經陝圻，有録事肥而且巨，……牧爲詩以挫焉。……《贈肥録事》，杜紫微：「盤古當時有遠孫，尚令今日逞家門。一車白土將泥項，十幅紅旗補破裩。瓦官寺裏逢行跡，華岳山前見掌痕。不須啼哭愁難嫁，待與將書報樂坤。」（范攄《雲溪友議》卷中）

大和二年，崔郾侍郎東都放榜，西都過堂。杜牧有詩曰：「東都放榜未花開，三十三人走馬回。秦地少年多釀酒，却將春色入關來。」（王定保《唐摭言》卷三《慈恩寺題名遊賞賦詠雜記》）

張祜客淮南幕中，赴宴，時杜紫微爲支使，南座有屬意之處，索骰子賭酒，牧微吟曰：「骰子逡巡裹手拈，無因得見玉纖纖。」祜應聲曰：「但知報道金釵落，髣髴還應露指尖。」（王定保《唐摭言》卷十三「敏捷」）

牧爲御史，分務洛陽。時李司徒願罷鎮閑居，聲妓豪侈，洛中名士咸謁之。李高會朝客，以杜持憲，不敢邀致。杜遣座客達意，願預斯會，李不得已邀之。杜獨坐南行，瞪目注視，引滿三巵，問李云：聞有紫雲者，孰是？李指示之。杜凝睇良久曰：名不虚得，宜以見惠。李俯而笑，諸妓亦回首破顔。杜又自飲三爵，朗吟而起曰：華堂今日綺筵開，誰喚分司御史來？忽發狂言驚滿座，二行紅粉一時廻。氣意閑逸，傍若無人。牧不拘細行，故詩有十年一覺揚州夢，贏得青樓薄倖名。吴武陵以《阿房宫賦》薦於崔郾，遂登第。郾東都放榜，西都過堂，牧詩曰：東都放榜未花開，三十三人走馬廻。秦地少年多釀酒，即將春色入關來。牧佐宣城幕，遊湖州，刺史崔君，張水戲，使州人畢觀，令牧閒行，閲奇麗，得垂髫者十餘歲。後十四年，牧刺湖州，其人已嫁生子矣。乃悵而爲詩曰：自是尋春去較遲，不須惆悵怨芳時。狂風落盡深紅色，緑葉成陰子滿枝。……牧初自宣城幕除官入京，有詩留别云：同來不得同歸去，故國逢春一寂寥。後二十餘年，連典四郡，自湖州拜中書舍人，題汴河云：自憐流落西歸疾，不見春風二月時。至京果卒。或曰：舍人未爲流落，而遽及之，魄已喪矣。……李義山作《杜司勳》詩云：高樓風雨歎斯文，短翼差池不及群。刻意傷春復傷别，人間唯有杜司勳。又云：杜牧司勳字牧之，清秋一首《杜秋》詩。前身應是梁江總，名總還曾字總持。心鐵已從干鏌利，鬢絲休歎雪霜垂。漢江遠弔西江水，羊祜韋丹盡有碑。（時杜撰韋碑。）（計有功《唐詩紀事》卷五六「杜牧」）

謹按《唐書·杜甫傳》及《元稹墓誌》，晉當陽縣侯預下十世而生依藝，以監察御史令於河南府之鞏縣。依藝生審言，審言善詩，官至修文館學士、尚書膳部員外郎。審言生閑，京兆府奉天縣令。閑生甫，左拾遺、尚書工部員外郎。甫生二子：宗文，宗武。夢弼今以《杜氏家譜》考之，襄陽杜氏出自晉當陽縣侯預，而佑蓋其後也。佑生三子：師損，式方，從郁。師損三子：詮，愉，羔。式方五子：惲，憓，悰，恂，慆。從郁二子：牧，顗。群從中悰官最高，而牧名最著。杜氏凡五房：一京兆杜氏，二杜陵杜氏，三襄陽杜氏，四洹水杜氏，五濮陽杜氏。而甫一派，又不在五派之中。甫與佑既同出於預，而家譜不載，何也？豈以其官不達，而諸杜不通譜系乎？何家譜之見遺也？（蔡夢弼《杜工部草堂詩話》）

牧字牧之，京兆人也。善屬文。大和二年韋籌榜進士，與厲玄同年。初未第，來東都，時主司侍郎崔郾，大學博士吴武陵策蹇進謁曰：「侍郎以峻德偉望，爲明君選才，僕敢不薄施塵露。向偶見文士十數輩，揚眉抵掌，共讀一卷文書，覽之乃進士杜牧《阿房宮賦》。其人，王佐才也。」因出卷搢笏朗誦之，郾大加賞，曰：「請公與狀頭。」郾曰：「已得人矣。」曰：「不得，即請第五人。更否，則請以賦見還。」辭容激厲。郾曰：「諸生多言牧疎曠不拘細行，然敬依所教，不敢易也。」後又舉賢良方正科，沈傳師表爲江西團練府巡官。又爲牛僧孺淮南節度府掌書記。拜侍御史，累遷左補闕，歷黄、池、睦三州刺史，以考功郎中知制誥，遷中書舍人。牧剛直有奇節，不爲齪齪小謹，敢論列大事，指陳利病。尤切兵法戎機，平昔盡意。嘗以從兄悰更歷將相，而己困躓不振，怏怏難平。卒年五十，臨死自寫墓誌，多焚所爲文章。詩情豪邁，語率驚人。識者以擬杜甫，故呼「大杜」、「小杜」以別之。後人評牧詩，如銅丸走坂，駿馬注坡，謂圓快奮急也。牧美容姿，好歌舞，風情頗張，不能自遏。時淮南稱繁盛，不減京華，且多名姬絶色，牧恣心賞，牛相收街吏報杜書記平安帖子至盈篋。牧御史分司洛陽，時李司徒閒居，家妓爲當時第一，宴朝士，以牧風憲，不敢邀。牧因遣諷李使召己，既至曰：「聞有紫雲者妙歌舞，孰是？」即贈詩曰：「華堂今日綺筵開，誰唤分司御史來？忽發狂言驚四座，兩行紅袖一時回。」意氣閒逸，傍若無人，座客莫不稱異。大和末，往湖州，目成一女子，方十餘歲，約以十年後吾來典郡當納之，結以金幣。洎周墀入相，上箋乞守湖州，比至，已十四年，前女子從人，兩抱雛矣。賦詩曰：「自恨尋芳去較遲，不須惆悵怨芳時。如今風擺花狼藉，緑葉成陰子滿枝。」此其大概一二。凡所牽繫，情見於辭。别業樊川，有《樊川集》二十卷，及注《孫子》，並傳。同時有嚴惲，字子重，工詩，與牧友善，以《問春》詩得名。昔聞有集，今無之矣。（辛文房《唐才子傳》卷六）

（二）唐代贈酬題詠詩文

《讀池州杜員外杜秋詩》：年少多情杜牧之，風流仍作杜秋詩。可知不是長門閉，也得相如第一詞。（張祜《張承吉文集》卷四）

《和池州杜員外題九峰樓》：秋城高柳啼晚鴉，風簾半鉤清露華。九峰叢翠宿危檻，一夜孤光懸冷

沙。出岸遠暉帆斷續，入溪寒影雁差斜。杜陵春日歸應早，莫厭青山謝朓家。（張祜《張承吉文集》卷七）

《奉和池州杜員外重陽日齊山登高》：秋溪南岸菊霏霏，急管繁絃對落暉。紅葉樹深山逕斷，碧雲江淨浦帆稀。不堪孫盛嘲時笑，願送王弘醉夜歸。流落正憐芳意在，砧聲徒促授寒衣。（張祜《張承吉文集》卷七）

《奉和池州杜員外南亭惜春》：草霧輝輝柳色新，前山差掩黛眉頻。碧溪潮漲碁侵夜，紅樹花深醉度春。幾恨今年時已過，翻悲昨日事成塵。可知屈轉江南郡，還就封州詠白萍。（張祜《張承吉文集》卷七）

《江上旅泊呈池州杜員外》：牛渚南來沙岸長，遠吟佳句望池陽。野人未必非毛遂，太守還須是孟嘗。江郡風流今絶世，杜陵才子舊爲郎。不妨酒夜因閑語，別指東山是醉鄉。（張祜《張承吉文集》卷八）

《題池州杜員外弄水新亭》：廣廈光奇輩，恢材卓不群。夏天平岸水，春雨近山雲。蜿衍榱甍揭，端完柱石分。孤帆驚乍駐，一葉動初聞。晚檻餘清景，涼軒啓碧氛。賓筵習主簿，詩版鮑參軍。露灑新篁滴，風含秀草熏。何勞思峴嶺，虛望漢江濱。（張祜《張承吉文集》卷九）

《和杜舍人題華清宫三十韻》：五十年天子，離宫舊粉牆。登封時正泰，御宇日初長。上位先名實，中興事憲章。舉戎輕甲冑，餘地取河湟。道帝玄元祖，儒封孔子王。因緣百司署，叢會一人湯。渭水波摇緑，秦山草半黄。馬頭開夜照，鷹眼利星芒。下箭朱弓滿，鳴鞭皓腕攘。畋思獲吕望，諫祇避周昌。兔跡貪前逐，梟心不早防。幾添鸚鵡勸，頻賜荔枝嘗。月鎖千門静，天高一笛涼。細音摇翠佩，輕步宛霓裳。禍亂根潛結，昇平意遽忘。衣冠逃大虜，鼙鼓動漁陽。外戚心殊迫，中途事可量。雪埋妃子貌，刃斷祿兒腸。近侍煙塵隔，前蹤輦路荒。益知迷寵佞，惟恨喪忠良。北闕尊明主，南宮遜上皇。禁清餘鳳吹，池冷映龍光。祝壽山猶在，流年水共傷。杜鵑魂厭蜀，蝴蝶夢悲莊。雀卵遺雕栱，蟲絲罥畫梁。紫苔侵壁潤，紅樹閉門芳。守吏齊鴛瓦，耕民得翠璫。歡康昔時樂，講武舊兵場。暮鳥深巖靄，幽花墜徑香。不堪垂白叟，行折御溝楊。（張祜《張承吉文集》卷十）

邢群《郡中有懷寄上睦州員外杜十三兄》：城枕溪流更淺斜，麗譙連帶邑人家。經冬野菜青青色，未臘山梅處處花。雖免嶂雲生嶺上，永無音信到天涯。如今歲晏從羈滯，心喜彈冠事不賒。（見《全唐詩》卷五四六）

李遠《贈弘文杜校書》：高倚霞梯萬丈餘，共看移步入宸居。曉隨鴛鷺排金鎖，靜對鉛黄校玉書。漠漠禁煙籠遠樹，泠泠宫漏響前除。還聞漢帝親詞賦，好爲從容奏子虛。（見《全唐詩》卷五一九）

《酬邢杜二員外・并序》：新安邢員外懷洛下舊居，新定杜員外思關中故里，各蒙緘示，因寄一詩以酬。

雪帶東風洗畫屏，客星懸處聚文星。未歸嵩嶺暮雲碧，久別杜陵春草青。熊軾並驅因雀噪，隼旟齊駐是鴻冥。豈知京洛舊親友，夢繞潺湲江上亭。（許渾《丁卯集》卷上）

《酬杜補闕初春雨中舟次横江喜裴郎中相迎見寄》：江館維舟爲庾公，暖波微渌雨濛濛。紅檣迤

邏春巖下，朱旆聯翩曉樹中。柳滴圓波生細浪，梅含香豔吐輕風。郢歌莫問青山吏，魚在深池鳥在籠。（許渾《丁卯集》卷上）

温庭筠《上杜舍人啓》：某聞物乘其勢，則彗氾畫塗；才戾於時，則荷戈入棘。必由賢達之門，乃是坦夷之逕。是以陸機行止，惟繫張華；孔闓文章，先投謝朓。遂得名高洛下，價重江南。惟彼歸荑，同於拾芥。某弱齡有志，中歲多虞。模孝綽之辭，方成牋奏；竊仲任之論，始解言談。猶恨日用殊多，天機素少。揆牛涔於巨浸，持蟻垤於維嵩。曾是自强，雅非知量。李郢秀奉揚仁旨，竊味昌言。豈知沈約扇中，猶題拙句；孫賓車上，欲引凡姿。進不自期，榮非始望。今者末塗怊悵，羈宦蕭條。陋容須託於媒揚，沈痼宜蠲於醫緩。亦嘗懷鉛信史，鼓篋遺文。頗知甄藻之規，粗達顯微之趣。倘使閣中撰述，試傳名臣；樓上妍媸，暫陪諸隸。微迴木鐸，便是雲梯。敢露誠情，輒干牆仞。（見《文苑英華》卷六六二）

《贈司勳杜十三員外》：杜牧司勳字牧之，清秋一首杜秋詩。前身應是梁江總，名總還曾字總持。心鐵已從干鏌利，鬢絲休歎雪霜垂。漢江遠弔西江水，羊祜韋丹盡有碑。（時杜奉詔撰韋碑。）（李商隱《李義山詩集》卷五）

《杜司勳》：高樓風雨感斯文，短翼差池不及群。刻意傷春復傷別，人間唯有杜司勳。（李商隱《李義山詩集》卷六）

《李賀小傳》：京兆杜牧爲李長吉集序，狀長吉之奇甚盡，世傳之。（李商隱《李義山文集》卷四）

趙嘏《杜陵貽杜牧侍御》（一作《題杜侍御別業》）：紫陌塵多不可尋，南溪酒熟一披襟。山高晝枕

石牀隱，泉落夜窗煙樹深。白首尋人嗟問計，青雲無路覓知音。唯君懷抱安如水，他日門牆許醉吟。（見《全唐詩》卷五四九）

趙嘏《抒懷上歙州盧中丞宣州杜侍御》：東來珠履與旌旗，前者登朝亦一時。竹馬迎呼逢稚子，柏台長告見男兒。花飄舞袖樓相倚，角送歸軒客盡隨。獨有賤夫懷感激，十年兩地負恩知。（見《全唐詩》卷五四九）

趙嘏《代人贈杜牧侍御》（宣州會中）：郎作東台御史時，妾長西望斂雙眉。一從詔下人皆羨，豈料恩衰不自知。高闕如天縈曉夢，華筵似水隔秋期。坐來情態猶無限，更向樓前舞柘枝。（見《全唐詩》卷五四九）

《投杜舍人》：牀上新詩詔草和，欄邊清酒落花多。閑消白日舍人宿，夢覺紫薇山鳥過。春刻幾分添禁漏，夏桐初葉滿庭柯。風騷委地苦無主，此事聖君終若何。（薛能《許昌集》卷五）

李郢《和湖州杜員外冬至日白蘋洲見憶》：白蘋亭上一陽生，謝朓新裁錦繡成。千嶂雪消溪影渌，幾家梅綻海波清。已知鷗鳥長來狎，可許汀洲獨有名。多愧龍門重招引，即抛田舍棹舟行。（見《全唐詩》卷五九〇）

崔道融《讀杜紫微集》：紫微才調復知兵，長覺風雷筆下生。還有枉抛心力處，多於五柳賦閒情。（見《全唐詩》卷七一四）

《高蟾先輩以詩筆相示抒成寄酬》：張生故國三千里，知者唯應杜紫微。（杜牧舍人贈張祜處士云：「可憐故國三千里，虛唱歌詞滿六宮。」）君有「君恩秋後葉」，可能更羨謝玄暉。（蟾有《後宮詞》云：「君恩秋後葉，日日向人疏。」）（鄭谷《雲台編》卷一）

（三）歷代序、跋、提要

《跋樊川集》：唐人詩文，近多刻本，亦多經校讎，惟牧之集誤繆特甚。予每欲求諸本訂正，而未暇也。書以示子遹，尚成吾意。開禧丙寅十一月二十七日，放翁書。（陸游《渭南文集》卷三十）

小杜詩古稱可法，而善本甚罕，世所有者，字多魚魯，學者病之。今監司權公（克和）與經歷李君（蓄）議之，符下知錦山郡事李君（賴），令詳校前本之訛謬而刊之。始於庚申三月，歷數月而告成。公之嘉惠學者其可量哉。前通政大夫成均大司成知製教鄭坤跋。（明正統五年六月朝鮮全羅道錦山刻本《樊川文集夾注》書末鄭坤跋）

《樊川集序》：「頌其詩，讀其書，不知其人可乎？」子輿所言，開千古尚友。人生而克（？）知其人，而詩書不爲陳牘，頌讀不爲咿唔，恕先在焉，呼之或出。善頌讀者，當作是觀。嗟乎，人固難知，知人亦不易也。不知其人而思之拊髀，失之交臂，掩卷但有生不同時之嘆。即文在兹，而作者之神情與述者之向往，漠焉河漢安所取？嘐嘐然曰：「古之人，古之人，而頌之讀之，侈經生窮年累世之勤劬哉！」

予友復止氏，東里世家，西崑靈裔，文裾奕奕，經笥便便，自舞象侍尊先公太初先生壇坫，氣猛吞牛，才雄吐鳳，翔千仞而騖八極。是父是子，并登作者之堂。復止趨庭有間，垂帷屈首，殫力搜鄴架之奇，上下數千載，赤文緑字諸靈秘，幾幾乎追神脈望，與古俱化。生平欣賞，獨神往杜牧之其人。歲辛巳，與予問業方山別墅，不固我，出所丹鉛《樊川集》，指授往復，若穆然見牧之於詩書。牧之以樊川傳久矣，樊川以復止傳，又寧有既乎！予椎魯無文，即日對樊川，希少有領略。自分於復止，得髓得膚，見地迴別，乃復止於樊川以獨有會也。樊川在當時，感憤風雲，依光日月，清華之業，鵲起蟬聯，斯亦無所不得志。顧津津思以著述壽樊川，若將并一時禽魚花鳥，長留飛躍之趣以不朽。嗟乎，牧之而直爲一禽魚一花鳥，津津徼靈不律哉！今其集具在，若賦若詩若論著，流連沉痛，練達周詳，頌之讀之，樊川在焉，夫將遇之旦暮。昔賢謂李杜文章，光焰萬丈，作者罕儷，輒進樊川而伯仲之，謂小杜得其雄健。予始不信，乃今知之已。反覆《罪言》、《兵論》，渢渢乎竦，荃宰之神爲下，蒭蕘之聽竟究，功歸於聽者，而言者之罪至今。夫言有當於用，何渠必收言者之利！「實事不言，而言事不實」，此則樊川之所痛心，未始引以分咎也。讀《樊川集》者，作如是觀，復止以爲然否？昔晁補之策安南兵事，亦援樊川前著，肆爲《罪言》。兩賢異代，志一道同，閉門造車，出門合軌，後有作者，弗可及已。乃予不敏。若於復止，有以觀其深也。丙子之役，復止挈馬兔，走燕雲，憑弔淋漓，多得諸墟頭盾鼻。已復聞天驕犯順，憂在至尊，則嘗走（?）當事，借籌分肉食之謀，幾幾乎《罪言》哉！當事者用以窺左足（?），戎醜爲喙駾，則言之者無罪，顧不自列於功人也。牧之、補之，與我復止，鼎峙千秋矣。復止之嗜樊川，自具手眼，直會樊川苦心，並欲使知人者互出其手眼，於頌讀之外，繕而壽諸梓，且欲壽其尊公《太初遺稿》，并行於世。猗嗟乎，東里家學，源濬而流爲長，又安所紀極？補之爲宋聞人，著述表表，前無作者。其父君成，起家新城令，博偉俊辨，蘇長公與之遊，不知其人；，會補之以史館都文譽，而後君成之文學賴以聲施，長公以爲有其實而無其名者之報。余於復止喬梓亦云。復止《樊川集》行，不固我，屬之枝駢。夫金鐘大鏞，自應懸之東序，顧進擊瓮扣缶者，而與之鼓吹休明，謂不知量何。雖然，予之知復止，未始非復止之知樊川也。余更怵然於東里代起之有家學。予於七書三篋，未見一斑，映雪瞻（？）雲，此際不禁愴悦也。崇禎壬午禊日同邑社弟張巽申潔修題。（葉幫義抄自昭質堂本《樊川文集》張巽申所作《序》，原文不易辨認字後加「？」以存疑）

臣等謹案：《樊川集》二十二卷，唐杜牧撰。牧字牧之，京兆萬年人，官至中書舍人。事跡具《唐書》本傳。是集爲其甥裴延翰所編，唐《藝文志》作二十卷，而晁氏《讀書志》又載外集一卷。新城王士禎謂舊藏杜集止二十卷，後見宋版本雕刻甚精而多數卷。考劉克莊《後村詩話》云樊川有《續別集》三卷，十八九皆許渾詩。牧仕宦不至南海，而別集乃有南海府罷之作。則宋本外集之外，又有《續別集》三卷。此本僅附外集、別集各一卷，有宋熙寧六年田概序，較之後村所見別集尚少二卷，而南海府罷之作不收焉，則又經後人删定，非克莊所見本矣。牧嘗稱元白歌詩傳播，使子父女母交口誨淫，恨吾無位，不得以法繩之。其持論甚峻。《後村詩話》則謂牧風情不淺，如《杜秋娘》、《張好好》諸詩，青樓薄倖之句，街吏平安之報，未知去元白幾何？比之以燕伐燕，是亦公論。然牧詩風骨實出元白之上。其古文縱横奥衍，《罪言》一篇，宋祁作《新唐書·藩鎮傳論》實全録之，亦非元白所可及也。乾隆四十九年八月恭校上。總纂官臣紀昀、臣陸錫熊、臣孫士毅，總校官臣陸費墀。（文津閣本《四庫全書·樊川集》提要）

《杜樊川集注序》：義山、牧之，世亦以李、杜並稱，而玉谿生詩，注釋者多，詞旨愈晦。自吾師馮孟亭先生，澡雪精神，蕩滌繁穢，如《錦瑟》、《碧城》之什，《井泥》、《鏡檻》之篇，如燭照幽，若針通結，鄭箋有倫，楚豔斯張。今鷺庭編修其賢嗣也，……嘗以樊川一集，前人未有發明，取飫群言，積牘盈尺，既蕆功有日矣，新宮不戒，餘燼莫收，又復寒暑勤劬，左右采獲，遲之一紀，始得醒焦桐於爨下，回幸草于春餘。注成，屬余爲序。余惟牧之内懷經濟之略，外騁豪宕之才。當其時，藩鎮方張，朝廷多事；五諸侯並起，欲逼天閶；十常侍未除，先驚帝座。屯蜂晝聚，社鼠宵行。江充既兆亂於犬臺，賈誼轉埋忠于鵩舍。往往激昂狂節，摇蕩愁旌；陳兵事之書，一麾願乞；揭《皐言》之目，三刖奚辭。觀其《獨酌》成謡，《感懷》發詠，固非徒以一己牢愁之語，托之無端綺靡之詞者也。而乃偃蹇幕僚，浮沉朝籍，攬霜毛於春鏡，裹雨褐於秋船，茹鯁空憂，叫閽無助。惟是留雲夢裏，中酒花前，憑街子而説生平，對樗蒱而論心事。緑葉成陰之慨，青樓薄倖之名；壯志飄蕭，才人落魄。此又寫深情之帖，莫喻纏綿；讀《小雅》之篇，難名悱惻也已。鷺庭博采史編，綜核時事，佇伊人于溢浦，眷往跡于朱坡，浥彼餘波，節之雜佩。花紅玉白，能通諷諭之心；酒醒燈殘，爲揾英雄之淚。不穿鑿以側附，不濛汞以詭隨，情貌無遺，詮貫有叙。起古人而亦感，俾後學之不迷。是一編也，可以不朽矣。獨念義山、牧之，實爲有唐一代詩人之殿。蒞中原之牛耳，張大國之螯弧，並號霸才，足推餘勇。然而風流已遠，文采僅存，誠不意時閱乎千載之餘，而注成於一家之手。靈源得濬，幽徑重搜。若鷺庭者，在小杜爲功臣，在吾師爲肖子。蘭陔養志，勝賡束晳之詩；《水調》傳聲，待續揚州之夢。嘉慶辛酉春二月既望，錢唐吴錫麒撰。（吴錫麒《樊川詩集注序》）

注杜牧之《樊川詩》四卷，既輟簡，序之曰：注詩之難，昔人言之，自孟子有知人論世及以意逆志之説，而奉以從事者，不無求之過深。夫吾人發言，豈必動關時事。牧之語多直達，以視他人之旁寄曲取而意爲辭晦者，迥乎不侔。且以毛公序《詩》，師承有自，而後儒尚有異議，況其下此，抑又可知。兹故第詮事實，以相參檢，而意義所在，略而不道。……牧之詩向多有許渾混入者，此四卷外，又有外集、别集各一卷，兹多未暇論及，蓋亦以牧之手所焚棄而散落别見者，非其所欲存也。趙岐于《孟子》，不爲外書四篇作注，亦其例也。牧之出處之跡，史傳瞭知，即詩亦可概見。兹仍其編次，不加更定。第才非著述，多所闕謬，豐取矜擇，靡得而稱；若其字句之異同，則頗廣蒐他本，詳爲附注。蓋二字以上謂之「一云」，一字謂之「一作」，實用王欽臣《談録》之例云。嘉慶三年十月日桐鄉馮集梧書。（馮集梧《樊川詩集注自序》）

樊川以文章風節著於唐代，其集經歷朝之所著録、流衍、刊訂，論列已久，無待讚述。惟其詩文散見於各總集、類集，以外絶少行本，而文集尤罕焉。宜都楊學博惺吾，嘗遊東瀛，於官庫摹寫此本，定爲宋槧，記其始末，考論綦詳。會予宰黃岡，與學博同官，乃獲見之。歎其精而又慮其久而就淹也，亟付梓人，越一載而蕆事。竊惟古籍流傳，閱時既久，脱誤滋多，尤大厄於明人，其士大夫學者類，勇於竄改舊本。經史諸編尚復沿訛，而況一家之集乎？故宋槧爲世珍秘，不特收藏鑒别侈爲觀美，抑亦證古訂俗多所津逮也。學博之記此本，其言甚辨。予考新城王文簡《居易録》，謂舊藏杜集二十卷，後見宋版本雕刻甚精，而多數卷。按唐《藝文志》，《樊川集》本二十卷，而凡所傳外集、别集、續别集，皆宋人所蒐輯。文簡偶未檢唐志，故其言然。特以其言證之，則此本之爲宋槧無疑。又按晁公武《郡齋讀書志》，僅載外集一卷，未及别集。此本後附外集、别集，卷數少於後村所見之本，多於公武所見之本。是不特後村未見此本，即公武亦恐未之見也。予簿書之暇，既刻景蘇園帖行於世，而樊川亦曾刺此州。是杜、蘇二公所遺留者，固皆文獻掌故之所關。記曰：睹其器者進而索其神，後之覽者或憬然而長思，慨然而興起焉。兹集之刻，又烏可緩哉？光緒二十有二年秋八月成都楊壽昌撰。（楊壽昌景蘇園影宋本《樊川文集》卷首序）

宋槧《樊川文集》廿卷，外集一卷，别集一卷，原本藏日本楓山官庫，無刊板年月，避「桓」、「鏡」等字，不避「貞」、「慎」字，當是北宋本。然每卷不爲總目，而以總目居卷首，亦非唐本之舊。劉克莊《後村詩話》云：「樊川有續别集三卷，十八九是許渾詩，牧仕宦不至南海，而别集乃有《南海府罷》之作。」是劉所見者，别集之外更有續别集。此本無續别集，故無《南海府罷》詩。《提要》誤以劉所指者在别集中，又以今之别集只一卷，較劉所見少二卷，遂疑又爲後人删定，不知别集有熙寧六年田槩序，明云五十九首編爲一卷，此本一一相合，安得有删削之事。則知後村所見續别集更爲後人所輯，反不如此本之古。《全唐詩》編牧詩爲八卷，其第七、八兩卷，皆此本所無，而與《許丁卯集》複者五首，當即後村所見之續别集中詩。考牧詩，唯正集皆爲牧作，其外、别兩集，已多他人之詩，如外集之《歸家》一首，爲趙嘏詩；《龍邱途中二首》、《隋苑》一首，見《李義山集》；别集之《子規》一首，見《太白集》，皆採輯之誤，不獨續别集有許丁卯詩也。樊川詩文爲有唐大家，近唯桐鄉馮氏注其詩集行世，其文集罕傳。余故不惜重費，使書手就庫中影摹以出，待好事者重鐫焉。光緒癸未四月宜都楊守敬記于東京使館。（楊守敬景蘇園影宋本《樊川文集》卷首序）

（四）歷代著録

杜牧注《孫子》三卷。（《新唐書》卷五九《藝文志》）

杜牧《樊川集》二十卷。（《新唐書》卷六〇《藝文志》）

《樊川集》二十卷，杜牧撰。（王堯臣、歐陽修《崇文總目》卷五）

杜牧注《孙子》三卷。右唐杜牧之注。牧以武書大略用仁義使機權，曹公所注解十不釋一，而其所得自爲新書爾，因備注之。世謂牧慨然最喜論兵，欲試而不得。其學能道春秋戰國時事，甚博而詳，知兵者將有取焉。（晁公武《郡齋讀書志》卷三下）

杜牧《樊川集》二十卷、外集一卷。右唐杜牧牧之也，京兆人，大和二年進士，復舉制科。會昌中，以考功郎中知制誥，終中書舍人。牧善屬文，剛直有奇節，敢論引大事，指陳利病。爲詩情致豪邁，人號小杜，以別甫云。臨死自爲墓誌，悉焚所爲文章。其甥裴延翰輯其藁編次，爲之《後序》。樊川，蓋杜氏所居。外集皆詩也。（晁公武《郡齋讀書志》卷四中）

《注孫子》二卷，唐中書舍人杜牧之撰。（陳振孫《直齋書録解題》卷一二）

《樊川集》二十卷，外集一卷，唐中書舍人京兆杜牧牧之撰。牧，佑之孫，其甥裴延翰編而序之。外集皆詩也。又在天台録得集外詩一卷，別見詩集類，未知是否。牧才高，俊邁不羈，其詩豪而艷，有氣概，非晚唐人所能及也。（陳振孫《直齋書録解題》卷一六）

杜牧《樊川集》二十卷，又外集一卷，又別集一卷。（《通志》卷七〇）

杜牧注《孫子》三卷。晁氏曰：唐杜牧牧之注。牧以武書大略用仁義使機權，曹公所注解十不釋一，蓋惜其所得自爲新書爾，因備注之。世謂牧慨然最喜論兵，欲試而不得者。其學能道春秋戰國時事，甚博而詳，知兵者有取焉。（馬端臨《文獻通考》卷二二一）

杜牧《樊川集》二十卷、外集一卷。晁氏曰：唐杜牧牧之也，京兆人，大和二年進士，復舉制科。會昌中以考功郎中知制誥，終中書舍人。牧善屬文，剛直有奇節，敢論列大事，指陳利病。爲詩情致豪邁，人號小杜，以別甫云。臨終自爲墓誌，悉焚所爲文。其甥裴延翰輯其稾，編次其文，後序。樊川，蓋杜氏所居。外集皆詩也。陳氏曰：牧，佑之孫。在天台録外集詩一篇，別見詩集類，未知是否？牧才高俊邁不羈，其詩豪而豔，有氣概，非晚唐人所能及也。後村劉氏曰：杜牧許渾同時，然詩各自爲體。牧於唐律中，常寓拗峭，以矯時弊。渾則不然，如：「荆樹有花兄弟樂，橘林無實子孫忙」之類，律切麗密或過牧，而抑揚頓挫不及也。二人詩不著姓名亦可辨。樊川有續別集三卷，十之八九皆渾詩。牧佳句自多，不必又取他人詩益之。若《丁卯集》割去許多傑作，則渾詩無一篇可傳矣。牧仕宦不至南海，別集乃存南海府罷之作，甚可笑。（馬端臨《文獻通考》卷二三二）

《樊川詩集》四卷。中書舍人杜牧之，京兆人也。（高儒《百川書志》卷十四）

《孫子》一卷，周孫武撰。考《史記·孫子列傳》，載武之書十三篇。而《漢書·藝文志》乃載《孫子兵法》八十二篇，圖九卷。故張守節《正義》以十三篇爲上卷，又有中、下二卷。杜牧亦謂武書本數十萬言，皆曹操削其繁剩，筆其精粹，以成此書。然《史記》稱十三篇，在漢志之前，不得以後來附益者爲本書。牧之言固未可以爲據也。此書注本極夥。《隋書·經籍志》所載，自曹操外，有王凌、張子尚、賈詡、孟氏、沈友諸家。唐志益以李荃、杜牧、陳皞、賈林、孫鎬諸家。馬端臨《經籍考》又有紀燮、梅堯臣、王晳、何氏諸家。歐陽修謂：「兵以不窮爲奇，宜其説者之多。」其言最爲有理。然至今傳者寥寥。（永瑢

等《四庫全書總目提要》卷九十九子部兵家類）

《樊川文集》二十卷，外集一卷，别集一卷，唐杜牧撰。牧字牧之，京兆萬年人，大和二年登進士第，官至中書舍人，事跡附載《新唐書·杜佑傳》内。是集爲其甥裴延翰所編。唐《藝文志》作二十卷，晁氏《讀書志》又載外集一卷。王士禎《居易録》謂舊藏杜集止二十卷，後見宋版本，雕刻甚精，而多數卷。考劉克莊《後村詩話》云：「樊川有續别集三卷，十八九皆許渾詩，牧仕宦不至南海，而别集乃有南海府罷之作。」則宋本外集之外，又有續别集三卷，故士禎云然也。此本僅附外集、别集各一卷，有裴延翰序，又有宋熙寧六年田槩序，較克莊所見别集尚少二卷。而南海府罷之作不收焉，則又經後人删定，非克莊所見本矣。范攄《雲溪友議》曰：「先是李林宗、杜牧言元、白詩體舛雜，而爲清苦者見嗤，因兹有恨。」牧又著論，言近有元、白者，喜爲淫言媟語，鼓扇浮囂，吾恨方在下位，未能以法治之。《後村詩話》因謂：「牧風情不淺，如《杜秋娘》、《張好好》諸詩，（案《杜秋娘》非豔體，克莊此語殊誤。）青樓薄倖之句，街吏平安之報，未知去元、白幾何。」比之「以燕伐燕」。其説良是。《新唐書》亦引以論白居易。然考牧集，無此論，惟《平盧軍節度巡官李戡墓誌》述戡之言曰：「嘗痛自元和以來，有元、白詩者，纖豔不逞，非莊士雅人，多爲其所破壞，流於民間，疏于屏壁，子父女母，交口教授，淫言媟語，冬寒夏熱，入人肌骨，不可除去。吾無位，不得用法以治之。欲使後代知有發憤者，因集國朝以來類於古詩，得若干首，編爲三卷，目爲《唐詩》，爲序以導其志。」云云。然則此論乃戡之説，非牧之説。或牧嘗有是語，及爲戡誌墓，乃借以發之，故攄以爲牧之言歟？平心而論，牧詩冶蕩甚於元、白，其風骨實出元、白上。其古文縱横奥衍，多切經世之務。《罪言》一篇，宋祁作《新唐書·藩鎮傳論》，實全録之。費衮《梁谿漫志》載，歐陽修使子棐讀《新唐書》列傳，臥而聽之，至《藩鎮傳叙》，歎曰「若皆如此傳筆力，亦不可及」。識曲聽真，殆非偶爾。即以散體而論，亦遠勝元、白。觀其集中，有《讀韓杜集》詩，又《冬至日寄小侄阿宜》詩曰：「經書括根本，史書閲興亡。高摘屈宋豔，濃熏班馬香。李杜泛浩浩，韓柳摩蒼蒼。近者四君子，與古爭强梁。」則牧于文章，具有本末，宜其睥睨長慶體矣。（《四庫全書總目提要》卷一百五十一集部別集類四）

《樊川文集》二十卷，外集一卷，別集一卷。唐杜牧撰。其文集二十卷與《唐志》合，外集一卷與《讀書志》合，惟《後村詩話》稱續別集三卷，此僅別集一卷，而無續集，蓋佚之矣。牧作《李戡墓誌》，述其詆元、白之言甚悉。（案《雲溪友議》誤以戡語爲牧語，今考正。）劉克莊獨不謂然。今考牧詩冶蕩，誠不減元、白，然其風骨則迥勝。雜文排奡縱横，亦非元、白所及也。（永瑢等《四庫全書簡明目録》卷一五）

杜牧之《樊川集》一部，六册。（《文淵閣書目》卷二）

予舊藏杜牧之《樊川集》二十卷，後見徐健菴（乾學）所藏宋版本，雕刻最精，而多數卷。考《後村詩話》云：「樊川有續別集三卷，十八九皆許渾詩。牧仕宦不至南海，別集乃有《南海府罷》之作，甚可笑。（王士禎《池北偶談》卷一四「談藝」四）

《樊川文集》二十卷，外集一卷，牧之集，舊人從宋本摹寫者。新刻校之，無大異，此翻宋雕之佳也。（錢曾《讀書敏求記》卷四）

《樊川文集》二十卷，外集一卷，別集一卷，題中書舍人杜牧字牧之，前有裴延翰序，別集有熙寧八年田概序。集本廿卷。晁氏《讀書志》有外集一卷。王漁洋《居易録》：見宋雕本，有續別集三卷。此本無續別集，而有外集、別集各一卷。外集，晁氏本所有，別集，田概所益，與《居易録》所見別一本。每頁廿行，行十八字。（孫星衍《平津館鑒藏記》）

《樊川文集》二十卷、別集一卷、外集一卷（明刊本）。唐杜牧撰。嘉靖刻本，全仿宋本，楮印亦精好。錢遵王嘗謂近刻《牧之集》，乃翻宋雕之佳者，與宋本相較，無大異也。舊爲述古堂藏本。（卷首有「錢興祖印」、「錢孝修圖書印」二朱記。）（瞿鏞《鐵琴銅劍樓藏書目録》卷一九）

《樊川集》二十卷，外集一卷，左補闕史館修撰京兆杜牧撰。晁氏曰：唐杜牧牧之也，京兆人。大和二年進士。爲詩情致豪邁，人號「小杜」，以別甫云。臨終自爲墓誌，悉焚所爲文。其甥裴延翰集其藁，編次其文。樊川，蓋杜氏所居。外集皆詩也。（《讀書志》）陳氏曰：牧，佑之孫。在天台録集外詩一篇，別見詩集，未知是否。牧才高，俊邁不羈，其詩豪而豔，有氣槩，非晚唐人所及也。（《陝西通志》卷七五）

《樊川別集》。杜牧《樊川集》語多猥澁，惟別集句調新清，宋姚西溪以別集爲許渾詩，言之有據，且今世許集傳本多鬱林詩，盖渾曾至鬱林也。杜牧未有粵西之行，而別集忽有「松牌出象州」之句，似可證非牧詩。然其中又有《寄許渾》并「華堂今日綺筵開」詩，乃牧之作。然疑信相半，千載而下莫能爲之

分别也。（《徐氏筆精》卷三）

《樊川文集夾注》零本二卷，明刊本，寶素堂藏，現存一、二卷，無序文及刊行歲月，編注名氏俱未詳。每卷首題樊川文集卷幾，下記夾注，次行署中書舍人杜牧，次行有目録。第一卷載賦三首，古詩二十八首，第二卷載律詩六十七首。各句下夾注頗詳，卷末更附添注。每半板八行，行十七字，界長七寸四分，幅四寸八分，四周雙邊。此本板式陋劣，然仿佛存古本之體，或是朝鮮國人所刊歟？（森立之《經籍訪古志》卷六）

《樊川文集夾注》殘本二卷，朝鮮刊本，存一、二卷。無序文及刊行歲月，亦不知注者爲何人。審其字體紙質，確爲朝鮮人刻版。……注頗詳，瞻卷末又附添注。注中引北宋人詩話説部，又引《十道志》、《春秋後語》、《廣志》等書甚多，知其得見原書，非從販鬻而出，當爲南宋人也。自來著録家無道及者，豈即朝鮮人所撰歟？惜所存僅二卷，不得詳證之耳。森立之《訪古志》稱爲寶素堂舊藏，顧無小島印記，當是偶爲鈐押耳。（楊守敬《日本訪書志》卷一四）

《樊川文集夾注》四卷、外集夾注一卷，唐杜牧撰，佚名注，朝鮮刻本，四册，邢捐（邢之襄捐贈）。（《北京圖書館善本書目》卷六）

杜牧《樊川文集》的編輯經過，裴延翰在《樊川文集序》中叙述得最爲詳盡。裴氏云：「長安南下杜樊鄉，酈元注《水經》，實樊川也，延翰外曾祖司徒岐公（杜佑）之别墅在焉。上五年（按：此當指大中五年）冬，仲舅（杜牧）自吴興守拜考功郎中知制誥，盡吴興俸錢，創治其墅。出中書直，亟召昵密，往遊其地。一旦談啁酒酣，顧延翰曰：『司馬遷云：「自古富貴，其名磨滅者，不可勝紀。」我適稚走，於此得官受俸，再治完具，俄及老爲樊上翁。既不自期富貴，要有數百首文章，異日爾爲我序，號《樊川集》，如此，顧樊川一禽魚，一草木，無恨矣，庶千百年，未隨此磨滅邪。』明年冬，遷中書舍人，始少得恙，盡搜文章，閲千百紙，擲焚之，纔屬留者十二三。延翰自撮髮讀書學文，率承導誘。伏念始初出仕，入朝三直太史筆，比四出守，其間餘二十年。凡有撰制，大乎短章，塗藁醉墨，碩夥纖屑，雖適僻阻，不遠數千里，必獲寫示。以是在延翰久藏蓄者，甲乙籤目，比校焚外，十多七八，得詩賦傳録論辯碑誌序記書啓表制，離爲二十編，合爲四百五十首，題曰《樊川文集》。嗚呼！雖當一時戲感之言，孰見魄兆而果驗白耶。……」（按：此據《四部叢刊》影印本過録，其中數處，似有誤字。）從這段話裏可以看出杜牧在逝世前，文章千百紙，全遭焚燬，所留才十二三。幸而裴延翰所保藏的比焚餘者多十七八，於是離爲二十編，共存詩文四百五十首，這個本子一直流傳下來，未曾散佚，所以《崇文總目》著録仍爲二十卷。

晁公武《郡齋讀書志》著録《樊川集》二十卷，外集一卷，較裴延翰原編多外集一卷，不知何人所編。晁氏注云：「外集，皆詩也。」陳振孫《書録解題》與《讀書志》同，但注云：「又在天台録得集外詩一卷，別見詩集類，未知是否？」（檢詩集類，未見著録。）《後村詩話》云：「樊川有續別集三卷，十八九皆許渾詩。牧仕宦不至南海，別集乃有《南海府罷》之作，甚可笑。」但陳氏所謂集外詩一卷和劉後村所説的續別集三卷，今皆不見。

徐𤊹《紅雨樓題跋》云：「《雍録》曰：樊川在長安杜縣之樊鄉也。高帝以樊噲灌廢丘有功，封邑於此，故曰樊川，即後寬川也。又名御宿川，在萬年縣南三十里，杜佑別墅在焉。故裔孫牧，目其文爲《樊川集》。別集一卷，姚寬《西溪叢話》以爲許渾之詩，許曾至鬱林，杜未有西粤之役，而別集有『松牌出象州』之句，姚語或有據也。然其中又有寄許渾并『華堂今日綺筵開』詩，乃牧之作，疑信相半，難於辨白。萬曆庚子春徐惟起。」可見正集以外的詩作，南宋以來，就爲讀者所疑。

王士禎《居易録》云：「予舊藏杜牧《樊川集》二十卷。後見徐健庵所藏宋版本，雕刻最精而多數卷」，但王氏却没有説明所多出的卷數。其他各藏書家著録，也都未見宋元舊刻，傳世祖本，大抵爲翻宋雕本。錢遵王《讀書敏求記》著録《樊川文集》二十卷，外集一卷。謂係「從宋本摹寫者，新刻校之無大異，此翻宋之佳也」。摹寫本今已不見，所謂翻宋雕本，爲《樊川文集》二十卷、別集一卷、外集一卷，瞿氏《鐵琴銅劍樓書目》著録，謂係嘉靖刻本，全仿宋本，楮印精好，舊爲述古堂藏本，卷首有錢興祖印、錢孝修圖書印二朱記。葉德輝云：「興祖，曾從子，亦富藏書，當時距刻本僅三四十年，已爲錢氏推重，今日明本益見寥落，似此仿宋精美，紙幅寬大，安得不爲鎮庫寶耶」（見《郋園讀書志》七）。此外，孫氏平津館、丁氏善本書室皆有此種，每葉二十行，行十八字，《四部叢刊》所據以影印的，也是這個本子。《書録》云：「宋諱避桓、鏡等字，是從北宋本出。」此本較晁、陳二氏所記，多別集一卷。此別集係杜陵田槩熙寧六年（一〇七三）所輯，田氏有序云：

集賢校理裴延翰編次牧之文號《樊川集》者，二十卷中有古律詩二百四十九首。且言牧始少得恙，盡搜文章閲千百紙擲焚之。纔屬留者十二三，疑其散落於世者多矣。舊傳集外詩者又九十五首，家家有之。予往年於棠郊魏處士野家，得牧詩九首。近汶上盧訥處又得五十篇，皆二集所逸者。其《後池泛舟宴送王十秀才》詩，乃知外集所亡，取別句以補題。今編次作一卷，俟有所得，更益之。（按：外集有《後池泛舟送王十》詩，與別集所録不同。）

田槩所編別集，共詩六十首，而外集據明刊本共詩一百二十七首，和田氏所説集外詩數目也不同。

光緒丙午（一九〇六）成都楊壽昌（字應南，號葆初）景蘇園影宋本出，係楊守敬使書手就日本楓山官庫中藏本影摹的。楊氏於光緒癸未（一八八三）序云：「宋槧《樊川文集》二十卷、外集一卷、別集一卷，原藏日本楓山官庫，無刊板年月，避桓、鏡等字，不避貞、慎字，當是北宋本。然每卷不爲總目，而以總目居卷首，亦非唐本之舊。劉克莊《後村詩話》云：『樊川有續別集三卷，十八九是許渾詩。牧之仕宦不至南海，而別集乃有《南海府罷》之作。』是劉所見者，別集之外，更有續別集。此本無續別集，故無《南海府罷》詩。《提要》誤以劉所指者在別集中，又以今之別集只一卷，較劉所見少二卷，遂疑之又爲後人刪定。不知別集有熙寧六年田槩序，明云五十九首編爲一卷，此本一一相合，安得有刪削之事。則知後村所見續別集更爲後人所輯，反不如此本之古。《全唐詩》編牧詩爲八卷，其第七、八兩卷，皆此本所無，而與許渾《丁卯集》複者五首，當即後村所見之續別集中詩。考牧詩唯正集皆爲牧作，其外、別兩集，已多他人之詩。如外集《歸家》一首爲趙嘏詩；《龍邱途中》二首、《隋苑》一首見《李義山集》；別集之《子規》一首，見《太白集》，皆採輯之誤，不獨續別集有許丁卯詩也。」楊氏辨外、別二集與後村所稱續別集不同，別集亦非後人删削續別集而成，甚是。但楊文也有錯誤，謂《全唐詩》牧詩與許渾複者僅五首，殊不然也。

關於杜牧集的注釋本，森立之《經籍訪古志》六有《樊川文集夾注》零本二卷，止存第一二兩卷，無序文，刊行歲月及編注名氏俱未詳。記云：「每卷首題『樊川文集卷幾』，下記夾注，次行署中書舍人杜牧，次行有目録。第一卷載賦三首，古詩二十八首；第二卷載律詩六十七首。各句下夾注頗詳，卷末更附添注。每半版八行十七字，界長七寸四分，幅四寸八分，四周雙邊。此本版式陋劣，然仿佛存古本之體，或是朝鮮國人所刊與。」楊守敬之《日本訪書志》十四，亦有此殘卷，注朝鮮刊本，並云：「注中引北宋詩話説部，又引唐《十道志》、《春秋後語》、《廣志》等書甚多，知其得見原書，非從販鬻而出，當爲南宋人也。自來著録家無道及者，豈即朝鮮人所撰與？惜所存僅二卷，不得詳證之耳。」此書《北京圖書館善本書目》著録《樊川文集夾注》四卷、外集夾注一卷，失名注，朝鮮刊本，係邢之襄所捐贈，較之日本所藏，顯然更爲完全。

注釋本中最通行的，當屬清代馮集梧《杜樊川集注》，計正集四卷、外集一卷、别集一卷，裕德堂刊本。首嘉慶辛酉（一八〇一）吴錫祺序、次馮序、次裴延翰序、次本傳。馮氏注皆詩，並云：「外集别集未暇論及。趙岐於《孟子》，不爲外書四篇作注，亦其例也。」此本除外、別集外，另有一卷，係馮氏就《唐音統籤》、范成大《吳郡志》、景定《建康志》、《事文類聚》及《全唐詩》，共十五首。

其他異本有《杜樊川集》十七卷，明朱一是、吳瑱評，明末刊本。《天禄琳琅》後編十八著録，計文九十八篇。首有裴延翰序，次朱一是序。據云：一是字近修，海鹽人，崇禎壬午舉人，有《爲可堂集》。又一種名《樊川詩集》，四卷。明正德十六年（一五二一）朱承爵朱氏文房刻本。（萬曼《唐集叙録·樊川文集》）

（五）歷代評述

皮日休《論白居易薦徐凝屈張祜》：祜元和中作宫體詩，詞曲豔發，當時輕薄之流重其才，合譟得譽。及老大，稍窺建安風格。誦樂府録，知作者本意。講諷怨譎，時與六義相左右。此爲才之最也。祜初得名，乃作樂府豔發之詞，其不羈之狀，往往間見。凝之操履不見於史，然方干學詩於凝，贈之詩曰：「吟得新詩草裏論」，戲反其詞，謂朴裏老也。方干世所謂簡古者，且能譏凝，則凝之朴略椎魯，從可知矣。樂天方以實行求才，薦凝而抑祜，其在當時，理其然也。令狐楚以祜詩三百篇上之，元稹曰：「雕蟲小技，或奬激之，恐害風教。」祜在元、白時，其譽不甚持重。杜牧之刺池州，祜且老矣，詩益高，名益重。然牧之少年所爲，亦近於祜，爲祜恨白，理亦有之。余嘗謂文章之難，在發源之難也。元白之心，本乎立教，乃寓意於樂府雍容宛轉之詞，謂之諷諭，謂之閒適。既持是取大名，時士翕然從之。師其詞，失其旨，凡言之浮靡豔麗者，謂之元白體。二子規規攘臂解辯，而習俗既深，牢不可破。非二子之心也，所以發源者非也。可不戒哉？（見《全唐文》卷七九七）

皮日休《傷進士嚴子重詩并序》：余爲童在鄉校時，簡上鈔杜舍人牧之集，見有與進士嚴惲詩。後至吳，一日，有客曰嚴某，余志其名久矣，遽懷文見造，於是樂得禮而觀之。（見《全唐詩》卷六一四）

崔櫓慕杜紫微爲詩，而櫓才情麗而近蕩，有《無機集》三百篇，儿能詠物。如《梅花》詩曰：「强半瘦因前夜雪，數枝愁向晚來天。」復曰：「初開已入雕梁畫，未落先愁玉笛吹。」《山鵲》詩曰：「雲生柱礎降龍地，露洗林巒放鶴天。」如此數篇，可謂麗矣。若《蓮花》詩曰：「無人解把無塵袖，盛取殘香盡日憐。」此頗形跡。復能爲應用四六之文，辭亦深侔章句。（王定保《唐摭言》卷十「海敘不遇」）

《白居易傳》：贊曰：居易在元和、長慶時，與元稹俱有名，最長於詩，它文未能稱是也。多至數千篇，唐以來所未有。其自敘言：「關美刺者，謂之諷諭；詠性情者，謂之閑適；觸事而發，謂之感傷；其它爲雜律。」又譏「世人所愛惟雜律詩，彼所重，我所輕。至諷諭意激而言質，閑適思澹而辭迂，以質合迂，宜人之不愛也。」今視其文，信然。而杜牧謂：「纖豔不逞，非莊士雅人所爲。流傳人間，子父女母交口教授，淫言媟語入人肌骨不可去。」蓋救所失不得不云。（宋祁等《新唐書》卷一百一十九）

《沈傳師傳》：傳師性夷粹無競，更二鎮十年，無書賄入權家。初拜官，宰相欲以姻私託幕府者，傳

師固拒曰：「誠爾，願罷所授。」故其僚佐如李景讓、蕭寘、杜牧，極當時選云。（宋祁等《新唐書》卷一百三十二）

《文藝傳序》：若侍從奉酬則李嶠、宋之問、沈佺期、王維，制册則常袞、楊炎、陸贄、權德輿、王仲舒、李德裕，言詩則杜甫、李白、元稹、白居易、劉禹錫，譎怪則李賀、杜牧、李商隱，皆卓然以所長爲一世冠，其可尚已。（宋祁等《新唐書》卷二百一）

《吴武陵傳》：大和初，禮部侍郎崔郾試進士東都，公卿咸祖道長樂，武陵最後至，謂郾曰：「君方爲天子求奇材，敢獻所益。」因出袖中書搢笏，郾讀之，乃杜牧所賦《阿房宫》，辭既警拔，而武陵音吐鴻暢，坐客大驚。武陵請曰：「牧方試有司，請以第一人處之。」郾謝已得其人。至第五，郾未對，武陵勃然曰：「不爾，宜以賦見還。」郾曰：「如教。」牧果異等。（宋祁等《新唐書》卷二百三）

《謝氏詩序》：景山嘗學杜甫、杜牧之文，以雄健高逸自喜。（歐陽修《歐陽文忠公集》卷四十二）

《讀樊川集》：不遇元和得獻謨，望山東北每長噓。獨賡唐律雅風後，更注孫篇俎豆餘。霅水勝遊成悵望，杜川歸事竟躊躇。中年遽使山根折，盡寫雄襟在此書。（張方平《樂全集》卷二）

《文瑩師詩集序》：浮屠師之善於詩，自唐以來，其遺篇之傳於世者，班班可見，縛於其法，不能閎肆而演漾，故多幽獨衰病枯槁之辭，予嘗評其詩如平山遠水，而無豪放飛動之意。若瑩師則不然，語雄氣逸而致思深處，往往似杜紫微，絶不類浮屠師之所爲者。（鄭獬《鄖溪集》卷十四）

《將之湖州戲贈莘老》：亦知謝公到郡久，應怪杜牧尋春遲。鬢絲只好對禪榻，湖亭不用張水嬉。

（蘇軾《東坡七集》前集卷四）

武功蘇泌進之，子美子也。任湖北運判，按行至鄂，予時守郡。蘇出其曾王父國老所收杜牧之村舍門扉之墨跡，隱然突起，良可怪也。其所書曰：「暮春因遊明月峽，故留題，前霅紇史杜牧。從前聞説真仙景，今日追遊始有因。滿眼山川流水在，古來靈跡必通神。」國老云：「杜罷吳興，遊長興之明月峽，留字於村舍門扉，至今二百年。予壬子歲宰烏程，聞此説，託陳驤往彼得之。字體遒媚，隱出木間，真希世之墨寶也。」予按唐史，牧之未嘗爲湖州督郵薦鎮板授之官。予奉使閩部建安北郊一吉祥寺前，有軒，東楹之柱，慶曆間蔡君謨題之，其字隱然而起。因思段成式説文身事，有得髑髏，涅文墨入骨者，豈松煤所漬能然乎？（王得臣《麈史》卷中「書畫」）

《陳商老詩集序》：讀杜甫詩如看羲之法帖，備衆體而求之無所不有，大幾乎有詩之道者，自餘諸子，各就其所長，取名於世。……然使諸子，才之靡麗者不至於元稹，率易者不至於居易，新奇飄逸者不至於李白，寒苦者不至於孟郊，譎怪奇邁者不至於賀、牧、商隱輩，亦無足取者，安能得名於世哉？故無諸子則不知有杜，無杜則亦不知諸子，各有得焉。（黄裳《演山集》卷二十一）

《書子虛詩集後》：或言陶潛之詩古淡有味，必能不爲諸家之體，然後可及，非至論也。人固有識高而才短者，其勢易爲古淡；才高而識短者，其勢易爲豪華，夫能用其所長，處其所易，已足以爲智者。有才識兼至而學爲古今體者，趨古淡則爲陶潛，趣飄逸則爲李白、杜牧，何可以爲常哉！夫詩之爲道，

要在吟詠情性，發於自然，乃得至樂。有意於是體，牽合而後爲之，不亦有傷於性乎？非詩之至也。（黄裳《演山集》卷三十五）

元和後，不以名可稱者：李太尉、韋中令、裴晉公、白太傅、賈僕射、路侍中、杜紫微；位卑名著者：賈長江、趙渭南；二人連呼者：元白；又有羅鉗吉網，員推韋狀；又有四夔、四凶。（王讜《唐語林》卷四「企羨」）

杜牧少登第，恃才喜酒色，初辟淮南牛僧孺幕，夜即遊妓舍。廂虞候不敢禁，常以榜子申僧孺，僧孺不怪。逾年，因朔望起居，公留諸從事，從容謂牧曰：「風聲婦人若有顧盼者，可取置之所居，不可夜中獨遊，或昏夜不虞奈何？」牧初拒諱，僧孺顧左右取一篋至，其間榜子百餘，皆廂司所申，牧乃愧謝。牧，太師佑之孫，有名當世，臨終又爲詩誨其二子曹師等。曹師，名晦辭；曹師弟，名德祥。晦辭終淮南節度判官；德祥，昭宗時爲禮部侍郎，知貢舉，亦有名聲。晦辭自吏部員外郎入浙西趙隱幕，王郢叛，趙相以撫御失宜致仕，晦辭罷。時北門李相蔚在淮南，辟爲判官；晦辭辭不就，隱居于陽羨别墅，時論稱之。永寧劉相鄴在淮西，辟爲判官，方應召。晦辭亦好色，赴淮南，路經常州，李贍給事爲郡守，晦辭于坐間，與官妓朱良别，因掩袂大哭。贍曰：「此風聲賤人，員外何必如此。」乃以步輦隨而遺之。晦辭飲散，不及易服，步歸舟中，以告其妻。妻不妒忌，亦許之。（王讜《唐語林》卷七「補遺」）

《成州同谷縣杜工部祠堂記》：前乎韓而詩名之重者錢起，後有李商隱、杜牧、張祜，晚惟司空圖，是五子之詩，其源皆出諸杜者也。以故杜之獨尊於大夫學士，其論不易矣。（晁説之《嵩山文集》卷十六）

看詩且以數家爲率，以杜爲正經，餘爲兼經也，如小杜、韋蘇州、王維、太白、退之、子厚、坡、谷、「四學士」之類也。如貫穿出入諸家之詩，與諸體俱化，便自成一家，而諸體俱備。若只守一家，則無變態，雖千百首，皆只一體耳。（吴可《藏海詩話》）

池州齊山石壁，有刺史杜牧、處士張祜題名，其旁又刊一聯云：「天下起兵誅董卓，長沙子弟最先來。」與題名一手書也。此句乃吕温詩，前篇曰：「恩驅義感即風雷，誰道南方乏武才」云云。（魏泰《臨漢隱居詩話》）

唐人以詩爲專門之學，雖名世善用故事者，或未免小誤。如王摩詰詩：「衛青不敗由天幸，李廣無功緣數奇。」不敗由天幸，乃霍去病，非衛青也。《去病傳》云：其軍嘗「先大將軍」，軍亦有天幸，未嘗困絶。意有「大將軍」字，誤指去病作衛青耳。李太白：「山陰道士如相訪，爲寫《黄庭》换白鵝。」乃《道德經》，非《黄庭》也。逸少嘗寫《黄庭經》與王修，故二事相紊。杜牧之尤不勝數。前輩每云：「用事雖了在心目間，亦當就時討閲，則記牢而不誤。」端名言也。（蔡絛《西清詩話》）

柳子厚詩，雄深簡淡，迥拔流俗，至味自高，直揖陶、謝，然似入武庫，但覺森嚴。王摩詰詩，渾厚一段，覆蓋古今，但如久隱山林之人，徒成曠淡。杜少陵詩，自與造化同流，孰可擬議？至若君子高廊廟，動成法言，恨終欠風韻。黄太史詩，妙脱蹊逕，言謀鬼神，唯胸中無一點塵，故能吐出世間語，所恨務高，一似參曹洞下禪，尚墮在玄妙窟裏。東坡詩，天才宏放，宜與日月爭光，凡古人所不到處，發明殆盡，萬斛泉源，未爲過也，然頗恨方朔極諫，時雜以滑稽，故罕逢醞藉。韋蘇州詩，如渾金璞玉，不假雕琢成妍，唐人有不能到，至其過處，大似村寺高僧，奈時有野態。劉夢得詩，典則既高，滋味亦厚，但正若巧匠矜能，不見少拙。白樂天詩，自擅天然，貴在近俗，恨如蘇小雖美，終帶風塵。李太白詩，逸態淩雲，照映千載，然時作齊、梁間人體段，略不近渾厚。韓退之詩，山立霆碎，自成一法，然譬之樊侯冠佩，微露粗疎。柳柳州詩，若捕龍蛇，搏虎豹，急與之角，而力不敢暇，非輕蕩也。薛許昌詩，天分有限，不逮諸公遠矣，至合人意處，正若芻豢，時復咀嚼自佳。王介甫詩，雖乏丰骨，一番出清新，方似學語之小兒，酷令人愛。歐陽公詩，温麗深穩，自是學者所宗，然似三館畫手，未免多與古人傳神。杜牧之詩，風調高華，片言不俗，有類新及第少年，雖略少退藏處，固難求一唱而三歎也。右此十四公，皆吾生平宗師追仰，所不能及者，留心既久，故閑得而議之。至若古今詩人，自是珠聯玉映，則又有不得而知也已。（蔡絛《西清詩話》）

《和杜司録嶽麓祈雪分韻得嶽字》：譚兵杜牧之，賦詩果横槊。（釋惠洪《石門文字禪》卷七）

許渾……作詩似杜牧，俊逸不及，而美麗過之，古今學詩者無不喜誦，故渾之名益著，而字畫因之而並行也。（闕名《宣和書譜》卷五）

杜牧，字牧之，……其作《阿房宫賦》，辭彩尤麗，有詩人規諫之風，至今學者稱之。作行草氣格雄健，與其文章相表裏。大抵書法至唐，自歐、虞、柳、薛振起衰陋，故一時詞人墨客，落筆便有佳處，況如杜牧等輩耶！今御府所藏行書一，《張好好》詩。（闕名《宣和書譜》卷九）

絶句之妙，唐則杜牧之，本朝則荆公，此二人而已。（曾季貍《艇齋詩話》）

杜牧之風味極不淺，但詩律少嚴，其屬辭比事殊不精緻，然時有自得爲可喜也。（朱弁《風月堂詩話》卷下）

《杜牧傳》稱杜仕宦不合意，而從兄悰位將相，怏怏不平，卒年五十。僕以杜氏家譜考之，襄陽杜氏出自當陽侯預，而佑蓋其後也，生三子：師損、式方、從郁。師損三子：詮、愉、羔；式方五子：惲、憓、悰、恂、慆；從郁二子：牧、顗。群從中悰官最高，而牧名最著，豈以富貴聲名不可兼乎？杜氏凡五房：一京兆杜氏，二杜陵杜氏，三襄陽杜氏，四洹水杜氏，五濮陽杜氏。而杜甫一派不在五派之中，豈以其仕宦不達而諸杜不通譜系乎？何家譜之見遺也。唐史稱杜審言襄州襄陽人，晉征南將軍預遠裔，審言生閑，閑生甫。由此言之，則甫、杜佑同出於預，而家譜不載，未詳。（馬永卿《懶真子》卷一）

牧初自宣城幕除官入京，有詩留别云：「同來不得同歸去，故國逢春一寂寥。」後二十餘年，連典四郡，自湖州拜中書舍人，題汴河云：「自憐流落西歸疾，不見春風二月時。」至京果卒。或曰：舍人未爲流落，而遽及之，魄已喪矣。（計有功《唐詩紀事》卷五十六「杜牧」）

李義山、劉夢得、杜牧之三人，筆力不能相上下，大抵工律詩而不工古詩，七言尤工，五言微弱，雖有佳句，然不能如韋、柳、王、孟之高致也。義山多奇趣，夢得有高韻，牧之專事華藻，此其優劣耳。（張戒《歲寒堂詩話》卷上）

王介甫只知巧語之爲詩，而不知拙語亦詩也。山谷只知奇語之爲詩，而不知常語亦詩也。歐陽公詩專以快意爲主，蘇端明詩專以刻意爲工，李義山詩只知有金玉龍鳳，杜牧之詩只知有綺羅脂粉，李長吉詩只知有花草蜂蝶，而不知世間一切皆詩也。惟杜子美則不然，在山林則山林，在廊廟則廊廟，遇巧則巧，遇拙則拙，遇奇則奇，遇俗則俗，或放或收，或新或舊，一切物，一切事，一切意，無非詩者。故曰「吟多意有餘」，又曰「詩盡人間興」，誠哉是言。（張戒《歲寒堂詩話》卷上）

世傳《樊川别集》爲杜牧之詩，乃許渾詩。渾有《丁卯集》，烏絲欄上本者，唐彦猷家有，數十首皆《樊川外集》中詩也。丁卯乃潤州城南橋名，渾居此橋，謂之丁卯莊，故基尚在。（姚寬《西溪叢語》卷上）

殷璠爲《河岳英靈集》，不載杜甫詩；高仲武爲《中興間氣集》，不取李白詩；顧陶爲《唐詩類選》，如元、白、劉、柳、杜牧、李賀、張祜、趙嘏皆不收；姚合作《極玄集》，亦不收杜甫、李白，彼必各有意也。（姚寬《西溪叢語》卷上）

錢起《題杜牧林亭》詩云：「不須耽小隱，南阮在平津。」南阮謂杜悰也。史載悰更歷將相，而牧困躓不自振，怏怏不平，以至於卒。審爾，則牧之豈肯受其料理哉？然宗族貴宦河潤者非一，枯菀升沉，時命存焉，何至怏怏如是？可以知牧之量不宏也。（葛立方《韻語陽秋》卷十）

《舍人林公時㫒集句後序》：自風雅之變，建安諸子，南朝鮑、庾、謝輩至唐，以詩鳴者，何止數百人，獨杜子美上薄風騷，盡得古今體勢。其它旁門異派，如沈、宋、韓、柳、賀、白、韋應物、劉禹錫、李商隱、杜牧、張籍、盧仝、韓偓、温庭筠之流，其精深、雄健、閑淡、放逸、綺麗、軟美、變怪，各自爲家。（李彌遜《筠溪集》卷二十二）

【杜荀鶴詩】荀鶴，杜牧之之微子也。牧之會昌末，自齊安移守秋浦時，妾有娠，出嫁長林鄉士杜筠，生荀鶴，有能詩名，自號九華山人。（嚴有翼《藝苑雌黄》）

《遯齋閑覽》云：荆公《百家詩選序》云：「予與宋次道同爲三司判官，次道出其家所藏唐百家詩，請予擇其善者。廢日力於此，良可悔也。雖然，欲觀唐人詩，觀此足矣。」今世所傳《百家詩選》印本，已不載此序矣。然唐之詩人，有如宋之問、白居易、元稹、劉禹錫、李益、韋應物、韓翃、王維、杜牧、孟郊之流，皆無一篇入選者。或謂公但據當時所建之集詮擇，蓋有未盡見者，故不得而偏録。其實不然。公選此詩，自有微旨，但恨觀者不能詳究耳。公後復以杜、歐、韓、李别有《四家詩選》，則其意可見。（胡仔《苕溪漁隱叢話前集》卷三十六「半山老人」四）

杜牧之池州諸詩正爾，觀之亦清婉可愛，若與太白詩並讀，醇醨異味矣。（陸游《入蜀記》卷三）

【杜荀鶴事】《池陽集》載：杜牧之守郡時，有妾懷娠而出之，以嫁州人杜筠，後生子，即荀鶴也。此事人罕知。余過池，嘗有詩云：「千古風流杜牧之，詩材猶及杜筠兒。向來稍喜《唐風集》，今悟樊川是父師。」（周必大《二老堂詩話》）

【唐藩鎮官屬入局】杜子美爲劍南參謀，《遺悶》呈嚴鄭公詩云：「束縛酬知己，蹉跎效小忠。」又云：「曉入朱扉啓，昏歸畫角終。不成尋别業，未敢息微躬。」韓退之爲武寧節使推官，《上張僕射書》云：「使院故事，晨入夜歸，非有疾病事故，輒不許出，抑而行之，必發狂疾。」乃知唐制藩鎮之屬，皆晨

入昏歸，亦自少暇。如牛僧孺待杜牧之，固不以常禮也。（周必大《二老堂詩話》）

《新晴讀樊川詩》：江妃瑟裏芰荷風，淨掃癡雲展碧穹。嫩熱便嗔踈小扇，斜陽酷愛弄飛蟲。九千刻裏春長雨，萬點紅邊花又空。不是樊川珠玉句，日長淡殺箇衰翁。（楊萬里《誠齋集》卷二十）

《和袁起巖郎中投贈七字》：胸次五三真事業，筆端四六更歌詩。閉門覓句今無己，刻意傷春古牧之。（楊萬里《誠齋集》卷二十四）

《寄陸務觀》：君居東浙我江西，鏡裏新添幾縷絲。花落六回踈信息，月明千里兩相思。不應李杜翻鯨海，更羡夔龍集鳳池。道是樊川輕薄殺，猶將萬户比千詩。（楊萬里《誠齋集》卷三十六）

【詩句相近】唐人詩句不一，固有採取前人之意，亦有偶然暗合者，如李白詩：「河陽花作縣，秋浦玉爲人。」武元衡詩：「河陽縣裏玉人間。」姚合詩：「文字當酒杯。」賈島詩：「燈下南華卷，祛愁當酒杯。」許渾詩：「百年便作千年計。」李後主詩：「人生不滿百，剛作千年畫。」柳子厚詩：「欸乃一聲山水緑。」張文昌詩：「離琴一聲罷，山水有餘輝。」姚合詩：「買石得花饒。」王建詩：「買石得雲饒。」王維詩：「珥筆趨丹陛。」儲光羲詩：「珥筆趨文陛。」杜牧之詩：「乞酒緩愁腸。」武元衡詩：「歌酒換離愁。」……此類甚多。（王楙《野客叢書》卷十九）

【五言協律】杜牧之詩曰：「几席延堯舜，軒墀立禹湯。」「一千年際會，三萬里農桑。」又曰：「四百年炎漢，三十代宗周。」曰：「二三里遺堵，八九所高丘。」孟郊詩曰：「見説祝融峰，擎天勢似騰。藏千尋布水，出十八高僧。」唐詩多有此體。雖若齟齬，其實協律，不但七言爲然。元微之詩曰：「庾公樓悵望，巴子國生涯。」賈島詩曰：「一千尋樹直，三十六峰寒。」（王楙《野客叢書》卷二十四）

因暇日與弟侄輩評古今諸名人詩：魏武帝如幽燕老將，氣韻沉雄；曹子建如三河少年，風流自賞；鮑明遠如饑鷹獨出，奇矯無前；謝康樂如東海揚帆，風日流麗；陶彭澤如絳雲在霄，舒卷自如；王右丞如秋水芙蕖，倚風自笑；韋蘇州如園客獨繭，暗合音徽；孟浩然如洞庭始波，木葉微脱；杜牧之如銅丸走坂，駿馬注坡；白樂天如山東父老課農桑，言言皆實；元微之如李龜年説天寶遺事，貌悴而神不傷；劉夢得如鏤冰雕瓊，流光自照；李太白如劉安雞犬，遺響白雲，覈其歸存，恍無定處；韓退之如囊沙背水，惟韓信獨能；李長吉如武帝食露盤，無補多慾；孟東野如埋泉斷劍，卧壑寒松；張籍如優工行鄉飲，醻獻秩如，時有詼氣；柳子厚如高秋獨眺，霽晚孤吹；李義山如百寶流蘇，千絲鐵網，綺密環妍，要非適用。（敖陶孫《詩評》）

《跋黄瀛父適意集》：余幼讀少陵詩，知其辭而未知其義。少長，知其義而未知其味。迨今則略知其味矣。大抵義到則辭到，辭義俱到，味到而體制實矣。故有豪放焉，有奇崛焉，有平易焉，有藻麗焉。而四體之中，平易尤難工。就唐人論之，則太白得其豪，牧之得其奇，樂天得其易，晚唐得其麗，兼之者少陵，所謂集大成者也。（徐鹿卿《清正存稿》卷五）

《詠古詩序》：《達齋詠古詩》若干篇，余友龔君德莊所作也。古今詩人吟諷弔古多矣，斷煙平蕪，淒風澹月，荒寒蕭瑟之狀，讀者往往慨然以悲，工則工矣，而於世道未有云補也。惟杜牧之、王介甫高才遠韻，超邁絶出，其賦息嬀、留侯等作，足以訂千古是非。今吾德莊所賦，遇得意處不減二公。（真德秀《西山先生真文忠公文集》卷二十七）

李、杜雖爲唐詩之宗師，好絶句直是少。然唐絶句多，好者亦不過二、三人而已，如李商隱、杜牧之、劉禹錫之外，則白樂天之類是也。（陳模《懷古録》）

《倦游録》云：「臨潼縣靈泉觀，唐華清宮也。自唐迄今，題詠不可勝紀。小杜五言長詠並三絶，洎鄭嵎《津陽門》詩外，唯陳文惠、張文定及進士楊正倫詩最佳。又鄭文寶詩云：『但見太平無事久，不知貞觀用功深。』皆爲知者所賞。」（何汶《竹莊詩話》卷十一「雜編」一）

【聞歌】《抒情詩話》云：「杜牧之綽有詩名，縱情雅逸。金陵艤舟，聞倡樓歌聲，有詩云云。風雅編綴，不可勝紀。與杜甫齊名，時人呼爲大杜、小杜。」（何汶《竹莊詩話》卷十一「雜編」十）

李樸《送徐行中序》云：「吾嘗論唐人文章，下韓退之爲柳子厚，下柳子厚爲劉夢得，下劉夢得爲杜牧，下杜牧爲李翱、皇甫湜，最下者爲元稹、白居易。蓋元、白以澄澹簡質爲工，而流入於鄙，譬如哇淫之歌，雖足以快心便耳，而類乏韶濩。翱、湜優柔泛濫，而詞不掩理。杜牧清深勁峻，而體乏步驟。夢得俊逸麗縟，而時窘邊幅。子厚雄健飄肆，有懸崖峭壑之勢，不幸不發於仁義，而發於躁誕。至退之而後淳粹温潤，駸駸乎爲六經之苗裔。」（王正德《餘師録》卷三「李樸」）

《謁顧子敦侍郎書》云：……唐興，三光五嶽之氣不分，文風復起，韓愈得其温厚深潤以爲貫道之器；柳子厚得其豪健肆雄飄逸果決者，僅足窺馬遷之藩鍵，而類發於躁誕。下至孫樵、杜牧，峻峰激流，景出象外，而裂窘邊幅。李翱、劉禹錫，刮垢見奇，清勁可愛，而體乏雄渾。皇甫湜、白居易閑誕簡質，斲去雕篆，而拙跡每見，回宫轉角之音，隨時間作，類乏《韶夏》，皆淫哇而不可聽。（王正德《餘師録》卷三「李樸」）

以人而論，則有：蘇、李體（李陵、蘇武）。曹、劉體（子建、公幹）。陶體（淵明）。謝體（靈運）。徐、庾體（徐陵、庾信）。沈、宋體（佺期、之問）。陳拾遺體（陳子昂）。王、楊、盧、駱體（王勃、楊炯、盧照鄰、駱賓王）。張曲江體（始興文獻公張九齡）。少陵體，太白體，高達夫體（高常侍適）。孟浩然體，岑嘉州體（岑參）。王右丞體（王維）。韋蘇州體（韋應物）。韓昌黎體，柳子厚體，韋、柳體（蘇州與儀曹合言之）。李長吉體，李商隱體（即「西昆體」也）。盧仝體、白樂天體，元、白體（微之、樂天，其體一也）。杜牧之體，張籍、王建體（謂樂府之體同也）。賈浪仙體，孟東野體，杜荀鶴體，東坡體，山谷體，後山體（後山本學杜，其語似之者但數篇，他或似而不全，又其他則本其自體耳）。王荆公體（公絶句最高，其得意處高出蘇、黄、陳之上，而與唐人尚隔一關）。邵康節體，陳簡齋體（陳去非與義也。亦江西之派而小異）。楊誠齋體（其初學半山、後山，最後亦學絶句於唐人。已而盡棄諸家之體而别出機杼，蓋其自序如此也）。（嚴羽《滄浪詩話·詩體》）

【唐五七言絶句】童子請曰：「昔杜牧譏元、白誨淫，今所取多□情、春思、宫怨之什，然乎？」余曰：「《詩大序》曰：『發乎情性，止乎禮義。』古今詩至是而止。夫發乎性情者，天理不容泯；止乎禮義，聖筆不能删也。小子識之。」（劉克莊《後村先生大全集》卷九十四）

杜牧、許渾同時，然各爲體。牧於唐律中，常寓少拗峭以矯時弊。渾則不然，如「荆樹有花兄弟樂，橘林無實子孫忙」之類，律切麗密或過牧，而抑揚頓挫不及也。二人詩不著姓名亦可辨。樊川有續别集三卷，十之八九皆渾詩。牧佳句自多，不必又取他人詩益之。若《丁卯集》割去許多傑作，則渾詩無一篇可傳矣。牧仕宦不至南海，别集乃存《南海府罷》之作，甚可笑。（劉克莊《後村詩話》前集卷一）

王贊序方干詩云：「張祜陞杜甫之堂，方干入錢起之室。」祜尤爲杜牧所稱，林逋亦有「張祜詩牌妙入神」之句。牧、逋非輕許可者。（劉克莊《後村詩話》後集卷一）

國初盛稱二孫何之文，苦不多見，僅叙杜詩云：「公詩支爲六家，孟郊得其氣焰，張籍得其簡麗，姚合得其清雅，賈島得其奇僻，杜牧、薛能得其豪健，陸龜蒙得其贍博。」此數語亦近似，但郊謂之得杜氣骨可也，烏有所謂焰哉！能詩非牧比，不可並稱。龜蒙非甚贍博，亦道不著。（劉克莊《後村詩話》新集卷一）

杜牧五言云：「韓彭不再生，英雄皆爲鬼。」又云：「少陵鯨海動，翰苑鶴天寒。」又云：「大熱去酷吏，清風來故人。」又云：「微雨池塘見，好風襟袖知。」又云：「圓疑竊龍頷，色又奪雞窗。」又云：「青漢龍髯絶，蒼山馬鬣悲。」又云：「微雨秋栽竹，孤燈夜讀書。」又云：「蓬蒿三畝居，寬於一天下。」又云：「自嫌如匹素，刀尺不由身。」又云：「誰知病太守，猶得作茶仙。」又云：「四百年炎漢，三十代宗周。二三里遺堵，八九所高丘。」又云：「偃蹇松公老，森嚴竹陣齊。小蓮娃欲語，幽筍稚相攜。」《杜秋娘》云：「京江水清滑，生女白如脂。……愁來獨長詠，聊可以自怡。」「蕭后去揚州，突厥爲閼支」，按《唐書》，蕭后因破没于竇建德，突厥處羅可汗遣使招之，建德不敢留，遂入于虜庭。貞觀四年，太宗滅突厥，以禮迎后至京師，入虜庭則爲閼氏必矣。《寄小侄阿宜》云：「小侄名阿宜，未得三尺長。……我若自潦倒，看汝爭翱翔。」《少年行》云：「官爲駿馬監，職帥羽林兒。……捷報雲臺賀，公卿拜壽巵。」七言云：「南朝四百八十寺，多少樓臺煙雨中。」又云：「蕭條市邑如魚尾，歲晚干戈識虎皮。」又云：「四海一家無一事，將軍攜鏡泣霜毛。」又云：「九原可作吾誰與，師友瑯琊邴曼容。」又云：「秋山春雨閑吟處，倚遍江南寺寺樓。」又云：「杜詩韓筆愁來讀，似倩麻姑癢處抓。」又云：「商女不知亡國恨，隔江猶唱《後庭花》。」又云：「自説江湖不歸事，阻風中酒過年年。」又云：「公道世間惟白髮，貴人頭上不曾饒。」《斑竹簞》云：「分明知是湘妃泣，何忍將身卧淚痕。」又云：「無端有寄閑消息，背插金釵笑向人。」《宫人冢》云：「少年入内教歌舞，不識君王到死時。」《别家》云：「初歲嬌兒未識爺，别爺不拜手吒叉。拊頭一别三千里，何日迎門却到家。」《贈射獵》云：「已落雙鵰血尚新，鳴鞭走馬又翻身。憑君莫射南來雁，恐有家書寄遠人。」《河湟》云：「元載相公曾借箸，憲宗皇帝亦留神。旋見衣冠就東市，忽遺弓劍不西巡。牧羊驅馬雖戎服，白髮丹心盡漢臣。唯有涼州歌舞曲，流傳天下樂閒人。」絶句云：

「玉子文楸一路饒，最宜簷雨竹蕭蕭。得年七十更萬日，與子期于局上銷。」《故洛城》云：「錮黨豈能留漢鼎，清談空解識胡兒。千燒萬刼坤靈死，慘慘終年鳥雀悲。」《九日齊山登高》云：「江涵秋影雁初飛，與客攜壺上翠微。……古往今來只如此，牛山何必淚霑衣。」《酬張處士》云：「七子論詩誰似公，曹劉須在指揮中。……可憐故國三千里，虚唱歌詞滿六宮。」《横江館》云：「孫家兄弟晉龍驤，馳騁功名業帝王。至竟江山誰是主，苔磯空屬釣魚郎。」又云：「鏡中絲髮悲來易，衣上塵痕拂却難。惆悵江湖釣竿手，却遮西日向長安。」又云：「四皓有芝輕漢祖，張儀無地與懷王。」又云：「仙掌月明孤影過，長門燈暗數聲來。」牧之門户貴盛，文章獨步一時，其機鋒凑泊如德山棒、臨濟喝。少時不羈，有書記平安之謗。晚年刺湖州，猶有「緑葉成陰子滿枝」之恨，若未忘情於色界者。晚節自誌其墓，與臺卿自誌、淵明自挽何異！非世之畏死懼化者所可及也。頃見考亭，嘗以行草書《九日齊山》之章，乃知文公亦愛其才。（劉克莊《後村詩話》新集卷五）

唐人絶句，有意相襲者，有句相襲者。王昌齡《長信宫》云：「玉顔不及寒鴉色，猶帶昭陽日影來。」孟遲《長信宫》亦云：「自恨輕身不如燕，春來還繞御簾飛。」王建《綺岫宫》云：「武帝去來紅袖盡，野花黄蝶領春風。」鮑溶《隋宫》云：「煬帝春遊古城在，壞宫芳草滿人家。」張喬《寄維揚友》云：「月明記得相尋處，城鎖東風十五橋。」杜牧《懷吳中友》云：「惟有别時今不忘，暮煙秋雨過楓橋。」韋應物《訪人》云：「怪來詩思清人骨，門對寒流雪滿山。」王涯《宫詞》云：「共怪滿衣珠翠冷，黄花瓦上有新霜。」

又杜牧《沈下賢》云：「一夕小敷山下路，水如環珮月如襟。」白樂天《暮江吟》：「可憐九月初三夜，露似珍珠月似弓。」劉長卿《送朱放》云：「莫道野人無外事，開田鑿井白雲中。」韓偓《即目》云：「須信閑中有忙事，曉來衝雨覓漁師。」此皆意相襲者。又杜牧《送隱者》云：「公道世間惟白髮，貴人頭上不曾饒。」高蟾《春》詩云：「人生莫遣頭如雪，縱得春風亦不消。」賀知章《還家》云：「兒童相見不相識，笑問客從何處來。」雍陶《過故宅看花》云：「今日主人相引看，誰知曾是客移來。」賈島《渡桑乾》云：「客舍并州已十霜，歸心日夜憶咸陽。無端更渡桑乾水，却望并州是故鄉。」李商隱《夜雨寄人》云：「君問歸期未有期，巴山夜雨漲秋池。何當共剪西窗燭，却話巴山夜雨時。」此皆襲其句而意别者。若定優劣，品高下，則亦昭然矣。（范晞文《對床夜語》卷四）

《題田不伐書後》：予嘗論杜牧之、石曼卿、秦少游雖寓之詩酒，其豪俊之氣，見於自著，終不可没，但命不偶耳。（趙秉文《閑閑老人滏水文集》卷二十）

《李屏山挽章二首（録一）》：世法拘人蝨處褌，忽驚龍跳九天門。牧之宏放見文筆，白也風流餘酒尊。落落久知難合在，堂堂元有不亡存。中州豪傑今誰望，擬唤巫陽起醉魂。（元好問《遺山詩集》卷八）

《與撖彦舉論詩書》：自李、杜、蘇、黄，已不能越蘇、李，追三代，矧其下乎？於是近世又盡爲辭勝之詩，莫不惜李賀之奇，喜盧仝之怪，賞杜牧之警，趨元稹之豔；又下焉，則爲温庭筠、李義山、許渾、王建，謂之晚唐。（郝經《陵川集》卷二十四）

《讀太倉稊米集跋》：少隱紹興元年避地山中，不能盡挈郡書。唯有柳子厚、劉夢得、杜牧之、黄魯直、杜子美、張文潛、陳無己、陳去非八家詩，鈔爲八珍。以謂皆適有之，非擇而取。予謂此豈適然，學者不可不會此意。取柳不取韓，取黄不取蘇，取杜不取李，有深義也。（方回《桐江集》卷二）

《恢大山西山小稿序》：論今之詩，五七言古律與絶句，凡五體。五言古，漢蘇、李，魏曹、劉，晋陶、謝。七言古，漢《柏梁》、臨汾張平子《四愁》。五言律、七言律及絶句，自唐始，盛唐人杜子美、李太白兼五體，造其極。王維、岑參、賈至、高適、李泌、孟浩然、韋應物，以至韓、柳、郊、島、杜牧之、張文昌，皆老杜之派也。（方回《桐江續集》卷三十三）

【蒼山序唐絶句】蒼山曾子實原一，寧都人。有詩名于江湖，編唐絶句，爲序曰：「……若劉禹錫之標韻，李商隱之深遠，杜牧之之雄偉，劉長卿之凄清，元、白之善叙導人情，蓋唐之尤長於絶句者也。老杜鈞樂天籟，不可與諸子竝，惟山谷絶近之。……」（劉壎《隱居通議》卷六）

【桂舟評論】桂舟諶先生祐，……序律詩有曰：「詩有律古矣。後夔典樂，律和聲，是詩之律已見於三代之前。漢以黄鍾爲律本，協音律，作詩樂，是詩之律又見於三代之後。惜漢魏降，至陳隋亡國之音著，而詩之律已絶響。悲夫！經幾百年而後風飄律吕，律中鬼神，始振響於浣花谿上。杜牧諸賢，又復振遺響於開元、天寶之後。元和以來，詩之律始大備於唐矣。……」（劉壎《隱居通議》卷六）

【律選】律詩始於唐，盛於唐，然合一代數十家，而選其精純高渺，首尾無瑕者，殆不滿百首。何其難也！劉長卿、杜牧、許渾、劉滄，實爲巨擘，極工而全美者，亦自有數。入宋則古文古詩，皆足方駕漢唐，惟律詩視唐益寡焉。蓋必雄麗婉活，默合宫徵，始可言律，而又必以格律爲主乃善，儻止以七字成句，兩句作對，便謂之詩，而重滯擁腫，不協格調，恐於律法未合也。（劉壎《隱居通議》卷八）

《曾御史文集序》：唐文雖變於韓、柳，然同時樊宗師、皇甫湜輩，未免藞蕀，求如李習之、杜牧之、劉夢得者，四方落落僅可數。而偶儷事實之敝，至西崑猶未懲也。（劉將孫《養吾齋集》卷十）

《胡助詩序》：金華胡助詩，如春蘭茁芽，夏竹含籜，露滋雨洗之，餘馥幽媚，娟娟淨好。五七言、古近體皆然，令人愛玩之無斁。頌、雅、風、騷而降，古祖漢、近宗唐，長句如太白、子美，絶句如夢得、牧之，此詩之上品也。（吳澄《吳文正公集》卷十三）

【纏足】張邦基《墨莊漫録》：婦人之纏足，起于近世。前世書傳皆無所自。《南史》齊東昏侯爲潘貴妃鑿金爲蓮花以帖地，令妃行其上，曰此步步生蓮花。然亦不言其弓小也。如《古樂府》、《玉臺新詠》，皆六朝詞人纖豔之言，類多體狀美人容色之姝麗，及言妝飾之華，眉目脣口要支手指之類，無一言稱纏足者。如唐之杜牧之、李白、李商隱之輩，作詩多言閨幃之事，亦無及之者。（陶宗儀《南村輟耕録》卷十）

《選杜緱山詩》：緱山人去已多時，猶對遺編動所思。墳上不澆千日酒，世間空愛七言詩。追隨工部仍多感，摹擬樊川更好奇。昨夜燈前選佳句，疾風應報九原知。（張之翰《西巖集》卷七）

《跋周氏塤篪樂府引》：余嘗評伯恭之作，絶類白樂天，閑退時，卧香山，命小蠻樊素持衣捉麈，談諧謔浪，出入閭巷，而其憂時剴切之意，初不爲外物少衰也。伯淳則又如杜牧之，少日俠遊名都，沉酣花柳，時青樓紫曲，雨約雲情，更唱迭和，然其千金百斛之費，益不知其所可靳惜也。（朱晞顔《瓢泉吟稿》卷五）

薛濤本長安良家女，父鄖，因官寓蜀而卒。母孀，養濤及笄。以詩聞外，又能掃眉塗粉，與士族不侔，客有竊與之宴語。時韋中令皋鎮蜀，召令侍酒賦詩，僚佐多士爲之改觀。期歲，中令議以校書郎奏請之，護軍曰不可，遂止。濤出入幕府，自皋至李德裕，凡歷事十一鎮，皆以詩受知。其間與濤唱和者：元稹、白居易、牛僧孺、令狐楚、裴度、嚴綬、張籍、杜牧、劉禹錫、吴武陵、張祜，餘皆名士，記載凡二十人，競有酬和。（費著《歲華紀麗譜·牋紙譜》）

《答章秀才論詩書》：韓、柳起於元和之間。韓初效建安，晚自成家，勢若掀雷抉電，撐決於天地之垠。柳斟酌陶、謝之中，而措辭窈眇清妍，應物而下，亦一人而已。元、白近於輕俗，王、張過於浮麗。要皆同師于古樂府。賈浪仙獨變入僻，以矯于元、白。劉夢得步驟少陵，而氣韻不足。杜牧之沈涵靈運，而句意尚奇。孟東野陰祖沈、謝，而流於蹇澀。盧仝則又自出新意，而涉于怪詭。至于李長吉、温飛卿、李商隱、段成式專誇靡曼。雖人人各有所師，而詩之變又極矣。（宋濂《宋文憲公全集》卷三十七）

《唐詩品滙總序》：有唐三百年，詩衆體備矣。故有往體、近體、長短篇、五七言律句、絶句等製，莫不興於始，成於中，流於變，而陊之於終。至於聲律興象，文詞理致，各有品格高下之不同。略而言之，則有初唐、盛唐、中唐、晚唐之不同。詳而分之：貞觀、永徽之時，虞、魏諸公，稍離舊習，王、楊、盧、駱，因加美麗，劉希夷有閨幃之作，上官儀有婉媚之體，此初唐之始製也。神龍以還，洎開元初，陳子昂古風雅正，李巨山文章宿老，沈、宋之新聲，蘇、張之大手筆，此初唐之漸盛也。開元、天寶間，則有李翰林之飄逸，杜工部之沉鬱，孟襄陽之清雅，王右丞之精緻，儲光羲之真率，王昌齡之聲俊，高適、岑參之悲壯，李頎、常建之超凡，此盛唐之盛者也。大曆、貞元中，則有韋蘇州之雅淡，劉隨州之閑曠，錢、郎之清贍，皇甫之沖秀，秦公緒之山林，李從一之台閣，此中唐之再盛也。下暨元和之際，則有柳愚溪之超然復古，韓昌黎之博大其詞，張、王樂府，得其故實，元、白序事，務在分明，與夫李賀、盧仝鬼怪，孟郊、賈島之饑寒，此晚唐之變也。降而開成以後，則有杜牧之之豪縱，温飛卿之綺靡，李義山之隱僻，許用晦之偶對，他若劉滄、馬戴、李頻、李群玉輩，尚能黽勉氣格，特邁時流，此晚唐變態之極，而遺風餘韻，猶有存者焉。是皆名家擅場，馳騁當世。或稱才子，或推詩豪，或謂五言長城，或爲律詩龜鑑，或號詩人冠冕，或尊海内文宗，靡不有精、粗、邪、正、長、短、高、下之不同。觀者苟非窮精闡微，超神入化，玲瓏透徹之悟，則莫能得其門，而臻其壼奧矣。（高棅《唐詩品匯》卷首）

唐史本傳云：牧詩情致豪邁，人號爲小杜，以別杜甫云。然議論好異於人，稍自昧於理者。（高棅《唐詩品匯》卷二十二「杜牧」）

【七言絶句叙目】開成以來，作者互出，而體制始分。若李義山、杜牧之、許用晦、趙承祐、温飛卿五人，雖興象不同，而聲律之變一也。共詩八十首，爲正變。（高棅《唐詩品匯》卷四十六卷首）

【杜牧之】律詩至晚唐，李義山而下，惟杜牧之爲最。宋人評其詩豪而豔，宕而麗，於律詩中特寓拗峭，以矯時弊，信然。（楊慎《升菴詩話》卷五）

【晚唐兩詩派】晚唐之詩分爲二派：一派學張籍，則朱慶餘、陳標、任蕃、章孝標、司空圖、項斯其人也；一派學賈島，則李洞、姚合、方干、喻鳧、周賀、「九僧」其人也。其間雖多，不越此二派，學乎其中，日趨于下。其詩不過五言律，更無古體。五言律起結皆平平，前聯俗語十字一串帶過，後聯謂之「頸聯」，極其用工。又忌用事，謂之「點鬼簿」，惟搜眼前景而深刻思之，所謂「吟成五個字，撚斷數莖鬚」也。余嘗笑之，彼之視詩道也狹矣。《三百篇》皆民間士女所作，何嘗撚鬚？今不讀書而徒事苦吟，撚斷肋骨亦何益哉！晚唐惟韓、柳爲大家。韓、柳之外，元、白皆自成家。餘如李賀、孟郊祖《騷》宗謝；李義山、杜牧之學杜甫；温庭筠、權德輿學六朝；馬戴、李益不墜盛唐風格，不可以晚唐目之。數君子真豪傑之士哉！彼學張籍、賈島者，真處裩中之蝨也。二派見《張洎集》序項斯詩，非余之臆説也。（楊慎《升菴詩話》卷十一）

【金荃】元好問詩：「金荃怨曲蘭畹詞。」《金荃》，温飛卿詞名《金荃集》。荃即蘭蓀也，音筌。《蘭畹》，唐人詞曲集名，與《花間集》出入，而中有杜牧之詞。（楊慎《藝林伐山》卷十七）

元和如劉禹錫，大中如杜牧之，才皆不下盛唐，而其詩迥別。故知氣運使然，雖韓之雄奇，柳之古雅，不能挽也。（胡應麟《詩藪》内編卷五「近體中七言」）

唐七言律自杜審言、沈佺期首創工密，至崔顥、李白時出古意，一變也。高、岑、王、李，風格大備，又一變也。杜陵雄深浩蕩，超忽縱横，又一變也。錢、劉稍爲流暢，降而中唐，又一變也。大曆十才子，中唐體備，又一變也。樂天才具泛瀾，夢得骨力豪勁，在中、晚間自爲一格，又一變也。張籍、王建略去葩藻，求取情實，漸入晚唐，又一變也。李商隱、杜牧之塡塞故實，皮日休、陸龜蒙馳騖新奇，又一變也。許渾、劉滄角獵俳偶，時作拗體，又一變也。至吳融、韓偓香匳脂粉，杜荀鶴、李山甫委巷叢談，否道斯極，唐亦以亡矣。（胡應麟《詩藪》内編卷五「近體中七言」）

楊用修云：「唐樂府本自古詩而意反近，絶句本自近體而意反遠，蓋唐人偏長獨至，而後人力追莫嗣者也。擅場則王江寧，偏至則李彰明，羽翼則劉中山，遺響則杜樊川。少陵雖號大家，不能兼美。近世愛忘其醜者，並取效之，過矣。」用修平生論詩，惟此精確。（胡應麟《詩藪》内編卷六「近體下絶句」）

中唐絶，如劉長卿、韓翃，李益、劉禹錫，尚多可諷詠。晚唐則李義山、温庭筠、杜牧、許渾、鄭谷，然途軌紛出，漸入宋、元。多歧亡羊，信哉！（胡應麟《詩藪》内編卷六「近體下絶句」）

七言絶，李、王二家外，王翰《涼州詞》，王維《少年行》，高適《營州歌》，王之渙《涼州詞》，韓翃《江南曲》，劉長卿《昭陽曲》，劉方平《春怨》，顧況《宫詞》，李益《從軍》，劉禹錫《堤上行》，張籍《成都曲》，王涯《秋思》，張仲素《塞下曲》、《秋閨曲》，孟郊《臨池曲》，白居易《楊柳枝》、《昭君怨》，杜牧《宫怨》、《秋夕》，温庭筠《瑶瑟怨》，陳陶《隴西行》，李洞《繡嶺詞》，盧弼《四時詞》，皆樂府也。然音響是唐人，與五言絶稍異。（胡應麟《詩藪》内編卷六「近體下絶句」）

五言絶，晚唐殊少作者，然不甚逗漏。七言絶，則李、許、杜、趙、崔、鄭、温、韋，皆極力此道。然純駁相揉，所當細參。（胡應麟《詩藪》内編卷六「近體下絶句」）

俊爽若牧之，藻綺若庭筠，精深若義山，整密若丁卯，皆晚唐錚錚者。其才，則許不如李，李不如温，温不如杜。今人於唐專論格不論才，於近則專論才不論格，皆中無定見，而任耳之過也。（胡應麟《詩藪》外編卷四「唐下」）

飛卿北里名娼，義山狹斜浪子，紫微緑林傖楚，用晦村學小兒，李賀鬼仙，盧仝鄉老，郊、島寒衲。（胡應麟《詩藪》外編卷四「唐下」）

自義山、牧之、用晦開用事議論之門，元人尤喜模倣。如「夜深正好看明月，又抱琵琶過别船」，「如何十二金人外，猶有當年鐵未銷」，「却愛曹瞞臺上瓦，至今猶屬建安年」，「中郎有女能傳業，傳得胡笳業不如」，皆世所傳誦。晚唐尖巧餘習，深入膏肓。弘、正前尚中此，嘉、隆始洗削一空。（胡應麟《詩藪》外編卷六「元」）

杜牧詩主才，氣俊思活。（胡震亨《唐音癸籤》卷八「評匯」四引《吟譜》）

牧之詩含思悲淒，流情感慨，抑揚頓挫之節，尤其所長。以時風委靡，獨持拗峭，雖云矯其流弊，然持情亦巧矣。（胡震亨《唐音癸籤》卷八「評匯」四引徐獻忠語）

趙渭南嘏才筆欲横，故五字即窘，而七字能拓。藴毫濃，揭響滿，爲穩於牧之，厚於用晦。若加以清

英，矻其肥癡，取冠晚調不難矣。爲惜「倚樓」隻句摘賞，掩其平生。（胡震亨《唐音癸籤》卷八「評匯」四引遯叟語）

凡七言律作拗峭語者，皆有所不足也。杜牧之非拗峭不足振其骨，劉蘊靈非拗峭不足宕其致。材愈降，愈借以蓋其短。豈唯二子，即少陵之拗體，亦盛唐之變風，大家之降格，而非其正也。（胡震亨《唐音癸籤》卷八「評匯」四）

唐七言律自杜審言、沈佺期首創工密，至崔顥、李白時出古意，一變也。……嗣後温、李之競事組織，薛能之過爲芟刊，杜牧、劉滄之時作拗峭，韋莊、羅隱之務趨條暢，皮日休、陸龜蒙之填塞古事，鄭都官、杜荀鶴之不避俚俗，變又難可悉紀。律體愈趨愈下，而唐祚亦告訖矣。（胡震亨《唐音癸籤》卷十「評匯」六）

唐人之詩，樂府本效古體，而意反近；絶句本自近體，而意實遠，故求風雅之仿佛者，莫如絶句，唐人之所偏長獨至，而後人力追莫嗣者也。擅場則王江寧，驂乘則李彰明，偏美則劉中山，遺響則杜樊川。少陵雖號大家，不能兼善，以拘於對偶，且汩於典故，乏性情爾。（胡震亨《唐音癸籤》卷十「評匯」六引楊升庵語）

杜牧之門第既高，神穎復儁，感慨時事，條畫率中機宜，居然具宰相作略。顧回翔外郡，晚乃陞署紫微，隄築非遥，甑裂先兆。亦繇平昔詩酒情深，局量微嫌疎躁，有相才，乏相器故爾。自牧之後，詩人擅經國譽望者概少，唐人材益寥落不振矣。（《唐詩談叢》卷一）

紫微與元、白待張祜一案，幾成詩獄。初，杜與白論詩不合，而祜亦常覓解於白，失其意。後彭陽公薦祜詩於朝，元復左袒白，奏罷之。紫微守秋浦，因激而爲祜稱不平，與祜交偏厚，贈詩有「不羨人間萬户侯」句。而於元、白，盛稱李戡欲用法治其詩之説。使諸公仕路相值，豈有幸哉！獨惜一祜詩，受鏑於斯，而受盾於斯，匪拜詩賜紫微矣。歎賢達成心難化至此。（胡震亨《唐詩談叢》卷一）

【樊川集】《雍録》曰：「樊川在長安南杜縣之樊鄉也，高帝以樊噲灌廢丘有功，封邑於此，故曰樊川，即後寬川也，又名御宿川。在萬年縣南三十里，杜佑別墅在焉。故裔孫牧目其文爲《樊川集》。別集一卷，姚寬《西溪叢語》以爲許渾之詩，許曾至鬱林，杜未有西粤之役，而別集有「松牌出象州」之句，姚語或有據也。然其中又有《寄許渾》並「華堂今日綺筵開」詩，乃牧之作，疑信相半，難以別白。（徐𤊹《紅雨樓題跋》卷一）

【樊川別集】杜牧《樊川集》，語多猥澁，惟別集句調新清。（徐𤊹《徐氏筆精》卷二）

《合刻中晚名家集序》：唐自李、杜、元、白以還，而欲鏤混沌之鬚眉，盜淵岳之鐍鑰者，必稱温、李諸子。會昌中李義山與温飛卿、段柯古以藻麗相誇，號西昆三十六體，今三十六體者不盡傳，而温、李詩盛行于世。韓君平、李長吉之生皆先于温、李，韓致光則唐末矣，其所爲詩與西昆不同響，而各極其致。曲阿姜重生氏鮮他嗜，獨嗜古人書，得諸家善本，録而廣之，顯曰「中晚名家」。中晚之以詩名不勝數，而諸家其最豔者。若更與杜牧《樊川》、許渾《丁卯》、韋莊《浣花》諸集彙而成書，以視《麗情》、《才調》諸選零落未備者，不更快人意耶？（姚希孟《響玉集》卷七）

五言古詩：古詩十九首、漢樂府、建安、陶淵明、陳子昂、李白、杜甫；七言古詩：鮑明遠、王建、李白；樂府：張籍、杜甫、李賀；五言律詩：張籍、杜甫、李白、劉長卿；七言律詩：杜牧、許渾、李商隱、李白、杜甫；五言絶句：王維、裴迪、李白、杜甫；七言絶句：杜牧、岑參、劉禹錫、李白。初學詩者，且宜模範此數子，成趣之後，方可廣看。（周履靖《騷壇秘語》卷上「範」第十二）

杜牧主才，氣俊思活。（周履靖《騷壇秘語》卷中「體」第十五）

杜牧、李商隱、張籍、王建、韓愈、柳宗元、劉禹錫、白居易、元稹、賈島，右諸家詩律視盛唐益熟矣，而步驟漸拘迫，皆祖風騷，宗盛唐，謂之中唐。（周履靖《騷壇秘語》卷中「律體」）

古樂府，渾然有大篇氣象。六朝諸人，語絶意不絶。王維、裴迪、賀知章、李白、杜甫、岑參、高適、王昌齡、劉長卿、張祜、韋應物、孟浩然，右諸家意絶語不絶。杜牧、李商隱、張籍、王建、韓愈、柳宗元、劉禹錫、白居易、賈島、李賀，右諸家意絶語俱絶。（周履靖《騷壇秘語》卷中「絶句體」）

余生也晚，不及見南部之煙花，宜春之子弟，而猶幸少長承平之世，偶爲北里之遊。長板橋邊，一吟一咏，顧盼自雄，所作歌詩，傳誦諸姬之口，楚潤相看，態娟互引，余亦自詡平安杜書記也。（余懷《板橋雜記》卷首序言）

《虞山詩約序》：唐之詩，藻麗莫如王、楊，而子美以爲近於《風》、《騷》；奇詭莫如長吉，而牧之以爲騷之苗裔。繹二杜之論，知其所以近與其所以爲苗裔者，以是而語於古人之指要，其幾矣乎！（錢謙益《牧齋初學集》卷三十二）

《馮定遠詩序》：定遠，吾友嗣宗之子也。……其爲詩沉酣六代，出入于義山、牧之、庭筠之間，其

情深，其調苦，樂而哀，怨而思，信所謂窮而能工者也。（錢謙益《牧齋初學集》卷三十二）

《題費所中山中詠古詩》：余少壯亦好論兵，抵掌白山黑水間，老歸空門，都如幻夢。肰每笑洪覺范論禪輒唱言：杜牧論兵，如珠走盤。（錢謙益《牧齋初學集》卷四十八）

《古今樂府論》：唐樂府亦用律詩。唐人李義山有轉韻律詩。白樂天、杜牧之集中所載律詩，多與今人不同。（馮班《鈍吟雜録》）

《唐詩清覽集序》：余嘗發憤歎息，以爲古人既没，而可使復生，良有賴於後人之論述也。試考諸家，若李、杜、元、白、牧之、仲武，雖所作不無出入，然其持論，必義存得失，意歸諷諭，言之無罪，聞者足戒，流連光景，非所嘉尚。何至後世蕩然無存，雕金篆玉以爲工，取青媲白以爲巧，遞相沿襲，求一言之幾於道而不可得也。（魏裔介《兼濟堂集》卷六）

蓋自有天地以來，古今世運氣數，遞變遷以相禪。古云：「天道十年一變。」此理也，亦勢也，無事無物不然，寧獨詩之一道膠固而不變乎？……小變於沈、宋、雲、龍之間，而大變於開元、天寶、高、岑、王、孟、李。此數人者，雖各有所因，而實一一能爲創。而集大成如杜甫，傑出如韓愈，專家如柳宗元、如劉禹錫、如李賀、如李商隱、如杜牧、如陸龜蒙諸子，一一皆特立興起。其他弱者，則因循世運，隨乎波流，不能振拔，所謂唐人本色也。（葉燮《原詩》内篇上）

自甫以後，在唐如韓愈、李賀之奇奡，劉禹錫、杜牧之雄傑，劉長卿之流利，温庭筠、李商隱之輕豔，

以至宋、金、元、明之詩家，稱巨擘者，無慮數十百人，各自炫奇翻異，而甫無一不爲之開先。（葉燮《原詩》內篇上）

宋南渡後，梅溪、白石、竹屋、夢窗諸子，極妍盡態，反有秦、李未到者，雖神韻天然處或減，要自令人有觀止之歎。正如唐絶句至晚唐劉賓客、杜京兆，妙處反進青蓮、龍標一塵。（彭孫遹《詞藻》卷二）

《冬日讀唐宋金元諸家詩偶有所感各題一絶於卷後（七首選一·牧之）》：星宿羅胸氣吐虹，屈蟠兵策畫山東。黨牛怨李君何與，青史千秋有至公。（王士禎《漁洋精華録》訓纂卷六下）

《新安二布衣詩序》：予嘗反復二家之詩，吳（非熊）五言其源出於謝宣城、何水部，意得處時時近之。程（孟陽）七言近體學劉文房、韓君平，清辭麗句，神韻獨絶；七言絶句出入於夢得、牧之、義山之間，不名一家，時詣妙境。（王士禎《帶經堂全集》蠶尾續文卷一）

《蠶尾後集自序》：弇州先生曰：「七言絶句盛唐主氣，氣完而意不必工；中晚唐主意，意工而氣不必完。」予反復斯集，益服其立論之確。毋論李供奉、王龍標暨開元、天寶諸名家，即大曆、貞元間，如李君虞、韓君平諸人，蘊藉含蓄，意在言外，殆不易及。元和而後，劉賓客、杜牧之、李義山、温飛卿、唐彦謙諸作者，雖用意微妙，猶可尋其鍼縷之跡，有所作輒欲效之，然終不能近也。（王士禎《帶經堂全集》蠶尾續文卷二）

唐劉蜕《文冢銘》，自評其文粲如星光，如貝氣，如蛟宫之水，此喻最妙。……唐末古文，並稱樵、蜕，蜕《文泉子》，予所手録，然不逮樵遠甚。樵之文，在大中時，惟杜牧可稱勍敵。（王士禎《香祖筆記》卷三）

余于唐人之文，最喜杜牧、孫樵二家，皮日休《文藪》、陸龜蒙《笠澤叢書》抑其次焉。（王士禎《香祖筆記》卷六）

余嘗欲取唐人陸宣公、李衛公、劉賓客、皇甫湜、杜牧、孫樵、皮日休、陸龜蒙之文，遴而次之，爲八家以傳。恨敚於吏事，不遑卒業，俟乞骸骨歸田後，當畢斯志。聊書此以當息壤。（王士禎《香祖筆記》卷六）

米芾《畫史》云：潁州公庫顧凱之《維摩百補》，是杜牧之摹寄潁守本，精彩照人。是小杜亦工畫也。（王士禎《居易録》卷九）

予於唐文最喜杜牧之、孫樵可之，以爲在翱、湜之右。《樊川集》家有舊刻本，《可之集》止見毛本，壬申六月偶過慈仁寺，得金陵舊刻，有謝兆申跋。（王士禎《居易録》卷十九）

唐末之文，吾喜杜牧、孫樵；宋南渡之文，吾喜陸游、羅願；元文吾喜戴表元；明初之文，吾喜徐一夔；明季之文，吾喜嘉定婁堅、臨川傅占衡、餘姚黄宗羲。（王士禎《古夫于亭雜録》卷三）

問：「元人詩亦近晚唐，而又似不及晚唐，然乎否耶？」答：「元詩如虞道園，便非晚唐可及。楊鐵崖時涉温、李，其小樂府亦過晚唐。他人與晚唐相出入耳。晚唐如温、李、皮、陸、杜牧、馬戴，亦未易及。」（王士禎《師友詩傳續録》）

唐杜牧之《張好好詩并序》真蹟卷，用硬黄紙，高一尺一寸五分，長六尺四寸，末闕六字。與本集不同者二十許字。卷首楷書：「唐杜牧張好好詩」，宣和御筆也。又御書葫蘆印、雙龍小璽、宣和連珠印；後有政和長印、政和連珠印、神品小印、内府圖書之印。董其昌跋云：「樊川此書，深得六朝人氣韻，余所見顔、柳以後，若温飛卿與牧之，亦名家也。」愚按《宣和書譜》，唐詩人善書者：賀知章、李白、張籍、白居易、許渾、司空圖，吴融、韓偓、杜牧，而不載温飛卿。然余從它處見李商隱書，亦絶妙。知唐人無不工書者，特爲詩所掩耳。此卷今藏宋太宰牧仲家。（王士禎《漁洋詩話》卷下）

《唐人萬首絶句選凡例》：七言，初唐風調未諧，開元、天寶諸名家，無美不備，李白、王昌齡尤爲擅場。昔李滄溟推「秦時明月漢時關」一首壓卷，余以爲未允。必求壓卷，則王維之「渭城」，李白之「白帝」，王昌齡之「奉帚平明」，王之涣之「黄河遠上」，其庶幾乎！而終唐之世，絶句亦無出四章之右者矣。中唐之李益、劉禹錫，晚唐之杜牧、李商隱四家，亦不減盛唐作者云。（王士禎《帶經堂詩話》卷四「删訂類」）

至元稹、杜牧、李商隱、韓偓，而上宫之迎，垝垣之望，不惟極意形容，兼亦直認無諱，真桑、濮耳孫也。（賀裳《載酒園詩話》卷一豔詩）

【拗體】詩有拗體，所謂律中帶古也。初盛唐時或有之，然自有意到筆隨之妙。至昌黎、樊川，則先用意而後落筆，欲以矯一時之弊，是亦不得已而趨蜀道也。（宋長白《柳亭詩話》卷五）

【詠史】詠史始于班孟堅，前人多用古體，至杜牧、汪遵、胡曾、孫元宴、元好問，宋元輩以絶句行之，每每翻案見奇，亦一法也。（宋長白《柳亭詩話》卷二十二）

【琴操竹枝】退之《琴操》，夢得《竹枝》，仲初《宫詞》，文昌樂府，皆以古調而運新聲，脱盡尋常蹊徑。至若李賀、盧仝、孟郊、杜牧、賈島、曹唐輩，亦各自立門牆，不肯寄人籬下，雖非堂堂正正之師，而偏鋒取勝，亦足稱一時之傑矣。（宋長白《柳亭詩話》卷二十八）

《漸細齋集序》：古今論者以爲詩家至子美而集大成，故詩有子美，猶聖之有宣尼，後之學者往往學焉，而各得其性之所近。唐昌黎、長慶，以及孟郊、張籍、許渾、杜牧、李商隱、陸龜蒙之徒，皆師承少陵，得其一偏，各自名家。（邵長蘅《青門賸稿》卷七）

《與金生》：僕學詩垂三十年，漢魏、三唐至宋元明人詩，尠所不觀，亦尠所不好，獨不喜多看晚唐詩。晚唐自昌黎外，惟許渾、杜牧、李商隱三數家，差錚錚耳。餘子專攻近體，就近體，又僅僅求工句字間，尺幅窘苦不堪。世界儘空闊，何苦從鼠穴蝸角中作生活計邪？（邵長蘅《青門賸稿》卷十一）

《吳元朗詩集序》：近世詩人多學白香山。香山之詩，視義山爲優，然當時之人已有議之者，而杜牧之爲特甚。則其弗幾乎道者，不爲時所重，而傳之後世，得無流弊也，不其難與？（陳廷敬《午亭文編》卷三十七）

（馮定遠）又云：「……唐人絶句之有聲病者，是二韻律詩也。元、白、牧之、昌黎集可證。唐人集分體者少，今所傳分體者，皆近人所爲。古本多存有分律詩絶句者，如《臨川集》首題云七言律詩，下注云絶句，甚分明。唐人惟有元、白、韓、杜等是舊次，今武定侯刻白集，坊本杜牧之集，亦皆分體如今人矣。幸二集尚有宋板，而新本亦有翻宋板者可據耳。（吳喬《圍爐詩話》卷一）

唐樂府亦用律詩，而李義山又有轉韻律詩，杜牧之、白樂天集中律詩多與今人不同，《瀛奎律髓》有仄韻律詩，嚴滄浪云「有古律詩」，今皆不能辨矣。（吴喬《圍爐詩話》卷二）

樊川先生本傳：先生「少與李甘、李中敏、宋祁善，其通古今，善處成敗，甘等不及。」其氣節實與甘等相上下，當不徒擅風流才子之目也。詩醲腴魁磊，雄視三唐。用晦與先生同時，詩格卑下，然圓穩律切麗密，亦豈得以淺陋少之？（杜詒穀《中晚唐詩叩彈集》卷六）

晚唐中，牧之與義山俱學子美。然牧之豪健跌宕，而不免過於放，學之者不得其門而入，未有不入於江西派者。不如義山頓挫曲折，有聲有色有情有味，所得爲多。（何焯《義門讀書記》卷上）

《杜司勳》：「高樓風雨感斯文」，含下傷春；「短翼差池不及群」，含下傷別。「高樓風雨」、「短翼差池」，玉谿方自傷春、傷別，乃彌有感於司勳之文也。（何焯《義門讀書記》卷上）

《贈司勳杜十三員外》：牧之以氣節自負，故有第五。落句言朝廷著述推渠手筆，比之於己，未爲不遇也。（何焯《義門讀書記》卷下）

大臨近體，余最愛其揚州四律。……其二曰：「十載揚州好夢賒，文章杜牧佔繁華。偶來秋水芙蓉幕，恣看春風荳蔻花。帳底離情微注淚，眼中密意小回車。只應司馬村頭冢，把與雷塘香土遮。」（顧嗣立《寒廳詩話》）

自中唐以後，律詩盛行，競構聲病，故多音節和諧，風調圓美。杜牧之恐流於弱，特創豪宕波峭一派，以力矯其弊。山谷因之，亦務爲峭拔，不肯隨俗爲波靡，此其一生命意所在也。究而論之，詩果意思沉着，氣力健舉，則雖和諧圓美，何嘗不沛然有餘？若徒以生闢爭奇，究非大方家耳。（趙翼《甌北詩話》卷十二）

七言絶句，李供奉、王龍標神化至矣。王翰、王之渙一首兩首，冠絶古今。右丞氣韻，嘉州氣骨，非大曆諸公可到。李君虞、劉夢得具有樂府意，亦邈焉寡儔。至如樊川之風調，義山之筆力，又豈易言哉！（喬憶《劍溪説詩》卷下）

《唐宋八家文序》：治經義者，有得於此，治古文者，亦未必不有得於此。外此，唐則有李習之、杜牧之、孫可之，宋則有李泰伯、司馬文正公、王梅溪、陳同甫、文信國諸公文，俱當蒐討畋漁者，學者尚究心焉。（沈德潛《歸愚文鈔》卷十一）

七言絶句，貴言微旨遠，語淺情深，如清廟之瑟一倡而三歎，有遺音者矣。開元之時，龍標、供奉允稱神品，此外，高、岑起激壯之音，右丞多悽惋之調，以至「蒲桃美酒」之詞，「黄河遠上」之曲，皆擅場也。後李庶子、劉賓客、杜司勳、李樊南、鄭都官諸家，托興幽微，克稱嗣響。（沈德潛《唐詩别裁集》卷首凡例）

杜牧，字牧之，京兆萬年人。大和二年進士，又舉賢良方正，歷任中外官，終考功郎中、知制誥、中書舍人。有《樊川集》二十卷。晚唐詩多柔靡，牧之以拗峭矯之。人謂之小杜，以别少陵，配以義山，時亦稱李、杜。（沈德潛《唐詩别裁集》卷十五）

李滄溟推王昌齡「秦時明月」爲壓卷，王鳳洲推王翰「蒲萄美酒」爲壓卷，本朝王阮亭則云：「必求壓卷，王維之『渭城』，李白之『白帝』，王昌齡之『奉帚平明』，王之涣之『黄河遠上』其庶幾乎？而終唐之世，亦無出四章之右者矣。」滄溟、鳳洲主氣，阮亭主神，各自有見。愚謂：李益之「回樂峰前」，柳宗元之「破額山前」，劉禹錫之「山圍故國」，杜牧之「煙籠寒水」，鄭谷之「揚子江頭」，氣象稍殊，亦堪接武。（沈德潛《説詩晬語》卷上）

晚唐體裁愈廣，如杜牧之有五律，結而又結成十句；如義山又有七古似七律音調者，《偶成轉韻七十二句》是也。（方世舉《蘭叢詩話》）

五七絶句，唐亦多變。李青蓮、王龍標尚矣。杜獨變巧爲拙，變俊爲傖，後惟孟郊法之；然傖中之俊，拙中之巧，亦非王、李輩所有。元、白清宛，賓客同之，小杜飄蕭、義山刻至，皆自闢一宗。李賀又闢一宗。惟義山用力過深，似以律爲絶，不能學，亦不必學。退之又創新，然而啓宋矣。（方世舉《蘭叢詩話》）

杜樊川才甚豪俊，法未完密。羅江東筆甚爽傑，功稍粗疏。許丁卯格甚凝練，氣未深厚。（李重華《貞一齋詩話》）

吴越似稍亞，然有羅江東一人，便大爲浙水吴山生色。孫光憲之于荆南也亦然。誰謂賢者之無益於人國哉！韓致光爲玉溪之别子，韋端己乃香山之替人，羅昭諫感事傷時，激昂排奡，以追配杜紫微，庶幾無愧。三公競爽，可稱華嶽三峰。（鄭方坤《五代詩話》卷首例言）

《儀真縣江村茶社寄舍弟》：詩人李白，仙品也；王維，貴品也；杜牧，雋品也。維、牧皆得大名，歸老輞川、樊川，車馬之客，日造門下。維之弟有縉，牧之子有荀鶴，又復表表後人。惟太白長流夜郎。（鄭燮《鄭板橋全集》家書類）

《隨獵詩草・花間堂詩草跋》：紫瓊崖主人者……英偉俊拔之氣，似杜牧之；春融澹泊之致，似韋□□；□□清遠之態，似王摩詰；沉□□□□□，似杜少陵、韓退之。（鄭燮《鄭板橋全集》補遺）

（絶句）兩不對，如賈至「紅粉當壚弱柳垂，金花臘酒解酴醾。笙歌日暮能留客，醉殺長安輕薄兒」（首句作主）。李白「楊花落盡子規啼，聞道龍標過五溪。我寄愁心與明月，隨風直到夜郎西」（次句作主）。王昌齡「昨夜風開露井桃，未央前殿月輪高。平陽歌舞新承寵，簾外春寒賜錦袍」（三句作主）。杜牧「銀燭秋光冷畫屏，輕羅小扇撲流螢。天階夜色涼如水，卧看牽牛織女星」（四句作主）。韓翃「春城無處不飛花，寒食東風御柳斜。日暮漢宫傳蠟燭，輕煙散入五侯家」（三四作主）。白居易「帝子吹簫逐鳳凰，空餘仙洞號華陽。落花何處堪惆悵，頭白宫人掃影堂」（一二作主）。（冒春榮《葚原説詩》卷三）

高青邱笑古人作詩，今人描詩。描詩者，像生花之類，所謂優孟衣冠，詩中之鄉願也。譬如學杜而竟如杜，學韓而竟如韓，人何不觀真杜、真韓之詩，而肯觀僞韓、僞杜之詩乎？……唐義山、香山、牧之、昌黎，同學杜者，今其詩集，都是別樹一旗。（袁枚《隨園詩話》卷七）

王阮亭七言絶句，以夢得、義山、牧之爲宗，間啓秀于宋、元，藝林競賞，大約在使事設色。（楊際昌《國朝詩話》卷一）

西亭詩未能婉而多風，七言絶句新致殊似杜樊川。（楊際昌《國朝詩話》卷一）

升菴謂杜牧好用數目，垛積成句。按句法一不外《三百篇》，如「于三十里」、「三百維群」、「九十其犉」、「終三十里」、「十千維耦」等句，蓋不一而足矣。（何文煥《歷代詩話考索》）

《後村詩話》前集二卷，後集二卷，續集四卷，新集六卷，宋劉克莊撰。……謂杜牧兄弟分黨牛李，以爲高義，而不知爲門户之私。（永瑢等《四庫全書總目提要》卷一百九十五集部詩文評類一）

大和、會昌而下，詩教日衰，獨李義山矯然特出，時傳子美之遺；特用事過多，涉於濃滯，或掩其美。次則杜牧之律體，寓拗峭以矯時弊，猶有健氣。（魯九皋《詩學源流考》）

【唐人律詩論】若作詩則切己言志，又非代古立言之比。至於律詩則更非衍擬古效古之比矣。唐之玉溪、樊川，已不肯爲大曆以後之律詩，至蘇、黄而益加厲矣。此即教人自爲之理也。（翁方綱《復初齋文集》卷八）

盛之後漸趨坦迤，中之後則漸入薄弱，所以秀異所結，不得不歸樊川、玉溪也。（翁方綱《石洲詩話》卷二）

姚武功詩，恬淡近人，而太清弱，抑又太盡，此後所以漸靡靡不振也。然五律時有佳句，七律則庸軟耳。大抵此時諸賢七律，皆不能振起，所以不得不讓樊川、玉溪也。（翁方綱《石洲詩話》卷二）

晚唐自小杜而外，惟有玉溪耳。温岐、韓偓，何足比哉！（翁方綱《石洲詩話》卷二）

許丁卯五律，在杜牧之下，温岐之上，固知此事不盡關塗澤也。七律亦較温清迥矣。（翁方綱《石洲詩話》卷二）

馬戴五律，又在許丁卯之上，此直可與盛唐諸賢儕伍，不當以晚唐論矣。然終覺樊川、義山之妙不可及。（翁方綱《石洲詩話》卷二）

初唐之高者，如陳射洪、張曲江，皆開啓盛唐者也。中晚之主高者，如韋蘇州、柳柳州、韓文公、白香山、杜樊川，皆接武盛唐，變化盛唐者也。是有唐之作者，總歸盛唐。而盛唐諸公，全在境象超詣，所以司空表聖《二十四品》及嚴儀卿以禪喻詩之説，誠爲後人讀唐詩之準的。（翁方綱《石洲詩話》卷二）

伯生七古，高妙深渾，所不待言。至其五古，於含蓄中吐藻韻，乃王龍標、杜牧之以後所未見也。（翁方綱《石洲詩話》卷二）

薩雁門《京城春暮》七律，太像小杜。雁門詩多如此者，然似此轉非善學小杜，不過大致似之耳。（翁方綱《石洲詩話》卷二）

杜牧之詩輕倩秀豔，在唐賢中另是一種筆意，故學詩者不讀小杜詩必不韻。（李調元《詩話》卷下）

劉賓客無體不備，蔚爲大家，絶句中之山海也。始以議論入詩，下開杜紫微一派。（管世銘《讀雪山房唐詩凡例》）

杜紫微天才横逸，有太白之風，而時出入於夢得。七言絶句一體，殆尤專長。觀玉溪生「高樓風雨」云云，傾倒之者至矣。（管世銘《讀雪山房唐詩凡例》）

杜牧之與韓、柳、元、白同時，而文不同韓、柳，詩不同元、白，復能於四家外，詩文皆别成一家，可云特立獨行之士矣。韓與白亦素交，而韓不仿白，白亦不學韓，故能各臻其極。（洪亮吉《北江詩話》卷一）

中唐以後，小杜才識，亦非人所及，文章則有經濟，古近體詩則有氣勢，倘分其所長，亦足以了數子，宜其薄視元、白諸人也。（洪亮吉《北江詩話》卷二）

有唐一代，詩文兼擅者，惟韓、柳、小杜三家；次則張燕公、元道州。他若孫可之、李習之、皇甫持正，能爲文而不能爲詩。高、岑、王、李、李、杜、韋、孟、元、白，能爲詩而不能爲文，即有文亦不及其詩。（洪亮吉《北江詩話》卷二）

李樊南之知杜舍人，亦非他人所及，所云惟其有之，是以似之也。（洪亮吉《北江詩話》卷六）

謫仙獨到之處，工部不能道只字，謫仙之於工部亦然；退之獨到之處，白傅不能道只字，退之之於白傅亦然，所謂可一不可兩也。外若沈之與宋，高之與岑，王之與孟，韋之與柳，温之與李，張、王之樂府，皮、陸之聯吟，措詞命意不同而體格並同，所云笙磬同音也。唐初之四杰、大曆之十子亦然。欲於李、杜、韓、白之外求獨到，則次山之在天寶，昌谷之在元和，寥寥數子而已。詩文並可獨到，則昌黎而外，惟杜牧之一人。（洪亮吉《北江詩話》卷六）

晚唐自應首推李、杜。義山之沉鬱奇譎，樊川之縱横傲岸，求之全唐中，亦不多見，而氣體不如大曆諸公，時代限之也。次則温飛卿、許丁卯，次則馬虞臣、鄭都官，五律猶有可觀，外此則鄶、莒之下矣。（方南堂《輟鍛録》）

温飛卿五律甚好；七律惟《蘇武廟》、《五丈原》可與義山、樊川比肩；五七古、排律，則外强中乾耳。（方南堂《輟鍛録》）

《讀三李二杜集竟歲暮祭之各題一首（牧之）》：司勳晚出具風裁，傷別傷春泥酒杯。作賦但能供朅誦，占詩忽訝夢駒來。感恩事久私成黨，薄倖名贏豔費才。惆悵露桃花一樹，爲誰零落爲誰開？（舒位《缾水齋詩集》卷一）

十里揚州落魄時，春風豆蔻寫相思。誰從絳蠟銀箏底，別識談兵杜牧之。（姚瑩《中復堂全集》）

《答高雨農舍人書》：壽祺曩欲進樊川以參韓、柳，揭遜志齋以配震川，爲唐明職志。（陳壽祺《左海文集》卷四下）

唐詩自李、杜、韓、白四大家外，尚有李義山、杜樊川兩集，亦須熟看，當時亦以李、杜並稱。（梁章鉅《退庵隨筆》卷二十一）

元稹撰《子美墓係銘》曰：……孫僅叙曰：「其夐邈高聳，則若鑿太虛而噭萬籟；……所謂真粹氣中人也。公之詩，支而爲六家：孟郊得其氣焰，張籍得其簡麗，姚合得其清雅，賈島得其奇僻，杜牧、薛能得其豪健，陸龜蒙得其贍博。皆出公之奇偏爾，尚軒軒然自號一家，爀世烜俗。後人師擬不暇，矧合之乎？《風》、《騷》而下，唐而上，一人而已。」（余成教《石園詩話》卷一）

《歲寒堂詩話》論張文昌律詩不如劉夢得、杜牧之、李義山。文昌七律或嫌平易，五律清妙處不亞王、孟，乃愧夢得、牧之、義山哉！其《夜到漁家》、《宿臨江驛》二律，與劉文房《餘干旅舍》一作，用韻同，風韻亦同，皆絕唱也。（潘德輿《養一齋詩話》卷三）

周氏敬曰：「少陵七言律，如八音並奏，清濁高下，種種具陳，真有唐獨步也。然其間半入大曆後格調，實開中晚濫觴之端。」按中晚七律能手，如劉賓客、柳柳州、白樂天、王仲初、許丁卯、杜紫薇、温八叉、羅昭諫之流，皆絶不學杜，非杜詩開之也。略能學杜而涉其藩籬者，惟一李義山，遂爲晚唐七律之冠。（潘德輿《養一齋李杜詩話》卷二）

嚴滄浪云：「學詩入門須正，立志須高。若入門一誤，即有下劣詩魔中之，不可救矣。」古人謂「取法乎上，僅得其中」，亦言宗法之不可不正也。……七律以工部、右丞、義山爲法，參以東川、嘉州、中山、牧之，須求高壯雄厚，不涉空腔，乃是方家正宗。（朱庭珍《筱園詩話》卷一）

杜樊川詩雄姿英發，李樊南詩深情綿邈。其後李成宗派而杜不成，殆以杜之較無窠臼與？（劉熙載《藝概》卷二「詩概」）

【李衛公集　唐李德裕撰】夜閲《李衛公集》。中唐以後文，自韓柳外，首推牧之，次則衛公，次孫可之，次李文公，次皇甫持正、李元賓，又次則獨孤文公、元次山、劉中山、李遐叔、李子羽、梁補闕、蕭茂挺、歐陽四門，若張文昌、元微之、李義山，又其亞也。劉文泉、沈下賢、皮襲美、陸魯望，已不免村野氣太重。司空侍郎、羅江東，則樸不勝俗，健不勝麄矣。（李慈銘《越縵堂讀書記》八「文學」）

【樊川文集】讀杜牧之《樊川文集》。牧之詩力求生新，亦講古法，故晚唐諸名家中，尤爲錚錚。子九（孫垓）論詩絶句云：「若向生新論風格，就中尤愛杜司勳。」真知言也。午後讀樊川文。予自己酉冬於《唐文粹》中讀牧之文數篇，不過謂其生峭便學，如孫樵、劉蜕之徒。今日復之，乃知才學均勝，通達治體，原本經訓，而下筆時復不肯一語猶人，故骨力與詩等，而氣味醇厚較過之。所著如《罪言》、《原十六衛》、《守論》、《戰論》諸篇，前惟賈太傅《治安策》、《過秦論》，後惟老蘇幾策《權書》，可以鼎立，固爲最著。他如《李飛墓誌》、《盧秀才墓誌》、《李賀集序》、《注孫子序》、《杭州新造南亭記》、《上李司徒論用兵書》、《上李太尉論江賊書》、《黄州刺史謝上表》、《進撰韋寬遺愛碑文表》、《塞廢井文》、《題荀文若傳後》諸作，皆奇正相生，不名一體，氣息亦直逼兩漢。長篇如《韋寬遺愛碑》，尤見筆力。《燕將録》、《竇列女傳》亦卓然史才，雖取境太近，然一展卷間如層巒疊嶂，煙景萬狀；如名將號令，壁壘旌旗，不時變色；如長江大河，風水相遭，陡作奇致；又如食極潔諫果，味美于回，真韓柳外一勍敵也。至若《送薛處士序》，則諷以處士二字之難副；《上昭義劉司徒書》，則勉以討賊之忠義；《上高大夫書》，則論取士之不可以資格；《與人論諫書》，則戒直言之激怒致禍；《投知己書》，則告以不急人知之素；《答莊充書》，則規以求人作序之非，具見生平風節。唐史言其以從兄悰貴顯常悒悒不樂，亦未可信矣。又考牧之雖稍見用於大中初，其時職史秉筆，未免於會昌朝事，稍形指斥，此亦君相之意。其微詞見義，如《奇章公墓誌》中直載劉從諫入朝還鎮月日，及《杭州南亭記》言武宗毀佛寺事，固曲直甚明爾。（李慈銘《越縵堂讀書記》八「文學」）

【樊南文集】義山詩律雅煉，固不待言，古文亦齊名孫可之、皇甫持正、杜牧之諸家，四六尤爲中唐後一大宗，論者謂不特非宋人所及，即王、楊四子亦覺遜之。（李慈銘《越縵堂讀書記》八「文學」）

《御選唐宋文醇》，採之葛氏，以宣公、衛公儷小杜，不若越縵六家評陟之精，前人未有見及者。……近出《舒藝室雜著乙編》卷上，有《唐十八家文録序》，意在破八家之説之固陋，曰：世人論古文，輒曰唐宋八家，又曰昌黎起八代之衰。不知唐之與宋，原委既殊，門户自别，非可概論。至起衰之功，斷推元道州爲首。第其文散漫，未立門構，若獨孤及、梁、權，規模粗具，而猶苦肥重。惟昌黎氏原本六經，下參《史》、《漢》，錯綜變化，冠絶百世。要其學出安定，而實淵源於毘陵，則未嘗無所因也。柳州初工駢體，後乃篤志古文，其才氣陵厲，足以抗韓，至於學識根柢，遜韓多矣。同時若劉賓客，才辨縱横，間以古藻，亦柳之亞。元相滔滔清絶，開宋人一派。李、皇甫皆學昌黎，而一得其理，一得其辭，亦各自成門徑。牛相文筆刻露，議論透闢。沈下賢喜爲小篇，戛然自異。杜牧之雄奇超邁，實爲韓氏先導。孫可之源出韓氏，而專務奇削，要其獨至不可及。世以孫、劉並稱，然復愚則近於險怪矣。皮襲美根據深厚，若在韓門，當肩隨習之。陸魯望不衫不履，野趣自得，頗有似元道州者。羅昭諫懷才不試，好爲寓言，出以過激，每不中理，然固唐一代人文之後勁也。予録唐文凡十八家，源流遷變，概見於斯。（平步青《霞外捃屑》卷六《玉樹廬芮録》斠書）

【韓李韓杜】《柳亭詩話》卷十六：歐陽永叔欲以衛公文與昌黎並稱曰韓、李。按文忠此語，見《内制集序》，以衛公《一品集》多代言之作故也。唐人本稱韓、李，不稱韓、柳；李謂習之也。《蘇氏文集序》所云「韓、李之徒出」，指習之。蘇洵《上歐陽公書》，韓子後亦舉習之。梨洲《明文海序》，則稱韓、杜，杜謂牧之。鄙意李文公源出昌黎，衛公、牧之亦僅得一體，皆不若柳州也。儲在陸謂千古足當韓豪者，惟柳州一人，信爲知言。（平步青《霞外攟屑》卷七上《縹錦廛文築上》論文）

義山七律，得於少陵者深，故穠麗之中，時帶沈鬱。如《重有感》、《籌筆驛》等篇，氣足神完，直登其堂，入其室矣。飛卿華而不實，牧之俊而不雄，皆非此公敵手。（施補華《峴傭説詩》）

杜牧之才氣，其唐長慶以後第一人耶，讀其詩、古文、詞，感時憤世，殆與漢長沙太傅相上下。然長沙生際熙時，特爲廟堂作憂盛危明之言，已警惰窳；牧之正丁晚季，故其語益蒿目捶胸不能自已，而其不善用其才亦略同。牧之世家公相，少負高名，其於進取本易，不幸以牛僧孺之知，遂爲李衛公所不喜。核而論之，當時之黨於牛者，盡小人也，而獨有牧之之磊落，李給事中敏之伉直，則雖受知於牛，而不可謂之牛之黨。衛公不能別白用之，概使沉埋，此其偏心，無所逃識者之責備，而其勳名之不得究竟，至有朱崖之行，亦未嘗不由此。然在牧之，則不可謂非急售其才而不善用之者也。牧之上方略，衛公頗用其言，功成而賞弗及，衛公誠過矣！……（全祖望《鮚埼亭文集選注》）

唐人文，韓、柳之外，陸宣公、李衛公、獨孤及、劉賓客、李翺、皇甫湜、杜牧、孫樵、皮日休、陸龜蒙，此十家者，當遴次以傳。（宋顧樂《夢曉樓隨筆》）

知制誥、中書舍人、尚書吏部、考功郎中、湖州刺史，京兆杜牧牧之，其出與元、白同源，古風愈況，時傷浮露，無復春容；律詩絶句，情韻覃淵，足以方駕龍標，囊括温李。（宋育仁《三唐詩品》卷二）

附録二

杜牧詩文繫年目録

唐敬宗寶曆元年乙巳（八二五）

上昭義劉司徒書　寶曆元年九月前

阿房宫賦　寶曆元年

唐文宗大和元年丁未（八二七）

燕將録　約大和元年春作

同州澄城縣户工倉尉廳壁記　大和元年

感懷詩一首　大和元年

竇列女傳　大和元年

唐文宗大和二年戊申（八二八）

及第後寄長安故人　大和二年春

贈終南蘭若僧　大和二年春

唐文宗大和四年庚戌（八三〇）

寄牛相公　大和四年春

望故園賦　約大和四年

唐文宗大和五年辛亥（八三一）

李賀集序　大和五年十月

偶遊石盎僧舍　大和五年

唐文宗大和六年壬子（八三二）

贈沈學士張歌人　大和六年春

和宣州沈大夫登北樓書懷　約大和六年秋

送王侍御赴夏口座主幕　約大和六年至九年春間

唐文宗大和七年癸丑（八三三）

戰論并序　約大和七年前後

守論并序　約大和七年前後

唐文宗大和八年甲寅（八三四）

隋苑　大和八年春
牧陪昭應盧郎中在江西宣州佐今吏部沈公幕罷府周歲公宰昭應牧在淮南縻職敘舊成二十韻用以投寄　大和八年秋
淮南監軍使院廳壁記　大和八年十月二十一日
書處州韓吏部孔子廟碑陰　約大和八年
揚州三首　大和八年
罪言　大和八年
原十六衛　大和八年
上知己文章啓　疑大和八年

唐文宗大和九年乙卯（八三五）

送杜顗赴潤州幕　大和九年春
贈别二首　大和九年春或夏間
遣懷　大和九年春或夏間
唐故尚書吏部侍郎贈吏部尚書沈公行狀　約大和九年四月後
張好好詩并序　大和九年

故洛陽城有感　大和九年秋至開成元年秋

兵部尚書席上作　疑大和九年秋至開成元年秋

唐文宗開成元年丙辰（八三六）

題敬愛寺樓　開成元或二年早春

洛中二首　開成元年春

金谷園　約開成元年春

東都送鄭處誨校書歸上都　開成元年

洛中送冀處士東遊　開成元年秋

洛陽長句二首　開成元年

題壽安縣甘棠館御溝　開成元年

唐文宗開成二年丁巳（八三七）

洛中監察病假滿送韋楚老拾遺歸朝　開成二年春

陝州醉贈裴四同年　開成二年春

潤州二首　開成二年秋

題揚州禪智寺　開成二年秋

杜秋娘詩并序　開成二年秋末

將赴宣州留題揚州禪智寺　開成二年秋末

唐故銀青光禄大夫檢校禮部尚書御史大夫充浙江西道都團練觀察處置等使上柱國清河郡開國公食邑二千户贈吏部尚書崔公行狀　約開成二年秋末前後

投知己書　開成二年

上鄭相公狀　開成二至三年間

唐文宗開成三年戊午（八三八）

題宣州開元寺　開成三年春

句溪夏日送盧霈秀才歸王屋山將欲赴舉　開成三年

大雨行　開成三年六月

送沈處士赴蘇州李中丞招以詩贈行　開成三年秋

題宣州開元寺水閣閣下宛溪夾溪居人　開成三年深秋

念昔遊三首　開成三年

宣州開元寺南樓　開成三年

上淮南李相公狀　開成三年

書懷寄盧歙州　開成三年

許秀才至辱李蘄州絶句問斷酒之情因寄　開成三年至五年

唐文宗開成四年己未（八三九）

初春雨中舟次和州横江裴使君見迎李趙二秀才同來因書四韻兼寄江南許渾先輩　開成四年初春

自宣州赴官入京路逢裴坦判官歸宣州因題贈　開成四年春

宣州送裴坦判官往舒州時牧欲赴官歸京　開成四年春

自宣城赴官上京　開成四年春

和州絶句　開成四年春

題烏江亭　開成四年春

西江懷古　開成四年春

題横江館　開成四年春

村行　開成四年春

往年隨故府吳興公夜泊蕪湖口今赴官西去再宿蕪湖感舊傷懷因成十六韻　開成四年春

商山麻澗　開成四年春

商山富水驛　開成四年春

丹水　開成四年春

題武關　開成四年春

除官赴闕商山道中絶句　開成四年春

題商山四皓廟一絶　開成四年春

漢江　開成四年春

途中作　開成四年春末

送牛相出鎮襄州　開成四年八月後

李甘詩　開成四年

唐故岐陽公主墓誌銘　開成四年

唐故范陽盧秀才墓誌　開成四年

唐文宗開成五年庚申（八四〇）

雪晴訪趙嘏街西所居三韻　約開成五年初春

送陸涔郎中棄官東歸　約開成五年春

冬至日寄小姪阿宜詩　開成五年冬

襄陽雪夜感懷　開成五年冬

唐武宗會昌元年辛酉（八四一）

罷鍾陵幕吏十三年來泊湓浦感舊爲詩　會昌元年春末

重到襄陽哭亡友韋壽朋　會昌元年七月

題青雲館　會昌元年秋

奉和門下相公送西川相公兼領相印出鎮全蜀詩十八韻　會昌元年十一月

唐故灞陵駱處士墓誌銘　約會昌元年十一月後

與浙西盧大夫書　會昌元年

上宣州崔大夫書　會昌元年

唐武宗會昌二年壬戌（八四二）

入商山　會昌二年三月

奉陵宫人　會昌二年晚春

黄州刺史謝上表　約會昌二年四月後

與人論諫書　約會昌二年四月至會昌四年九月間

蘭溪　會昌二年至四年春末

齊安郡後池絶句　會昌二年至四年夏日

塞廢井文　會昌二年春末至會昌四年九月
黄州准赦祭百神文　會昌二年六月十八日
上李中丞書　會昌二年七月前
早雁　會昌二年八月
題桐葉　會昌二年秋
齊安郡中偶題二首　會昌二年至四年秋
題木蘭廟　會昌二年至四年秋
題齊安城樓　會昌二年至四年秋間
赤壁　會昌二年至四年秋間
雪中書懷　會昌二年十二月
題安州浮雲寺樓寄湖州張郎中　會昌二年
郡齋獨酌　會昌二年
自貽　會昌二年
黄州竹逕　會昌二年
上池州李使君書　會昌二年

齊安郡晚秋　會昌二年至四年晚秋

題桃花夫人廟　會昌二年至四年秋間

偶見　會昌二年至四年秋間

春日言懷寄虢州李常侍十韻　約會昌二年或稍後

雨中作　會昌二年至四年秋

唐武宗會昌三年癸亥（八四三）

祭城隍神祈雨文二首　約會昌三年五、六月間

上李司徒相公論用兵書　會昌三年七月

上門下崔相公書　會昌三年八月

東兵長句十韻　會昌三年冬

唐武宗會昌四年甲子（八四四）

池州送孟遲先輩　會昌四年秋

重送　會昌四年秋

即事黄州作　會昌四年秋

賀中書門下平澤潞啓　會昌四年八月稍後

秋浦途中　會昌四年九月
送薛邽二首　會昌四年九月至六年九月
登九峰樓　會昌四年九月至六年九月
池州清溪　會昌四年秋至六年秋間
見吳秀才與池妓別因成絶句　會昌四年九月至會昌六年九月
遊池州林泉寺金碧洞　約會昌四年臘月
皇風　會昌四年
寄浙東韓乂評事　會昌四年
上李太尉論北邊事啓　會昌四年
見劉秀才與池州妓別　約會昌四年至六年

唐武宗會昌五年乙丑（八四五）

送劉秀才歸江陵　會昌五年春
池州造刻漏記　會昌五年四月
池州春送前進士蒯希逸　會昌五年或六年春
題池州貴池亭　會昌五年或六年春

池州李使君没後十一日處州新命始到後見歸妓感而成詩　會昌五年四五月間
唐故處州刺史李君墓誌銘并序　會昌五年四月後
祭故處州李使君文　會昌五年四月稍後
池州重起蕭丞相樓記　會昌五年五月
上李太尉論江賊書　會昌五年六七月間
池州廢林泉寺　約會昌五年八月至六年九月間
題池州弄水亭　會昌五年秋
九日齊山登高　會昌五年九月
酬張祜處士見寄長句四韻　會昌五年九月
登池州九峰樓寄張祜　會昌五年九月後
贈張祜　會昌五年九月後
還俗老僧　會昌五年秋冬間
斫竹　會昌五年秋冬間
李給事二首　會昌五年
上安州崔相公啓　會昌五年

唐故宣州觀察使御史大夫韋公墓誌銘并序　會昌五年
寄唐州李玭尚書　疑會昌五年

唐武宗會昌六年丙寅（八四六）

春末題池州弄水亭　會昌六年春末
殘春獨來南亭因寄張祜　會昌六年春末
祭木瓜神文　會昌六年春夏間
上白相公啓　會昌六年四月稍後
新定途中　會昌六年九月
泊秦淮　會昌六年秋冬間
杭州新造南亭子記　會昌六年十二月
上宣州高大夫書　會昌六年
代人舉蔣係自代狀　會昌六年
憶遊朱坡四韻　約會昌六年至大中二年間
朱坡絶句三首　會昌六年至大中二年春間
題新定八松院小石　會昌六年底至大中二年八月

唐宣宗大中元年丁卯(八四七)

初春有感寄歙州邢員外　大中元年初春

送盧秀才一絶　大中元年春

送盧秀才赴舉序　大中元年春

寄内兄和州崔員外十二韻　大中元年春

睦州四韻　大中元或二年春

昔事文皇帝三十二韻　大中元年春或二年春間

唐宣宗大中二年戊辰(八四八)

正初奉酬歙州刺史邢群　大中二年正月

寄瑨笛與宇文舍人　大中二年六月至十二月之間

上吏部高尚書狀　大中二年初秋

上刑部崔尚書狀　大中二年八月前

上周相公啓　大中二年八月三日

秋晚早發新定　大中二年九月

除官歸京睦州雨霽　大中二年九月

夜泊桐廬先寄蘇臺盧郎中　大中二年九月

汴河阻凍　大中二年十一、十二月間

宋州寧陵縣記　大中二年十一月十八日

江南懷古　大中二年

寄澧州張舍人笛　大中二年

唐故邕府巡官裴君墓誌銘　最早約在大中二年

唐宣宗大中三年己巳（八四九）

唐故江西觀察使武陽公韋公遺愛碑　大中三年春

進撰故江西韋大夫遺愛碑文表　大中三年春

謝許受江西送撰韋丹碑彩絹等狀　大中三年春

上周相公書　大中三年四月前

唐故太子少師奇章郡開國公贈太尉牛公墓誌銘并序　大中三年五月稍前

唐故歙州刺史邢君墓誌銘并序　大中三年六月至大中四年秋間

上河陽李尚書書　大中三年七月至大中四年七月間

許七侍御棄官東歸瀟灑江南頗聞自適高秋企望題詩寄贈十韻　大中三年深秋

爲中書門下請追尊號表　約大中三年十一、十二月間

上宰相求杭州啓　大中三年閏十一月

奉和白相公聖德和平致兹休運歲終功就合詠盛明呈上三相公長句四韻　大中三年冬

送容州中丞赴鎮　大中三年

李侍郎於陽羨里富有泉石牧亦於陽羨粗有薄産叙舊述懷因獻長句四韻　大中三年

夏州崔常侍自少常亞列出領麾幢十韻　大中三年

今皇帝陛下一詔徵兵不日功集河湟諸郡次第歸降臣獲睹聖功輒獻歌詠　大中三年

奉送中丞姊夫儔自大理卿出鎮江西叙事書懷因成十二韻　大中三年

中丞業深韜略志在功名再奉長句一篇兼有諮勸　大中三年

題永崇西平王宅太尉愬院六韻　約大中三、四年間

唐宣宗大中四年庚午（八五〇）

奉和僕射相公春澤稍愆聖君軫慮嘉雪忽降品彙昭蘇即事書成四韻　大中四年正、二月間

長安雜題長句六首　大中四年春

道一大尹存之學士庭美學士簡于聖明自致霄漢皆與舍弟昔年還往牧支離窮悴竊於一麾書美歌詩兼自言志因成長句四韻呈上三君子　大中四年二月後，初秋之前

上宰相求湖州第一啓　大中四年夏
上宰相求湖州第二啓　大中四年夏
上宰相求湖州第三啓　大中四年七月前
新轉南曹未叙朝散初秋暑退出守吳興書此篇以自見志　大中四年七月
將赴吳興登樂遊原一絶　大中四年秋
將赴湖州留題亭菊　大中四年秋
題白蘋洲　大中四年秋
寢夜　大中四年秋
送李群玉赴舉　大中四年秋
寄李起居四韻　大中四年冬
湖州正初招李郢秀才　大中四年冬
見宋拾遺題名處感而成詩　約大中四年

唐宣宗大中五年辛未（八五一）

早春贈軍事薛判官　大中五年正月
上鹽鐵裴侍郎書　大中五年二月至九月間

七絶一首　大中五年春末

暮春因遊明月峽故留題　大中五年春末

早春寄岳州李使君李善棊愛酒情地閑雅　約大中五年春

不飲贈官妓　大中五年春

代吳興妓春初寄薛軍事　大中五年春

題茶山　大中五年三月

茶山下作　大中五年三月

入茶山下題水口草市絶句　大中五年三月

春日茶山病不飲酒因呈賓客　大中五年三月

賀平党項表　大中五年四月或稍後

唐故進士龔軺墓誌　大中五年五月二日

祭龔秀才文　大中五年五月二日

赴京初入汴口曉景即事先寄兵部李郎中　大中五年秋

途中一絶　大中五年秋

祭周相公文　大中五年七月八日

玲瓏山杜牧題名　大中五年八月八日

八月十二日得替後移居霅溪館因題長句四韻　大中五年八月十二日

詠歌聖德遠懷天寶因題關亭長句四韻　大中五年秋末

除官行至昭應聞友人出官因寄　大中五年秋末

隋堤柳　大中五年九月

裴休除禮部尚書裴諗除兵部侍郎等制　大中五年九月

權審除户部員外郎制　大中五年九月後

朱叔明授右武衛大將軍制　大中五年九月後

盧籍除河東副使李推賢殿中丞高湜除湖南推官薛廷傑桂管支使等制　大中五年九月後

沙州專使押衙吴安正等二十九人授官制　大中五年十月稍後

燉煌郡僧正慧菀除臨壇大德制　大中五年十月後

趙真齡除右散騎常侍制　大中五年九月至大中六年底之間

韓賓除户部郎中裴處權除禮部郎中孟璲除工部郎中等制　大中五年九月至大中六年底之間

李朋除刑部員外郎李從誨除都官員外郎等制　大中五年九月至大中六年底之間

皇甫鉟除右司員外郎鄭濛除侍御史内供奉等制　大中五年九月至大中六年底之間

盧告除左拾遺等制　大中五年九月至大中六年底之間
蕭峴除太常博士制　大中五年九月至大中六年底之間
杜濛除太常博士制　大中五年九月至大中六年底之間
馬曙除右庶子王固除太僕少卿王球除太府少卿等制　大中五年九月至大中六年底之間
李叔玫除太僕卿高證除均州刺史萬汾除施州刺史等制　大中五年九月至大中六年底之間
歸融册贈左僕射制　大中五年九月至大中六年底之間
盧摶除廬州刺史制　大中五年九月至大中六年底之間
李暨除絳州刺史魏中庸除亳州刺史曹慶除威遠營使等制　大中五年九月至大中六年底之間
李誠元除朔州刺史制　大中五年九月至大中六年底之間
田克加檢校國子祭酒依前宥州刺史制　大中五年九月至大中六年底之間
薛淙除鄧州任如愚除信州虞藏玘除邛州刺史等制　大中五年九月至大中六年底之間
鄭液除通州刺史李蒙除陳州刺史等制　大中五年九月至大中六年底之間
王晏實除齊州吳初本巴州陳侹渝州刺史等制　大中五年九月至大中六年底之間
郭瓊除渠州郭宗元除興州等刺史王雅康除建陵臺令等制　大中五年九月至大中六年底之間
吳從除蓬州賈師由除瓊州蕭蕃除羅州刺史等制　大中五年九月至大中六年底之間

裴閲除温州刺史伊實除獻陵臺令等制　大中五年九月至大中六年底之間

陸紹除信州刺史封載除遂州刺史鄭宗道南鄭縣令等制　大中五年九月至大中六年底之間

張德翁除歸州刺史李承訓除福昌縣令盧審矩除陽翟縣令等制　大中五年九月至大中六年底之間

王樟除雅州刺史郭鎖除右諭德等制　大中五年九月至大中六年底之間

傅孟恭除威州刺史宣敏加祭酒兼侍御史依前宣歙道兵馬使知防秋事等制　大中五年九月至大中六年底之間

姚克柔除鳳州刺史韋承鼎除櫟陽縣令王仲連贊善大夫等制　大中五年九月至大中六年底之間

朱載言除循州刺史袁循除渭南縣令張公及除獻陵令韋幼章除京兆府倉曹等制　大中五年九月至大中六年底之間

支某除鄆王傅盧賓除融州刺史趙全素除福陵令等制　大中五年九月至大中六年底之間

鄭倰除大理少卿致仕制　大中五年九月至大中六年底之間

王釗除皇城留守制　大中五年九月至大中六年底之間

王知信除左衛將軍史寰除右監門衛將軍等制　大中五年九月至大中六年底之間

梁榮幹除檢校國子祭酒兼右神策軍將軍制　大中五年九月至大中六年底之間

吕衛除左衛將軍李銖右威衛將軍令狐朗除滑州别駕等制　大中五年九月至大中六年底之間

張幼彰程脩己除諸衛將軍翰林待詔等制　大中五年九月至大中六年底之間

一品孫李明遠授左千牛備身等制　大中五年九月至大中六年底之間

房次玄除檢校員外郎充度支靈鹽供軍使等制　大中五年九月至大中六年底之間

李知讓加御史中丞依前邠州刺史韋瓊加侍御史充振武軍掌書記等制　大中五年九月至大中六年底之間

崔彥曾除山南西道副使李詵山東道推官楊元汶京兆府法曹等制　大中五年九月至大中六年底之間

李承慶除鳳翔節度副使馮軒除義成軍推官等制　大中五年九月至大中六年底之間

夏侯曈除忠武軍節度副使薛途除涇陽尉充集賢校理等制　大中五年九月至大中六年底之間

蕭孜除著作佐郎裴祐之陝府巡官崔滔櫟陽縣尉集賢校理等制　大中五年九月至大中六年底之間

楊知退除鄆州判官薛廷望除美原尉直弘文館等制　大中五年九月至大中六年底之間

白從道除東渭橋巡官陶祥除福建支使劉蜕壽州巡官等制　大中五年九月至大中六年底之間

鄭碣除江西判官李仁範除東川推官裴虔餘除山南東道推官處士陳威除西川安撫巡官等制　大中五年九月至大中六年底之間

裴諗除監察御史裏行桂管支使等制　大中五年九月至大中六年底之間

石賀除義武軍書記崔涓除東川推官等制　大中五年九月至大中六年底之間
顧湘除涇原營田判官夏侯覺除鹽鐵巡官等制　大中五年九月至大中六年底之間
趙元方除户部和糴巡官陳洙除長安縣尉王巖除右金吾使判官等制　大中五年九月至大中六年底之間
韋承鼎除左贊善大夫韋諝除尚食奉御柳謙除壽安縣令韋選除義昌軍推官錢琦除滄景支使等制　大中五年九月至大中六年底之間
康從固除翼王府司馬制　大中五年九月至大中六年底之間
張正度除汾州別駕等制　大中五年九月至大中六年底之間
馬逈除蜀州別駕等制　大中五年九月至大中六年底之間
高駢除祭酒兼侍御史依前充職右神策軍兵馬使制　大中五年九月至大中六年底之間
忠武軍都押衙檢校太子賓客王仲玄等加官制　大中五年九月至大中六年底之間
右神策軍押衙檢校太子賓客尚漢美等叙勳制　大中五年九月至大中六年底之間
右龍武軍大將軍劉誠信等三十三人叙階制　大中五年九月至大中六年底之間
柳師玄除衢州長史知夏州進奏等制　大中五年九月至大中六年底之間
景思齊授官知宣武軍進奏官制　大中五年九月至大中六年底之間

武官授折衝果毅等制　大中五年九月至大中六年底之間
王著貶端州司户制　大中五年九月至大中六年底之間
李玗貶撫州司馬制　大中五年九月至大中六年底之間
武易簡量移梧州司馬制　大中五年九月至大中六年底之間
王元宥除右神策軍護軍中尉制　大中五年九月至大中六年底之間
周元植除鳳翔監軍制　大中五年九月至大中六年底之間
劉全禮等七人並除内侍省内府局丞置同正等制　大中五年九月至大中六年底之間
宋叔康妻封邑號制　大中五年九月至大中六年底之間
吐突士曄妻封邑號制　大中五年九月至大中六年底之間
新羅王子金元弘等授太常寺少卿監丞簿制　大中五年九月至大中六年底之間
西州廻鶻授驍衛大將軍制　大中五年九月至大中六年底之間
契丹賀正使大首領等授官制　大中五年九月至大中六年底之間
黔中道朝賀牂牁大酋長等十六人授官制　大中五年九月至大中六年底之間
黔中道朝賀訓州昆明等十三人授官制　大中五年九月至大中六年底之間
張直方授左驍衛將軍制　大中五年十一月

沈下賢　大中五年

和嚴惲秀才落花　大中五年

與汴州從事書　約大中五年或六年

唐宣宗大中六年壬申（八五二）

歲日朝廻　大中六年正月

薛逵除秦州刺史制　大中六年正月

唐故東川節度使檢校右僕射兼御史大夫贈司徒周公墓誌銘　大中六年初

早春閣下寓直蕭九舍人亦直内署因寄書懷四韻　大中六年初春

唐故淮南支使試大理評事兼監察御史杜君墓誌銘　約大中六年元、二月間

内宴請上壽酒　大中六年春

宴畢殿前謝辭　大中六年春

謝賜物狀　大中六年春

李文舉除睦州刺史制　大中六年四月

姜閲貶岳州司馬等制　大中六年四月

朱能裕除景陵判官制　大中六年四月

賀生擒衡州草賊鄧裴表　大中六年四月稍後
馮少端等湖南軍將授官制　大中六年四月後
賴師貞除懷州長史周少鄘除虢州司馬王桂直除道州長史等制　大中六年四月後
李珏册贈司空制　大中六年五月
畢諴除刑部侍郎制　大中六年六月
薦王寧啓　大中六年六七月間
韋有翼除御史中丞制　大中六年立秋
韋退之除户部員外郎裴德融除殿中侍御史盧穎除監察御史等制　大中六年秋
鄭處晦守職方員外郎兼侍御史知雜事制　大中六年秋後
崔璪除刑部尚書蘇滌除左丞崔璵除兵部侍郎等制　大中六年七月
庾道蔚守起居舍人李汶儒守禮部員外郎充翰林學士等制　大中六年七月
代裴相公讓平章事表　大中六年八月
代裴相公謝賜批答表　大中六年八月
論閣内延英奏對書時政記狀　大中六年八月
李訥除浙東觀察使兼御史大夫制　大中六年八月

代裴相公謝告身鞍馬狀　大中六年八月後

韋宗立授檢校倉部員外郎知鹽鐵廬壽院等制　大中六年八月稍後

李鄠除檢校刑部員外郎充鹽鐵嶺南留後鄭蕃除義武軍推官等制　大中六年八月後

秋晚與沈十七舍人期遊樊川不至　大中六年晚秋

張直方貶恩州司户制　大中六年十月

自撰墓誌銘　大中六年十一月十日之後

留誨曹師等詩　大中六年十二月

代人舉周敬復自代狀　約大中六年

華清宫三十韻　大中六年

謝賜御札提舉邊將表　大中六年

薦韓乂啓　大中六年

高元裕除吏部尚書制　大中六年

李蔚除侍御史盧潘除殿中侍御史等制　大中六年

令狐定贈禮部尚書制　大中六年

竇弘餘加官依前台州刺史蘇莊除鄧州刺史等制　大中六年

十九畫

二十畫

二十一畫

二十二畫

二十四畫

二十五畫

二十八畫

图书在版编目(CIP)数据

中国插花艺术史话 / 李渭华, 刘健著. -- 北京 :中国林业出版社, 2020.9
ISBN 978-7-5219-0789-6

Ⅰ. ①中… Ⅱ. ①李… ②刘… Ⅲ. ①插花－工艺美术史－中国
Ⅳ. ①J509.2

中国版本图书馆CIP数据核字(2020)第173808号

中国林业出版社·园林分社
策划编辑：何增明　印　芳
责任编辑：印　芳

出版发行　中国林业出版社
(100009 北京西城区德内大街刘海胡同 7 号)
网　　址　http://www.forestry.gov.cn/lycb.html
电　　话　(010) 83143565
印　　刷　北京博海升彩色印刷有限公司
版　　次　2020 年 11 月第 1 版
印　　次　2020 年 11 月第 1 次
开　　本　889mm×1194mm　1/32
印　　张　10
字　　数　258 千字
定　　价　88.00 元